Wärme- und Stoffübertragung

Herausgegeben von Ulrich Grigull

Thermophysikalische Stoffgrößen

Herausgegeben von Walter Blanke

Mit Beiträgen von
M. Biermann, W. Blanke, W. Dammermann, S. German,
W. Gorski, U. Grigull, E. Hanitzsch, W. Hemminger,
M. Jescheck, H.-H. Kirchner, H. Klinge,
G. Klingenberg, H. Krämer, J. Lohrengel,
G. Meerlender, F. Melchert, W. Neubert, R. Weiß

Mit 47 Abbildungen und 334 Tabellen

Springer-Verlag Berlin Heidelberg GmbH 1989

Herausgeber

Prof. Dr.-Ing. Ulrich Grigull

Lehrstuhl A für Thermodynamik, TU München
Arcisstraße 21, 8000 München 2

Bandherausgeber

Prof. Dr.-Ing. Walter Blanke

Physikalisch-Technische Bundesanstalt (PTB), Abt. Wärme
Bundesallee 100, 3300 Braunschweig

ISBN 978-3-540-18495-9

CIP-Kurztitelaufnahme der Deutschen Bibliothek:
Thermophysikalische Stoffgrössen / hrsg. von W. Blanke. In Zusammenarbeit mit M. Biermann ...

(Wärme- und Stoffübertragung)
  ISBN 978-3-540-18495-9   ISBN 978-3-662-10545-0 (eBook)
  DOI 10.1007/978-3-662-10545-0
NE: Blanke, Walter [Hrsg.]; Biermann, M. [Mitverf.]

Mitautoren

Dipl.-Phys. **M. Biermann**	Bundesanstalt für Materialprüfung, Berlin
Prof. Dr.-Ing. **W. Blanke**	PTB[1], Abt. Wärme, Braunschweig
Dr.-Ing. **W. Dammermann**	PTB, Abt. Wärme, Braunschweig
Prof. Dr. rer. nat. **S. German**	PTB, Vizepräsident, Braunschweig
Dr. rer. nat. **W. Gorski**	PTB, Abt. Wärme, Braunschweig
Prof. Dr.-Ing. **U. Grigull**	Lehrstuhl A für Thermodynamik, TU München
Dr. rer. nat. **E. Hanitzsch**	PTB, Abt. Wärme, Braunschweig
Dr. rer. nat. **W. Hemminger**	PTB, Abt. Wärme, Braunschweig
Dr. rer. nat. **M. Jescheck**	PTB, Abt. Wärme, Braunschweig
Prof. Dr. rer. nat. **H.-H. Kirchner**	PTB, Abt. Wärme, Braunschweig
Dr. rer. nat. **H. Klinge**	PTB, Abt. Wärme, Braunschweig
Dr. rer. nat. **G. Klingenberg**	PTB, Abt. Wärme, Braunschweig
Dr. rer. nat. **H. Krämer**	PTB, Abt. Wärme, Braunschweig
Dr.-Ing. **J. Lohrengel**	PTB, Abt. Wärme, Braunschweig
Dr. rer. nat. **G. Meerlender**	PTB, Abt. Wärme, Braunschweig
Dr.-Ing. **F. Melchert**	PTB, Abt. Elektrizität, Braunschweig
Dr. rer. nat. **W. Neubert**	PTB, Abt. Wärme, Braunschweig
Dr.-Ing. **R. Weiß**	PTB, Abt. Wärme, Braunschweig

---

[1] Physikalisch-Technische Bundesanstalt

Vorwort

Das Buch „Thermophysikalische Stoffgrößen" entstand auf Anregung von Herrn Prof. Dr.-Ing. U. Grigull in der von ihm herausgegebenen Buchreihe „Wärme- und Stoffübertragung". Es enthält nach einem Kapitel über Fundamentalkonstanten der Physik, Einheiten und relative Atommassen und einem Abschnitt über Zustandsgrößen von Gasen im wesentlichen Tabellen und Diagramme von Stoffgrößen, die für die Lösung der Probleme der Wärme- und Stoffübertragung bekannt sein müssen. Abschnitte über mechanische Eigenschaften und Brennwerte sowie über die Thermospannung von gebräuchlichen Thermoelementen und über den elektrischen Widerstand von Metallen vervollständigen das Buch. Die Stoffgrößen haben die Autoren der Literatur entnommen und kritisch gesichtet; es bestand jedoch nicht die Möglichkeit, bei der Auswahl der Daten sämtliche Meßwerte zu berücksichtigen. Bewußt wurde darauf verzichtet, alle angegebenen Stoffgrößen durch ein Literaturzitat zu belegen, nur die wesentlichen Quellen sind genannt.

Den einzelnen Abschnitten sind, falls es erforderlich schien, kurze Einführungen vorangestellt. Das Buch soll vor allem Studenten sowie Ingenieuren und Naturwissenschaftlern in Forschung und Praxis Daten zur Verfügung stellen, die sie für Konstruktionsaufgaben und für die Berechnung von Problemen der Wärme- und Stoffübertragung benötigen.

Braunschweig, im August 1988 W. Blanke

Inhaltsverzeichnis

1 Fundamentalkonstanten, Einheiten und Periodensystem

1.1 Fundamentalkonstanten der Physik
(S. German)

Die hier aufgeführten Werte entstammen dem konsistenten Satz der Fundamentalkonstanten der Physik, der von der Task Group on Fundamental Constants des Committee on Data for Science and Technology (CODATA) des International Council of Scientific Unions (ICSU) veröffentlicht wurde [1.1]. Es sind nur die für den Bereich der Thermodynamik relevanten Daten wiedergegeben. Diese Werte sollten in Wissenschaft und Technik für allgemeine Zwecke als Bezugswerte dienen.

Der konsistente Satz der Fundamentalkonstanten 1986 ersetzt denjenigen von 1973 [1.2], der bisher benutzt wurde. Der Satz von 1986 berücksichtigt die Ergebnisse

Tabelle 1.1. Fundamentalkonstanten der Physik (Auszug)

Name und Formelzeichen		Zahlenwert[a]	SI-Einheit (dezimales Vielfaches)
Planck-Konstante	$h =$	6,626 075 5 (40)	10^{-34} Js
	$\hbar = h/2\pi =$	1,054 572 66 (63)	10^{-34} Js
Erste Planck-Strahlungskonstante	$c_1 = 2\pi hc^2 =$	3,741 774 9 (22)	10^{-16} Wm^2
	$c_1/2\pi = hc^2 =$	5,955 219 7 (35)	10^{-17} Wm^2
Zweite Planck-Strahlungskonstante	$c_2 = hc/k =$	1,438 769 (12)	10^{-2} Km
	$c_2/c = h/k =$	4,799 215 7 (41)	10^{-11} sK
Konstante des Wien-Verschiebungsgesetzes	$b = \lambda_{max}T =$	2,897 756 (24)	10^{-3} Km
Stefan-Boltzmann-Strahlungs-konstante	$\sigma = (\pi^2/60)k^4/\hbar^3 c^2 =$	5,670 51 (19)	10^{-8} Wm$^{-2} \cdot$ K^{-4}
Avogadro-Konstante	$N_A =$	6,022 136 7 (36)	10^{23} mol^{-1}
Atommassenkonstante $m_u = 1u = (10^{-3}$ kg $\cdot$ mol$^{-1})/N_A =$		1,660 540 2 (10)	10^{-27} kg
Universelle (molare) Gaskonstante	$R =$	8,314 510 (70)	J $\cdot$ mol$^{-1} \cdot$ K^{-1}
Boltzmann-Konstante	$k = R/N_A =$	1,380 658 (12)	10^{-23} J $\cdot$ K^{-1}
Molares Volumen des idealen Gases ($T_0 = 273{,}15$ K, $p_0 = 101\,325$ Pa)	$V_m = RT_0/p_0 =$	2,241 410 (19)	10^{-2} m$^3 \cdot$ mol^{-1}
Loschmidt-Konstante	$n_0 = N_A/V_m =$	2,686 763 (23)	10^{25} m^{-3}
Faraday-Konstante	$F = N_A e =$	9,648 530 9 (29)	10^4 C $\cdot$ mol^{-1}

[a] Alle Unsicherheiten der letzten Dezimalstellen, die in Klammern hinter dem jeweiligen Zahlenwert angegeben sind, bedeuten die einfache Standardabweichung.

inzwischen abgeschlossener Präzisionsmessungen und baut auf der Gültigkeit folgender Werte auf:

Vakuumlichtgeschwindigkeit $\quad c = 299\,792\,458\ \mathrm{ms}^{-1}$ (exakt),

Magnetische Feldkonstante $\quad \mu_0 = 4\pi \cdot 10^{-7}\,\mathrm{NA}^{-2}$
$$= 12{,}566\,370\,614\ldots \cdot 10^{-7}\,\mathrm{NA}^{-2}\ \text{(exakt)},$$

Elektrische Feldkonstante $\quad \varepsilon_0 = 1/\mu_0 c^2$
$$= 8{,}854\,187\,817\ldots \cdot 10^{-12}\,\mathrm{F/m}\ \text{(exakt)}.$$

1.2 Internationales Einheitensystem (SI)

Tabelle 1.2. Die SI-Basiseinheiten

Dimension	SI-Basiseinheit	
	Name	Einheitenzeichen
Länge	Meter	m
Masse	Kilogramm	kg
Zeit	Sekunde	s
elektrische Stromstärke	Ampere	A
thermodynamische Temperatur	Kelvin	K
Stoffmenge	Mol	mol
Lichtstärke	Candela	cd

Tabelle 1.3. Abgeleitete SI-Einheiten, die einen besonderen Namen haben

Dimension	SI-Einheit		
	Name	Einheiten-zeichen	durch SI-Basisein-heiten ausgedrückt
Frequenz	Hertz	Hz	s^{-1}
Kraft	Newton	N	$m \cdot kg \cdot s^{-2}$
Druck, Spannung	Pascal	Pa	$m^{-1} \cdot kg \cdot s^{-2}$
Energie, Arbeit, Wärmemenge	Joule	J	$m^2 \cdot kg \cdot s^{-2}$
Leistung, Energiestrom	Watt	W	$m^2 \cdot kg \cdot s^{-3}$
Elektrizitätsmenge, elektrische Ladung	Coulomb	C	$s \cdot A$
elektrische Spannung, elektromotorische Kraft	Volt	V	$m^2 \cdot kg \cdot s^{-3} \cdot A^{-1}$
elektrische Kapazität	Farad	F	$m^{-2} \cdot kg^{-1} \cdot s^4 \cdot A^2$
elektrischer Widerstand	Ohm	Ω	$m^2 \cdot kg \cdot s^{-3} \cdot A^{-2}$
elektrischer Leitwert	Siemens	S	$m^{-2} \cdot kg^{-1} \cdot s^3 \cdot A^2$
magnetischer Fluß	Weber	Wb	$m^2 \cdot kg \cdot s^{-2} \cdot A^{-1}$
magnetische Flußdichte, Induktion	Tesla	T	$kg \cdot s^{-2} \cdot A^{-1}$
Induktivität	Henry	H	$m^2 \cdot kg \cdot s^{-2} \cdot A^{-2}$
Celsius-Temperatur[a]	Grad Celsius	°C	K
Lichtstrom	Lumen	lm	$cd \cdot sr$
Beleuchtungsstärke	Lux	lx	$m^{-2} \cdot cd \cdot sr$
Aktivität (radioaktive)	Becquerel	Bq	s^{-1}
Energiedosis	Gray	Gy	$m^2 \cdot s^{-2}$
Äquivalentdosis	Sievert	Sv	$m^2 \cdot s^{-2}$
ebener Winkel	Radiant	rad	$m \cdot m^{-1}$
räumlicher Winkel	Steradiant	sr	$m^2 \cdot m^{-2}$

[a] Der Grad Celsius (Einheitenzeichen °C) ist ein besonderer Name für das Kelvin (Einheitenzeichen K) bei der Angabe von Celsius-Temperaturen

Tabelle 1.4. SI-Vorsätze

Vorsatz	Vorsatz-zeichen	Faktor	Vorsatz	Vorsatz-zeichen	Faktor
Exa	E	10^{18}	Dezi	d	10^{-1}
Peta	P	10^{15}	Zenti	c	10^{-2}
Tera	T	10^{12}	Milli	m	10^{-3}
Giga	G	10^{9}	Mikro	μ	10^{-6}
Mega	M	10^{6}	Nano	n	10^{-9}
Kilo	k	10^{3}	Piko	p	10^{-12}
Hekto	h	10^{2}	Femto	f	10^{-15}
Deka	da	10^{1}	Atto	a	10^{-18}

Tabelle 1.5. Einheiten, die gemeinsam mit dem SI benutzt werden

Dimension	Einheit		
	Name	Einheiten-zeichen	Definition
Zeit	Minute	min	$1\,\text{min} = 60\,\text{s}$
	Stunde	h	$1\,\text{h}\ = 60\,\text{min} = 3\,600\,\text{s}$
	Tag	d	$1\,\text{d}\ = 24\,\text{h} = 86\,400\,\text{s}$
ebener Winkel	Grad	°	$1° \ = (\pi/180)\,\text{rad}$
	Winkelminute	′	$1′\ = (1/60)° = (\pi/10\,800)\,\text{rad}$
	Winkelsekunde	″	$1″\ = (1/60)′ = (\pi/648\,000)\,\text{rad}$
Volumen	Liter[a]	L, 1	$1\,\text{l}\ = 1\,\text{dm}^3 = 10^{-3}\,\text{m}^3$
Masse	Tonne	t	$1\,\text{t}\ = 10^3\,\text{kg}$
	(vereinheitlichte) atomare Masseneinheit	u	$1\,\text{u}\ = 10^{-3}\,N_\text{A}^{-1} \cdot \text{kg} \cdot \text{mol}^{-1}$ $= 1{,}660\,565\,5 \cdot 10^{-27}\,\text{kg}$
Energie	Elektronvolt	eV	$1\,\text{eV}\ = 1{,}602\,177\,33\,(49) \cdot 10^{-19}\,\text{J}$

[a] Besonderer Name für $1\,\text{dm}^3$ (seit 1964). 1951 war das Liter als das Volumen von 1 kg reinen Wassers natürlicher Isotopenzusammensetzung bei seiner maximalen Dichte und beim Druck einer physikalischen Atmosphäre ($1\,\text{l} = 1{,}000\,028\,\text{dm}^3$) definiert.

Tabelle 1.6. Einheiten, die vorübergehend neben dem SI beibehalten werden (Auszug)

Dimension	Einheit		
	Name	Einheiten-zeichen	Definition
Druck	Bar	bar	$1\,\text{bar}\ = 10^5\,\text{Pa}$
	physikalische Atmosphäre	atm	$1\,\text{atm} = 101\,325\,\text{Pa}$
	Torr	Torr	$1\,\text{Torr} = \dfrac{101\,325}{760}\,\text{Pa}$
Wärmemenge	Kalorie	cal	$1\,\text{cal}_\text{IT} = 4{,}186\,8\,\text{J}$ $1\,\text{cal}_\text{th} = 4{,}184\,\text{J}$

1.3 Internationale Praktische Temperaturskala von 1968
(W. Blanke)

Die thermodynamische Temperatur T ist eine Basisgröße des Internationalen Einheitensystems, vgl. Abschn. 1.2. Sie ist eine stets positive Größe, deren Nullpunkt der zweite Hauptsatz der Thermodynamik festlegt, weshalb sie auch als absolute Temperatur bezeichnet wird. Experimentell werden die thermodynamischen Temperaturen meistens mit dem Gasthermometer gemessen. Die Temperatureinheit 1 Kelvin ist der 273,16te Teil der Temperatur T_{tr} des Tripelpunkts von Wasser, also

$$1\,\text{K} = T_{tr}/273{,}16;$$

es gilt also genau $T_{tr} = 273{,}16\,\text{K}.$

Im täglichen Leben benutzt man nicht die thermodynamische Temperatur sondern eine besondere thermodynamische Temperaturdifferenz, die Celsius-Temperatur, mit dem Formelzeichen t. Sie ist definiert durch

$$t = T - T_0 = T - 273{,}15\,\text{K}.$$

Die Einheit der Celsius-Temperatur ist der Grad Celsius, Einheitenzeichen °C. Er ist ein besonderer Name für das Kelvin bei der Angabe von Celsius-Temperaturen.

Da die Bestimmung thermodynamischer Temperaturen sehr schwierig ist, hat man durch internationale Vereinbarung die thermodynamische Temperatur oberhalb 13,81 K durch die Internationale Praktische Temperaturskala von 1968 (IPTS-68), Verbesserte Ausgabe von 1975, angenähert. Sie gilt als beste Näherung thermodynamischer Temperaturen [1.3]. In der IPTS-68 gemessene Temperaturen werden häufig durch den Index 68 gekennzeichnet, also T_{68} oder t_{68}. Da in den folgenden Tabellen sämtliche Zahlenwerte der Temperatur in der IPTS-68 gemessene Werte sind, haben wir den Index 68 fortgelassen.

Die IPTS-68 beruht auf 13 gut reproduzierbaren thermodynamischen Gleichgewichtszuständen zwischen Phasen reiner Substanzen, den definierenden Fixpunkten, denen bestimmte Temperaturen zugeordnet sind, s. Tabelle 1.7. Temperaturen zwischen den Fixpunkten werden mit festgelegten Normalgeräten gemessen, die an den Fixpunkten kalibriert werden. Aus den Anzeigen der Normalgeräte erhält man die Temperatur mit Hilfe vorgeschriebener Interpolationsformeln.

Als Normalgeräte dienen zwischen 13,81 K und 903,89 K (630,74 °C) spezielle Platin-Widerstandsthermometer. Zur Berechnung der Temperatur aus dem elektrischen Widerstand bestimmt man zunächst das Widerstandsverhältnis

$$W(T_{68}) = R(T_{68})/R(273{,}15\,\text{K}).$$

In dieser Beziehung ist R der gemessene Widerstand des Thermometers bei der Temperatur T_{68} und $R(273{,}15\,\text{K})$ der bei 273,15 K (0 °C). Der Widerstand $R(273{,}15\,\text{K})$ wird meistens aus einer Messung beim Wassertripelpunkt, also bei $T_{68} = 273{,}16\,\text{K}$, ermittelt.

Im Bereich von 13,81 bis 273,15 K definiert die Interpolationsformel

$$W(T_{68}) = W_{\text{CCT-68}}(T_{68}) + \Delta W_{\text{i}}(T_{68})$$

die Temperatur T_{68}. Dabei ist $W_{\text{CCT-68}}$ das Widerstandsverhältnis, das durch die Bezugsfunktion

$$T_{68} = \sum_{j=0}^{20} a_{\text{j}} \left(\frac{\ln W_{\text{CCT-68}}(T_{68}) + 3,28}{3,28} \right)^{\text{j}} K$$

gegeben ist. Die Koeffizienten a_{j} sind in Tabelle 1.8 angegeben. Die Abweichungen $\Delta W_{\text{i}}(T_{68})$ berechnen sich aus vier Polynomen, die in vier verschiedenen Temperaturbereichen gültig sind. Die Koeffizienten müssen aus den Meßwerten des Widerstands an den definierenden Fixpunkten experimentell ermittelt werden.

Im Temperaturbereich von 273,15 K (0 °C) bis 903,89 K (630,74 °C) ist die Celsius-Temperatur durch die Gleichung

$$t_{68} = t' + 0,045 \left(\frac{t'}{100\,°\text{C}} \right) \left(\frac{t'}{100\,°\text{C}} - 1 \right) \left(\frac{t'}{419,58\,°\text{C}} - 1 \right) \left(\frac{t'}{630,74\,°\text{C}} - 1 \right) °\text{C}$$

definiert, in der sich t' aus der Gleichung

$$W(t') = 1 + At' + Bt'^2$$

ergibt. Die Werte der Konstanten A und B werden aus dem Widerstand am Wassersiedepunkt oder am Zinnerstarrungspunkt sowie dem am Zinkerstarrungspunkt berechnet.

Im Temperaturbereich von 903,89 K (630,74 °C) bis 1 337,58 K (1 064,43 °C) dient das Platinrhodium (10 % Rhodium)-Platin-Thermoelement als Interpolationsinstrument. Zwischen der Celsius-Temperatur t_{68} und der Thermospannung $E(t_{68})$ besteht die einfache Funktion

$$E(t_{68}) = a + bt_{68} + ct_{68}^2,$$

wenn sich die Vergleichsstelle auf 0 °C befindet. Die Konstanten a, b und c ergeben sich aus den Thermospannungen bei 903,89 K sowie an den Erstarrungspunkten von Silber und Gold. Temperaturen oberhalb von 1 337,58 K, der Temperatur des Golderstarrungspunkts, werden mit dem Spektralpyrometer gemessen. Die Gleichung

$$\frac{L_\lambda(T_{68})}{L_\lambda(1\,337,58\,\text{K})} = \frac{\exp\left(\dfrac{c_2}{\lambda \cdot 1\,337,58\,\text{K}} \right) - 1}{\exp\left(\dfrac{c_2}{\lambda T_{68}} \right) - 1}$$

definiert in diesem Bereich die Temperatur. L_λ ist die spektrale Strahldichte der Strahlung eines Schwarzen Körpers mit der Temperatur T_{68}, λ die auf das Vakuum bezogene Wellenlänge und c_2 die 2. Plancksche Konstante mit dem vorgeschriebenen Wert $c_2 = 0,014\,388\,\text{Km}$.

Tabelle 1.7. Definierende Fixpunkte der IPTS-68

Gleichgewichtszustand	T_{68} in K
Tripelpunkt des Gleichgewichtswasserstoffs	13,81
Siedepunkt des Gleichgewichtswasserstoffs beim Druck 33,330 6 kPa	17,042
Siedepunkt des Gleichgewichtswasserstoffs	20,28
Siedepunkt des Neons	27,102
Tripelpunkt des Sauerstoffs	54,361
Tripelpunkt des Argons[a]	83,798
Taupunkt des Sauerstoffs[a]	90,188
Tripelpunkt des Wassers	273,16
Siedepunkt des Wassers[b]	373,15
Erstarrungspunkt des Zinns[b]	505,118 1
Erstarrungspunkt des Zinks	692,73
Erstarrungspunkt des Silbers	1 235,08
Erstarrungspunkt des Golds	1 337,58

[a] Der Tripelpunkt des Argons kann anstelle des Taupunkts des Sauerstoffs verwendet werden.
[b] Der Erstarrungspunkt des Zinns kann anstelle des Siedepunkts des Wassers verwendet werden.

Tabelle 1.8. Koeffizienten a_j der Bezugsfunktion für Platin-Widerstandsthermometer für den Temperaturbereich von 13,81 bis 273,15 K

j	a_j	j	a_j
0	38,592 76	10	239,502 85
1	43,448 37	11	524,649 44
2	39,108 87	12	−319,799 81
3	38,693 52	13	−787,606 86
4	32,568 83	14	179,547 82
5	24,701 58	15	700,428 32
6	53,038 28	16	29,486 66
7	77,357 67	17	−335,243 78
8	−95,751 03	18	−77,256 60
9	−223,528 92	19	66,762 92
		20	24,449 11

1.4 Periodensystem der Elemente und relative Atommassen
(H.-H. Kirchner)

Tabelle 1.9. Periodensystem der Elemente

Erläuterung:

$$\boxed{\begin{array}{c} 29\ \text{Cu} \\ 63{,}546 \\ 3d^{10}4s \end{array}}$$

29 ← Protonenzahl (Symbol)
63,546 ← relative Atommasse
$3d^{10}4s$ ← Elektronenkonfiguration (Grundzustand)

Gruppen:

Periode und Elektronenkonfiguration	1a	2a	3b	4b	5b	6b	7b	8	8	8	1b	2b	3a	4a	5a	6a	7a	0
1	1 H 1,00794 $1s$																	2 He 4,002602 $1s^2$
2 (He-Schale+)	3 Li 6,941 $2s$	4 Be 9,01218 $2s^2$											5 B 10,811 $2s^2 2p$	6 C 12,011 $2s^2 2p^2$	7 N 14,0067 $2s^2 2p^3$	8 O 15,9994 $2s^2 2p^4$	9 F 18,998403 $2s^2 2p^5$	10 Ne 20,179 $2s^2 2p^6$
3 (Ne-Schale+)	11 Na 22,98977 $3s$	12 Mg 24,305 $3s^2$											13 Al 26,98154 $3s^2 3p$	14 Si 28,0855 $3s^2 3p^2$	15 P 30,97376 $3s^2 3p^3$	16 S 32,066 $3s^2 3p^4$	17 Cl 35,453 $3s^2 3p^5$	18 Ar 39,948 $3s^2 3p^6$
4 (Ar-Schale+)	19 K 39,0983 $4s$	20 Ca 40,078 $4s^2$	21 Sc 44,95591 $3d\,4s^2$	22 Ti 47,88 $3d^2 4s^2$	23 V 50,9415 $3d^3 4s^2$	24 Cr 51,9961 $3d^5 4s$	25 Mn 54,9380 $3d^5 4s^2$	26 Fe 55,847 $3d^6 4s^2$	27 Co 58,9332 $3d^7 4s^2$	28 Ni 58,69 $3d^8 4s^2$	29 Cu 63,546 $3d^{10} 4s$	30 Zn 65,39 $3d^{10} 4s^2$	31 Ga 69,723 $3d^{10} 4s^2 4p$	32 Ge 72,59 $3d^{10} 4s^2 4p^2$	33 As 74,9216 $3d^{10} 4s^2 4p^3$	34 Se 78,96 $3d^{10} 4s^2 4p^4$	35 Br 79,904 $3d^{10} 4s^2 4p^5$	36 Kr 83,80 $3d^{10} 4s^2 4p^6$
5 (Kr-Schale+)	37 Rb 85,4678 $5s$	38 Sr 87,62 $5s^2$	39 Y 88,9059 $4d\,5s^2$	40 Zr 91,224 $4d^2 5s^2$	41 Nb 92,9064 $4d^4 5s$	42 Mo 95,94 $4d^5 5s$	43 Tc◇ [98,9063] $4d^5 5s^2$	44 Ru 101,07 $4d^7 5s$	45 Rh 102,9055 $4d^8 5s$	46 Pd 106,42 $4d^{10}$	47 Ag 107,8682 $4d^{10} 5s$	48 Cd 112,41 $4d^{10} 5s^2$	49 In 114,82 $4d^{10} 5s^2 5p$	50 Sn 118,710 $4d^{10} 5s^2 5p^2$	51 Sb 121,75 $4d^{10} 5s^2 5p^3$	52 Te 127,60 $4d^{10} 5s^2 5p^4$	53 I 126,9045 $4d^{10} 5s^2 5p^5$	54 Xe 131,29 $4d^{10} 5s^2 5p^6$
6 (Xe-Schale+)	55 Cs 132,9054 $6s$	56 Ba 137,33 $6s^2$	57 *La 138,9055 $5d\,6s^2$	72 Hf 178,49 $4f^{14} 5d^2 6s^2$	73 Ta 180,9479 $4f^{14} 5d^3 6s^2$	74 W 183,85 $4f^{14} 5d^4 6s^2$	75 Re 186,207 $4f^{14} 5d^5 6s^2$	76 Os 190,2 $4f^{14} 5d^6 6s^2$	77 Ir 192,22 $4f^{14} 5d^7 6s^2$	78 Pt 195,08 $4f^{14} 5d^9 6s$	79 Au 196,9665 $4f^{14} 5d^{10} 6s$	80 Hg 200,59 $4f^{14} 5d^{10} 6s^2$	81 Tl 204,383 $6s^2 6p$	82 Pb 207,2 $6s^2 6p^2$	83 Bi 208,9804 $6s^2 6p^3$	84 Po◇ (209) $6s^2 6p^4$	85 At◇ (210) $6s^2 6p^5$	86 Rn◇ (222) $6s^2 6p^6$
7 (Rn-Schale+)	87 Fr◇ (223) $7s$	88 Ra◇ [226,0254] $7s^2$	89 **Ac◇ [227,0278] $6d\,7s^2$	104 Unq (261) $5f^{14} 6d^2 7s^2$	105 Unp (262) $5f^{14} 6d^3 7s^2$	106 Unh (263) $5f^{14} 6d^4 7s^2$	107 Uns (262) $5f^{14} 6d^5 7s^2$											

*Lanthanoide (Xe-Schale +):

58 Ce 140,12 $4f^2 6s^2$	59 Pr 140,9077 $4f^3 6s^2$	60 Nd 144,24 $4f^4 6s^2$	61 Pm◇ (145) $4f^5 6s^2$	62 Sm 150,36 $4f^6 6s^2$	63 Eu 151,96 $4f^7 6s^2$	64 Gd 157,25 $4f^7 5d\,6s^2$	65 Tb 158,9254 $4f^9 6s^2$	66 Dy 162,50 $4f^{10} 6s^2$	67 Ho 164,9304 $4f^{11} 6s^2$	68 Er 167,26 $4f^{12} 6s^2$	69 Tm 168,9342 $4f^{13} 6s^2$	70 Yb 173,04 $4f^{14} 6s^2$	71 Lu 174,967 $4f^{14} 5d\,6s^2$

**Actinoide (Rn-Schale +):

90 Th◇ [232,0381] $6d^2 7s^2$	91 Pa◇ [231,0359] $5f^2 6d\,7s^2$	92 U◇ 238,0289 $5f^3 6d\,7s^2$	93 Np◇ [237,0482] $5f^4 6d\,7s^2$	94 Pu◇ (244) $5f^6 7s^2$	95 Am◇ (243) $5f^7 7s^2$	96 Cm◇ (247) $5f^7 6d\,7s^2$	97 Bk◇ (247) $5f^9 7s^2$	98 Cf◇ (251) $5f^{10} 7s^2$	99 Es◇ (252) $5f^{11} 7s^2$	100 Fm◇ (257) $5f^{12} 7s^2$	101 Md◇ (258) $5f^{13} 7s^2$	102 No◇ (259) $5f^{14} 7s^2$	103 Lr◇ (260) $5f^{14} 6d\,7s^2$

Die mit ◇ gekennzeichneten Elemente haben nur instabile Isotope; die Elemente Nr.61 und Nr.95 bis 107 wurden künstlich erhalten und konnten in der Natur nicht nachgewiesen werden; s. auch Anmerkungen zur Tabelle 1.10

Tabelle 1.10. Relative Atommassen A_r bezogen auf $A_r(^{12}C) = 12$
Die Elemente sind in alphabetischer Reihenfolge der Symbole geordnet. Angegeben sind die empfohlenen Werte der „Atomgewichtskommission" der International Union of Pure and Applied Chemistry (IUPAC) von 1983 [1.4]. Werte in eckiger Klammer geben die relative Atommasse A_r des bekanntesten Isotops an, Werte in runder Klammer die Nukleonenzahl (früher Massenzahl). Die Zahlenwerte von A_r sind identisch mit den Zahlenwerten für die Atommasse gemessen in der atomaren Masseneinheit u (s. Tabelle 1.5) und gleich den Zahlenwerten der stoffmengenbezogenen Masse M in g/mol.

Symbol	Element	Protonen-zahl	Relative Atommasse	Unsicherheit der letzten Dezimale
Ac	Actinium	89	[227,027 8]	
Ag	Silber	47	107,868 2	3
Al	Aluminium	13	26,981 54	1
Am	Americium	95	(243)	
Ar	Argon	18	39,948	1
As	Arsen	33	74,921 6	1
At	Astatin	85	(210)	
Au	Gold	79	196,966 5	1
B	Bor	5	10,811	5
Ba	Barium	56	137,33	1
Be	Beryllium	4	9,012 18	1
Bi	Bismut, Wismut	83	208,980 4	1
Bk	Berkelium	97	(247)	
Br	Brom	35	79,904	1
C	Kohlenstoff	6	12,011	1
Ca	Calcium	20	40,078	4
Cd	Cadmium	48	112,41	1
Ce	Cer	58	140,12	1
Cf	Californium	98	(251)	
Cl	Chlor	17	35,453	1
Cm	Curium	96	(247)	
Co	Cobalt	27	58,933 2	1
Cr	Chrom	24	51,996 1	6
Cs	Caesium	55	132,905 4	1
Cu	Kupfer	29	63,546	3
Dy	Dysprosium	66	162,50	3
Er	Erbium	68	167,26	3
Es	Einsteinium	99	(252)	
Eu	Europium	63	151,96	1
F	Fluor	9	18,998 403	1
Fe	Eisen	26	55,847	3
Fm	Fermium	100	(257)	
Fr	Francium	87	(223)	
Ga	Gallium	31	69,723	4
Gd	Gadolinium	64	157,25	3
Ge	Germanium	32	72,59	3
H	Wasserstoff	1	1,007 94	7
He	Helium	2	4,002 602	2
Hf	Hafnium	72	178,49	3
Hg	Quecksilber	80	200,59	3
Ho	Holmium	67	164,930 4	1

Tabelle 1.10 (Fortsetzung)

Symbol	Element	Protonen-zahl	Relative Atommasse	Unsicherheit der letzten Dezimale
I	Iod, Jod	53	126,904 5	1
In	Indium	49	114,82	1
Ir	Iridium	77	192,22	3
K	Kalium	19	39,098 3	1
Kr	Krypton	36	83,80	1
La	Lanthan	57	138,905 5	3
Li	Lithium	3	6,941	2
Lr	Lawrencium	103	(260)	
Lu	Lutetium	71	174,967	1
Md	Mendelevium	101	(258)	1
Mg	Magnesium	12	24,305	
Mn	Mangan	25	54,938 0	1
Mo	Molybdän	42	95,94	1
N	Stickstoff	7	14,006 7	1
Na	Natrium	11	22,989 77	1
Nb	Niob	41	92,906 4	1
Nd	Neodym	60	144,24	3
Ne	Neon	10	20,179	1
Ni	Nickel	28	58,69	1
No	Nobelium	102	(259)	
Np	Neptunium	93	[237,048 2]	
O	Sauerstoff	8	15,999 4	3
Os	Osmium	76	190,2	1
P	Phosphor	15	30,973 76	1
Pa	Protactinium	91	[231,035 9]	
Pb	Blei	82	207,2	1
Pd	Palladium	46	106,42	1
Pm	Promethium	61	(145)	
Po	Polonium	84	(209)	
Pr	Praseodym	59	140,907 7	1
Pt	Platin	78	195,08	3
Pu	Plutonium	94	(244)	
Ra	Radium	88	[226,025 4]	
Rb	Rubidium	37	85,467 8	3
Re	Rhenium	75	186,207	1
Rh	Rhodium	45	102,905 5	1
Rn	Radon	86	(222)	
Ru	Ruthenium	44	101,07	2
S	Schwefel	16	32,066	6
Sb	Antimon	51	121,75	3
Sc	Scandium	21	44,955 91	1
Se	Selen	34	78,96	3
Si	Silicium	14	28,085 5	3
Sm	Samarium	62	150,36	3
Sn	Zinn	50	118,710	7
Sr	Strontium	38	87,62	1

Tabelle 1.10 (Fortsetzung)

Symbol	Element	Protonen-zahl	Relative Atommasse	Unsicherheit der letzten Dezimale
Ta	Tantal	73	180,947 9	1
Tb	Terbium	65	158,925 4	1
Tc	Technetium	43	[98,906 3]	
Te	Tellur	52	127,60	3
Th	Thorium	90	[232,038 1]	
Ti	Titan	22	47,88	3
Tl	Thallium	81	204,383	1
Tm	Thulium	69	168,934 2	1
U	Uran	92	238,028 9	1
Unh	Unnilhexium	106	(263)	
Unp	Unnilpentium	105	(262)	
Unq	Unnilquadium	104	(261)	
Uns	Unnilseptium	107	(262)	
V	Vanadium	23	50,941 5	1
W	Wolfram	74	183,85	3
Xe	Xenon	54	131,29	3
Y	Yttrium	39	88,905 9	1
Yb	Ytterbium	70	173,04	3
Zn	Zink	30	65,39	2
Zr	Zirkon	40	91,224	2

1.5 Umrechnung von Einheiten
(S. German)

In den Tabellen 1.11 bis 1.23 werden Umrechnungsbeziehungen für Einheiten außerhalb des SI wiedergegeben, um einerseits den Übergang auf das SI zu erleichtern und um andererseits eine Hilfe beim Lesen älterer Literatur zu geben. Die aufgeführten Größen und Einheiten können naturgemäß nur eine Auswahl darstellen.

Mit dem Zeichen * wurden diejenigen angelsächsischen Einheiten versehen, die in der Richtlinie des Rates der Europäischen Gemeinschaften über Einheiten im Meßwesen [1.5] für diejenigen Mitgliedstaaten, in denen sie am 21.4.1973 zugelassen waren, bis zu einem Zeitpunkt zugelassen bleiben, der vermutlich nach dem 31.12.1989 liegen wird. Mit dem Zeichen + wurden diejenigen Einheiten versehen, die gemäß DIN 1301 Teil 3 [1.6] nicht mehr angewendet werden sollten.

Tabelle 1.11. Längeneinheiten

Einheiten-name	Einheiten-zeichen	Äquivalent im SI
+ Zoll[a]	$''$	$25{,}4 \cdot 10^{-3}$ m
*inch[b]	in	$25{,}4 \cdot 10^{-3}$ m
*foot[b]	ft	$0{,}304\,8$ m
*yard[b]	yd	$0{,}914\,4$ m
*mile	mi	$1{,}609\,344$ m

[a] Der Einheitenname Zoll wird heute als deutsche Bezeichnung der Einheit inch (25,4 mm) angesehen.
[b] Werte für das „vereinheitlichte" inch, „vereinheitlichte" foot und „vereinheitlichte" yard (seit 1959).

Tabelle 1.12. Flächeneinheiten

Einheiten-name	Einheiten-zeichen	Äquivalent im SI
Ar	a	100 m^2
Hektar	ha	10^4 m^2
square inch	in^2, sq in	$6{,}451\,6 \cdot 10^{-4}$ m^2
*square foot	ft^2, sq ft, qfs	$9{,}290\,3 \cdot 10^{-2}$ m^2
*square yard	yd^2, sq yd	$0{,}836\,13$ m^2
*acre	acre	$4{,}046\,86 \cdot 10^3$ m^2

Tabelle 1.13. Volumeneinheiten

Einheitenname	Einheitenzeichen	Äquivalent im SI
+ Normkubikmeter[a]	Nm^3, nm^3, m$_n^3$	1 m^3
cubic inch	in^3, cu in	$16{,}387\,064 \cdot 10^{-6}$ m^3
cubic foot	ft^3, cu ft	$28{,}316\,8 \cdot 10^{-3}$ m^3
cubic yard	yd^3, cu yd	$0{,}764\,555$ m^3
Volumeneinheiten des Vereinigten Königreichs (UK-Einheiten)		
minim (UK)	min (UK)	$59{,}193\,9 \cdot 10^{-9}$ m^3
fluid drachm (UK)	fl dr (UK)	$3{,}551\,63 \cdot 10^{-6}$ m^3
*fluid ounce (UK)	fl oz (UK)	$28{,}413\,1 \cdot 10^{-6}$ m^3
*gill (UK)	gill (UK)	$0{,}142\,065 \cdot 10^{-3}$ m^3
*pint (UK)	pt (UK)	$0{,}568\,262 \cdot 10^{-3}$ m^3

Tabelle 1.13 (Fortsetzung)

Einheitenname	Einheitenzeichen	Äquivalent im SI
*quart (UK)	qt (UK)	$1{,}136\,52 \cdot 10^{-3}\,\text{m}^3$
*gallon (UK)	gal (UK)	$4{,}546\,09 \cdot 10^{-3}\,\text{m}^3$
peck (UK)	pk (UK)	$9{,}092\,18 \cdot 10^{-3}\,\text{m}^3$
bushel (UK)	bu (UK)	$36{,}368\,7 \cdot 10^{-3}\,\text{m}^3$
Volumeneinheiten (für Flüssigkeiten) der Vereinigten Staaten (US-Einheiten)		
minim (US)	min (US)	$61{,}611\,5 \cdot 10^{-9}\,\text{m}^3$
fluid dram (US)	fl dr (US)	$3{,}696\,691 \cdot 10^{-6}\,\text{m}^3$
fluid ounce (US)	fl oz (US)	$29{,}573\,5 \cdot 10^{-6}\,\text{m}^3$
gill (US)	gill (US)	$0{,}118\,294 \cdot 10^{-3}\,\text{m}^3$
liquid pint (US)	liq pt (US)	$0{,}473\,176 \cdot 10^{-3}\,\text{m}^3$
liquid quart (US)	liq qt (US)	$0{,}946\,353 \cdot 10^{-3}\,\text{m}^3$

[a] Enthält den Hinweis, daß sich das Gas im Normzustand $p = 101{,}325$ kPa und $T = 273{,}15$ K befindet.

Tabelle 1.14. Masseneinheiten

Einheitenname	Einheitenzeichen	Äquivalent im SI
+ Gamma	γ	$10^{-9}\,\text{kg}$
metrisches Karat	Kt	$2 \cdot 10^{-4}\,\text{kg}$
+ Hyl	hyl	$9{,}806\,65 \cdot 10^{-3}\,\text{kg}$
+ Pfund	Pfd	$0{,}5$ kg
+ Zentner	Ztr	50 kg
+ Doppelzentner	dz	100 kg
+ technische Masseneinheit	khyl, techma	$9{,}806\,65$ kg
a) UK und US avoirdupois-Einheiten		
grain	gr	$64{,}798\,91 \cdot 10^{-6}\,\text{kg}$
dram	dr	$1{,}771\,845 \cdot 10^{-3}\,\text{kg}$
*ounce	oz	$28{,}349\,5 \cdot 10^{-3}\,\text{kg}$
*pound[a]	lb	$0{,}453\,592\,37$ kg
b) weitere UK avoirdupois-Einheiten		
stone	stone	$6{,}350\,29$ kg
quarter	quarter	$12{,}700\,6$ kg
hundredweight	cwt (UK)	$50{,}802\,3$ kg
ton	ton (UK)	$1{,}016\,05 \cdot 10^3\,\text{kg}$
c) weitere US avoirdupois-Einheiten		
(short) hundredweight	cwt (US), sh cwt	$45{,}359\,2$ kg
long hundredweight,	long cwt	
gross hundredweight	gros cwt	$50{,}802\,3$ kg
(short) ton	tn (US), sh tn	$0{,}907\,185 \cdot 10^3\,\text{kg}$
long ton, gross ton	long tn, gross tn	$1{,}016\,05 \cdot 10^3\,\text{kg}$
d) British technical unit of mass		
slug	slug	$14{,}593\,9$ kg

[a] Das pound war früher in den einzelnen angelsächsischen Ländern unterschiedlich festgelegt. 1959 wurde das pound durch die oben angegebene Beziehung zum Kilogramm neu definiert.

Tabelle 1.15. Einheiten des Massenstroms

Einheitenname	Einheitenzeichen	Äquivalent im SI
pound per hour	lb/h	$0{,}125\,997\,9 \cdot 10^{-3}$ kg/s
ounce per minute	oz/min	$0{,}472\,492 \cdot 10^{-3}$ kg/s
pound per minute	lb/min	$7{,}559\,873 \cdot 10^{-3}$ kg/s
ounce per second	oz/s	$28{,}349\,523 \cdot 10^{-3}$ kg/s
pound per second	lb/s	$0{,}453\,529\,3\,7$ kg/s

Tabelle 1.16. Krafteinheiten

Einheitenname	Einheitenzeichen	Äquivalent im SI
+ kilopond	kp	$9{,}806\,65$ N
+ Kilogramm, (Kraft-)	kg*, kg_f, kg_p, kgf	$9{,}806\,65$ N
+ Tonne, (Kraft-)	t*, t_f, tf	$9{,}806\,65 \cdot 10^3$ N
pound-force	lbf	$4{,}448\,22$ N

Der international angenommene Wert der Normfallbeschleunigung ist

$$g_n = 9{,}806\,65 \text{ m} \cdot \text{s}^{-2}.$$

Tabelle 1.17. Druckeinheiten

Einheitenname	Einheitenzeichen	Äquivalent im SI
+ Torr	Torr	$133{,}322$ Pa
+ konventionelle Millimeter-Quecksilbersäule	mmHg	$133{,}322$ Pa
+ Kilopond durch Quadratzentimeter	kp/cm^2	$98{,}066\,5 \cdot 10^3$ Pa
+ technische Atmosphäre	at, ata, atu, atü	$98{,}066\,5 \cdot 10^3$ Pa
Bar	bar	10^5 Pa
+ physikalische Atmosphäre	atm	$101{,}325 \cdot 10^3$ Pa
conventional inch of mercury	inHg	$3{,}386\,39 \cdot 10^3$ Pa
pound-force per square inch	lbf/in^2, psi	$6{,}894\,76 \cdot 10^3$ Pa

Tabelle 1.18. Dichteeinheiten

Einheitenname	Einheitenzeichen	Äquivalent im SI
Tonne durch Kubikmeter	t/m^3	10^3 kg/m^3
Kilogramm durch Liter	kg/l	10^3 kg/m^3
pound per cubic foot	lb/ft^3	$16{,}185$ kg/m^3
pound per gallon (UK)	lb/gal (UK)	$99{,}776\,4$ kg/m^3
pound per gallon (US)	lb/gal (US)	$119{,}826$ kg/m^3

Tabelle 1.19. Energieeinheiten

Einheitenname	Einheitenzeichen	Äquivalent im SI
+ Erg	erg	10^{-7} J
+ Kilopondmeter	kp · m	9,806 65 J
Kilowattstunde	kWh	$3,6 \cdot 10^6$ J
+ technische Literatmosphäre[a]	l · at	98,066 5 J
+ physikalische Literatmosphäre[b]	l · atm	101,325 J
+ 15 °C-Kalorie[c]	$cal_{15°}$	4,185 5 J
+ thermochemische Kalorie	cal_{th}	4,184 J
+ Internationale Tafel-Kalorie[d]	cal_{IT}	4,186 8 J
Elektronvolt[e]	eV	$1,602\,177\,33 \cdot 10^{-19}$ J
+ Tonne Steinkohleneinheiten[f]	tSKE	$23,307\,6 \cdot 10^9$ J
+ PS-Stunde	PS · h	$2,647\,8 \cdot 10^6$ J
foot poundal	ft pdl	0,042 140 1 J
foot pound-force	ft lbf	1,355 82 J
British thermal unit	Btu	$1,055\,06 \cdot 10^3$ J
* therm	therm	$1,055\,06 \cdot 10^8$ J

[a] Die technische Literatmosphäre ist gleich der Arbeit, die erforderlich ist, um das Volumen eines Gases beim Druck 1 at um 1 l zu verändern. Anwendungsbereich: Chemie.

[b] Die physikalische Literatmosphäre ist gleich der Arbeit, die erforderlich ist, um das Volumen eines Gases beim Druck 1 atm um 1 l zu verändern. Anwendungsbereich: physikalische Chemie.

[c] 1 cal_{15} ist die Wärmemenge, die erforderlich ist, um 1 g luftfreien Wassers beim Druck 1 atm von 14,5 auf 15,5 °C zu erwärmen.

[d] Die Internationale Tafel-Kalorie wurde 1956 von der 5. Internationalen Dampftafel-Konferenz in London mit der in der Tabelle angegebenen Beziehung definiert.

[e] 1 Elektronvolt ist die Energie, die ein Elektron bei Durchlaufen einer Potentialdifferenz von 1 Volt im Vakuum gewinnt. Anwendungsbereich: Atomphysik.

[f] Der Einheit „Tonne Steinkohleneinheiten" liegt ein Heizwert von 7 000 kcal/kg zugrunde.

Tabelle 1.20. Leistungseinheiten

Einheitenname	Einheitenzeichen	Äquivalent im SI
+ Erg durch Sekunde	erg/s	10^{-7} W
+ Internationale Tafel-Kalorie durch Stunde	cal_{IT}/h	$1,163 \cdot 10^{-3}$ W
+ Internationales Watt	W_{int}[a]	1,000 19 W
+ Kilopondmeter durch Sekunde	kp · m/s	9,806 65 W
+ technische Literatmosphäre durch Sekunde	l · at/s	98,066 5 W
+ physikalische Literatmosphäre durch Sekunde	l · atm/s	101,325 W
+ Torrliter durch Sekunde	Torr · l/s	0,133 32 W
+ Pferdestärke	PS	$0,735\,498\,75 \cdot 10^3$ W
foot poundal per second	ft · pdl/s	0,042 140 1 W
British thermal unit per hour	Btu/h	0,293 071 W
foot pound-force per second	ft · lbf/s	1,355 82 W
horsepower (British)	hp	$0,745\,7 \cdot 10^3$ W
foot pound-force per minute	ft · lbf/min	$22,597 \cdot 10^{-3}$ W
foot pound-force per hour	ft · lbf/h	$0,376\,616 \cdot 10^{-3}$ W

[a] Abkürzung: int W.

Tabelle 1.21. Einheiten der kinematischen Viskosität

Einheitenname	Einheitenzeichen	Äquivalent im SI
+ Stokes[a]	St	$10^{-4}\,\mathrm{m^2 \cdot s^{-1}}$
square foot per second	$\mathrm{ft^2/s}$	$9{,}290\,3 \cdot 10^{-2}\,\mathrm{m^2 \cdot s^{-1}}$

[a] frühere Bezeichnung: Stok.

Tabelle 1.22. Einheiten der dynamischen Viskosität

Einheitenname	Einheitenzeichen	Äquivalent im SI
+ Poise	P	$0{,}1\,\mathrm{Pa \cdot s}$
+ Kilopondsekunde durch Quadratmeter	$\mathrm{kp \cdot s/m^2}$	$9{,}806\,65\,\mathrm{Pa \cdot s}$
poundal second per square foot	$\mathrm{pdl \cdot s/ft^2}$	$1{,}488\,16\,\mathrm{Pa \cdot s}$
pound per foot second	$\mathrm{lb/ft \cdot s}$	$1{,}488\,16\,\mathrm{Pa \cdot s}$
pound-force second per square foot	$\mathrm{lbf \cdot s/ft^2}$	$47{,}880\,3\,\mathrm{Pa \cdot s}$
slug per foot second	$\mathrm{slug/ft \cdot s}$	$47{,}880\,3\,\mathrm{Pa \cdot s}$
pound per foot hour	$\mathrm{lb/ft\ h}$	$0{,}413\,379 \cdot 10^{-3}\,\mathrm{Pa \cdot s}$

Tabelle 1.23. Temperaturskalen

gegeben \ gesucht	$\{T_\mathrm{K}\}$ Zahlenwert der thermodynamischen Temperatur in Kelvin (K)	$\{t_\mathrm{C}\}$ Zahlenwert der Celsius-Temperatur (°C)
$\{t_\mathrm{C}\}$ Zahlenwert der Celsius-Temperatur (°C)	$\{T_\mathrm{K}\} = \{t_\mathrm{C}\} + 273{,}15$	
$\{T_\mathrm{R}\}$ Zahlenwert der thermodynamischen Temperatur in Grad Rankine (°R, °Rank)	$\{T_\mathrm{K}\} = \dfrac{5}{9}\,\{T_\mathrm{R}\}$	$\{t_\mathrm{C}\} = \dfrac{5}{9}\,\{T_\mathrm{R}\} - 273{,}15$
$\{t_\mathrm{F}\}$ Zahlenwert der Fahrenheit-Temperatur (°F)	$\{T_\mathrm{K}\} = \dfrac{5}{9}\,\{t_\mathrm{F}\} + 459{,}67$	$\{t_\mathrm{C}\} = \dfrac{5}{9}\,(\{t_\mathrm{F}\} - 32)$
$\{t_\mathrm{R}\}$ Zahlenwert der + Reaumur-Temperatur (°R)	$\{T_\mathrm{K}\} = 1{,}25\,\{t_\mathrm{R}\} + 273{,}15$	$\{t_\mathrm{C}\} = 1{,}25\,\{t_\mathrm{R}\}$

2 Thermodynamische Eigenschaften von Gasen

2.1 Einführung
(R. Weiß)

Zustandsgrößen im Sättigungsgebiet

Die p,v,T-Fläche eines reinen Stoffs ist in Bild 2.1 dargestellt. Das Zweiphasengebiet wird durch die Phasengrenzkurven von den homogenen Zustandsgebieten abgegrenzt. Die Tabellen für die Zustandsgrößen im Sättigungsgebiet enthalten in Abhängigkeit von der Temperatur Werte des Dampfdrucks sowie des spezifischen Volumens, der spezifischen Enthalpie und der Entropie auf der Siedelinie — gekennzeichnet durch ' — und der Taulinie — gekennzeichnet durch " —. Mit diesen Werten lassen sich alle Zustandsgrößen im Sättigungsgebiet bestimmen. Folgende Formelzeichen und Einheiten werden in den Tabellen verwendet.

Thermodynamische Zustandsgröße	Formelzeichen der Größe	Einheit
Temperatur	T	K
Celsius-Temperatur	t	°C
Druck	p	MPa
spezifisches Volumen	v	dm³/kg
spezifische Enthalpie	h	kJ/kg
spezifische Entropie	s	kJ/kg K

Bei der spezifischen Enthalpie h und der spezifischen Entropie s hängt der Zahlenwert davon ab, welche Festlegung bei einem willkürlich gewählten Bezugszustand getroffen wurde. Folgende Festlegungen sind in der Literatur häufig zu finden

- $h = 0$ und $s = 0$ für den idealen Kristall (oder das ideale Gas) bei $T = 0\,\mathrm{K}$ und $p = 0{,}101\,325\,\mathrm{MPa}$ ($p = 1\,\mathrm{atm}$, s. Tabelle 1.6),
- $h = 0$ und $s = 0$ (oder $h = 418{,}68\,\mathrm{kJ/kg}$ und $s = 4{,}186\,8\,\mathrm{kJ/kg\,K}$) für die Flüssigkeit bei $t = 0\,°C$,
- $h = 1\,000\,\mathrm{kJ/kg}$ und $s = 1\,\mathrm{kJ/kg\,K}$ am kritischen Punkt.

Für die Berechnung von Zustandsgrößen im Sättigungsgebiet werden i. allg. nur die Differenzen der Größen auf der Phasengrenzkurve benötigt. Bei den Tabellen wurde daher auf die ausdrückliche Angabe der Festlegung des Bezugszustands verzichtet.

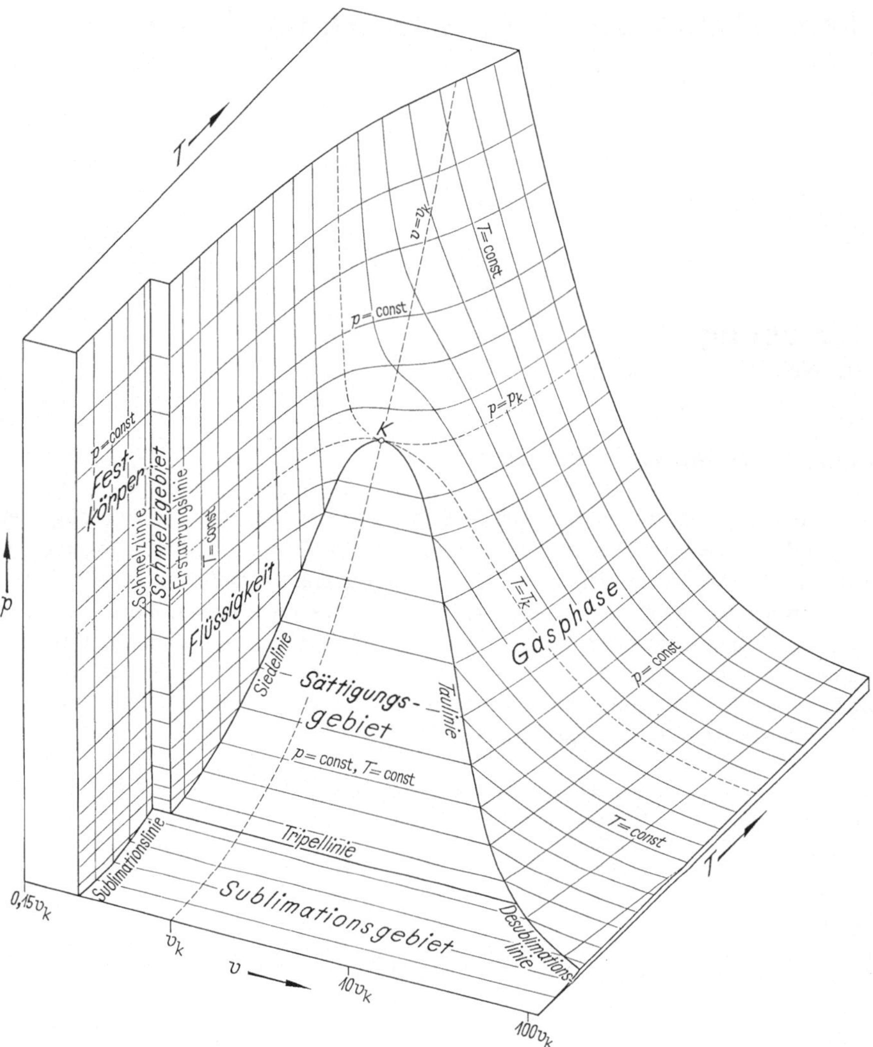

Bild 2.1. p,v,T-Fläche eines reinen Stoffes. K kennzeichnet den kritischen Punkt bzw. als Index die kritischen Größen nach [2.1]

Prandtlzahl

Die Prandtlzahl Pr ist eine dimensionslose Kenngröße und durch folgende Gleichung definiert

$$Pr = \eta c_p/\lambda, \tag{2.1}$$

η ist die dynamische Viskosität, c_p die spezifische Wärmekapazität bei konstantem Druck und λ die Wärmeleitfähigkeit. Für einige technisch wichtige Stoffe ist die Prandtlzahl für verschiedene Temperaturen angegeben. Die Werte gelten für Atmosphärendruck. Pr' steht für die Prandtlzahl der flüssigen Phase auf der Siedelinie.

Zustandsgrößen im idealen Gaszustand

Die thermodynamischen Zustandsgrößen im idealen Gaszustand, d. h. bei Annäherung an den Druck $p = 0$ sind für ausgewählte Gase als folgende dimensionslose Größen in Abhängigkeit von der Temperatur angegeben

- das Verhältnis C_p/R der molaren Wärmekapazität bei konstantem Druck C_p im idealen Gaszustand zur universellen Gaskonstante $R = 8{,}314\,510$ kJ/(kmol K),
- das Verhältnis $H/(RT_0)$, wobei H die Differenz der molaren Enthalpie im idealen Gaszustand zur Nullpunktsenthalpie bedeutet, $T_0 = 273{,}15$ K,
- das Verhältnis S_1/R mit S_1 als der molaren „absoluten" Entropie im idealen Gaszustand beim Druck $0{,}101\,325$ MPa.

Für einige Gase ist nur die spezifische Wärme im idealen Gaszustand angegeben. Mit ihrer Kenntnis läßt sich die kalorische Zustandsgleichung $h = h(T, p)$ bzw. $s = s(T, p)$ aus der thermischen Zustandsgleichung $v = v(T, p)$ berechnen. Da keine Verwechslungsgefahr besteht, wurde darauf verzichtet, die genannten Zustandsgrößen mit einer hochgestellten Null zu versehen, wie dies häufig in der Literatur üblich ist.

Realgasfaktoren und Virialkoeffizienten

Das Zustandsverhalten realer Gase weicht bei höheren Drücken von dem Verhalten idealer Gase, das durch die einfache Zustandsgleichung

$$pv = RT/M \quad (M \text{ molare Masse}) \tag{2.2}$$

beschrieben wird, beträchtlich ab. Die Abweichungen kann man erfassen, indem man Gleichungen der Form

$$pv = Z(T, p)\, RT/M \tag{2.3}$$

oder

$$\frac{M\,pv}{RT} = 1 + \frac{B(T)}{v} + \frac{C(T)}{v^2} + \dots \tag{2.4}$$

verwendet. Man nennt $Z(T, p)$ den Realgasfaktor und die rechte Seite der Gleichung (2.4) die Virialform der thermischen Zustandsgleichung. Die Temperaturfunktionen $B(T)$, $C(T)$ ... bezeichnet man als Virialkoeffizienten.

Die Tabellen enthalten für eine Reihe von Gasen, die häufig über einen ausgedehnten Zustandsbereich eingesetzt werden, ausführliche Angaben über den Realgasfaktor in Abhängigkeit von Temperatur und Druck. In einigen Fällen ist zur Erleichterung der Berechnung des Realgasverhaltens der Zweite Virialkoeffizient $B(T)$ in Abhängigkeit von der Temperatur angegeben. Für viele Gase liegen in der Literatur wenige Angaben über das Realgasverhalten vor, so daß nur Werte für $t = 15\,°C$ und $t = 50\,°C$ in einem eingeschränkten Druckbereich angegeben werden konnten.

Literaturhinweise

Hinsichtlich der Berechnung thermodynamischer Zustandsgrößen sei auf die Lehrbücher der Thermodynamik verwiesen, z. B. [2.1; 2.2].

Bei der Aufstellung der Tabellen wurde die Literatur [2.3–2.9] benutzt.

2.2 Übersichtstabelle
(W. Blanke)

Tabelle 2.1. Verschiedene Eigenschaften von Gasen

M	stoffmengenbezogene (molare) Masse	T_B	Siedetemperatur oder (durch * gekennzeichnet) Sublimationstemperatur bei 0,101 325 MPa (normaler Siedepunkt)
T_{Tr}	Tripelpunktstemperatur		
T_F	Schmelztemperatur, Temperatur am Schmelzpunkt bei 0,101 325 MPa (durch * gekennzeichnet)	ϱ'	Dichte der flüssigen Phase
		Δh	massenbezogene (spezifische) Verdampfungsenthalpie bei 0,101 325 MPa (normaler Siedepunkt)
p_{Tr}	Tripelpunktsdruck		
Δh_F	massenbezogene (spezifische) Schmelzenthalpie bei T_{Tr} oder T_F	T_k	kritische Temperatur

Lfd. Nr.	Gas			Tripel- oder Schmelzpunkt		
	Name	Formel oder Symbol	M kg/kmol	T_{Tr} od. T_F K	p_{Tr} kPa	Δh_F kJ/kg
1	Acetylen (Ethin)	$CH{\equiv}CH$	26,038	192,4	128,2	96,5
2	Ammoniak	NH_3	17,030	195,41	6,08	332
3	Argon	Ar	39,948	83,798	68,75	29,3
4	Arsenwasserstoff (Arsenhydrid)	AsH_3	77,945	156,3	2,98	15,4
5	Bortrichlorid	BCl_3	117,17	165,7	<0,1	18,0
6	Bortrifluorid	BF_3	67,81	144,5	7,0	62,5
7	Bromwasserstoff (Hydrogenbromid)	HBr	80,912	186,29	29,9	37,5
8	Butadien, 1,3-	$CH_2{=}CHCH{=}CH_2$	54,091	164,23	0,07	147,7
9	Butan, n-	$CH_3(CH_2)_2CH_3$	58,123	134,86	0,000 5	80,2
10	Butylen (1-Buten)	$CH_3CH_2CH{=}CH_2$	56,107	87,80*		68,6
11	cis-Butylen-2	$CH_3CH{=}CHCH_3$	56,107	134,25	0,000 1	130,3
12	trans-Butylen-2	$CH_3CH{=}CHCH_3$	56,107	167,7	0,054	174,0
13	Chlor	Cl_2	70,906	172,2	1,39	90,3
14	Chlorcyan	$CNCl$	61,471	266,3*		185
15	Chlorkohlenstoffmonooxid (Phosgen)	$COCl_2$	98,916	145,37*		58,0
16	Chlortrifluorid	ClF_3	92,448	196,83	0,97	82,4
17	Chlorwasserstoff (Hydrogenchlorid)	HCl	36,461	158,96	14,0	54,7
18	Cyanwasserstoff	HCN	27,026	259,9	18,7	311
19	Cyclopropan	$CH_2CH_2CH_2$	42,080	145,53*		129,4
20	Deuterium	D_2	4,028	18,729	17,1	48,8
21	Diboran (Borwasserstoff)	B_2H_6	27,67	108,30	0,06	161,6
22	Dichlordifluormethan R12	CF_2Cl_2	120,914	115,37*		34,3
23	Dichlormonofluormethan R21	$CHFCl_2$	102,923	138*		
24	Dichlorsilan	SiH_2Cl_2	101,008	151,2*		
25	Dichlortetrafluorethan R114	CF_2ClCF_2Cl	170,922	179*		
26	Dicyan	$(CN)_2$	52,035	245,32	73,8	155,9
27	Difluorethan,1,1- R152a	CH_3CHF_2	66,050	156*		

p_k	kritischer Druck	c_p^0	spezifische Wärmekapazität bei konstantem Druck für das ideale Gas bei $p \rightarrow 0$ und 25 °C (durch * gekennzeichnet)
ϱ_k	kritische Dichte		
ϱ_n	Dichte des Gases bei 0,101 325 MPa und 0 °C (Normdichte)		
p (20 °C)	Dampfdruck bei 20 °C	c_p/c_v	Verhältnis der spezifischen Wärmekapazitäten im gasförmigen Zustand bei 0,101 325 MPa und 25 °C
ϱ' (20 °C)	Dichte der flüssigen Phase bei 20 °C		
c_p	spezifische Wärmekapazität bei konstantem Druck bei 0,101 325 MPa und 25 °C	λ	Wärmeleitfähigkeit bei 0,101 325 MPa und 25 °C

| Normaler Siede- oder Sublimationspunkt | | | Kritischer Punkt | | | | | | | | |
| T_B | ϱ' | Δh | T_k | p_k | ϱ_k | ϱ_n | p (20 °C) | ϱ' (20 °C) | c_p od. c_p^0 | c_p/c_v | λ |
K	kg/dm³	kJ/kg	K	MPa	kg/dm³	kg/m³	MPa	kg/dm³	kJ/(kg K)		mW/(K m)
189,12*	—	802*	308,33	6,191	0,231	1,174 7	4,4	0,40	1,70	1,235	21,1
239,74	0,681 9	1 371	405,6	11,30	0,235	0,771 42	0,857	0,610	2,16	1,32	24,2
87,295	1,392 8	163	150,86	4,897 9	0,535 7	1,783 9	—	—	0,521	1,676	17,7
210,67	1,634	214	373,1	6,6			1,5	1,37	0,494		11,7
285,7	1,34	203	452,0	3,87	0,790	5,252	0,131	1,38	0,55		8,4
172,9	1,589	279	261,0	4,965	0,591	3,065	—	—	0,745*		18,9
206,43	2,203	218	363,1	8,53	0,807	3,644 3	2,09	1,792	0,360	1,42	9,4
268,7	0,650	418	425	4,32	0,245	2,478 7	0,240	0,621	1,47		15,8
272,65	0,601	385	425,18	3,796	0,225	2,732 0	0,206	0,579	1,66		15,8
266,90	0,626	390	419,6	3,926	0,233	2,582	0,255	0,596	1,59*		16
276,87	0,641	416	435,6	4,21	0,239	2,582	0,18	0,623	1,41*		15,2
274,03	0,626	406	428,7	4,10	0,238	2,582	0,20	0,605	1,56*		15,1
239,1	1,563	288	417	7,70	0,573	3,214	0,673	1,409	0,473	1,35	8,8
286,1	1,247	445	488				0,133	1,186	0,724*		13,8
280,7	1,41	246	455,2	5,67	0,52	4,496	0,157	1,372	0,582*		9,5
284,90	1,850	298	426,9	5,8	0,548	3,57	0,15	1,825	0,695*		14
188,12	1,191	443	324,69	8,31	0,42	1,642 2	4,26	0,836	0,82	1,39	16,9
298,85	0,668	934	456,7	5,39	0,195	1,224 5	0,08	0,686	1,33*		12
240,29	0,680	477	398,30	5,579	0,258 5	1,88	0,64	0,610	1,33*		
522,65	0,162 4	304	38,4	1,665	0,066 8	0,179 6	—	—	7,25	1,40	138
180,7	0,421	516	289,8	4,053	0,16	1,259	—	—	2,04*		21,3
243,4	1,484	167	385	4,115	0,557 4	5,510	0,567	1,328	0,583	1,14	10
282,07	1,404	242	451,7	5,17	0,522	4,619	0,153	1,378	0,594*	1,17	8,5
281,6	1,261	249	449,5	4,378	0,479		0,16	1,236	0,611*		
276,7	1,527	137	418,9	3,26	0,582	7,670	0,179	1,472	0,712	1,088	10,5
252,0	0,953	449	399,8	5,94		2,349 2	0,48	0,877	1,09*		15,5
248	1,011	326	386,7	4,49	0,365	2,949	0,510	0,913	1,03*		14,6

Tabelle 2.1 (Fortsetzung)

Lfd. Nr.	Gas			Tripel- oder Schmelzpunkt		
	Name	Formel oder Symbol	M kg/kmol	T_{Tr} od. T_F K	p_{Tr} kPa	Δh_F kJ/kg
28	Difluorethylen,1,1- R1132a	$CH_2{=}CF_2$	64,035	129*		
29	Dimethylamin	$(CH_3)_2NH$	45,084	181,0	$\approx$0,1	132
30	Dimethylether	CH_3OCH_3	46,069	131,7*		111,4
31	Dimethylsilan	$(CH_3)_2SiH_2$	60,171	123,0*		
32	Distickstoffmonooxid (Stickoxydul)	N_2O	44,013	182,34	87,85	149
33	Ethan	CH_3CH_3	30,069	90,35	0,001	95,0
34	Ethylamin	$C_2H_5NH_2$	45,084	192,2	0,15	
35	Ethylchlorid R160	CH_3CH_2Cl	64,515	134,9*		69,0
36	Ethylen (Ethen)	$CH_2{=}CH_2$	28,054	103,97	0,12	119,5
37	Ethylenoxid	$CH_2\,CH_2$ $-O-$	44,053	160,60*		117,5
38	Fluor	F_2	37,997	53,48	0,25	13,4
39	Fluorwasserstoff (Hydrogenfluorid)	HF	20,006	189,78		196
				unterer λ-Punkt		
40	Helium 4	^{4}He	4,003	2,177	5,04	
41	Hexafluorpropylen	$CF_3CF{=}CF_2$	150,023	116,7*		
42	Isobutan (2-Methylpropan)	$(CH_3)_3CH$	58,123	113,73	0,005	78,2
43	Isobutylen (2-Methylpropen)	$(CH_3)_2C{=}CH_2$	56,107	132,80*		106
44	Kohlenstoffdioxid	CO_2	44,010	216,579	518,5	196,6
45	Kohlenstoffmonooxid	CO	28,010	68,14	15,35	29,9
46	Krypton	Kr	83,80	115,765	73,2	19,5
				Liquidus Pkt.		
47	Luft (trocken und CO_2-frei)		28,95	59,75	6,2	
48	Methan	CH_4	16,043	90,685	11,7	58,7
49	Methylamin	CH_3NH_2	31,057	179,69*		198
50	Methylbromid R40B1	CH_3Br	94,939	179,49	0,2	63,0
51	Methylchlorid R40	CH_3Cl	50,488	175,44	0,87	127,4
52	Methylfluorid R41	CH_3F	34,033	131,4	0,33	
53	Methylmercaptan	CH_3SH	48,10	150,2*		123
54	Methylsilan	CH_6Si	46,144	116,4		
55	Monobrommonochlordifluor- methan R12B1	CF_2ClBr	165,365	113,7*		
56	Monobromtrifluormethan R13B1	CF_3Br	148,910	105,37*		
57	Monochlordifluorethan R142b	CH_3CF_2Cl	100,496	142,4*		26,7
58	Monochlordifluormethan R22	CHF_2Cl	86,469	115,85*		47,6
59	Monochlorpentafluorethan R115	CF_2ClCF_3	154,467	173,8	2,32	12,2
60	Monochlortrifluorethan R133a	CH_2ClCF_3	118,486	167,7*		
61	Monochlortrifluorethylen R1113	$CFCl{=}CF_2$	116,470	115,1*		47,7
62	Monochlortrifluormethan R13	CF_3Cl	104,459	84,2*		
63	Neon	Ne	20,179	24,563	43,394	16,6

Normaler Siede- oder Sublimationspunkt			Kritischer Punkt								
T_B	ϱ'	Δh	T_k	p_k	ϱ_k	ϱ_n	p (20 °C)	ϱ' (20 °C)	c_p od. c_p^0	c_p/c_v	λ
K	kg/dm³	kJ/kg	K	MPa	kg/dm³	kg/m³	MPa	kg/dm³	kJ/(kg K)		mW/(K m)
189	1,122	248	302,85	4,463	0,414		3,611	0,670	0,942*		15
280,2	0,671	588	437,8	5,31	0,256	2,013	0,169	0,655	1,53	1,15	16
248,33	0,735	467	400,1	5,37	0,271 4	2,109 7	0,510	0,666	1,39	1,11	16,3
253,6		354	398			2,73	0,38	0,584			
184,68	1,223	376	309,56	7,245	0,452	1,977 8	5,08	0,785	0,880*		17,3
184,47	0,546 49	489	305,42	4,884	0,205 6	1,356 6	3,78	0,351	1,768	1,19	21,2
289,8	0,687 4	603	456,6	5,63	0,248 3	2,162	0,116	0,683	1,55	1,13	16,9
285,43	0,906	382	460,4	5,27	0,331	2,884	0,133	0,894	1,15	1,19	10,9
169,43	0,567 9	483	282,37	5,02	0,218	1,261 1	—	—	1,54	1,25	20,1
283,60	0,887	580	468,93	7,19	0,314	1,965	0,144	0,882	1,10*		12,4
85,0	1,502	175	144,30	5,215	0,574	1,696	—	—	0,825		27,8
292,66	0,969	375	461	6,49	0,29	0,921	0,103	0,968	1,46*		25,8
4,222 1	0,125 0	20,6	5,201	0,227 5	0,069 64	0,178 47	—	—	5,20	1,66	152
243,6			359,4	3	0,56		0,64	1,34	0,490*		
261,5	0,594	366	408,13	3,65	0,221	2,646 7	0,304	0,557	1,64	1,11	16,1
266,03	0,626 3	401	417,9	4,000	0,234	2,587	0,259	0,594	1,59*		16,4
	fest										
194,671*	1,562	573*	304,21	7,382 5	0,466 1	1,976 9	5,729	0,776	0,850	1,294	16,4
81,63	0,789	216	132,91	3,499	0,301	1,250 0	—	—	1,04	1,40	24,9
119,80	2,413	108	209,40	5,502	0,919	3,744	—	—	0,248	1,69	9,5
78,66	0,875 3	205	132,507	3,766	0,313	1,292 3	—	—	1,007	1,402	26,2
111,66	0,422 5	510	190,555	4,595 0	0,162 2	0,717 4	—	—	2,231	1,307	34
266,82	0,694	831	430,1	7,41	0,216	1,396	0,300	0,662	1,74	1,20	16
276,71	1,721	252	467	5,23	0,577	3,973 9	0,189	1,678	0,448*		8,0
249,39	1,003	428	416	6,67	0,353	2,307 5	0,490	0,921	0,808*		10,7
194,74	0,877	516	317,70	5,87	0,300	1,545 0	3,5	0,578	1,10*		18
279,11	0,886	511	470,0	7,24	0,332	2,034	0,171	0,867	1,05*		13,3
215,7		398	352,5	4,37	0,236	2,076	1,30	0,507			
269,9	1,895	135	426,88	4,254	0,673 2	7,65	0,229	1,817	0,45*		7,8
215,26	1,992	152	340,0	3,96	0,745	6,867	1,435	1,574	0,469	1,116	9,3
263,6	1,193	223	410,3	4,123	0,435	4,80	0,290	1,116	0,823		
232,30	1,414	234	369,33	4,990	0,513	3,879	0,910	1,214	0,657	1,19	11,5
234,1	1,544	126	353,2	3,123	0,596	7,17	0,789	1,307	0,686	1,09	11,8
280,08		206	423				0,182	1,330			
244,79	1,46	178	379,0	4,06	0,55	5,34	0,562	1,31	0,722*		10,3
191,3	1,526	140	301,93	3,860	0,581	4,667	3,18	0,924	0,641*	1,14	12,8
27,102	1,207	91,3	44,40	2,654	0,483 5	0,900 2	—	—	1,030	1,67	48,9

Tabelle 2.1 (Fortsetzung)

Lfd. Nr.	Gas		M	Tripel- oder Schmelzpunkt		
	Name	Formel oder Symbol	M kg/kmol	T_{Tr} od. T_F K	p_{Tr} kPa	Δh_F kJ/kg
64	Octafluorcyclobutan RC318	$CF_2CF_2CF_2CF_2$	200,031	233,0	19,0	13,8
65	Ozon	O_3	47,998	80,7	0,0011	43,5
66	Phosphorwasserstoff (Phosphin)	H_3P	33,998	139,35	3,64	33,3
67	Propan	$CH_3CH_2CH_3$	44,096	85,5	$3 \cdot 10^{-7}$	80,0
68	Propylen (Propen)	$CH_3CH{=}CH_2$	42,080	87,89	$1 \cdot 10^{-6}$	71,4
69	Sauerstoff	O_2	31,999	54,361	0,147	13,9
70	Schwefeldioxid	SO_2	64,065	197,7	1,67	116
71	Schwefelhexafluorid	SF_6	146,056	222,4	226	40
72	Schwefelwasserstoff (Hydrogensulfid)	H_2S	34,082	187,5	22,7	69,8
73	Selenwasserstoff (Hydrogenselenid)	H_2Se	80,98	207,5	27,4	31,1
74	Siliciumwasserstoff (Monosilan)	H_4Si	32,117	86,8	<0,1	24,6
75	Stickstoff	N_2	28,013	63,146	12,526	25,7
76	Stickstoffmonooxid	NO	30,006	109,6	21,92	76,6
77	Stickstofftetroxid	N_2O_4	92,011	261,95	18,64	159,5
78	Tetrafluorethylen R1114	$CF_2{=}CF_2$	100,016	142	1,2	77
79	Tetrafluormethan R14	CF_4	88,005	89,3*		8,0
80	Trichlormonofluormethan R11	$CFCl_3$	137,368	162,1*		50,2
81	Trifluorethan, 1,1,1- R143a	CH_3CF_3	84,041	161,81*		73,7
82	Trifluormethan R23	CHF_3	70,014	117,97*		58,0
83	Trimethylamin	$(CH_3)_3N$	59,111	156,1*		111
84	Trimethylsilan	$(CH_3)_3SiH$	74,198	137,26		
85	Vinylbromid R1140B1	$CH_2{=}CHBr$	106,950	135*		215
86	Vinylchlorid R1140	$CH_2{=}CHCl$	62,499	119*		75,9
87	Vinylfluorid R1141	$CH_2{=}CHF$	46,044	112,7*		
88	Vinylmethylether	$CH_3OCH{=}CH_2$	58,080	151*		
89	Wasserstoff, n-	H_2	2,016	13,958	7,193	58,2
90	Wasserstoff, para-	H_2	2,016	13,81	7,03	58,2
91	Xenon	Xe	131,29	161,392	81,6	17,5

Normaler Siede- oder Sublimationspunkt			Kritischer Punkt								
T_B	ϱ'	Δh	T_k	p_k	ϱ_k	ϱ_n	$p\,(20\,°C)$	$\varrho'\,(20\,°C)$	c_p od. c_p^0	c_p/c_v	λ
K	kg/dm³	kJ/kg	K	MPa	kg/dm³	kg/m³	MPa	kg/dm³	kJ/(kg K)		mW/(K m)
266,73	1,637	116	388,47	2,78	0,620	9,48	0,270	1,540	0,797*		10,2
161,9	1,352	316	261,1	5,53	0,537	2,142	—	—	0,820		
185,38	0,746	430	324,5	6,53	0,30	1,531	3,46	0,566	1,091*		17,9
231,1	0,581	426	370,0	4,26	0,226	2,0096	0,834	0,500	1,672	1,141	18
225,46 Taupkt.	0,6091	439	365,57	4,6646	0,2234	1,9149	1,021	0,513	1,55	1,157	17
90,188	1,1407	213	154,576	5,043	0,4361	1,42895	—	—	0,917	1,396	26,4
263,13	1,460	390	430,7	7,88	0,525	2,9263	0,330	1,383	0,65	1,27	9,5
209,4*	—	162*	318,70	3,753	0,730	6,602	2,079	1,397	0,665		13,8
213,0	0,915	548	373,20	8,937	0,346	1,5362	1,81	0,796	1,00	1,31	14,5
231,8	2,004	243	411	8,92	0,760	3,6643	0,95	0,182	0,427*		10
161,8	0,556	363	269,7	4,84	0,242	1,44	—	—	1,33*		21,9
77,344	0,8086	199	126,20	3,400	0,3140	1,2505	—	—	1,041	1,401	25,9
121,40	1,269	461	180,2	6,485	0,520	1,3402	—	—	0,996	1,39	25,7
294,25	1,443	414	431,1	10,132	0,550	3,663	0,097	1,441	0,858*		
197,52	1,515	168	306,5	4,05	0,588	.	≈3	0,97	0,804*		16
145,21	1,603	140	227,5	3,75	0,626	3,935	—	—	0,708		17
296,92	1,478	182	471,2	4,37	0,554		0,09	1,49	0,571		8,8
225,6	1,16	230	346,3	3,758	0,434		1,11	0,984	0,934*		
190,97	1,439	239	299,2	4,83	0,516	3,14	4,19	0,809	0,737		13,6
276,02	0,6534	388	433,30	4,08	0,233	2,580	0,188	0,633	1,55*		15,1
279,9		328	428				0,16	0,618			
288,9	1,525	243	471	5,54			0,121	1,515	0,561*		
259,5	0,971	333	429,7	5,59	0,37		0,34	0,911	0,858*		8,0
201,0	0,907	72	327,88	5,112	0,3220		2,393	0,638	1,12*		14,1
279,2	0,765		444,8	3,19			0,17	0,747			
20,397	0,07098	454	33,24	1,296	0,0301	0,08989	—	—	14,3	1,41	182
20,28	0,07078	446	32,98	1,293	0,0314		—	—			
165,06	3,057	99,2	289,73	5,840	1,110	5,8971	—	—	0,160	1,68	5,55

2.3 Thermische und kalorische Zustandsgrößen sowie Prandtlzahlen verschiedener ausgewählter Gase
(R. Weiß)

Die Bedeutung der verwendeten Formelzeichen ist in Abschn. 2.1 angegeben.

Tabelle 2.2. Argon, Ar

Zustandsgrößen im Sättigungsgebiet

T K	p MPa	v' dm³/kg	v'' dm³/kg	h' kJ/kg	h'' kJ/kg	s' kJ/(kg K)	s'' kJ/(kg K)
83,78	0,068 7	0,706 8	243,37	71,23	234,44	1,333 5	3,280 8
85	0,079 0	0,710 7	214,50	72,51	234,93	1,348 1	3,258 6
87,29	0,101 3	0,718 0	170,85	74,97	235,78	1,374 5	3,216 7
90	0,133 8	0,726 9	132,70	77,90	236,75	1,403 4	3,168 6
95	0,213 7	0,744 0	86,43	83,50	238,29	1,462 4	3,091 5
100	0,324 7	0,762 8	58,75	89,20	239,58	1,520 2	3,023 7
105	0,473 5	0,783 3	41,30	95,12	240,49	1,579 3	2,960 5
110	0,666 5	0,806 3	29,86	101,18	241,04	1,632 4	2,903 5
115	0,910 7	0,832 2	22,06	107,46	241,16	1,685 2	2,848 7
120	1,213 1	0,861 8	16,57	113,98	240,71	1,738 4	2,794 7
125	1,581 2	0,896 5	12,58	120,86	239,68	1,792 4	2,743 6
130	2,023 3	0,938 3	9,62	128,15	237,79	1,846 4	2,690 4
135	2,548 5	0,990 6	7,35	136,12	234,78	1,902 5	2,633 5
140	3,167 5	1,061 4	5,57	144,94	230,12	1,961 5	2,570 7
145	3,892 6	1,172 1	4,12	155,09	222,47	2,026 4	2,490 7
150	4,738 8	1,468 7	2,55	174,01	203,73	2,133 6	2,331 6
150,86	4,897 9	1,866 7	1,87	189,21	189,21	2,201 4	2,201 4

Prandtlzahl

T in K	100	200	300	400	600	800	1 000
Pr	0,700	0,683	0,677	0,671	0,662	0,660	0,661

Zustandsgrößen im idealen Gaszustand

T in K	100	200	300	400	600	800	1 000
C_p/R	2,500 0	2,500 0	2,500 0	2,500 0	2,500 0	2,500 0	2,500 0
$H/(RT_0)$	0,915 2	1,830 4	2,745 6	3,660 9	5,491 3	7,321 7	9,152 1
S_1/R	15,880 4	17,613 3	18,627 0	19,346 2	20,359 8	21,079 0	21,636 9

Tabelle 2.2 (Fortsetzung)

Realgasfaktoren

p MPa	T in K									
	85	90	100	110	120	130	140	150	160	200
0,1	0,0040	0,9693	0,9775	0,9829	0,9867	0,9894	0,9915	0,9932	0,9943	0,9972
0,2	0,0080	0,0078	0,9539	0,9654	0,9730	0,9787	0,9829	0,9860	0,9885	0,9944
0,4	0,0161	0,0155	0,0147	0,9281	0,9449	0,9568	0,9654	0,9719	0,9769	0,9886
0,6	0,0241	0,0232	0,0220	0,8881	0,9151	0,9338	0,9474	0,9574	0,9652	0,9828
0,8	0,0321	0,0310	0,0293	0,0282	0,8834	0,9100	0,9288	0,9425	0,9530	0,9771
1,0	0,0401	0,0387	0,0366	0,0352	0,8493	0,8849	0,9094	0,9273	0,9408	0,9713
2,0	0,0800	0,0772	0,0729	0,0700	0,0687	0,7305	0,8003	0,8447	0,8758	0,9419
4,0	0,1594	0,1538	0,1449	0,1389	0,1355	0,1355	0,1421	0,6101	0,7185	0,8816
6,0		0,2297	0,2162	0,2067	0,2009	0,1994	0,2042	0,2249	0,4757	0,8208
8,0		0,3050	0,2867	0,2735	0,2651	0,2615	0,2643	0,2781	0,3308	0,7624
10,0		0,3797	0,3565	0,3396	0,3282	0,3223	0,3228	0,3324	0,3629	0,7117
20,0		0,7460	0,6972	0,6598	0,6317	0,6117	0,5989	0,5934	0,5952	0,6871
30,0			1,0263	0,9671	0,9207	0,8849	0,8580	0,8387	0,8266	0,8353
40,0			1,3465	1,2648	1,1996	1,1472	1,1058	1,0732	1,0486	1,0045
50,0			1,6593	1,5548	1,4702	1,4015	1,3453	1,2995	1,2632	1,1745

p MPa	T in K									
	250	300	350	400	500	600	700	800	900	1000
0,1	0,9988	0,9995	0,9997	1,0000	1,0002	1,0003	1,0004	1,0005	1,0004	1,0003
0,2	0,9974	0,9987	0,9997	0,9999	1,0003	1,0005	1,0006	1,0006	1,0006	1,0003
0,4	0,9948	0,9975	0,9994	0,9998	1,0006	1,0010	1,0011	1,0011	1,0011	1,0011
0,6	0,9922	0,9964	0,9982	0,9996	1,0009	1,0013	1,0015	1,0014	1,0016	1,0015
0,8	0,9896	0,9953	0,9983	0,9998	1,0016	1,0019	1,0021	1,0022	1,0019	1,0020
1,0	0,9870	0,9941	0,9979	1,0000	1,0012	1,0025	1,0027	1,0023	1,0025	1,0022
2,0	0,9741	0,9884	0,9958	1,0001	1,0034	1,0046	1,0050	1,0050	1,0049	1,0051
4,0	0,9494	0,9777	0,9924	1,0004	1,0071	1,0094	1,0101	1,0102	1,0099	1,0096
6,0	0,9263	0,9686	0,9900	1,0018	1,0113	1,0143	1,0152	1,0151	1,0148	1,0142
8,0	0,9056	0,9611	0,9884	1,0031	1,0155	1,0198	1,0207	1,0205	1,0198	1,0193
10,0	0,8878	0,9551	0,9879	1,0055	1,0204	1,0249	1,0261	1,0258	1,0250	1,0238
20,0	0,8590	0,9531	1,0014	1,0279	1,0500	1,0552	1,0551	1,0531	1,0507	1,0483
30,0	0,9207	0,9952	1,0400	1,0656	1,0875	1,0905	1,0875	1,0831	1,0782	1,0736
40,0	1,0262	1,0674	1,0972	1,1158	1,1302	1,1292	1,1224	1,1147	1,1068	1,0999
50,0	1,1479	1,1559	1,1671	1,1744	1,1764	1,1701	1,1591	1,1479	1,1370	1,1273

Virialkoeffizienten

T in K	85	90	95	100	110	125	150	200	250
$10^3 B$ m³ kmol⁻¹	−251	−225	−202,5	−183,5	−154,4	−123,0	−86,2	−47,4	−27,9

T in K	300	400	500	600	700	800	900	1000
$10^3 B$ m³ kmol⁻¹	−15,5	−1,0	7,0	12,0	15,0	17,7	20,0	22,0

Tabelle 2.3. Bortrifluorid, BF$_3$

Zustandsgrößen im Sättigungsgebiet

t	$v''(p = 0{,}1\,\mathrm{MPa})$
°C	dm^3/kg
0	332,23
15	352,11
50	395,26

Realgasfaktoren

t	p in MPa						
°C	0,1	0,5	1,0	3,0	5,0	10,0	20,0
15	0,995	0,975	0,949	0,845	0,723	0,417	0,560
50	0,998	0,985	0,969	0,906	0,840	0,678	0,658

Tabelle 2.4. Chlor, Cl_2

Zustandsgrößen im Sättigungsgebiet

t °C	p MPa	v' dm³/kg	v'' dm³/kg	h' kJ/kg	h'' kJ/kg	s' kJ/(kg K)	s'' kJ/(kg K)
−70	0,015 4	0,604 2	1 563,000	351,11	658,00	3,902 1	5,412 7
−60	0,028 2	0,613 5	894,400	360,69	662,27	3,948 2	5,362 9
−50	0,048 6	0,623 3	541,800	370,15	666,41	3,991 7	5,319 3
−40	0,079 3	0,633 6	344,900	379,70	670,43	4,033 6	5,280 4
−30	0,123 6	0,644 5	229,000	389,37	674,33	4,073 8	5,245 6
−20	0,185 2	0,656 0	157,700	399,21	678,05	4,113 1	5,214 7
−10	0,268 0	0,668 2	112,100	408,88	681,61	4,150 8	5,187 0
0	0,376 2	0,681 2	81,890	418,68	684,96	4,186 8	5,161 5
10	0,514 2	0,695 1	61,260	428,44	688,10	4,221 6	5,138 5
20	0,686 4	0,710 0	46,770	438,19	690,99	4,254 6	5,117 1
30	0,897 3	0,726 1	36,350	447,90	693,63	4,287 3	5,097 8
40	1,152 0	0,743 5	28,660	457,66	695,97	4,318 3	5,079 0
50	1,455 0	0,762 7	22,880	467,46	697,98	4,348 0	5,061 4
60	1,811 0	0,783 7	18,440	477,50	699,57	4,378 1	5,044 7
70	2,227 0	0,807 3	14,970	487,76	700,66	4,407 4	5,027 9
80	2,707 0	0,833 9	12,200	498,56	701,16	4,437 6	5,011 2
90	3,258 0	0,864 6	9,944	510,25	701,04	4,466 5	4,991 9
100	3,889 0	0,901 0	8,082	523,35	700,20	4,500 4	4,974 3
110	4,607 0	0,945 6	6,508	537,88	698,02	4,537 2	4,955 1
120	5,423 0	1,003 9	5,169	554,63	694,21	4,578 7	4,933 7
130	6,347 0	1,089 0	4,001	575,10	688,39	4,627 7	4,908 6
140	7,393 0	1,262 4	2,842	603,74	674,91	5,066 0	4,865 9
144	7,853 0	1,763 1	1,763	642,30	642,30	4,786 3	4,786 3

Prandtlzahl

t in °C	−100	−50	0	20	50	100
Pr'	4,7	2,65	2	1,84	1,76	1,53

Zustandsgrößen im idealen Gaszustand

T in K	250	300	400	500	600	800	1 000
C_p/R	3,968	4,089	4,250	4,341	4,401	4,472	4,512
$H/(RT_0)$	3,333 5	4,071 6	5,600 6	7,174 1	8,777 0	12,029	15,318
S_1/R	26,126	26,860	28,061	29,020	29,817	31,095	32,126

Realgasfaktoren

t °C	p in MPa						
	0,1	0,2	0,4	0,6	0,8	1,0	1,4
15	0,986 9	0,973 4	0,945 2				
50	0,991 3	0,982 5	0,963 9	0,944 3	0,923 5	0,901 7	0,862 6

Tabelle 2.5. Monobrommonochlordifluormethan (R12B1), $CBrClF_2$

Zustandsgrößen im Sättigungsgebiet

t	p	v'	v''	h'	h''	s'	s''
°C	MPa	dm^3/kg	dm^3/kg	kJ/kg	kJ/kg	kJ/(kg K)	kJ/(kg K)
−40	0,00217	0,4963	533,45	480,81	613,33	0,9245	1,4928
−30	0,0348	0,5040	345,30	485,22	617,14	0,9429	1,4855
−20	0,0537	0,5122	230,99	489,87	620,93	0,9616	1,4794
−15	0,0660	0,5165	191,01	492,30	622,81	0,9711	1,4767
−10	0,0803	0,5209	158,99	494,80	624,67	0,9807	1,4742
−5	0,0972	0,5254	133,17	497,36	626,51	0,9903	1,4719
0	0,1167	0,5031	112,18	500,00	628,33	1,0000	1,4698
5	0,1394	0,5349	95,01	502,71	630,11	1,0098	1,4678
10	0,1653	0,5399	80,87	505,49	631,86	1,0196	1,4660
15	0,1950	0,5451	69,16	508,34	633,57	1,0296	1,4642
20	0,2288	0,5505	59,39	511,25	635,23	1,0395	1,4624
25	0,2670	0,5560	51,22	514,24	636,85	1,0496	1,4608
30	0,3101	0,5618	44,33	517,29	638,40	1,0596	1,4591
35	0,3584	0,5678	38,50	520,41	639,91	1,0697	1,4575
40	0,4124	0,5741	33,55	523,58	641,35	1,0798	1,4559
50	0,5393	0,5875	25,70	530,11	644,04	1,1001	1,4527
60	0,6943	0,6021	19,90	536,88	646,47	1,1205	1,4495
70	0,8814	0,6184	15,55	543,88	648,66	1,1408	1,4462
80	1,1047	0,6366	12,24	551,14	650,64	1,1613	1,4430
90	1,3684	0,6573	9,70	558,74	652,45	1,1821	1,4401
100	1,6769	0,6813	7,72	566,80	654,18	1,2034	1,4375
110	2,0347	0,7099	6,17	575,51	655,87	1,2258	1,4355
120	2,4466	0,7452	4,92	585,17	657,51	1,2499	1,4339
130	2,9176	0,7918	3,89	596,20	658,93	1,2766	1,4322
140	3,4526	0,8612	2,99	609,34	659,47	1,3077	1,4291
150	4,0572	1,0108	2,10	626,95	656,40	1,3485	1,4181

Realgasfaktoren

t	p in MPa						
°C	0,05	0,10	0,15	0,20	0,30	0,40	0,50
15	0,9860	0,9716	0,9569				
50	0,9900	0,9800	0,9696	0,9591	0,9375	0,9149	0,8913

Tabelle 2.6. Monobromtrifluormethan (R13B1), $CBrF_3$

Zustandsgrößen im Sättigungsgebiet

t	p	v'	v''	h'	h''	s'	s''
°C	MPa	dm³/kg	dm³/kg	kJ/kg	kJ/kg	kJ/(kg K)	kJ/(kg K)
−100	0,0077	0,4620	1 246,07	854,46	983,50	0,4609	1,2061
−90	0,0160	0,4704	632,93	860,00	986,89	0,4916	1,1844
−80	0,0305	0,4795	347,65	865,80	990,31	0,5221	1,1667
−70	0,0542	0,4891	203,80	871,87	993,71	0,5524	1,1521
−60	0,0908	0,4996	126,19	878,19	997,08	0,5825	1,1402
−50	0,1445	0,5108	81,79	884,79	1 000,39	0,6124	1,1304
−40	0,2199	0,5231	55,11	891,61	1 003,61	0,6419	1,1223
−35	0,2674	0,5297	45,80	895,10	1 005,18	0,6566	1,1187
−30	0,3222	0,5366	38,35	898,67	1 006,71	0,6712	1,1155
−25	0,3851	0,5438	32,33	902,26	1 008,20	0,6856	1,1125
−20	0,4568	0,5515	27,42	905,92	1 009,66	0,7000	1,1098
−15	0,5379	0,5596	23,38	909,62	1 011,07	0,7142	1,1072
−10	0,6292	0,5682	20,04	913,36	1 012,43	0,7283	1,1048
−5	0,7315	0,5774	17,25	917,15	1 013,73	0,7423	1,1025
0	0,8454	0,5872	14,91	921,00	1 014,98	0,7562	1,1003
5	0,9719	0,5978	12,94	924,88	1 016,15	0,7700	1,0981
10	1,1117	0,6092	11,25	928,82	1 017,25	0,7837	1,0960
15	1,2657	0,6216	9,81	932,84	1 018,25	0,7973	1,0938
20	1,4348	0,6352	8,56	936,93	1 019,15	0,8110	1,0915
25	1,6200	0,6503	7,48	941,10	1 019,94	0,8247	1,0891
30	1,8223	0,6671	6,54	945,39	1 020,58	0,8385	1,0865
35	2,0430	0,6863	5,71	949,82	1 021,03	0,8525	1,0835
40	2,2831	0,7084	4,97	954,45	1 021,27	0,8668	1,0802
45	2,5442	0,7348	4,31	959,33	1 021,22	0,8816	1,0761
50	2,8278	0,7672	3,71	964,58	1 020,78	0,8973	1,0712
55	3,1355	0,8098	3,16	970,41	1 019,75	0,9144	1,0648
60	3,4693	0,8723	2,62	977,23	1 017,70	0,9342	1,0556
65	3,8313	0,9995	2,02	986,88	1 012,82	0,9619	1,0386

Spezifische Wärme im idealen Gaszustand

t in °C	20	40	60	80	100	150	200
c_p in kJ/(kg K)	0,4603	0,4758	0,4905	0,5041	0,5169	0,5448	0,5672

Realgasfaktoren

t °C	p in MPa						
	0,1	0,2	0,5	1,0	1,5	2,0	2,5
15	0,9852	0,9699	0,9213	0,8291			
50	0,9900	0,9795	0,9474	0,8897	0,8256	0,7519	0,6612

Tabelle 2.7. Monochlortrifluormethan (R13), $CClF_3$

Zustandsgrößen im Sättigungsgebiet

t °C	p MPa	v' dm³/kg	v'' dm³/kg	h' kJ/kg	h'' kJ/kg	s' kJ/(kg K)	s'' kJ/(kg K)
−130	0,0027	0,5889	4278,03	815,78	984,96	0,2037	1,3855
−120	0,0070	0,6009	1737,82	823,67	989,57	0,2569	1,3402
−110	0,0160	0,6138	800,20	831,64	993,93	0,3073	1,3020
−100	0,0331	0,6276	407,72	839,90	998,18	0,3564	1,2705
−90	0,0653	0,6426	225,59	848,52	1002,33	0,4047	1,2445
−80	0,1097	0,6588	133,53	857,53	1006,36	0,4524	1,2229
−70	0,1807	0,6765	83,54	866,89	1010,24	0,4994	1,2050
−60	0,2824	0,6961	54,69	876,56	1013,92	0,5455	1,1899
−50	0,4219	0,7179	37,17	886,48	1017,36	0,5905	1,1771
−40	0,6068	0,7425	26,03	896,62	1020,51	0,6344	1,1658
−30	0,8449	0,7707	18,66	906,95	1023,30	0,6770	1,1555
−20	1,1447	0,8038	13,61	917,49	1025,65	0,7186	1,1458
−16	1,2839	0,8188	12,03	921,79	1026,43	0,7350	1,1419
−12	1,4352	0,8352	10,65	926,16	1027,11	0,7513	1,1379
−8	1,5991	0,8530	9,44	930,60	1027,66	0,7677	1,1337
−4	1,7765	0,8728	8,36	935,14	1028,07	0,7841	1,1294
0	1,9682	0,8948	7,40	939,82	1028,30	0,8007	1,1246
4	2,1751	0,9198	6,54	944,67	1028,31	0,8177	1,1195
8	2,3981	0,9488	5,76	949,75	1028,05	0,8351	1,1136
12	2,6384	0,9831	5,05	955,15	1027,44	0,8534	1,1069
16	2,8972	1,0257	4,39	961,03	1026,33	0,8729	1,0988
20	3,1758	1,0819	3,76	967,64	1024,45	0,8946	1,0884
24	3,4759	1,1669	3,13	975,64	1021,14	0,9206	1,0737
28	3,7990	1,3733	2,34	988,43	1012,82	0,9620	1,0430

Spezifische Wärme im idealen Gaszustand

t in °C	−100	−50	−25	0	25	50	100
c_p in kJ/(kg K)	0,4651	0,5421	0,5777	0,6107	0,6413	0,6698	0,7221

Realgasfaktoren

t °C	p in MPa						
	0,1	0,2	0,4	1,0	1,5	2,0	3,0
15	0,9897	0,9796	0,9585	0,8906	0,8264	0,7515	
50	0,9929	0,9860	0,9718	0,9278	0,8887	0,8471	0,7538

Tabelle 2.8. Dichlordifluormethan (R12), CCl_2F_2

Zustandsgrößen im Sättigungsgebiet

t °C	p MPa	v' dm³/kg	v'' dm³/kg	h' kJ/kg	h'' kJ/kg	s' kJ/(kg K)	s'' kJ/(kg K)
−80	0,006 2	0,614 9	2 145,50	28,44	214,71	0,691 9	1,656 3
−70	0,012 3	0,624 9	1 133,92	36,79	219,52	0,734 0	1,633 5
−60	0,022 6	0,635 6	642,24	45,51	224,37	0,775 9	1,615 0
−50	0,039 1	0,646 8	386,10	54,27	229,26	0,816 0	1,600 2
−40	0,064 1	0,658 8	243,95	63,19	234,13	0,855 1	1,588 2
−30	0,100 3	0,671 7	160,79	72,20	238,96	0,892 8	1,578 6
−20	0,150 8	0,685 4	109,82	81,34	243,69	0,929 5	1,570 8
−10	0,219 0	0,700 2	77,30	90,61	248,30	0,965 2	1,564 5
−5	0,260 9	0,708 1	65,49	95,29	250,55	0,982 7	1,561 7
0	0,305 3	0,716 3	55,81	100,00	252,75	1,000 0	1,559 2
5	0,362 5	0,724 9	47,82	104,74	254,89	1,017 1	1,556 9
10	0,423 3	0,733 9	41,18	109,52	256,99	1,033 9	1,554 7
15	0,491 4	0,743 3	35,61	114,33	259,02	1,050 6	1,552 7
20	0,567 4	0,753 2	30,93	119,18	260,99	1,067 1	1,550 8
25	0,651 9	0,763 7	26,96	124,07	262,89	1,083 4	1,549 0
30	0,745 3	0,774 7	23,58	129,01	264,72	1,099 6	1,547 2
35	0,848 3	0,786 4	20,68	133,99	266,45	1,115 6	1,545 5
40	0,961 5	0,798 9	18,19	139,03	268,10	1,131 6	1,543 7
50	1,220 9	0,826 5	14,16	149,32	271,09	1,163 2	1,540 1
60	1,528 5	0,858 7	11,08	159,95	273,57	1,194 9	1,535 9
70	1,889 8	0,897 3	8,69	171,08	275,41	1,226 8	1,530 9
80	2,310 6	0,945 6	6,79	182,92	276,38	1,259 7	1,524 4
90	2,797 2	1,010 2	5,24	195,87	276,02	1,294 5	1,515 2
100	3,356 3	1,109 2	3,90	210,86	273,22	1,333 6	1,500 7
110	3,995 2	1,354 9	2,50	232,33	262,18	1,388 3	1,466 2
112	4,133 3	1,792 0	1,79	248,17	248,17	1,429 0	1,429 0

Prandtlzahl

t in °C	−70	−60	−40	−20	0	20	30
Pr'	5,21	4,65	3,90	3,44	3,17	3,05	3,04

Spezifische Wärme im idealen Gaszustand

t in °C	−75	−50	−25	0	25	50	75
c_p in kJ/(kg K)	0,458 8	0,489 8	0,519 1	0,547 1	0,573 5	0,596 9	0,619 5

Realgasfaktoren

t °C	p in MPa						
	0,1	0,2	0,4	0,6	0,8	1,0	1,2
15	0,993	0,985	0,960				
50	0,995	0,992	0,981	0,950	0,914	0,882	0,832

Tabelle 2.9. Trichlormonofluormethan (R11), CCl_3F

Zustandsgrößen im Sättigungsgebiet

t	p	v'	v''	h'	h''	s'	s''
°C	MPa	dm^3/kg	dm^3/kg	kJ/kg	kJ/kg	kJ/(kg K)	kJ/(kg K)
−60	0,0013	0,6012	9 973,58	453,56	661,14	0,8084	1,7822
−50	0,0027	0,6088	5 097,11	460,61	665,98	0,8408	1,7611
−40	0,0051	0,6167	2 766,51	468,91	670,81	0,8772	1,7432
−30	0,0091	0,6249	1 600,93	476,09	675,82	0,9074	1,7288
−20	0,0156	0,6335	971,44	483,92	680,87	0,9389	1,7169
−10	0,0255	0,6425	615,76	491,94	685,98	0,9700	1,7074
0	0,0400	0,6519	405,92	500,01	691,17	1,0000	1,6999
10	0,0606	0,6617	276,61	508,38	696,39	1,0301	1,6941
20	0,0887	0,6721	194,04	517,07	701,62	1,0602	1,6897
30	0,1263	0,6830	139,69	526,00	706,85	1,0900	1,6866
40	0,1752	0,6946	102,85	535,21	712,04	1,1198	1,6845
50	0,2375	0,7069	77,23	544,67	717,16	1,1494	1,6832
60	0,3154	0,7201	59,00	554,38	722,18	1,1788	1,6825
70	0,4111	0,7341	45,75	564,29	727,06	1,2079	1,6823
80	0,5268	0,7493	35,94	574,36	731,77	1,2366	1,6824
90	0,6651	0,7657	28,56	584,54	736,29	1,2648	1,6826
100	0,8283	0,7837	22,91	594,80	740,58	1,2923	1,6830
110	1,0190	0,8035	18,54	605,12	744,63	1,3192	1,6833
120	1,2398	0,8256	15,10	615,47	748,40	1,3454	1,6835
130	1,4937	0,8505	12,36	625,88	751,85	1,3710	1,6835
140	1,7838	0,8792	10,15	636,39	754,91	1,3961	1,6830
150	2,1137	0,9130	8,34	647,07	757,47	1,4210	1,6819
160	2,4875	0,9542	6,84	658,06	759,30	1,4458	1,6796
170	2,9099	1,0070	5,56	669,59	760,04	1,4712	1,6753
180	3,3864	1,0809	4,43	682,07	758,87	1,4979	1,6674
190	3,9237	1,2074	3,36	696,71	753,66	1,5285	1,6515
198	4,4026	1,8050	1,81	725,80	725,80	1,5892	1,5892

Prandtlzahl

t in °C	−60	−40	−20	0	20
Pr'	9,56	7,30	5,90	4,98	4,37

Spezifische Wärme im idealen Gaszustand

t in °C	−50	−25	0	25	50	75	100
c_p in kJ/(kg K)	0,4981	0,5249	0,5488	0,5706	0,5898	0,6070	0,6220

Realgasfaktoren

t	p in MPa						
°C	0,02	0,04	0,06	0,08	0,1	0,15	0,2
15	0,9932	0,9862	0,9791				
50	0,9951	0,9900	0,9849	0,9798	0,9746	0,9614	0,9480

Tabelle 2.10. Tetrafluormethan (R14), CF_4

Zustandsgrößen im Sättigungsgebiet

t °C	p MPa	v' dm³/kg	v'' dm³/kg	h' kJ/kg	h'' kJ/kg	s' kJ/(kg K)	s'' kJ/(kg K)
−150	0,0151	0,5747	760,00	373,67	518,37	3,8598	5,0627
−145	0,0247	0,5774	482,00	377,69	520,08	3,8962	5,0309
−140	0,0390	0,5797	314,00	381,84	517,61	3,9301	5,0016
−135	0,0595	0,5889	211,00	386,06	523,43	3,9645	4,9752
−130	0,0876	0,5984	148,00	390,42	525,02	3,9976	4,9513
−125	0,1251	0,6075	107,50	394,86	526,57	4,0302	4,9300
−120	0,1738	0,6169	78,10	399,42	528,08	4,0625	4,9107
−115	0,2359	0,6215	57,90	404,07	529,55	4,0943	4,8935
−110	0,3132	0,6262	44,70	408,84	530,93	4,1273	4,8772
−105	0,4079	0,6481	34,70	413,70	532,23	4,1546	4,8630
−100	0,5220	0,6716	27,30	418,68	533,40	4,1868	4,8492
−95	0,6578	0,6878	21,70	423,75	534,49	4,2149	4,8366
−90	0,8174	0,7047	17,40	428,94	535,41	4,2433	4,8244
−85	1,0030	0,7252	14,20	434,21	536,20	4,2693	4,8115
−80	1,2173	0,7463	11,50	439,61	536,75	4,2877	4,8018
−75	1,4632	0,7664	7,62	445,10	537,08	4,3262	4,7905
−70	1,7426	0,7876	0,37	450,71	537,17	4,3534	4,7788

Spezifische Wärme im idealen Gaszustand

t in °C	0	50	100
c_p in kJ/(kg K)	0,658	0,730	0,794

Realgasfaktoren

t °C	p in MPa						
	0,1	0,5	1,0	2,5	5	10	15
15	0,9981	0,9903	0,9763	0,9080	0,7832	0,6058	0,6205
50	0,9988	0,9944	0,9866	0,9480	0,8717	0,7637	0,7267

Tabelle 2.11. Monochlordifluormethan (R22), $CHClF_2$

Zustandsgrößen im Sättigungsgebiet

t	p	v'	v''	h'	h''	s'	s''
°C	MPa	dm³/kg	dm³/kg	kJ/kg	kJ/kg	kJ/(kg K)	kJ/(kg K)
−90	0,005 0	0,647 7	3 525,29	740,52	997,15	0,101 0	1,502 1
−80	0,010 6	0,658 5	1 744,17	749,49	1 002,03	0,148 6	1,456 1
−70	0,020 7	0,669 9	933,03	758,82	1 006,90	0,195 7	1,416 8
−60	0,037 7	0,682 1	533,08	768,55	1 011,72	0,242 3	1,383 2
−50	0,064 7	0,695 1	322,05	778,64	1 016,42	0,288 5	1,354 1
−40	0,105 3	0,709 1	203,97	789,15	1 020,97	0,334 4	1,328 7
−30	0,164 0	0,724 2	134,49	800,01	1 025,31	0,379 9	1,306 5
−20	0,245 6	0,740 5	91,79	811,18	1 029,40	0,424 6	1,286 7
−16	0,285 7	0,747 4	79,45	815,72	1 030,96	0,442 3	1,279 3
−12	0,330 8	0,754 6	69,08	820,29	1 032,47	0,459 8	1,272 3
−8	0,381 0	0,762 1	60,30	824,92	1 033,93	0,477 3	1,265 6
−4	0,436 8	0,769 8	52,84	829,58	1 035,34	0,494 6	1,259 0
0	0,498 6	0,779 9	46,48	834,26	1 036,69	0,511 6	1,252 7
4	0,566 7	0,786 3	41,01	839,01	1 037,97	0,528 7	1,246 6
8	0,641 5	0,795 1	36,30	843,76	1 039,20	0,545 5	1,240 7
12	0,723 4	0,804 3	32,22	848,55	1 040,37	0,562 2	1,234 9
16	0,812 9	0,813 9	28,68	853,36	1 041,46	0,578 7	1,229 2
20	0,910 4	0,824 0	25,59	858,17	1 042,50	0,594 9	1,223 7
30	1,191 5	0,851 8	19,42	870,44	1 044,72	0,635 3	1,210 2
40	1,532 1	0,884 0	14,88	882,95	1 046,37	0,675 0	1,196 8
50	1,939 8	0,922 2	11,48	895,86	1 047,33	0,714 4	1,183 1
60	2,423 3	0,969 2	8,86	909,45	1 047,35	0,754 4	1,168 3
70	2,992 7	1,030 4	6,79	924,19	1 045,99	0,796 3	1,151 3
80	3,660 1	1,118 4	5,09	941,10	1 042,33	0,842 8	1,129 4
90	4,440 3	1,281 0	3,57	963,24	1 033,30	0,902 0	1,094 9
96	4,970 0	1,904 8	1,90	1 000,00	1 000,00	1,000 0	1,000 0

Prandtlzahl

t in °C	−40	−20	0	20	40
Pr'	2,88	2,82	2,79	2,82	3,04

Spezifische Wärme im idealen Gaszustand

t in °C	25	100	200
c_p in kJ/(kg K)	0,670	0,758	0,850

Realgasfaktoren

t	p in MPa						
°C	0,1	0,2	0,4	0,6	0,8	1,2	1,6
15	0,983 3	0,966 0	0,929 9	0,892 3			
50	0,988 8	0,977 9	0,954 0	0,930 9	0,903 8	0,849 7	0,787 9

Tabelle 2.12. Dichlormonofluormethan (R21), $CHCl_2F$

Zustandsgrößen im Sättigungsgebiet

t	p	v'	v''	h'	h''	s'	s''
°C	MPa	dm^3/kg	dm^3/kg	kJ/kg	kJ/kg	kJ/(kg K)	kJ/(kg K)
−40	0,009 4	0,660 4	2 004,0	377,90	645,02	4,022 7	5,168 2
−35	0,012 6	0,665 1	1 518,0	382,92	647,45	4,044 4	5,155 2
−30	0,016 8	0,669 9	1 168,0	387,99	650,13	4,066 2	5,144 3
−25	0,021 9	0,674 8	909,1	393,01	652,72	4,086 7	5,133 9
−20	0,028 4	0,679 8	716,9	398,12	655,23	4,107 3	5,121 3
−15	0,036 2	0,685 0	570,5	403,23	657,79	4,127 8	5,114 6
−10	0,045 8	0,690 3	458,7	408,38	660,34	4,147 4	5,105 0
−5	0,057 2	0,695 8	372,4	413,49	662,77	4,167 5	5,097 0
0	0,070 9	0,701 4	305,3	418,68	665,41	4,186 8	5,089 9
5	0,087 0	0,707 2	252,3	423,87	668,05	4,206 1	5,084 0
10	0,105 9	0,713 1	210,3	429,15	670,85	4,224 9	5,078 6
15	0,127 8	0,719 2	176,4	434,38	673,45	4,243 3	5,072 7
20	0,153 2	0,725 5	149,1	439,57	675,92	4,261 7	5,068 1
25	0,182 4	0,732 0	126,6	444,89	678,60	4,280 2	5,063 9
30	0,215 6	0,738 6	108,4	450,16	681,07	4,297 8	5,059 3
35	0,253 3	0,745 4	93,1	455,52	683,66	4,314 9	5,055 1
40	0,295 9	0,752 5	80,4	460,88	686,05	4,332 9	5,051 8
45	0,343 6	0,759 8	69,7	466,24	688,06	4,349 7	5,046 8
50	0,397 0	0,767 2	60,7	471,68	689,86	4,366 8	5,041 7

Spezifische Wärme im idealen Gaszustand

t in °C	25	100	200
c_p in kJ/(kg K)	0,594	0,661	0,737

Realgasfaktoren

t	p in MPa						
°C	0,05	0,10	0,15	0,20	0,25	0,30	0,35
15	0,985 5	0,963 0					
50	0,990 0	0,973 1	0,969 2	0,959 0	0,948 0	0,936 5	0,924 0

Tabelle 2.13. Trifluormethan (R23), CHF_3

Zustandsgrößen im Sättigungsgebiet

t	p	v'	v''	h'	h''	s'	s''
°C	MPa	dm^3/kg	dm^3/kg	kJ/kg	kJ/kg	kJ/(kg K)	kJ/(kg K)
−140	0,0006	0,6174	25 548,00	735,42	1 014,80	8,8203	10,9186
−130	0,0021	0,6278	8 068,40	746,53	1 019,85	8,9007	10,8101
−120	0,0060	0,6391	3 034,40	757,83	1 024,88	8,9770	10,7207
−110	0,0146	0,6515	1 311,70	769,40	1 029,83	9,0502	10,6464
−100	0,0318	0,6651	634,18	781,27	1 034,63	9,1207	10,5839
−90	0,0628	0,6801	335,71	793,46	1 039,20	9,1890	10,5308
−80	0,1144	0,6967	191,31	805,92	1 043,47	9,2551	10,4849
−70	0,1948	0,7153	115,77	818,62	1 047,35	9,3189	10,4448
−60	0,3135	0,7362	73,57	831,50	1 050,77	9,3803	10,4091
−50	0,4810	0,7600	48,65	844,52	1 053,68	9,4395	10,3768
−45	0,5867	0,7733	40,05	851,09	1 054,91	9,4682	10,3616
−40	0,7090	0,7876	33,20	857,69	1 055,97	9,4964	10,3469
−35	0,8496	0,8031	27,69	864,35	1 056,85	9,5242	10,3325
−30	1,0102	0,8200	23,21	871,07	1 057,53	9,5516	10,3185
−25	1,1927	0,8385	19,54	877,90	1 057,99	9,5788	10,3045
−20	1,3989	0,8590	16,51	884,85	1 058,19	9,6058	10,2905
−15	1,6310	0,8819	13,98	891,98	1 058,09	9,6329	10,2764
−10	1,8911	0,9076	11,85	899,36	1 057,64	9,6603	10,2618
−5	2,1817	0,9372	10,04	907,08	1 056,75	9,6884	10,2465
0	2,5053	0,9717	8,49	915,28	1 055,32	9,7175	10,2302
5	2,8649	1,0130	7,14	924,14	1 053,16	9,7484	10,2122
10	3,2637	1,0645	5,95	933,96	1 049,98	9,7819	10,1916
15	3,7051	1,1330	4,87	945,28	1 045,20	9,8198	10,1666
20	4,1931	1,2368	3,83	959,32	1 037,35	9,8661	10,1323
25,91	4,8360	1,9048	1,90	1 000,00	1 000,00	10,0000	10,0000

Spezifische Wärme im idealen Gaszustand

t in °C	25	100	200
c_p in kJ/(kg K)	0,762	0,875	1,000

Realgasfaktoren

t	p in MPa						
°C	0,1	0,5	1	3	5	10	15
15	0,9916	0,9573	0,9116	0,6749			
50	0,9944	0,9718	0,9426	0,8141	0,6572	0,3556	0,4654

Tabelle 2.14. Methylbromid (R40E1), CH_3Br

Zustandsgrößen im Sättigungsgebiet

t °C	p MPa	v' dm³/kg	v'' dm³/kg	h' kJ/kg	h'' kJ/kg	s' kJ/(kg K)	s'' kJ/(kg K)
−50	0,0076	0,538	2594,80	394,32	657,70	4,0880	1,2586
−45	0,0101	0,542	1970,60	396,75	659,84	4,0985	1,2547
−40	0,0134	0,545	1516,50	399,14	661,93	4,1090	1,2510
−35	0,0176	0,549	1178,90	401,52	664,03	4,1190	1,2474
−30	0,0228	0,553	927,13	403,91	666,12	4,1291	1,2441
−25	0,0293	0,557	736,26	406,34	668,21	4,1391	1,2409
−20	0,0373	0,561	590,35	408,72	670,26	4,1487	1,2379
−15	0,0469	0,565	477,45	411,19	672,31	4,1580	1,2350
−10	0,0585	0,569	389,41	413,66	674,36	4,1676	1,2323
−5	0,0725	0,573	320,11	416,13	676,37	4,1768	1,2297
0	0,0890	0,578	265,10	418,60	678,38	4,1860	1,2272
5	0,1086	0,582	221,09	421,07	680,35	4,1948	1,2248
10	0,1315	0,586	185,60	423,58	682,32	4,2040	1,2226
15	0,1582	0,591	156,79	426,13	684,29	4,2128	1,2204
20	0,1890	0,596	133,23	428,69	686,21	4,2212	1,2183
25	0,2246	0,601	113,85	431,28	688,14	4,2304	1,2164
30	0,2653	0,606	97,81	433,84	690,02	4,2387	1,2145
35	0,3118	0,612	84,45	436,43	691,90	4,2471	1,2126
40	0,3644	0,617	73,27	439,07	693,79	4,2555	1,2109
45	0,4239	0,623	63,86	441,71	695,63	4,2634	1,2092
50	0,4908	0,628	55,90	444,39	697,47	4,2718	1,2076

Realgasfaktoren

t °C	p in MPa						
	0,01	0,05	0,10	0,15	0,20	0,30	0,40
15	0,9974	0,9869	0,9734				
50	0,9983	0,9917	0,9833	0,9748	0,9656	0,9430	0,9134

Tabelle 2.15. Methylchlorid (R40), CH_3Cl

Zustandsgrößen im Sättigungsgebiet

t °C	p MPa	v' dm³/kg	v'' dm³/kg	h' kJ/kg	h'' kJ/kg	s' kJ/(kg K)	s'' kJ/(kg K)
−90	0,0017	0,895	18 500,0	284,66	769,95	3,5927	6,2421
−80	0,0039	0,908	8 350,0	299,10	776,48	3,2176	6,1412
−70	0,0079	0,923	4 150,0	313,63	782,85	3,7430	6,0533
−60	0,0156	0,934	2 235,0	328,41	789,09	3,8138	5,9750
−50	0,0280	0,953	1 295,0	343,07	795,28	3,8812	5,9080
−40	0,0475	0,970	794,0	357,76	801,40	3,9461	5,8485
−30	0,0768	0,986	508,0	372,75	807,34	4,0089	5,7958
−20	0,1189	1,003	338,0	387,87	813,12	4,0696	5,7493
−10	0,1773	1,022	233,0	403,15	818,69	4,1290	5,7079
0	0,2559	1,042	164,8	418,68	823,75	4,1868	5,6698
10	0,3584	1,064	119,8	434,38	828,44	4,2433	5,6350
20	0,4896	1,086	89,1	450,25	832,75	4,2986	5,6032
30	0,6529	1,110	67,5	466,33	836,61	4,3522	5,5735
40	0,8522	1,135	52,0	482,61	840,00	4,4049	5,5463
50	1,0925	1,164	40,8	499,07	842,97	4,4568	5,5211
60	1,3759	1,196	32,4	515,69	845,44	4,5075	5,4973
70	1,7162	1,227	26,7	532,94	847,07	4,5586	5,4738
80	2,1231	1,266	21,7	550,56	847,87	4,6092	5,4512
90	2,6037	1,311	17,7	568,73	847,37	4,6599	5,4273
100	3,1509	1,364	14,3	587,70	845,40	4,6695	5,4018
110	3,7805	1,433	11,4	608,05	841,46	4,7650	5,3746
120	4,4993	1,527	9,0	630,74	834,68	4,8240	5,3428
130	5,3250	1,667	6,7	657,66	822,54	4,8919	5,3009
140	6,2812	1,961	4,4	699,32	795,37	4,9965	5,2289
143,1	6,6783	2,740	2,7	749,44	749,44	5,1171	5,1171

Prandtlzahl

t in °C	−75	−50	−25	0	20	50	60
Pr'	3,97	2,94	2,35	2,05	1,88	1,68	1,66

Spezifische Wärme im idealen Gaszustand

t in °C	0	10	25	50	100	200	500
c_p in kJ/(kg K)	0,774	0,787	0,808	0,841	0,917	1,055	1,390

Realgasfaktoren

t °C	p in MPa						
	0,1	0,2	0,3	0,4	0,5	0,7	0,8
15	0,9858	0,9711	0,9560	0,9270			
50	0,9840	0,9726	0,9590	0,9450	0,9308	0,9030	0,8872

Tabelle 2.16. Methan, CH_4

Zustandsgrößen im Sättigungsgebiet

T	p	v'	v''	h'	h''	s'	s''
K	MPa	dm^3/kg	dm^3/kg	kJ/kg	kJ/kg	kJ/(kg K)	kJ/(kg K)
90,680	0,011 7	2,214 7	3 975,67	216,57	760,47	4,233 7	10,231 7
94	0,017 7	2,236 5	2 726,73	227,00	766,46	4,352 2	10,091 0
98	0,027 9	2,263 9	1 796,82	239,88	773,72	4,490 8	9,938 2
102	0,042 3	2,291 9	1 226,81	253,07	780,93	4,625 6	9,800 9
106	0,062 1	2,321 9	863,86	266,56	788,02	4,757 0	9,676 5
110	0,088 4	2,353 1	624,88	280,29	794,91	4,884 7	9,563 1
114	0,122 6	2,385 4	462,79	294,24	801,54	5,009 5	9,459 7
118	0,166 2	2,420 4	349,88	308,38	807,89	5,131 3	9,364 2
122	0,220 5	2,456 5	269,36	322,70	813,87	5,249 8	9,275 9
126	0,287 3	2,495 2	210,69	337,21	819,49	5,365 8	9,193 4
130	0,368 1	2,536 3	167,13	351,92	824,65	5,478 8	9,115 5
134	0,464 5	2,579 9	134,19	366,86	829,35	5,590 2	9,041 8
138	0,578 3	2,626 7	108,89	382,07	833,49	5,699 9	8,971 1
142	0,711 2	2,677 2	89,17	397,59	837,03	5,808 3	8,903 2
146	0,864 9	2,732 0	73,58	413,45	839,91	5,915 5	8,836 7
150	1,041 4	2,791 9	61,12	429,72	842,05	6,022 3	8,771 3
154	1,242 3	2,858 0	51,04	446,43	843,36	6,128 6	8,706 0
158	1,469 7	2,930 9	42,79	463,62	843,73	6,234 6	8,640 3
162	1,725 5	3,013 1	35,98	481,34	843,01	6,340 5	8,572 9
166	2,011 8	3,107 3	30,30	499,72	841,03	6,447 3	8,503 4
170	2,330 8	3,217 6	25,51	518,92	837,53	6,555 3	8,429 7
174	2,685 0	3,350 4	21,41	539,24	832,07	6,667 1	8,349 7
178	3,077 1	3,516 8	17,83	561,35	824,06	6,784 7	8,260 6
182	3,510 3	3,741 3	14,64	586,10	811,91	6,913 2	8,154 2
186	3,988 8	4,084 0	11,63	615,71	792,23	7,064 0	8,013 1
190	4,519 9	4,900 0	8,23	662,00	751,20	7,297 6	7,766 9
190,555	4,598 8	6,233 2	6,23	704,88	704,88	7,520 3	7,520 3

Zustandsgrößen im idealen Gaszustand

T in K	100	200	300	400	600	800	1 000
C_p/R	4,003	4,029	4,306	4,895	6,320	7,604	8,666
$H/(RT_0)$	1,465 4	2,933 1	4,448 4	6,126 0	10,230	15,340	21,311
S_1/R	17,987	20,762	22,434	23,753	26,004	28,003	29,816

Tabelle 2.16 (Fortsetzung)

Realgasfaktoren

p MPa	T in K									
	95	100	120	140	160	180	200	220	240	260
0,1	0,0045	0,0044	0,9728	0,9824	0,9877	0,9917	0,9937	0,9954	0,9961	0,9975
0,2	0,0091	0,0088	0,0078	0,9645	0,9757	0,9830	0,9875	0,9905	0,9926	0,9942
0,4	0,0182	0,0175	0,0156	0,9256	0,9507	0,9653	0,9748	0,9808	0,9853	0,9889
0,6	0,0272	0,0263	0,0234	0,8848	0,9240	0,9468	0,9621	0,9715	0,9783	0,9832
0,8	0,0363	0,0350	0,0312	0,0290	0,8966	0,9287	0,9485	0,9620	0,9706	0,9778
1,0	0,0453	0,0437	0,0389	0,0362	0,8664	0,9092	0,9349	0,9516	0,9632	0,9722
2,0	0,0906	0,0874	0,0777	0,0722	0,0708	0,8003	0,8630	0,9010	0,9263	0,9436
4,0	0,1805	0,1741	0,1547	0,1432	0,1391	0,1515	0,6858	0,7891	0,8483	0,8869
6,0	0,2699	0,2604	0,2310	0,2132	0,2054	0,2137	0,3754	0,6625	0,7685	0,8314
8,0	0,3588	0,3460	0,3066	0,2823	0,2702	0,2743	0,3217	0,5356	0,6915	0,7796
10,0	0,4473	0,4313	0,3818	0,3506	0,3338	0,3337	0,3657	0,4756	0,6301	0,7363
20,0	0,8823	0,8498	0,7489	0,6820	0,6379	0,6147	0,6147	0,6342	0,6711	0,7219
30,0	1,307	1,258	1,105	0,9997	0,9270	0,8789	0,8563	0,8491	0,8532	0,8673
40,0	1,723	1,658	1,452	1,308	1,204	1,133	1,090	1,060	1,043	1,036
50,0	2,131	2,049	1,791	1,609	1,474	1,378	1,314	1,266	1,230	1,206

p MPa	T in K									
	280	300	350	400	500	600	700	800	900	1000
0,1	0,9979	0,9983	0,9989	0,9996	0,9998	1,000	1,000	1,000	1,000	1,000
0,2	0,9959	0,9964	0,9978	0,9995	1,000	1,000	1,001	1,000	1,001	1,001
0,4	0,9912	0,9930	0,9965	0,9982	0,9998	1,001	1,001	1,001	1,002	1,001
0,6	0,9871	0,9898	0,9942	0,9970	1,000	1,001	1,002	1,002	1,002	1,002
0,8	0,9824	0,9865	0,9929	0,9964	1,000	1,001	1,002	1,002	1,003	1,003
1,0	0,9779	0,9827	0,9907	0,9956	0,9998	1,002	1,003	1,003	1,004	1,003
2,0	0,9565	0,9665	0,9818	0,9908	1,000	1,004	1,006	1,007	1,007	1,007
4,0	0,9140	0,9342	0,9655	0,9835	1,001	1,008	1,012	1,013	0,014	0,014
6,0	0,8736	0,9042	0,9513	0,9772	1,002	1,013	1,018	0,020	1,021	1,021
8,0	0,8368	0,8773	0,9390	0,9721	1,004	1,018	1,024	1,026	1,028	1,028
10,0	0,8056	0,8548	0,9295	0,9690	1,007	1,023	1,030	1,033	1,034	1,034
20,0	0,7769	0,8278	0,9227	0,9783	1,034	1,055	1,065	1,068	1,069	1,068
30,0	0,8888	0,9141	0,9775	1,026	1,078	1,099	1,106	1,107	1,106	1,103
40,0	1,036	1,042	1,068	1,097	1,135	1,150	1,152	1,150	1,146	1,140
50,0	1,191	1,181	1,175	1,182	1,199	1,204	1,203	1,195	1,188	1,179

Virialkoeffizienten

T in K	110	120	130	140	150	160	180	200
$10^3 B$ $\mathrm{m^3\,kmol^{-1}}$	-330	-273	-235	-207	-182	-161	-129	-105

T in K	225	250	275	300	350	400	500	600
$10^3 B$ $\mathrm{m^3\,kmol^{-1}}$	-83	-66	-53	-42	-26	-15	$-0,5$	$8,5$

Tabelle 2.17. Kohlenstoffmonooxid, CO

Zustandsgrößen im Sättigungsgebiet

t	p	v'	v''	h'	h''	s'	s''
°C	MPa	dm³/kg	dm³/kg	kJ/kg	kJ/kg	kJ/(kg K)	kJ/(kg K)
−205,01	0,015 4	1,182 0	1 277,79	121,50	357,02	2,620 7	6,076 6
−203,38	0,020 3	1,191 9	976,56	124,80	358,20	2,670 0	6,014 3
−200,73	0,030 4	1,206 3	681,20	130,50	360,03	2,750 0	5,918 5
−198,77	0,040 5	1,221 0	527,70	134,80	361,35	2,807 5	5,853 6
−197,14	0,050 6	1,231 5	432,15	138,30	362,48	2,854 4	5,804 2
−195,75	0,060 8	1,239 2	364,56	141,30	363,35	2,893 2	5,762 3
−193,43	0,081 0	1,253 1	279,25	146,20	364,73	2,956 9	5,697 0
−191,52	0,101 3	1,267 4	227,07	150,40	366,04	3,008 0	5,650 5
−187,79	0,152 0	1,288 7	153,89	158,68	367,96	3,107 2	5,558 8
−184,90	0,202 6	1,307 2	116,93	164,90	369,15	3,178 8	5,493 5
−182,55	0,253 2	1,328 0	95,33	169,83	369,84	3,234 0	5,441 6
−180,53	0,303 9	1,349 5	79,55	174,35	370,48	3,283 3	5,400 1
−177,04	0,405 2	1,385 0	59,81	182,31	371,50	3,367 8	5,336 1
−174,17	0,506 5	1,414 4	47,98	189,54	372,46	3,442 0	5,289 6
−171,69	0,607 8	1,438 8	40,42	196,27	373,58	3,509 0	5,256 5
−169,49	0,709 1	1,459 9	35,03	201,86	374,16	3,563 6	5,225 5
−167,46	0,810 4	1,485 9	31,00	206,14	374,44	3,602 4	5,195 0
−163,98	1,013 0	1,536 1	24,75	214,28	374,56	3,680 2	5,148 5
−161,02	1,216 0	1,582 3	20,71	220,87	374,59	3,739 8	5,110 8
−158,32	1,418 0	1,628 7	17,67	226,67	374,14	3,790 8	5,074 8
−155,94	1,621 0	1,675 0	15,35	232,31	373,28	3,839 3	5,042 2
−153,65	1,823 0	1,727 1	13,35	237,84	371,42	3,886 3	5,004 1
−151,70	2,026 0	1,782 5	11,75	243,54	369,26	3,933 4	4,968 5
−147,18	2,532 0	1,983 0	5,84	262,10	362,13	4,066 7	4,860 4
−143,30	3,039 0	2,217 3	6,11	277,61	348,66	4,187 6	4,735 3
−140,23	3,498 0	3,322 3	3,32	314,33	314,33	4,466 1	4,466 1

Prandtlzahl

T in K	200	250	300	350	400	500	600
Pr	0,764	0,750	0,737	0,728	0,722	0,718	0,724

Zustandsgrößen im idealen Gaszustand

T in K	100	200	300	400	600	800	1 000
C_p/R	3,500	3,501	3,505	3,529	3,661	3,837	3,991
$H/(RT_0)$	1,278 0	2,559 6	3,841 7	5,128 3	7,754 8	10,500	13,368
S_1/R	19,935	22,362	23,782	24,792	26,245	27,323	28,196

Realgasfaktoren

t	p in MPa						
°C	0,1	0,5	1,0	2,5	5	10	20
15	0,999 6	0,997 9	0,995 9	0,990 8	0,984 8	0,984 5	1,030 5
50	0,999 8	0,999 4	0,998 8	0,997 8	0,988 1	1,007 0	1,056 7

Tabelle 2.18. Kohlenstoffdioxid, CO_2

Zustandsgrößen im Sättigungsgebiet

T K	p MPa	v' dm^3/kg	v'' dm^3/kg	h' kJ/kg	h'' kJ/kg	s' kJ/(kg K)	s'' kJ/(kg K)
216,55	0,5179	0,8472	72,68	380,66	733,15	2,6318	4,2592
221,15	0,6293	0,8597	60,31	390,59	734,83	2,6754	4,2320
225,15	0,7402	0,8710	51,57	399,04	736,17	2,7122	4,2094
229,15	0,8651	0,8829	44,32	407,50	737,34	2,7478	4,1876
233,15	1,0050	0,8953	38,26	415,87	738,34	2,7830	4,1663
237,15	1,1612	0,9084	33,17	424,25	739,14	2,8173	4,1454
241,15	1,3345	0,9222	28,86	432,62	739,72	2,8512	4,1248
245,15	1,5262	0,9368	25,19	441,04	740,14	2,8843	4,1047
249,15	1,7373	0,9524	22,05	449,49	740,27	2,9174	4,0846
253,15	1,9690	0,9690	19,36	458,08	740,18	2,9504	4,0650
257,15	2,2225	0,9869	17,02	466,74	739,77	2,9831	4,0449
261,15	2,4992	1,0063	14,99	475,54	739,05	3,0158	4,0248
265,15	2,8003	1,0275	13,22	484,54	738,01	3,0484	4,0047
269,15	3,1272	1,0508	11,66	493,75	736,50	3,0815	3,9837
273,15	3,4816	1,0767	10,28	503,25	734,53	3,1150	3,9620
277,15	3,8651	1,1060	9,05	513,09	731,98	3,1493	3,9389
281,15	4,2794	1,1395	7,95	523,39	728,71	3,1845	3,9147
285,15	4,7266	1,1790	6,95	534,24	724,53	3,2209	3,8883
289,15	5,2090	1,2269	6,03	545,92	719,12	3,2594	3,8586
293,15	5,7288	1,2883	5,18	558,77	711,97	3,3013	3,8238
297,15	6,2888	1,3743	4,34	573,63	701,75	3,3494	3,7803
301,15	6,8921	1,5238	3,44	593,27	684,83	3,4122	3,7162
303,15	7,2110	1,6903	2,84	609,26	667,84	3,4633	3,6563
304,22	7,3849	2,1552	2,16	639,03	639,03	3,5605	3,5605

Prandtlzahl

T in K	250	300	350	400	500	600
Pr	0,793	0,770	0,755	0,738	0,702	0,668

Zustandsgrößen im idealen Gaszustand

T in K	250	300	350	400	600	800	1 000
C_p/R	4,1892	4,4763	4,7371	4,9704	5,6915	6,1860	6,5318
$H/(RT_0)$	3,3603	4,1537	4,9973	5,8862	9,8070	14,1661	18,8294
S_1/R	24,9379	25,7274	26,4373	27,0854	29,2468	30,9562	32,3759

Tabelle 2.18 (Fortsetzung)

Realgasfaktoren

p MPa	t in °C									
	−50	−40	−30	−20	−10	0	10	20	30	40
0,1	0,986 91	0,988 68	0,990 14	0,991 36	0,992 39	0,993 26	0,994 01	0,994 66	0,995 22	0,995 71
0,2	0,973 50	0,977 13	0,980 11	0,982 60	0,984 69	0,986 47	0,987 98	0,989 29	0,990 41	0,991 40
0,4	0,945 58	0,953 26	0,959 52	0,964 69	0,969 02	0,972 66	0,975 77	0,978 43	0,980 72	0,982 72
0,6	0,915 95	0,928 23	0,938 12	0,946 21	0,952 93	0,958 57	0,963 34	0,967 41	0,970 92	0,973 96
0,8	0,016 41	0,901 83	0,915 80	0,927 10	0,936 40	0,944 15	0,950 68	0,956 23	0,960 99	0,965 11
1,0	0,020 51	0,873 80	0,892 41	0,907 27	0,919 38	0,929 39	0,937 77	0,944 87	0,950 94	0,956 17
2,0	0,040 93	0,040 54	0,040 38	0,040 51	0,824 46	0,849 04	0,868 78	0,884 98	0,898 50	0,909 92
3,0	0,061 28	0,060 67	0,060 38	0,060 51	0,061 21	0,751 76	0,789 27	0,818 25	0,841 48	0,860 58
4,0	0,081 55	0,080 69	0,080 26	0,080 34	0,081 13	0,083 05	0,690 31	0,740 70	0,777 92	0,807 09
6,0	0,121 87	0,120 48	0,119 68	0,119 58	0,120 38	0,122 51	0,126 99	0,138 01	0,610 92	0,679 75
8,0	0,161 90	0,159 92	0,158 68	0,158 29	0,158 95	0,161 04	0,165 40	0,174 29	0,199 57	0,480 67
10,0	0,201 66	0,199 04	0,197 29	0,196 52	0,196 92	0,198 82	0,202 91	0,210 65	0,226 35	0,271 47
20,0	0,396 87	0,390 49	0,385 51	0,381 97	0,379 96	0,379 62	0,381 22	0,385 11	0,391 88	0,402 36
30,0	0,586 96	0,576 20	0,567 25	0,560 10	0,554 72	0,551 14	0,549 45	0,549 75	0,552 18	0,556 94
40,0		0,757 30	0,743 97	0,732 74	0,723 54	0,716 30	0,711 00	0,707 63	0,706 20	0,706 71
50,0		0,934 56	0,916 58	0,901 02	0,887 73	0,876 61	0,867 55	0,860 46	0,855 29	0,851 96

p MPa	t in °C									
	60	80	100	200	300	400	500	600	800	1 000
0,1	0,996 51	0,997 14	0,997 64	0,999 04	0,999 62	0,999 91	1,000 05	1,000 14	1,000 21	1,000 23
0,2	0,993 01	0,994 28	0,995 28	0,998 09	0,999 26	0,999 82	1,000 12	1,000 28	1,000 42	1,000 46
0,4	0,985 99	0,988 54	0,990 55	0,996 19	0,998 52	0,999 65	1,000 24	1,000 56	1,000 85	1,000 94
0,6	0,978 93	0,982 78	0,985 82	0,994 30	0,997 80	0,999 48	1,000 37	1,000 85	1,001 28	1,001 41
0,8	0,971 82	0,977 00	0,981 08	0,992 41	0,997 08	0,999 32	1,000 50	1,001 14	1,001 72	1,001 88
1,0	0,964 66	0,971 20	0,976 33	0,990 54	0,996 37	0,999 17	1,000 63	1,001 44	1,002 15	1,002 35
2,0	0,928 12	0,941 85	0,952 47	0,981 32	0,992 94	0,998 47	1,001 35	1,002 94	1,004 33	1,004 71

Tabelle 2.18 (Fortsetzung)

p MPa	t in °C									
	60	80	100	200	300	400	500	600	800	1 000
3,0	0,890 14	0,911 87	0,928 42	0,972 34	0,989 71	0,997 90	1,002 16	1,004 49	1,006 53	1,007 09
4,0	0,850 40	0,881 18	0,904 14	0,963 61	0,986 66	0,997 46	1,003 05	1,006 10	1,008 76	1,009 48
6,0	0,763 93	0,817 24	0,854 87	0,946 91	0,981 13	0,996 94	1,005 07	1,009 49	1,013 29	1,014 28
8,0	0,663 81	0,749 26	0,804 68	0,931 29	0,976 35	0,996 91	1,007 41	1,013 08	1,017 91	1,019 13
10,0	0,544 76	0,677 23	0,754 01	0,916 81	0,972 33	0,997 36	1,010 05	1,016 87	1,022 62	1,024 01
20,0	0,439 40	0,504 53	0,588 58	0,865 72	0,963 54	1,006 38	1,027 59	1,038 69	1,047 50	1,049 06
30,0	0,574 31	0,603 13	0,642 71	0,860 70	0,974 06	1,026 11	1,051 76	1,064 85	1,074 42	1,075 08
40,0	0,713 65	0,728 36	0,750 16	0,899 36	1,003 16	1,055 72	1,081 94	1,094 95	1,103 22	1,102 07
50,0	0,850 59	0,855 80	0,866 76	0,964 07	1,047 45	1,093 93	1,117 45	1,128 58	1,133 78	1,130 00

Virialkoeffizienten

T in K	220	240	260	280	300	320	340	360	380
$10^3\,B$ in m^3 kmol^{-1}	$-248,2$	$-202,4$	$-169,0$	$-143,3$	$-122,7$	$-105,8$	$-91,7$	$-79,7$	$-69,5$

T in K	400	450	500	550	600	700	800	900	1 000
$10^3\,B$ in m^3 kmol^{-1}	$-60,5$	$-42,8$	$-29,8$	$-19,9$	$-12,1$	$-1,1$	6,3	11,5	15,3

Tabelle 2.19. Monochlorpentafluorethan (R115), C_2ClF_5, $(CF_3—CF_2Cl)$

Zustandsgrößen im Sättigungsgebiet

t °C	p MPa	v' dm³/kg	v'' dm³/kg
0	0,447	0,7168	28,99
15	0,697	0,7519	18,12
50	1,677	0,8757	6,81

Realgasfaktoren

t °C	p in MPa						
	0,1	0,2	0,4	0,6	0,8	1,0	1,5
15	0,9763	0,9516	0,8988	0,8400			
50	0,9847	0,9691	0,9367	0,9024	0,8660	0,8268	0,7100

Tabelle 2.20. Dichlortetrafluorethan (R114), $C_2Cl_2F_4$, $(CF_2Cl—CF_2Cl)$

Zustandsgrößen im Sättigungsgebiet

t °C	p MPa	v' dm³/kg	v'' dm³/kg	h' kJ/kg	h'' kJ/kg	s' kJ/(kg K)	s'' kJ/(kg K)
−70	0,0018	0,5859	5537,40	755,98	910,02	0,2353	0,9936
−60	0,0037	0,5940	2798,20	763,39	915,69	0,2709	0,9854
−50	0,0071	0,6026	1515,70	770,98	921,50	0,3057	0,9802
−40	0,0129	0,6116	870,70	778,94	927,42	0,3406	0,9774
−30	0,0222	0,6211	526,70	787,19	933,46	0,3752	0,9767
−20	0,0363	0,6313	333,20	795,73	939,57	0,4096	0,9778
−10	0,0570	0,6421	219,00	804,65	945,75	0,4441	0,9803
0	0,0861	0,6537	148,90	813,90	951,97	0,4785	0,9840
10	0,1259	0,6661	104,30	823,49	958,20	0,5129	0,9887
20	0,1788	0,6795	74,99	833,25	964,44	0,5467	0,9942
30	0,2472	0,6940	55,06	843,45	970,63	0,5807	1,0003
40	0,3340	0,7098	41,25	853,78	976,77	0,6141	1,0068
50	0,4420	0,7272	31,40	864,37	982,82	0,6471	1,0137
60	0,5740	0,7465	24,24	875,14	988,76	0,6797	1,0207
70	0,7334	0,7681	18,91	886,17	994,51	0,7119	1,0277
80	0,9234	0,7927	14,87	897,41	1000,05	0,7438	1,0344
90	1,1477	0,8211	11,77	908,77	1005,32	0,7750	1,0409
100	1,4106	0,8548	9,32	920,56	1010,16	0,8064	1,0466
110	1,7168	0,8961	7,36	932,81	1014,42	0,8381	1,0511
120	2,0722	0,9427	5,74	945,79	1017,79	0,8707	1,0539
130	2,4834	1,0266	4,36	960,22	1019,51	0,9060	1,0530
140	2,9589	1,1699	3,04	977,73	1017,25	0,9476	1,0432
145,7	3,2625	1,7188	1,72	1000,00	1000,00	1,0000	1,0000

Prandtlzahl

t in °C	−20	0	20	40	60	80
Pr	7,43	6,26	5,51	5,02	4,74	4,60

Spezifische Wärme im idealen Gaszustand (symm. Isomer)

t in °C	25	100	200
c_p in kJ/(kg K)	0,653	0,724	0,818

Realgasfaktoren

t °C	p in MPa						
	0,05	0,1	0,15	0,2	0,25	0,3	0,4
15	0,9840	0,9674	0,9501				
50	0,9884	0,9763	0,9640	0,9513	0,9384	0,9251	0,8973

Tabelle 2.21. Acetylen (Ethin), C_2H_2, $(CH\equiv CH)$

Zustandsgrößen im Sättigungsgebiet

T K	p MPa	v' dm³/kg	v'' dm³/kg	h' kJ/kg	h'' kJ/kg	s' kJ/(kg K)	s'' kJ/(kg K)
192,60	0,128 2	1,620 7	462,75	−369,53	214,82	3,905 9	6,941 7
200	0,189 1	1,651 5	321,85	−351,82	222,86	3,986 3	6,858 0
210	0,304 2	1,694 9	205,85	−327,37	230,90	4,097 2	6,761 7
220	0,467 4	1,743 7	135,96	−302,62	241,20	4,207 7	6,677 9
230	0,688 5	1,798 6	92,51	−271,60	248,57	4,337 5	6,602 6
240	0,986 0	1,858 7	64,18	−236,05	254,39	4,484 1	6,531 4
250	1,369 0	1,926 8	45,17	−201,97	257,57	4,618 0	6,456 0
260	1,851 0	2,012 1	32,72	−170,28	258,24	4,739 5	6,384 9
270	2,446 0	2,114 2	24,39	−136,20	256,94	4,865 1	6.322 1
273,15	2,674 0	2,150 5	22,28	−126,69	255,98	4,898 6	6,296 9
280	3,191 0	2,247 2	18,51	−100,48	252,76	4,982 3	6,246 7
290	4,084 0	2,433 1	13,65	−66,24	238,77	5,099 5	6,150 4
300	5,160 0	2,724 8	9,40	−16,40	213,53	5,254 4	6,020 6
308,33	6,191 0	4,332 8	4,33	104,67	104,67	5,643 8	5,643 8

Zustandsgrößen im idealen Gaszustand

T in K	300	400	500	600	700	800	1 000
C_p/R	5,303	6,029	6,530	6,913	7,234	7,520	8,018
$H/(RT_0)$	4,444 4	6,528 3	8,832 3	11,295	13,887	16,590	22,288
S_1/R	24,202	25,835	27,238	28,464	29,555	30,540	32,276

Realgasfaktoren

p MPa	T in K							
	200	210	220	230	240	250	260	270
0,101 33	0,974 9	0,978 4	0,981 6	0,983 8	0,985 7	0,987 5	0,988 8	0,990 7
0,202 65		0,955 8	0,951 9	0,967 2	0,971 2	0,974 9	0,977 6	0,980 3
0,303 98		0,933 2	0,942 7	0,950 3	0,956 7	0,962 0	0,966 6	0,970 2
0,506 63				0,914 5	0,926 0	0,935 2	0,943 0	0,949 5
0,709 28					0,893 1	0,907 4	0,919 0	0,928 6
1,013 25						0,862 6	0,880 9	0,895 5
1,519 88							0,811 2	0,836 8
2,026 5								0,770 7

p MPa	T in K					
	280	290	300	305	310	320
0,101 33	0,991 2	0,992 7	0,992 9	0,993 4	0,993 5	0,994 1
0,202 65	0,981 8	0,984 1	0,985 5		0,987 7	0,988 9
0,303 98	0,973 3	0,976 1	0,978 5		0,980 8	0,982 8
0,506 63	0,955 1	0,960 1	0,964 3		0,967 8	0,970 8
0,709 28	0,936 5	0,943 3	0,949 5		0,954 6	0,959 1
1,013 25	0,907 8	0,918 4	0,926 7	0,931 1	0,934 5	0,940 5
1,519 88	0,857 4	0,873 7	0,887 6		0,899 7	0,910 6
2,026 5	0,802 1	0,827 1	0,847 3	0,856 0	0,863 9	0,878 1

Tabelle 2.21 (Fortsetzung)

p MPa	T in K					
	280	290	300	305	310	320
2,533 13	0,739 3	0,775 1	0,803 5	0,815 6	0,826 6	0,845 6
3,039 75	0,667 1	0,718 6	0,756 6	0,772 5	0,787 0	0,811 5
3,546 38		0,653 0	0,705 6	0,726 6	0,745 1	0,776 2
4,053			0,648 3	0,676 4	0,699 9	0,739 1
5,066 25			0,486 8	0,551 0	0,595 0	0,657 7
6,079 5					0,438 6	0,563 3
7,092 75					0,200 1	0,440 0
8,106					0,195 9	0,304 3
9,119 25					0,200 6	0,263 6
10,132 5					0,208 4	0,256 7

Virialkoeffizienten

T in K	199,63	203,09	206,98	211,71	219,42	222,90	225,98	230,57	232,96	235,68
$10^3 B$ m³ kmol⁻¹	-572	-550	-518	-479	-446	-426	-406	-390	-381	-369

T in K	237,07	237,64	238,92	240,24	242,71	245,27	248,96	273,15	293,2	313,2
$10^3 B$ m³ kmol⁻¹	-361	-358	-352	-343	-334	-328	-320	-258	-158	-133

Tabelle 2.22. 1,1-Difluorethylen (R1132a), $C_2H_2F_2$, ($CH_2{=}CF_2$)

Zustandgrößen im Sättigungsgebiet

t °C	p MPa	v' dm³/kg	v'' dm³/kg
0	2,243	1,236 1	10,87
15	3,222	1,400 6	6,80
50	0,1		416,67

Realgasfaktoren

t °C	p in MPa						
	0,1	1,0	2,0	3,0	5,0	7,0	9,0
15	0,991 1	0,905 6	0,792 7	0,637 6			
50	0,993 8	0,935 4	0,964 6	0,785 0	0,692 1	0,354 0	0,355 0

Tabelle 2.23. Monochlordifluorethan (R142b), $C_2H_3ClF_2$, (CH_3-CF_2Cl)

Zustandsgrößen im Sättigungsgebiet

t °C	p MPa	v' dm³/kg	v'' dm³/kg	h' kJ/kg	h'' kJ/kg	s' kJ/(kg K)	s'' kJ/(kg K)
−60	0,007 2	0,767 2	2 430,50	350,60	599,76	3,906 3	5,075 7
−50	0,013 6	0,777 0	1 342,40	361,59	607,25	3,956 5	5,057 2
−40	0,024 0	0,788 6	789,60	372,66	614,37	4,005 1	5,041 3
−30	0,040 3	0,801 3	490,10	383,91	621,20	4,052 0	5,027 9
−20	0,064 2	0,815 9	318,40	395,33	627,81	4,098 0	5,016 2
−10	0,098 4	0,832 2	215,10	406,96	634,30	4,142 8	5,006 2
0	0,145 2	0,851 1	150,20	418,68	640,29	4,186 8	4,998 2
10	0,207 9	0,872 4	107,30	430,61	646,15	4,229 5	4,990 7
20	0,289 6	0,896 2	78,21	442,71	651,76	4,271 8	4,984 8
30	0,393 8	0,922 2	58,23	454,98	661,35	4,312 8	4,979 8
40	0,524 5	0,950 8	43,68	467,46	662,31	4,353 0	4,975 6
50	0,685 7	0,981 7	33,56	480,06	667,17	4,392 8	4,971 8
60	0,881 9	1,015 0	26,06	492,87	671,86	4,431 7	4,968 9
70	1,118 0	1,051 0	20,41	505,85	676,25	4,470 2	4,966 8
80	1,400 4	1,090 0	16,08	518,95	680,35	4,507 9	4,965 1
90	1,732 8	1,131 0	12,73	532,27	684,29	4,545 2	4,963 5

Realgasfaktoren

t °C	p in MPa						
	0,05	0,10	0,20	0,30	0,40	0,50	0,60
15	0,988 8	0,977 4	0,953 8				
50	0,992 0	0,983 8	0,967 2	0,950 0	0,932 3	0,913 9	0,894 9

Tabelle 2.24. Vinylfluorid (R1141), C_2H_3F, $(CH_2{=}CHF)$

Zustandsgrößen im Sättigungsgebiet

t °C	p MPa	v' dm³/kg	v'' dm³/kg
5	1,442	1,419 6	28,57
15	2,119	1,523 9	17,54
50	4,646	2,120 4	5,537

Realgasfaktoren

t °C	p in MPa						
	0,05	0,1	0,3	0,5	1,0	2,0	3,0
15	0,993 5	0,987 0	0,960 1	0,931 5	0,865 0	0,733 0	
50	0,996 3	0,992 7	0,977 9	0,962 6	0,934 0	0,858 0	0,751 0

Tabelle 2.25. Ethylen (Ethen), C_2H_4, (CH_2=CH_2)

Zustandsgrößen im Sättigungsgebiet

T K	p MPa	v' dm³/kg	v'' dm³/kg	h' kJ/kg	h'' kJ/kg	s' kJ/(kg K)	s'' kJ/(kg K)
143,15	0,0156	1,6549	2653,22	−723,10	−211,99	−3,9733	−0,4019
153,15	0,0347	1,6930	1293,33	−701,48	−201,05	−3,8184	−0,5527
163,15	0,0691	1,7338	684,56	−676,95	−188,29	−3,6798	−0,6866
169,43	0,1013	1,7608	479,62	−662,94	−180,10	−3,5923	−0,7536
173,15	0,1259	1,7776	389,26	−652,94	−177,47	−3,5420	−0,7955
183,15	0,2133	1,8250	236,07	−624,92	−163,72	−3,3955	−0,8792
193,15	0,3406	1,8766	151,49	−600,90	−155,75	−3,2699	−0,9630
203,15	0,5177	1,9336	101,99	−578,89	−151,22	−3,1359	−1,0300
213,15	0,7549	1,9976	71,36	−552,87	−145,18	−3,0145	−1,1011
223,15	1,0631	2,0711	51,37	−526,85	−141,64	−2,8931	−1,1681
233,15	1,4534	2,1579	37,62	−498,84	−140,16	−2,7800	−1,2393
243,15	1,9375	2,2644	27,69	−468,82	−140,80	−2,6628	−1,3147
253,15	2,5282	2,4018	20,19	−436,80	−145,97	−2,5456	−1,3984
263,15	3,2399	2,5931	14,37	−396,77	−152,72	−2,4283	−1,4989
273,15	4,0917	2,8999	9,79	−354,68	−174,20	−2,2885	−1,6274
275,15	4,2814	2,9909	8,99	−345,45	−181,26	−2,2567	−1,6596
277,15	4,4785	3,1021	8,21	−335,14	−189,39	−2,2207	−1,6948
279,15	4,6838	3,2482	7,43	−323,16	−199,27	−2,1796	−1,7358
281,15	4,8991	3,4791	6,55	−308,15	−213,53	−2,1277	−1,7911
282,65	5,0760	4,5869	4,59	−268,19	−268,19	−1,9904	−1,9904

Zustandsgrößen im idealen Gaszustand

T in K	300	400	500	600	700	800	1000
C_p/R	5,262	6,496	7,634	8,611	9,447	10,172	11,365
$H/(RT_0)$	4,6899	6,8413	9,4333	12,411	16,088	19,320	27,210
S_1/R	26,442	28,144	29,700	31,180	32,570	33,879	36,286

Tabelle 2.25 (Fortsetzung)

Realgasfaktoren

p MPa	t in °C									
	0	5	10	15	20	25	30	35	40	50
0,1	0,99253	0,99294	0,99332	0,99367	0,99401	0,99432	0,99462	0,99490	0,99515	0,99562
0,2	0,98499	0,98580	0,98657	0,98729	0,98797	0,98861	0,98920	0,98976	0,99028	0,99123
0,4	0,96965	0,97132	0,97289	0,97437	0,97575	0,97705	0,97826	0,97940	0,98045	0,98237
0,6	0,95395	0,95653	0,95895	0,96122	0,96334	0,96532	0,96717	0,96890	0,97051	0,97343
0,8	0,93787	0,94141	0,94472	0,94782	0,95071	0,95341	0,95592	0,95827	0,96045	0,96439
1,0	0,92138	0,92594	0,93020	0,93417	0,93786	0,94131	0,94451	0,94749	0,95027	0,95527
2,0	0,83100	0,84203	0,85209	0,86131	0,86976	0,87752	0,88467	0,89126	0,89734	0,90819
4,0	0,54635	0,60500	0,64543	0,67715	0,70346	0,72597	0,74561	0,76299	0,77853	0,80522
6,0	0,19759	0,20544	0,22074	0,25974	0,40553	0,49891	0,55172	0,59594	0,63164	0,68717
8,0	0,25180	0,25717	0,26459	0,27513	0,29104	0,31660	0,35869	0,41546	0,47094	0,56053
10,0	0,30495	0,30902	0,31437	0,32137	0,33054	0,34263	0,35871	0,38000	0,40730	0,47524
20,0	0,55697	0,55709	0,55779	0,55908	0,56099	0,56355	0,56678	0,57071	0,57538	0,58701
30,0	0,79346	0,79027	0,78760	0,78542	0,78373	0,78253	0,78181	0,78156	0,78178	0,78360
40,0	1,01970	1,0134	1,00750	1,00220	0,99732	0,99296	0,98905	0,98559	0,98257	0,97777
50,0	1,23840	1,22890	1,22000	1,21160	1,20370	1,19640	1,18960	1,18320	1,17730	1,16680

Tabelle 2.25 (Fortsetzung)

p MPa	t in °C									
	60	70	80	90	100	110	120	130	140	150
0,1	0,996 03	0,996 40	0,996 72	0,997 00	0,997 26	0,997 49	0,997 70	0,997 89	0,998 07	0,998 24
0,2	0,992 05	0,992 78	0,993 43	0,994 00	0,994 52	0,994 98	0,995 40	0,995 79	0,996 15	0,996 48
0,4	0,984 05	0,985 52	0,986 82	0,987 98	0,989 02	0,989 95	0,990 80	0,991 58	0,992 29	0,992 96
0,6	0,975 97	0,978 21	0,980 18	0,981 93	0,983 50	0,984 91	0,986 20	0,987 37	0,988 45	0,989 45
0,8	0,967 83	0,970 85	0,973 51	0,975 87	0,977 97	0,979 87	0,981 59	0,983 16	0,984 61	0,985 94
1,0	0,959 63	0,963 44	0,966 80	0,969 78	0,972 43	0,974 82	0,976 98	0,978 96	0,980 77	0,982 45
2,0	0,917 54	0,925 65	0,932 74	0,938 99	0,944 52	0,949 48	0,953 94	0,957 99	0,961 69	0,965 10
4,0	0,827 38	0,846 08	0,862 08	0,875 92	0,888 01	0,898 67	0,908 14	0,916 64	0,942 31	0,931 29
6,0	0,729 21	0,762 56	0,789 82	0,812 61	0,832 02	0,848 80	0,863 52	0,876 58	0,888 31	0,898 95
8,0	0,626 57	0,677 38	0,717 91	0,751 10	0,778 85	0,802 46	0,822 84	0,840 68	0,856 48	0,870 65
10,0	0,544 39	0,604 31	0,654 23	0,675 81	0,730 77	0,760 51	0,786 10	0,808 38	0,828 00	0,845 47
20,0	0,601 76	0,619 55	0,639 99	0,662 45	0,686 14	0,710 24	0,734 10	0,757 22	0,779 30	0,800 18
30,0	0,787 23	0,792 58	0,799 54	0,807 95	0,817 60	0,828 28	0,839 72	0,851 68	0,863 93	0,876 27
40,0	0,974 55	0,972 80	0,972 42	0,973 29	0,975 28	0,978 25	0,982 05	0,986 54	0,991 56	0,996 97
50,0	1,157 80	1,150 40	1,144 30	1,139 50	1,135 80	1,133 10	1,131 40	1,130 40	1,130 00	1,130 20

Virialkoeffizienten

T in K		240	250	275	300	315	350	375	400	450
$10^3 B$ in $m^3\,kmol^{-1}$		−218,5	−201	−166	−138	−117	−99	−84	−71,5	−51,7

Tabelle 2.26. 1,1-Difluorethan (R152a), $C_2H_4F_2$, $(CH_3—CHF_2)$

Zustandsgrößen im Sättigungsgebiet

t °C	p MPa	v' dm^3/kg	v'' dm^3/kg
0	0,268	1,043 8	120,48
15	0,440	1,082 3	74,07
50	1,188	1,204 8	27,47

Realgasfaktoren

t °C	p in MPa						
	0,05	0,1	0,2	0,25	0,4	0,6	0,8
15	0,991 7	0,983 4	0,966 3	0,957 5	0,930 4		
50	0,994 1	0,988 2	0,976 2	0,970 1	0,951 4	0,9254	0,898 1

Tabelle 2.27. Ethylenoxid, C_2H_4O, $(CH_2—O—CH_2)$

Zustandsgrößen im Sättigungsgebiet

t °C	p MPa	v' dm^3/kg	v'' dm^3/kg
0	0,068	1,114 8	740,74
15	0,123	1,132 5	425,53
50	0,385	1,186 2	137,93

Realgasfaktoren

t °C	p in MPa						
	0,01	0,025	0,05	0,075	1,0	2,0	3,0
15	0,996 9	0,992 2	0,984 2	0,976 1	0,967 9		
50	0,997 2	0,993 0	0,985 9	0,978 7	0,971 4	0,941 0	0,908 3

Tabelle 2.28. Ethylchlorid (R160), C_2H_5Cl, $(CH_3\!-\!CH_2Cl)$

Zustandsgrößen im Sättigungsgebiet

t °C	p MPa	v' dm³/kg	v'' dm³/kg	h' kJ/kg	h'' kJ/kg	s' kJ/(kg K)	s'' kJ/(kg K)
−30	0,0140	1,035	1 960	−45,50	368,28	−0,1771	1,5254
−25	0,0187	1,042	1 555	−38,26	372,14	−0,1469	1,5074
−20	0,0243	1,050	1 235	−30,77	376,32	−0,1172	1,4911
−15	0,0312	1,058	1 010	−23,15	380,42	−0,0867	1,4764
−10	0,0395	1,066	830	−15,45	384,48	−0,0578	1,4626
−5	0,0495	1,074	680	−7,70	388,80	−0,0285	1,4496
0	0,0615	1,083	555	0,00	392,90	0,0000	1,4383
5	0,0757	1,092	460	8,08	397,21	0,0293	1,4274
10	0,0925	1,100	375	15,99	400,98	0,0573	1,4161
15	0,1113	1,110	310	24,11	404,95	0,0862	1,4069
20	0,1334	1,119	255	32,27	408,72	0,1139	1,3981
25	0,1592	1,129	220	40,48	412,70	0,1423	1,3893
30	0,1886	1,139	190	48,73	416,47	0,1691	1,3818
35	0,2209	1,149	175	57,18	420,23	0,1976	1,3751
40	0,2576	1,159	165	65,80	424,17	0,2244	1,3692

Realgasfaktoren

t °C	p in MPa						
	0,01	0,05	0,10	0,15	0,20	0,25	0,30
15	0,9976	0,9877	0,9751				
50	0,9982	0,9911	0,9821	0,9730	0,9637	0,9543	0,9446

Tabelle 2.29. Ethan, C_2H_6, (CH_3—CH_3)

Zustandsgrößen im Sättigungsgebiet

| T | p | v' | v'' | h' | h'' | s' | s'' |
K	MPa	dm^3/kg	dm^3/kg	kJ/kg	kJ/kg	kJ/(kg K)	kJ/(kg K)
150	0,0097	1,713	4265,300	317,05	847,77	3,747	7,284
160	0,0215	1,746	2041,900	340,61	860,10	3,898	7,145
170	0,0429	1,779	1077,600	364,42	872,23	4,042	7,030
180	0,0788	1,813	614,300	388,49	883,76	4,178	6,929
184,52	0,1013	1,830	489,900	399,52	889,19	4,237	6,890
190	0,1347	1,850	379,500	412,84	894,37	4,309	6,842
200	0,2174	1,890	244,600	437,50	903,74	4,450	6,767
210	0,3340	1,935	161,100	462,53	912,82	4,558	6,701
220	0,4921	1,985	105,800	488,10	921,35	4,675	6,645
230	0,7002	2,042	78,420	514,34	929,18	4,794	6,597
240	0,9675	2,107	56,940	541,41	935,72	4,909	6,552
250	1,3020	2,182	42,170	569,45	940,22	5,023	6,508
260	1,7120	2,272	31,600	598,79	943,27	5,137	6,463
270	2,2080	2,382	23,790	629,79	943,23	5,254	6,417
280	2,8010	2,523	17,870	663,10	941,14	5,376	6,368
290	3,5100	2,743	12,970	700,28	930,10	5,505	6,297
300	4,3650	3,162	8,391	753,08	892,31	5,696	6,151
305,5	4,9130	4,713	4,713	835,87	835,87	5,939	5,939

Zustandsgrößen im idealen Gaszustand

T in K	100	200	300	400	600	800	1000
C_p/R	4,326	5,121	6,365	7,896	10,751	13,007	14,769
$H/(RT_0)$	1,4951	3,2151	5,3075	7,9198	14,778	23,523	33,700
S_1/R	22,126	25,354	27,661	29,700	33,456	36,881	39,978

Realgasfaktoren

| t
°C | p in MPa | | | | | | |
	0,1	0,5	1	2,5	5	10	20
15	0,9915	0,9564	0,9097	0,7390			
50	0,9950	0,9710	0,9400	0,8382	0,6150	0,3521	0,5764

Tabelle 2.30. Dimethylether, C_2H_6O, $(CH_3\text{—}O\text{—}CH_3)$

Zustandsgrößen im Sättigungsgebiet

| t | p | v' | v'' |
°C	MPa	dm^3/kg	dm^3/kg
0	0,256	1,4327	173,91
15	0,424	1,4837	108,93
50	1,130	1,6340	40,08

Realgasfaktoren

| t | p in MPa | | | | | | |
°C	0,1	0,2	0,4	0,6	0,8	1,0	1,1
15	0,9777	0,9544	0,9037				
50	0,9847	0,9690	0,9357	0,8997	0,8601	0,8156	0,7908

Tabelle 2.31. Dimethylamin, C_2H_7N, $((CH_3)_2NH)$

Zustandsgrößen im Sättigungsgebiet

| t | p | v' | v'' |
°C	MPa	dm^3/kg	dm^3/kg
0	0,074	1,4736	662,25
15	0,138	1,5115	369,00
50	0,451	1,6155	118,48

Realgasfaktoren

| t | p in MPa | | | | | | |
°C	0,01	0,05	0,1	0,15	0,2	0,3	0,4
15	0,9970	0,9849	0,9693				
50	0,9979	0,9897	0,9791	0,9683	0,9572	0,9343	0,9100

Tabelle 2.32. Propylen (Propen), C_3H_6. (CH_2=CH—CH_3)

Zustandsgrößen im Sättigungsgebiet

t °C	p MPa	v' dm³/kg	v'' dm³/kg	h' kJ/kg	h'' kJ/kg	s' kJ/(kg K)	s'' kJ/(kg K)
−47,70	0,1013	1,629	422,90	618,3	1056,0	3,9957	5,9370
−45,56	0,1117	1,640	386,70	623,8	1059,3	4,0158	5,9290
−40,00	0,1420	1,660	308,20	636,1	1065,4	4,0710	5,9120
−34,44	0,1784	1,680	250,70	648,2	1071,1	4,1238	5,8950
−28,89	0,2216	1,700	205,00	660,3	1076,7	4,1782	5,8830
−23,33	0,2722	1,730	169,40	672,4	1081,9	4,2272	5,8660
−17,78	0,3306	1,750	140,80	685,0	1087,3	4,2783	5,8530
−12,22	0,3984	1,770	117,70	697,8	1092,7	4,3277	5,8410
−6,67	0,5050	1,800	99,01	710,7	1097,7	4,3763	5,8280
−1,11	0,5649	1,820	83,84	723,8	1102,6	4,4236	5,8160
4,44	0,6655	1,850	71,30	737,0	1109,4	4,4700	5,8030
10,00	0,7787	1,880	60,90	750,9	1114,1	4,5161	5,7910
15,56	0,9057	1,920	52,30	764,0	1115,2	4,5617	5,7780
21,11	1,0473	1,950	45,10	777,8	1121,0	4,6070	5,7650
26,67	1,2046	1,980	39,00	791,5	1121,6	4,6564	5,7570
32,22	1,3779	2,020	33,90	805,9	1124,7	4,7012	5,7450
37,78	1,5691	2,060	29,50	820,3	1127,1	4,7472	5,7320
43,33	1,7785	2,110	25,70	834,6	1128,9	4,7916	5,7240
48,89	2,0077	2,160	22,50	849,3	1130,4	4,8360	5,7110
54,44	2,2581	2,230	19,60	863,4	1131,3	4,8779	5,6940
60,00	2,5309	2,310	17,10	879,0	1131,9	4,9227	5,6820
65,56	2,8284	2,400	14,80	895,7	1130,6	4,9725	5,6650
71,11	3,1507	2,510	12,70	915,4	1128,2	5,0277	5,6440
76,67	3,5005	2,620	10,60	939,1	1124,6	5,0901	5,6190
82,22	3,8800	2,790	8,62	965,8	1117,7	5,1622	5,5900
87,78	4,2947	3,110	6,62	1000,5	1101,9	5,2735	5,5560
91,76	4,6213	4,539	4,54	1065,0	1065,0	5,4272	5,4272

Zustandsgrößen im idealen Gaszustand

T in K	300	400	500	600	700	800	1000
C_p/R	7,725	9,618	11,391	12,941	14,286	15,449	17,353
$H/(RT_0)$	6,0191	9,1992	13,045	17,499	22,491	27,929	39,986
S_1/R	32,177	34,675	36,997	39,212	41,312	43,296	46,962

Realgasfaktoren

t °C	p in MPa						
	0,1	0,2	0,4	0,6	0,8	1,0	2,0
15	0,9842	0,9679	0,9335	0,8961	0,8548		
50	0,9901	0,9789	0,9559	0,9319	0,9068	0,8804	0,7160

Tabelle 2.33. Propan, C_3H_8

Zustandsgrößen im Sättigungsgebiet

T K	p MPa	v' dm^3/kg	v'' dm^3/kg	h' kJ/kg	h'' kJ/kg	s' kJ/(kg K)	s'' kJ/(kg K)
189,50	0,010 1	1,587 5	3 506,31	324,54	790,01	3,409 7	5,865 3
216,54	0,050 7	1,669 2	786,72	389,40	830,24	3,731 7	5,768 2
231,105	0,101 3	1,719 8	413,36	421,40	847,41	3,874 9	5,718 3
240	0,147 8	1,750 7	290,72	440,58	856,62	3,956 9	5,690 3
250	0,217 8	1,788 6	222,48	462,60	866,50	4,048 6	5,663 9
260	0,310 6	1,829 8	144,52	485,59	876,93	4,140 7	5,645 9
270	0,430 3	1,874 9	105,81	510,37	888,23	4,232 0	5,631 2
280	0,581 4	1,924 9	79,03	535,78	899,32	4,324 1	5,622 5
290	0,768 7	1,980 4	59,98	562,50	910,63	4,415 8	5,616 6
300	0,997 1	2,043 0	46,10	589,46	920,59	4,507 9	5,612 0
310	1,272 0	2,114 9	35,76	616,51	929,05	4,600 0	5,608 2
320	1,598 0	2,199 4	27,89	645,86	937,34	4,692 1	5,603 2
330	1,983 0	2,301 8	21,77	679,64	946,93	4,784 3	5,594 4
340	2,433 0	2,431 0	16,91	714,39	953,08	4,877 6	5,579 7
350	2,956 0	2,607 9	12,94	749,31	952,79	4,974 3	5,555 5
355	3,247 0	2,730 3	11,17	767,94	949,27	5,028 3	5,539 1
360	3,562 0	2,893 6	9,49	786,74	941,32	5,086 5	5,515 7
362	3,693 0	2,982 0	8,82	794,70	936,55	5,110 8	5,502 7
364	3,830 0	3,090 9	8,14	804,58	931,44	5,139 3	5,488 1
366	3,970 0	3,236 0	7,35	816,55	923,73	5,173 6	5,466 7
368	4,114 0	3,467 3	6,43	834,68	914,44	5,219 3	5,436 1
369	4,188 0	3,680 5	5,80	848,62	906,86	5,249 8	5,407 3
369,82	4,250 0	4,537 8	4,54	887,39	887,39	5,328 5	5,328 5

Zustandsgrößen im idealen Gaszustand

T in K	100	200	300	400	600	800	1 000
C_p/R	4,955	6,723	8,893	11,350	15,550	18,672	21,064
$H/(RT_0)$	1,555 9	3,698 1	6,537 1	10,243	20,150	32,741	47,323
S_1/R	25,440	29,428	32,540	35,435	40,864	45,794	50,240

Realgasfaktoren

p MPa	T in K						
	248,15	273,15	298,15	323,15	348,15	373,15	398,15
0,1	0,970 7	0,979 1	0,984 4	0,987 9	0,990 3	0,992 0	0,993 4
0,5			0,911 9	0,934 8	0,948 7	0,959 1	0,967 2
1,0	0,037 7	0,036 1		0,859 9	0,892 7	0,914	0,932 8
2,0	0,075 0	0,071 9	0,071 2		0,756 5	0,819 4	0,862 3
4,0	0,148 9	0,143 1	0,141	0,141 9		0,538	0,689 4
6,0	0,222 6	0,213 4	0,209 4	0,209 5	0,215 8		0,447 4
8,0			0,276 3	0,275 3	0,279 4	0,299 9	
10,0			0,342 7	0,339 9	0,341 9	0,356 3	0,392
12,0			0,408 2	0,403 3	0,403 2	0,413 5	0,437 2
14,0			0,473 1	0,466 3	0,463 1	0,469 6	0,489 3
16,0			0,573 5	0,528	0,521 6	0,525 9	0,541 7
18,0			0,601 3	0,588 3	0,579 8	0,581 6	0,594 2
20,0			0,664 8	0,648 4	0,637 1	0,635 4	0,646 6
25,0							0,773

Tabelle 2.33 (Fortsetzung)

p MPa	T in K					
	423,15	448,15	473,15	498,15	523,15	548,15
0,1	0,9945	0,9954	0,9962	0,9969	0,9976	0,9982
0,5	0,9727	0,9773	0,9813	0,9845	0,9867	0,9883
1,0	0,9451	0,955	0,9629	0,9693	0,9713	0,9772
2,0	0,8893	0,9096	0,9257	0,9389	0,9484	0,9562
4,0	0,7663	0,8161	0,8527	0,8811	0,9015	0,9181
6,0	0,6258	0,7198	0,7804	0,8244	0,8567	0,8844
8,0	0,5028	0,6284	0,716	0,7753	0,8206	0,8549
10,0	0,4691	0,574	0,6661	0,7364	0,7903	0,8313
12,0	0,4885	0,5632	0,6424	0,7107	0,7689	0,8152
14,0	0,5272	0,5785	0,6394	0,7023	0,7596	0,8072
16,0	0,5692	0,6085	0,6573	0,7089	0,7607	0,8077
18,0	0,6131	0,6451	0,6844	0,7286	0,7726	0,8159
20,0	0,6586	0,6843	0,7158	0,7538	0,7931	0,8306
25,0	0,7772	0,7878	0,8072	0,8309	0,8558	0,883

Virialkoeffizienten

T in K	240	250	260	270	285	300	315	330
$10^3 B$ $\mathrm{m^3\,kmol^{-1}}$	-640	-584	-526	-478	-424	-382	-344	-313

T in K	350	375	400	430	470	500	550
$10^3 B$ $\mathrm{m^3\,kmol^{-1}}$	-276	-238	-208	-177	-143	-124	-97

Tabelle 2.34. Trimethylamin, C_3H_9N, $((CH_3)_3N)$

Zustandsgrößen im Sättigungsgebiet

t °C	p MPa	v' $\mathrm{dm^3/kg}$	v'' $\mathrm{dm^3/kg}$
0	0,091	1,5228	406,50
15	0,158	1,5647	242,13
50	0,456	1,6767	87,87

Realgasfaktoren

t °C	p in MPa							
	0,01	0,05	0,1	0,15	0,2	0,25	0,3	0,4
15	0,9967	0,9831	0,9657					
50	0,9977	0,9884	0,9765	0,9643	0,9517	0,9389	0,9256	0,8977

Tabelle 2.35. Octafluorcyclobutan (RC318), C_4F_8, $\begin{pmatrix} CF_2\!-\!CF_2 \\ |\quad\ \ | \\ CF_2\!-\!CF_2 \end{pmatrix}$

Zustandsgrößen im Sättigungsgebiet

t	p	v'	v''	h'	h''	s'	s''
°C	MPa	dm³/kg	dm³/kg	kJ/kg	kJ/kg	kJ/(kg K)	kJ/(kg K)
−40	0,0213	0,5706	444,20	384,64	502,37	4,0531	4,5580
−30	0,0355	0,5815	275,50	392,89	508,95	4,0874	4,5647
−20	0,0567	0,5932	177,20	401,30	515,56	4,1210	4,5724
−15	0,0708	0,5992	143,70	405,58	518,87	4,1376	4,5765
−10	0,0876	0,6056	117,50	409,89	522,18	4,1540	4,5807
−5	0,1075	0,6121	96,72	414,24	525,44	4,1705	4,5852
0	0,1309	0,6189	80,10	418,68	528,75	4,1868	4,5897
5	0,1583	0,6260	66,70	423,20	532,06	4,2030	4,5944
10	0,1902	0,6334	55,92	427,81	535,37	4,2193	4,5992
15	0,2271	0,6411	47,06	432,50	538,63	4,2359	4,6040
20	0,2695	0,6492	39,87	437,31	541,90	4,2522	4,6090
25	0,3177	0,6578	33,92	442,25	545,16	4,2689	4,6140
30	0,3719	0,6668	28,96	447,36	548,43	4,2857	4,6191
35	0,4331	0,6764	24,88	452,63	551,65	4,3030	4,6243
40	0,5017	0,6867	21,43	458,08	554,88	4,3205	4,6296
45	0,5782	0,6976	18,55	463,73	558,06	4,3383	4,6348
50	0,6633	0,7094	16,06	469,59	561,24	4,3564	4,6401
55	0,7576	0,7222	13,99	475,70	564,42	4,3750	4,6453
60	0,8615	0,7361	12,19	482,07	567,52	4,3941	4,6506
70	1,1003	0,7685	9,33	495,59	573,59	4,4337	4,6610
80	1,3840	0,8093	7,17	510,50	579,62	4,4756	4,6713
90	1,7167	0,8644	5,36	526,74	585,27	4,5209	4,6821
100	2,1023	0,9475	3,90	545,33	590,80	4,5714	4,6932
110	2,5431	1,1138	2,62	568,94	595,99	4,6339	4,7045
115,39	2,8049	1,5835	1,58	593,65	593,65	4,6946	4,6946

Spezifische Wärme im idealen Gaszustand

T in K	240	260	280	300	320	340	360
c_p in kJ/(kg K)	0,696	0,732	0,767	0,800	0,831	0,861	0,889

Realgasfaktoren

t	p in MPa						
°C	0,025	0,05	0,10	0,15	0,20	0,40	0,60
15	0,9906	0,9810	0,9614	0,9411	0,9200		
50	0,9939	0,9877	0,9751	0,9623	0,9491	0,8935	0,8311

Tabelle 2.36. Butadien, C_4H_6, $(CH_2=CH-CH=CH_2)$

Zustandsgrößen im Sättigungsgebiet

t °C	p MPa	v' dm³/kg	v'' dm³/kg
0	0,12	1,549 9	335,57
15	0,203	1,593 9	204,92
50	0,569	1,719 1	76,57

Realgasfaktoren

t °C	p in MPa				
	0,01	0,05	0,1	0,15	0,2
15	0,997 0	0,984 9	0,969 3	0,954 5	0,939 2
50	0,997 8	0,989 5	0,979 2	0,968 6	0,958 2

Tabelle 2.37. Butylen (1-Buten), C_4H_8, $(CH_3-CH_2-CH=CH_2)$

Zustandsgrößen im Sättigungsgebiet

t °C	p MPa	v' dm³/kg	v'' dm³/kg
0	0,128	1,616 0	299,40
15	0,220	1,662 0	184,16
50	0,590	1,813 9	70,03

Realgasfaktoren

t °C	p in MPa						
	0,05	0,1	0,15	0,2	0,3	0,4	0,5
15	0,985 3	0,970 1	0,954 3	0,949 4			
50	0,990 2	0,980 2	0,970 0	0,959 5	0,937 9	0,915 1	0,891 0

Tabelle 2.38. Butan, C_4H_{10}, (CH_3—CH_2—CH_2—CH_3)

Zustandsgrößen im Sättigungsgebiet

t °C	p MPa	v' dm³/kg	v'' dm³/kg	h' kJ/kg	h'' kJ/kg	s' kJ/(kg K)	s'' kJ/(kg K)
−17,78	0,050 0	1,614	712,00	425,0	824,8	3,520	5,087
−12,22	0,063 4	1,629	570,00	437,5	832,7	3,580	5,100
−6,67	0,079 6	1,645	461,00	450,1	840,6	3,640	5,108
−1,11	0,099 0	1,661	377,00	462,6	848,5	3,710	5,121
4,44	0,121 8	1,677	311,00	475,4	856,4	3,760	5,133
10,00	0,148 5	1,695	258,00	488,0	864,3	3,810	5,146
15,56	0,179 5	1,713	217,00	500,8	872,3	3,870	5,158
21,11	0,215 2	1,732	183,00	513,6	879,9	3,920	5,167
26,67	0,256 0	1,751	155,00	526,6	887,6	3,970	5,179
32,22	0,302 6	1,772	132,00	540,1	895,3	4,020	5,188
40,56	0,384 6	1,804	105,00	560,3	906,7	4,100	5,200
46,11	0,447 8	1,826	90,50	574,1	914,4	4,150	5,213
51,61	0,518 7	1,850	78,70	588,0	922,0	4,190	5,221
60,00	0,640 3	1,889	63,70	609,2	933,2	4,260	5,230
71,11	0,833 6	1,944	48,90	639,9	947,8	4,350	5,242
79,44	1,003 2	1,990	40,40	663,4	958,3	4,420	5,250
90,56	1,267 0	2,063	31,50	695,7	971,6	4,500	5,259
101,67	1,576 9	2,149	24,70	729,2	984,1	4,580	5,267
110,00	1,844 6	2,227	20,50	754,8	993,0	4,650	5,267
121,11	2,257 5	2,360	15,80	790,8	1 003,2	4,730	5,267
129,44	2,610 5	2,492	12,90	819,7	1 007,6	4,800	5,263
140,56	3,147 0	2,763	9,49	862,7	1 006,5	4,910	5,255
152,00	3,797 1	4,400	4,40	973,7	973,7	5,190	5,190

Zustandsgrößen im idealen Gaszustand

T in K	250	300	400	500	600	800	1 000
C_p/R	10,328	11,783	14,905	17,796	20,293	24,282	27,303
$H/(RT_0)$	6,621 9	8,644 3	13,531	19,532	24,659	42,888	61,832
S_1/R	35,400	37,404	41,221	44,867	48,327	54,742	60,498

Realgasfaktoren

p MPa	t in °C						
	37,78	71,11	104,44	137,78	171,11	204,44	237,78
1,0	0,040	0,041	0,846	0,887	0,916	0,936	0,951
2,0	0,081	0,069		0,749	0,823	0,869	0,898
4,0	0,159	0,155	0,155	0,170	0,566	0,713	0,790
6,0	0,237	0,229	0,229	0,240	0,301	0,535	0,679
8,0	0,314	0,303	0,300	0,310	0,342	0,443	0,592
10,0	0,390	0,375	0,370	0,377	0,400	0,457	0,557
12,0	0,466	0,448	0,439	0,441	0,460	0,500	0,568
14,0	0,542	0,521	0,508	0,508	0,520	0,549	0,599
16,0	0,615	0,589	0,571	0,571	0,572	0,606	0,643
18,0	0,688	0,657	0,637	0,632	0,637	0,654	0,689
20,0	0,760	0,725	0,702	0,692	0,695	0,707	0,734
30,0	1,126	1,064	1,023	0,990	0,971	0,970	0,972
40,0	1,470	1,390	1,324	1,280	1,240	1,219	1,205
50,0	1,819	1,707	1,618	1,554	1,499	1,464	1,438

Tabelle 2.38 (Fortsetzung)

Viralkoeffizienten

T in K	250	260	270	280	290	300	320	340	360
$10^3\,B$ $\mathrm{m^3\,kmol^{-1}}$	$-1\,170$	$-1\,050$	-950	-862	-788	-722	-620	-535	-472

T in K	380	400	420	440	470	500	530	560
$10^3\,B$ $\mathrm{m^3\,kmol^{-1}}$	-419	-370	-332	-298	-256	-219	-188	-164

Tabelle 2.39. Wasserstoff, H_2

Wasserstoff hat zwei durch die Vorsilben „Ortho" und „Para" bezeichnete molekulare Modifikationen. Die im Gleichgewicht herrschende Zusammensetzung der Ortho-Para-Mischung ist temperaturabhängig. Sie beträgt bei Raumtemperatur 75 % Orthowasserstoff und 25 % Parawasserstoff. Wasserstoff dieser Zusammensetzung wird hier n-H_2 (Normalwasserstoff) genannt. Bei der Verflüssigung ändert sich die Zusammensetzung langsam mit der Zeit, und es treten entsprechende Änderungen in den physikalischen Eigenschaften auf. Beim Siedepunkt beträgt die Gleichgewichtszusammensetzung 0,21 % Ortho- und 99,79 % Parawasserstoff. Der Ausdruck e-H_2 (Gleichgewichtswasserstoff) bedeutet, daß der Wasserstoff bei der betreffenden Temperatur seine Ortho-Para-Gleichgewichtszusammensetzung hat.

Zustandsgrößen im Sättigungsgebiet (p-H_2)

T K	p MPa	v' $\mathrm{dm^3/kg}$	v'' $\mathrm{dm^3/kg}$	h' kJ/kg	h'' kJ/kg	s' kJ/(kg K)	s'' kJ/(kg K)
13,803	0,007 0	12,983 8	7 951,65	$-309,10$	140,39	4,964 3	37,540 1
14,444	0,010 1	13,075 5	5 793,74	$-304,77$	146,25	5,268 3	36,499 7
15,555	0,017 6	13,244 2	3 536,69	$-296,87$	155,98	5,788 3	34,902 8
16,667	0,028 8	13,425 2	2 291,79	$-288,40$	165,09	6,304 5	33,515 8
17,778	0,044 4	13,621 2	1 557,61	$-279,32$	173,48	6,819 9	32,292 0
18,889	0,065 7	13,834 1	1 100,11	$-269,56$	181,07	7,336 1	31,197 1
20,000	0,093 5	14,067 5	801,67	$-259,06$	187,77	7,856 1	30,204 0
20,268	0,101 3	14,128 5	747,50	$-256,41$	189,45	7,982 6	29,986 7
21,111	0,128 9	14,324 8	600,56	$-247,77$	193,65	8,381 1	29,299 6
22,222	0,173 0	14,612 0	458,04	$-235,59$	198,17	8,913 7	28,444 3
23,333	0,226 9	14,934 7	355,35	$-222,44$	201,46	9,455 9	27,635 0
24,444	0,291 9	15,301 8	279,52	$-208,20$	203,36	10,011 1	26,858 7
25,555	0,369 0	15,725 7	222,21	$-192,70$	203,63	10,583 4	26,101 8
26,667	0,459 4	16,224 5	177,98	$-175,74$	201,93	11,177 5	25,349 0
27,778	0,564 3	16,823 1	143,11	$-156,98$	197,81	11,803 0	24,582 4
28,889	0,684 8	17,568 5	115,04	$-135,94$	190,53	12,472 5	23,779 3
30,000	0,822 5	18,542 6	91,85	$-111,75$	178,89	13,209 4	22,902 2
31,111	0,979 2	19,936 2	71,96	$-82,58$	160,36	14,064 7	21,877 3
32,222	1,157 3	22,415 5	53,35	$-42,69$	126,49	15,204 4	20,471 4
32,976	1,292 8	31,818 8	31,82	38,54	38,08	17,582 5	17,570 7

Prandtlzahl (n-H_2)

T in K	100	200	300	400	500	600	700
Pr	0,712	0,719	0,706	0,690	0,675	0,664	0,661

Tabelle 2.39 (Fortsetzung)

Zustandsgrößen im idealen Gaszustand (n-H_2)

T in K	50	100	200	400	600	800	1 000
C_p/R	2,505	2,714	3,280	3,510	3,527	3,563	3,633
$H/(RT_0)$	0,925 6	1,398 1	2,508 5	5,031 2	7,607 7	10,201	12,834
S_1/R	10,491	12,272	14,352	16,732	18,158	19,177	19,978

Realgasfaktoren (n-H_2)

p MPa	T in K							
	98,15	103,15	113,15	123,15	138,15	153,15	173,15	198,15
0,101 33	1,000	1,000 0	1,000	1,001	1,001	1,001	1,001	1,001
1,013 25	0,997 5	0,999 2	1,001 8	1,003 4	1,005 1	1,006 1	1,006 8	1,007 1
3,039 75	0,996 6	1,001 3	1,008 3	1,012 8	0,016 8	0,019 3	1,020 8	1,021 1
5,066 25	1,003 1	1,009 8	1,019 4	1,025 6	1,031 4	1,034 5	1,036 1	1,036 0
10,132 5	1,049 8	1,056 5	1,066 3	1,072 3	1,077 4	1,079 3	1,078 9	1,076 3
15,198 75	1,130 9	1,132 3	1,134 7	1,135 3	1,134 5	1,132 0	1,127 2	1,120 1
20,265	1,231 2	1,226 1	1,217 3	1,209 9	1,199 8	1,190 7	1,179 5	1,166 3
25,331 25	1,341 2	1,328 7	1,307 9	1,291 4	1,270 9	1,253 7	1,234 6	1,214 4
30,397 5	1,455 7	1,436 0	1,403 1	1,376 6	1,344 9	1,319 6	1,291 9	1,264 1
35,463 75		1,544 9	1,500 2	1,464 1	1,421 1	1,387 1	1,350 6	1,314 7
40,53		1,598 3	1,552 7	1,498 3	1,455 4	1,410 0	1,365 9
45,596 25				1,641 5	1,575 9	1,524 3	1,470 0	1,417 5
50,662 5				1,730 1	1,653 4	1,593 4	1,530 2	1,469 3

p MPa	T in K							
	223,15	248,15	273,15	298,15	323,15	348,15	373,15	398,15	423,15
0,101 33	1,001	1,001	1,001	1,001	1,000	1,001	1,001	1,000	1,001
1,013 25	1,006 9	1,007	1,006	1,006	1,006	1,006	1,006	1,005	1,005
3,039 75	1,020 7	1,019 9	1,019 0	1,018 2	1,017 3	1,016 6	1,015 8	1,015 0	1,014 3
5,066 25	1,035 0	1,033 4	1,031 9	1,030 3	1,028 8	1,027 4	1,026 0	1,024 7	1,023 5
10,132 5	1,072 7	1,068 8	1,064 9	1,061 3	1,057 9	1,054 8	1,051 9	1,049 2	1,046 7
15,198 75	1,112 7	1,105 6	1,099 0	1,092 9	1,087 5	1,082 5	1,078 0	1,073 8	1,070 0
20,265	1,154 3	1,143 5	1,133 8	1,125 2	1,117 5	1,110 6	1,104 3	1,098 7	1,093 5
25,331 25	1,197 2	1,182 3	1,169 3	1,157 9	1,147 9	1,138 9	1,130 9	1,123 6	1,117 0
30,397 5	1,241 2	1,221 8	1,205 3	1,190 9	1,178 3	1,167 3	1,157 4	1,148 6	1,140 5
35,463 75	1,285 9	1,261 9	1,241 5	1,224 1	1,209 1	1,195 8	1,184 1	1,173 6	1,164 1
40,53	1,331 0	1,302 2	1,278 0	1,257 4	1,239 8	1,224 3	1,210 7	1,198 6	1,187 6
45,596 25	1,376 3	1,342 7	1,314 7	1,290 9	1,270 6	1,252 9	1,237 3	1,223 5	1,211 0
50,662 5	1,421 8	1,383 3	1,351 3	1,324 4	1,301 4	1,281 4	1,263 8	1,248 4	1,234 4

Virialkoeffizienten

T in K	14	15	17	19	22	25	30	40
$10^3 B$ m^3 kmol^{-1}	−254	−230	−191	−162	−132	−110	−82	−52

T in K	50	75	100	150	200	300	400
$10^3 B$ m^3 kmol^{-1}	−33	−12	−1,9	7,1	11,3	14,8	15,2

Tabelle 2.40. Schwefelwasserstoff (Hydrogensulfid), H_2S

Zustandsgrößen im Sättigungsgebiet

t °C	p MPa	v' dm³/kg	v'' dm³/kg
0	1,028	1,215 1	57,01
15	1,568	1,267 4	42,44
50	3,604	1,426 5	16,12

Realgasfaktoren

t °C	p in MPa						
	0,1	0,2	0,4	0,6	0,8	1,0	2,0
15	0,991 6	0,983 1	0,965 6	0,947 5	0,928 6	0,908 9	
50	0,994 1	0,988 1	0,975 9	0,963 4	0,950 7	0,937 5	0,865 4

Tabelle 2.41. Chlorwasserstoff (Hydrogenchlorid), HCl

Zustandsgrößen im Sättigungsgebiet

t °C	p MPa	v' dm³/kg	v'' dm³/kg
0	2,618	1,078 7	18,90
15	3,785	1,161 4	12,71
50	8,061	1,785 7	

Realgasfaktoren

t °C	p in MPa						
	0,1	0,5	1,0	1,5	2,0	3,0	4,0
15	0,994 4	0,971 6	0,941 8	0,910 3	0,876 9	0,802 1	
50	0,996 1	0,980 3	0,960 0	0,939 0	0,917 8	0,871 0	0,820 3

Tabelle 2.42. Helium 4, ^{4}He

Zustandsgrößen im Sättigungsgebiet

T K	p MPa	v' dm³/kg	v'' dm³/kg	h' kJ/kg	h'' kJ/kg	s' kJ/(kg K)	s'' kJ/(kg K)
1,40	0,00029	6,88	9950,0	0,16	22,10	0,136	15,802
1,80	0,00166	6,87	2180,0	0,84	24,00	0,550	13,416
2,176	0,00509	6,85	823,0	2,95	25,63	1,591	12,010
2,20	0,00539	6,84	798,0	3,06	25,75	1,644	11,962
2,60	0,01249	6,93	393,0	4,07	27,28	2,066	10,985
3,00	0,02427	7,08	223,0	5,03	28,49	2,411	10,231
3,40	0,04195	7,31	138,0	6,16	29,42	2,763	9,609
3,80	0,06675	7,60	89,8	7,46	29,84	3,123	9,019
4,20	0,09993	7,99	58,7	8,92	29,53	3,498	8,395
4,215	0,10130	8,00	(58,0)	(9,02)	(29,61)	(3,498)	(8,370)
4,6	0,14278	8,60	(39,0)	(11,52)	(29,03)	(3,972)	(7,770)
5,0	0,19711	10,40	(24,6)	(15,09)	(26,76)	(4,622)	(6,945)
5,23	0,22918	14,50	(14,5)	(21,26)	(21,26)	(5,771)	(5,771)

Zustandsgrößen im idealen Gaszustand

T in K	50	100	200	400	600	800	1000
C_p/R	2,500	2,500	2,500	2,500	2,500	2,500	2,500
$H/(RT_0)$	0,4579	0,9159	1,8317	3,6635	5,4952	7,3269	9,1586
S_1/R	10,703	12,437	14,171	15,905	16,920	17,639	18,198

Realgasfaktoren

p MPa	t in °C						
	-70	-50	0	15	50	100	200
0,1				1,0005	1,0004		
0,5				1,0024	1,0022		
1,0				1,0049	1,0043		
2,0				1,0098	1,0086		
3,0				1,0147	1,0129		
5,0				1,0244	1,0225		
10,13	1,0714	1,0654	1,0528		1,0443	1,0372	1,0283
20,26	1,1421	1,1952	1,1042		1,0875	1,0737	1,0560
40,53	1,2768	1,1376	1,2032		1,1711	1,1451	1,1078
60,79	1,4100	1,4383	1,3010		1,2489	1,2123	1,1640
81,06	1,5359	1,5531	1,3951		1,3283	1,2803	1,2120
101,3			1,4846		1,4040	1,3446	1,2643

Virialkoeffizienten

T in K	2,0	2,5	2,75	3,0	3,5	4,0	5,0	7,0	10,0
$10^3 B$ in m³ kmol^{-1}	-174	-134	-120	-109	$-92,6$	$-80,2$	$-62,7$	$-40,9$	$-23,1$

T in K	15	20	30	50	100	200	400	700
$10^3 B$ in m³ kmol^{-1}	$-10,8$	$-3,4$	$+2,5$	7,4	11,7	12,1	11,2	10,1

Tabelle 2.43. Krypton, Kr

Zustandsgrößen im Sättigungsgebiet

T	p	v'	v''	$h'' - h'$
K	MPa	dm³/kg	dm³/kg	kJ/kg
116	0,0744	0,4082	150,60	109,50
120	0,1031	0,4136	111,73	107,90
124	0,1395	0,4191	84,60	106,20
128	0,1849	0,4246	65,23	104,40
132	0,2406	0,4307	51,12	102,60
136	0,3080	0,4371	40,67	100,70
140	0,3884	0,4437	32,79	98,90
144	0,4832	0,4505	26,74	97,00
148	0,5938	0,4577	22,04	95,10
152	0,7218	0,4653	18,33	93,10
156	0,8687	0,4737	15,35	91,00
160	1,0360	0,4824	12,94	88,70
166	1,3290	0,4973	10,11	84,90
170	1,5540	0,5035	8,64	82,30
174	1,8060	0,5203	7,40	79,40
178	2,0850	0,5342	6,35	76,20
182	2,3950	0,5498	5,46	72,60
186	2,7370	0,5675	4,68	68,60
190	3,1120	0,5886	4,00	63,70
194	3,5250	0,6131	3,39	58,00
198	3,9760	0,6439	2,85	51,50
202	4,4680	0,6468	2,36	43,40
206	5,0050	0,7593	1,85	31,50
209,39	5,4970	1,0977	1,10	0,00

Realgasfaktoren

t	p in MPa						
°C	0,1	1,0	2,5	5	10	15	20
15	0,9977	0,9774	0,9428	0,8844	0,7742	0,7034	0,6958
50	0,9985	0,9847	0,9620	0,9249	0,8591	0,8143	0,7997

Tabelle 2.44. Luft

Zustandsgrößen im Sättigungsgebiet

| T | p' | p'' | v' | v'' | h' | h'' | s' | s'' |
K	MPa	MPa	dm³/kg	dm³/kg	kJ/kg	kJ/kg	kJ/(kg K)	kJ/(kg K)
64	0,012	0,007	1,060	2 570,000	−151,4	63,6	2,641	6,080
68	0,024	0,015	1,080	1 313,000	−144,2	67,4	2,747	5,929
72	0,043	0,028	1,101	727,500	−137,1	71,0	2,847	5,799
76	0,072	0,050	1,125	430,900	−129,9	74,5	2,941	5,685
80	0,115	0,082	1,148	269,600	−122,6	77,8	3,034	5,585
84	0,174	0,131	1,173	176,500	−115,0	80,9	3,123	5,496
88	0,254	0,198	1,201	120,100	−107,4	83,6	3,209	5,414
92	0,360	0,288	1,231	84,280	−99,5	85,9	3,293	5,340
96	0,494	0,408	1,265	60,700	−91,5	87,9	3,376	5,270
100	0,662	0,560	1,302	44,670	−83,3	89,3	3,456	5,204
104	0,868	0,751	1,344	33,430	−75,0	90,1	3,534	5,140
108	1,117	0,986	1,391	25,350	−66,4	90,3	3,611	5,077
112	1,413	1,271	1,447	19,390	−57,3	89,6	3,688	5,013
116	1,760	1,612	1,513	14,910	−47,9	87,8	3,767	4,947
120	2,161	2,014	1,596	11,450	−37,5	84,8	3,850	4,877
124	2,619	2,485	1,717	8,714	−25,5	79,8	3,943	4,797
128	3,136	3,031	1,911	6,470	−9,8	71,9	4,060	4,702
130	3,416	3,332	2,075	5,425	0,4	66,1	4,136	4,644
132	3,712	3,656	2,450	4,202	19,3	55,5	4,280	4,558

Prandtlzahl

T in K	100	200	300	400	600	800	1 000
Pr	0,770	0,739	0,708	0,689	0,680	0,689	0,702

Zustandsgrößen im idealen Gaszustand

T in K	100	200	300	400	600	800	1 000
C_p/R	3,4913	3,4922	3,5005	3,5305	3,6615	3,8275	3,9750
$H/(RT_0)$	1,2744	2,5526	3,8321	5,1182	7,7465	10,4882	13,3463
S_1/R	20,0824	22,5026	23,9196	24,9301	26,3838	27,4599	28,3303

Tabelle 2.44 (Fortsetzung)

Realgasfaktoren

p MPa	\$T\$ in K									
	85	90	100	110	120	140	160	180	200	220
0,1	0,9671	0,9721	0,9795	0,9846	0,9876	0,9924	0,9949	0,9964	0,9974	0,9982
0,2	0,9974	0,9420	0,9578	0,9683	0,9758	0,9847	0,9899	0,9931	0,9952	0,9967
0,4			0,9118	0,9347	0,9501	0,9690	0,9796	0,9861	0,9906	0,9937
0,6				0,8987	0,9234	0,9532	0,9697	0,9798	0,9858	0,9898
0,8				0,8596	0,8955	0,9371	0,9590	0,9724	0,9811	0,9872
1,0	0,0482	0,0469	0,0453	0,8163	0,8659	0,9204	0,9485	0,9656	0,9767	0,9840
2,0	0,0962	0,0935	0,0900	0,0891	0,6728	0,8294	0,8951	0,9312	0,9537	0,9683
4,0	0,1913	0,1858	0,1782	0,1750	0,1779	0,5854	0,7802	0,8622	0,9098	0,9392
6,0	0,2854	0,2769	0,2635	0,2565	0,2556	0,3312	0,6600	0,7974	0,8700	0,9143
8,0	0,3786	0,3670	0,3498	0,3397	0,3370	0,3736	0,5695	0,7432	0,8373	0,8945
10,0	0,4709	0,4560	0,4336	0,4195	0,4131	0,4339	0,5488	0,7083	0,8142	0,8805
20,0	0,9211	0,8889	0,8375	0,7995	0,7718	0,7449	0,7563	0,7984	0,8547	0,9088
40,0	1,7777	1,7086	1,5933	1,5013	1,4275	1,3199	1,258	1,223	1,205	1,198
50,0		2,1012	1,9531	1,8340	1,7361	1,5899	1,497	1,436	1,394	1,366

p MPa	\$T\$ in K									
	240	260	280	300	350	400	500	600	800	1 000
0,1	0,9988	0,9990	0,9991	1,000	1,000	0,9996	1,000	1,000	1,0000	1,000
0,2	0,9974	0,9982	0,9987	0,9996	1,000	1,000	1,001	1,001	1,001	1,000
0,4	0,9956	0,9967	0,9981	0,9989	0,9999	1,001	1,001	1,001	1,001	1,002
0,6	0,9936	0,9950	0,9971	0,9983	1,000	1,001	1,002	1,002	1,002	1,002
0,8	0,9906	0,9942	0,9961	0,9975	0,9999	1,002	1,002	1,003	1,003	1,003
1,0	0,9886	0,9923	0,9952	0,9974	1,000	1,002	1,003	1,004	1,004	1,003
2,0	0,9786	0,9857	0,9908	0,9949	1,001	1,004	1,007	1,008	1,007	1,007
4,0	0,9595	0,9736	0,9837	0,9915	1,003	1,010	1,015	1,016	1,015	1,014
6,0	0,9439	0,9638	0,9792	0,9899	1,007	1,016	1,023	1,025	1,024	1,021
8,0	0,9318	0,9577	0,9766	0,9901	1,012	1,023	1,032	1,034	1,032	1,029
10,0	0,9244	0,9548	0,9764	0,9932	1,018	1,031	1,041	1,043	1,041	1,036
20,0	0,9529	0,9872	1,013	1,032	1,063	1,079	1,091	1,092	1,084	1,074
30,0	1,060	1,079	1,096	1,109	1,130	1,141	1,146	1,143	1,128	1,113
40,0	1,198	1,200	1,204	1,207	1,211	1,211	1,205	1,194	1,172	1,151
50,0	1,346	1,333	1,324	1,316	1,301	1,289	1,267	1,247	1,215	1,189

Tabelle 2.45. Stickstoff, N_2

Zustandsgrößen im Sättigungsgebiet

T K	p MPa	v' dm^3/kg	v'' dm^3/kg	h' kJ/kg	h'' kJ/kg	s' kJ/(kg K)	s'' kJ/(kg K)
63,148	0,0125	1,1524	1 481,21	−150,39	64,84	2,4283	5,8402
66	0,0206	1,1670	936,20	−144,71	67,55	2,5158	5,7355
70	0,0386	1,1894	526,97	−136,61	71,16	2,6352	5,6061
74	0,0670	1,2141	317,31	−128,40	74,59	2,7486	5,4939
77,347	0,1013	1,2367	216,74	−121,47	77,23	2,8395	5,4106
80	0,1370	1,2559	164,05	−115,97	79,19	2,9090	5,3503
84	0,2078	1,2872	111,45	−107,58	81,84	3,0099	5,2670
88	0,3028	1,3218	78,27	−99,12	84,12	3,1066	5,1904
92	0,4266	1,3602	56,49	−90,51	85,94	3,2008	5,1196
96	0,5838	1,4039	41,58	−81,69	87,21	3,2925	5,0539
100	0,7790	1,4521	31,31	−72,59	88,01	3,3825	4,9886
102	0,8925	1,4792	27,27	−67,91	88,12	3,4269	4,9572
104	1,0174	1,5084	23,81	−63,13	88,05	3,4717	4,9254
106	1,1543	1,5401	20,84	−58,24	87,73	3,5161	4,8935
108	1,3041	1,5747	18,27	−53,24	87,16	3,5609	4,8609
110	1,4673	1,6128	16,02	−48,02	86,30	3,6061	4,8274
112	1,6448	1,6553	14,04	−42,67	85,12	3,6521	4,7926
114	1,8373	1,7031	12,30	−37,06	83,55	3,6982	4,7562
116	2,0457	1,7583	10,73	−31,17	81,44	3,7468	4,7173
118	2,2708	1,8236	9,33	−24,89	78,73	3,7970	4,6746
120	2,5135	1,9044	8,03	−18,03	75,09	3,8510	4,6264
122	2,7749	2,0117	6,81	−10,21	70,09	3,9113	4,5691
124	3,0574	2,1783	5,58	−0,50	62,48	3,9854	4,4933
126	3,3667	2,6901	3,86	18,78	43,24	4,1332	4,3275
126,20	3,4000	3,1844	3,18	30,81	30,81	4,2278	4,2278

Prandtlzahl

T in K	100	200	300	400	600	800	1 000
Pr	0,786	0,747	0,713	0,691	0,686	0,700	0,724

Zustandsgrößen im idealen Gaszustand

T in K	100	200	300	400	600	800	1000
C_p/R	3,5004	3,5008	3,5030	3,5179	3,6214	3,7806	3,9326
$H/(RT_0)$	1,2779	2,5594	3,8412	5,1257	7,7335	10,4423	13,2674
S_1/R	19,2043	21,6308	23,0505	24,0598	25,5025	26,5658	27,4261

Tabelle 2.45 (Fortsetzung)

Realgasfaktoren

p MPa	T in K									
	70	80	90	100	120	140	160	180	200	220
0,1	0,005 72	0,961 73	0,973 20	0,980 40	0,988 58	0,992 83	0,995 30	0,996 83	0,997 84	0,998 53
0,2	0,011 44	0,010 57	0,944 90	0,960 10	0,967 97	0,985 62	0,990 59	0,993 67	0,995 70	0,997 08
0,4	0,022 88	0,021 13	0,020 06	0,916 93	0,953 12	0,971 00	0,981 12	0,987 35	0,991 42	0,994 18
0,6	0,034 31	0,031 68	0,030 07	0,869 42	0,928 32	0,956 13	0,971 60	0,981 04	0,987 16	0,991 31
0,8	0,045 73	0,042 22	0,040 05	0,039 13	0,902 42	0,941 00	0,962 02	0,974 72	0,982 93	0,988 47
1,0	0,057 14	0,052 74	0,050 01	0,048 82	0,875 24	0,925 58	0,952 38	0,968 42	0,978 72	0,985 66
2,0	0,114 06	0,105 15	0,099 51	0,096 78	0,707 65	0,843 34	0,903 31	0,937 06	0,958 10	0,972 06
4,0	0,227 26	0,209 04	0,197 14	0,190 52	0,199 07	0,638 64	0,801 61	0,876 24	0,919 68	0,947 53
6,0	0,339 66	0,311 78	0,293 14	0,281 89	0,283 57	0,426 36	0,702 12	0,821 31	0,886 66	0,927 45
8,0	0,451 31	0,413 46	0,387 72	0,371 30	0,365 09	0,428 20	0,630 88	0,777 96	0,861 15	0,912 75
10,0	0,562 24	0,514 17	0,481 03	0,459 06	0,444 23	0,481 60	0,612 13	0,752 57	0,845 00	0,904 11
20,0	1,107 51	1,005 47	0,932 37	0,879 43	0,816 26	0,796 30	0,811 83	0,853 62	0,904 68	0,951 51
30,0	1,639 68	1,480 52	1,364 66	1,278 20	1,163 41	1,100 35	1,071 76	1,066 49	1,075 30	1,090 39
40,0		1,943 17	1,783 09	1,662 06	1,494 82	1,390 97	1,326 96	1,288 96	1,267 83	1,257 08
50,0		2,395 95	2,190 76	2,034 62	1,814 76	1,671 27	1,574 68	1,508 57	1,462 68	1,430 30

Tabelle 2.45 (Fortsetzung)

p MPa	T in K									
	240	260	280	300	350	400	500	600	800	1 000
0,1	0,999 02	0,999 37	0,999 63	0,999 82	1,000 12	1,000 28	1,000 40	1,000 42	1,000 39	1,000 34
0,2	0,998 05	0,998 75	0,999 26	0,999 65	1,000 25	1,000 56	1,000 80	1,000 85	1,000 78	1,000 68
0,4	0,996 12	0,997 52	0,998 55	0,999 31	1,000 51	1,001 13	1,001 61	1,001 70	1,001 57	1,001 37
0,6	0,994 23	0,996 32	0,997 85	0,999 00	1,000 79	1,001 71	1,002 43	1,002 56	1,002 35	1,002 05
0,8	0,992 35	0,995 14	0,997 18	0,998 70	1,001 07	1,002 30	1,003 25	1,003 42	1,003 14	1,002 74
1,0	0,990 51	0,993 98	0,996 53	0,998 42	1,001 37	1,002 89	1,004 07	1,004 28	1,003 93	1,003 43
2,0	0,981 70	0,988 57	0,993 57	0,997 28	1,003 04	1,005 98	1,008 24	1,008 61	1,007 89	1,006 87
4,0	0,966 41	0,979 70	0,989 29	0,996 36	1,007 25	1,012 75	1,016 87	1,017 44	1,015 86	1,013 78
6,0	0,954 70	0,973 70	0,987 34	0,997 34	1,012 64	1,020 29	1,025 88	1,026 47	1,023 91	1,020 73
8,0	0,947 02	0,970 81	0,987 83	1,000 27	1,019 21	1,028 59	1,035 24	1,035 69	1,032 02	1,027 71
10,0	0,943 65	0,971 14	0,990 80	1,005 16	1,026 95	1,037 63	1,044 94	1,045 09	1,040 21	1,034 72
20,0	0,989 37	1,018 42	1,040 27	1,056 60	1,081 38	1,092 79	1,098 07	1,094 52	1,081 99	1,070 18
30,0	1,106 52	1,121 08	1,133 10	1,142 49	1,156 44	1,161 15	1,157 40	1,147 22	1,124 93	1,106 15
40,0	1,252 13	1,250 03	1,249 03	1,248 21	1,244 67	1,238 40	1,221 08	1,202 26	1,168 67	1,142 45
50,0	1,406 84	1,398 18	1,375 25	1,363 72	1,340 53	1,321 21	1,287 69	1,258 89	1,212 93	1,178 95

Virialkoeffizienten

T in K	75	80	90	100	110	125	150	
$10^3\,B$ in m^3 kmol^{-1}	−275	−243	−197	−160	−132	−104	−71,5	
T in K	200	250	300	400	500	600	700	
$10^3\,B$ in m^3 kmol^{-1}	−35,2	−16,2	−4,2	+9,0	16,9	21,3	24,0	

Tabelle 2.46. Ammoniak, NH_3

Zustandsgrößen im Sättigungsgebiet

T	p	v'	v''	h'	h''	s'	s''
K	MPa	dm^3/kg	dm^3/kg	kJ/kg	kJ/kg	kJ/(kg K)	kJ/(kg K)
195,42	0,006 1			613,07	2 086,99	4,206 1	11,747 7
200	0,008 7	1,372 1	11 139,6	632,75	2 102,99	4,306 5	11,656 9
210	0,017 8	1,393 9	5 686,99	676,25	2 124,38	4,518 0	11,413 2
220	0,033 9	1,416 8	3 116,24	720,00	2 144,27	4,719 8	11,194 7
230	0,060 6	1,441 3	1 813,89	764,26	2 161,73	4,916 6	10,992 9
239,74	0,101 3	1,466 3	1 162,79	807,84	2 176,55	5,098 7	10,808 6
240	0,102 6	1,467 2	1 110,00	808,97	2 176,97	5,103 3	10,803 6
250	0,165 4	1,494 8	709,72	853,98	2 192,46	5,287 5	10,641 6
260	0,255 9	1,524 2	471,48	899,45	2 206,74	5,464 6	10,491 7
270	0,381 9	1,555 9	323,21	945,67	2 219,26	5,636 7	10,354 0
280	0,551 8	1,589 3	227,95	992,10	2 230,31	5,803 7	10,226 3
290	0,775 3	1,626 3	164,58	1 039,58	2 239,64	5,968 3	10,105 7
300	1,062 4	1,666 9	121,30	1 087,27	2 246,55	6,128 2	9,992 6
310	1,424 9	1,710 9	90,74	1 135,67	2 251,20	6,285 6	9,884 2
320	1,873 0	1,760 3	68,92	1 185,12	2 255,39	6,440 6	9,776 2
330	2,422 0	1,815 5	52,85	1 235,73	2 254,88	6,593 0	9,680 3
340	3,082 0	1,878 3	40,87	1 288,11	2 250,49	6,742 8	9,577 3
350	3,870 0	1,951 6	31,73	1 341,91	2 240,65	6,892 7	9,459 2
360	4,803 0	2,039 2	24,62	1 398,22	2 225,41	7,042 6	9,341 2
370	5,891 0	2,147 8	19,02	1 457,47	2 201,55	7,195 0	9,208 4
380	7,153 0	2,291 5	14,50	1 517,67	2 162,48	7,360 0	9,046 0
390	8,606 0	2,501 9	10,72	1 591,44	2 099,55	7,536 7	8,847 1
400	10,284 0	2,903 6	7,31	1 675,26	1 981,78	7,637 6	8,525 2
405,6	11,298 0	4,255 3	4,26	1 825,19	1 825,19	8,122 0	8,122 0

Prandtlzahl

t in °C	−75	−50	−25	0	20	50	70
Pr'	2,95	2,54	2,27	2,07	2	2,1	2,3

Zustandsgrößen im idealen Gaszustand

T in K	298,15	400	500	600	700	800	1 000
C_p/R	4,272	4,673	5,016	5,341	5,657	5,968	6,583
$H/(RT_0)$	0	1,650 0	3,401 3	5,318 6	7,328 0	9,484 9	14,158
S_1/R	0	1,299	2,367	3,318	4,164	4,950	6,370

Tabelle 2.46 (Fortsetzung)

Realgasfaktoren

p MPa	T in K						
	300	320	340	360	380	400	420
0,101 33	0,990 6	0,992 9	0,994 5	0,995 7	0,996 6	0,997 2	0,997 8
0,506 63	0,946 3	0,959 1	0,967 6	0,973 8	0,978 5	0,982 1	0,985 1
1,013 25	0,886 0	0,914 8	0,934 1	0,947 5	0,957 3	0,964 6	0,970 3
1,519 88		0,864 9	0,895 8	0,919 1	0,934 7	0,946 0	0,954 9
2,026 5		0,022 9	0,857 4	0,888 3	0,910 2	0,926 8	0,939 6
4,053		0,045 4	0,045 6	0,744 1	0,806 5	0,846 5	0,874 8
6,079 5		0,067 6	0,067 7	0,070 1	0,674 6	0,751 3	0,802 9
8,106		0,089 9	0,089 9	0,092 1	0,098 8	0,637 4	0,720 1
10,132 5		0,111 6	0,111 5	0,113 7	0,120 9	0,421 1	0,641 5
20,265		0,219 4	0,217 2	0,218 7	0,223 9	0,235 2	0,263 5
30,797 5		0,324 5	0,319 4	0,318 9	0,321 3	0,330 0	0,344 7
40,53		0,425 0	0,417 2	0,414 4	0,414 3	0,419 2	0,430 6
50,662 5		0,525 6	0,514 4	0,507 8	0,505 1	0,507 3	0,512 1

p MPa	T in K					
	440	460	480	500	540	580
0,101 33	0,998 2	0,998 6	0,999 0	0,999 2	0,999 5	0,999 7
0,506 63	0,987 4	0,989 2	0,990 8	0,992 2	0,994 1	0,995 4
1,013 25	0,975 0	0,978 7	0,981 8	0,984 4	0,988 5	0,991 1
1,519 88	0,962 2	0,968 1	0,972 7	0,976 5	0,982 4	0,986 8
2,026 5	0,949 5	0,957 5	0,963 8	0,969 1	0,977 2	0,982 5
4,053	0,896 3	0,913 3	0,926 8	0,937 5	0,954 2	0,964 9
6,079 5	0,840 2	0,867 8	0,888 9	0,905 8	0,931 5	0,949 6
8,106	0,777 7	0,819 2	0,850 0	0,874 1	0,909 8	0,932 7
10,132 5	0,715 7	0,771 0	0,812 2	0,843 6	0,887 8	0,918 0
20,265	0,341 8	0,476 4	0,587 0	0,668 3	0,769 1	
30,397 5	0,369 8	0,418 1	0,485 2	0,557 9	0,684 5	
40,53	0,447 6	0,471 6	0,506 8	0,551 8	0,653 6	
50,662 5	0,523 5	0,537 8	0,564 9	0,591 1	0,661 2	

Virialkoeffizienten

T in K	313	333	363	392	433	473	523
$10^3\,B$ $\mathrm{m^3\,kmol^{-1}}$	-226	-194	-157	-130	-101	-81	-64

Tabelle 2.47. Distickstoffmonooxid (Stickoxydul), N_2O

Zustandsgrößen im Sättigungsgebiet

t °C	p MPa	v' dm³/kg	v'' dm³/kg	h' kJ/kg	h'' kJ/kg	s' kJ/(kg K)	s'' kJ/(kg K)
−88,2	0,1013	0,7806	343,2	−229,11	148,40		5,5740
−84,4	0,1310	0,7905	265,2	−224,69	150,03		5,4986
−78,8	0,1793	0,8058	198,4	−218,18	152,82		5,4923
−73,3	0,2413	0,8217	148,5	−210,97	155,14		5,4605
−67,7	0,3171	0,8326	113,6	−202,83	158,17		5,4341
−62,2	0,3998	0,8439	89,2	−194,69	160,26		5,4009
−56,6	0,5101	0,8613	71,8	−185,61	162,82		5,3791
−51,1	0,6273	0,8857	58,3	−176,31	164,45		5,3540
−45,5	0,7722	0,9009	46,9	−167,01	166,31		5,3318
−40	0,9445	0,9183	37,8	−157,01	167,94		5,3045
−34,4	1,1513	0,9320	32,0	−147,00	169,10		5,2786
−28,9	1,3995	0,9533	26,5	−136,54	170,26		5,2513
−23,3	1,6546	0,9653	22,7	−126,07	170,96		5,2199
−17,8	1,9510	0,9891	18,9	−114,90	171,19		5,1822
−12,2	2,3096	1,0204	16,3	−104,20	171,43		5,1549
−6,7	2,6680	1,0549	13,5	−92,57	171,19		5,1310
0	3,1713	1,0953	11,1	−77,46	170,96	4,1910	5,1046
4,4	3,5849	1,1416	10,0	−65,60	170,50		
10	4,0675	1,1933	8,6	−49,08	168,87		
15,5	4,6535	1,2690	7,4	−33,03	167,47		
21,1	5,2395	1,3423	6,6	−16,28	164,45		
26,6	5,9634	1,5601	5,0	0,00	160,49		
36,1	7,3698	2,3585	2,4	154,68	154,68		

Spezifische Wärmekapazität im idealen Gaszustand

t in °C	0	25	100	200
c_p in kJ/(kg K)	0,892	0,913	0,954	1,026

Realgasfaktoren

t °C	p in MPa						
	0,1	0,5	1	2	4	10	20
15	0,9940	0,9694	0,9367	0,8681	0,6857		
50	0,9960	0,9798	0,9586	0,9139	0,8139	0,3067	0,4140

Tabelle 2.48. Stickstoffmonooxid, NO

Zustandsgrößen im Sättigungsgebiet

t °C	v ($p = 0{,}1$ MPa) dm^3/kg
0	756,43
15	798,08
50	895,26

Realgasfaktoren

t °C	p in MPa						
	0,1	0,5	1,0	1,5	2,0	3,0	6,0
15	0,999 2	0,995 3	0,990 7	0,986 1	0,981 6	0,972 7	0,947 8
50	0,999 4	0,997 0	0,994 0	0,991 1	0,988 4	0,983 1	0,969 6

Tabelle 2.49. Neon, Ne

Zustandsgrößen im Sättigungsgebiet

T K	p MPa	v' dm^3/kg	v'' dm^3/kg	h' kJ/kg	h'' kJ/kg	s' kJ/(kg K)	s'' kJ/(kg K)
25	0,051 0	0,806 3	196,01	0,90	89,57	0,034 6	3,581 6
26	0,071 8	0,817 2	143,46	2,83	90,35	0,109 9	3,475 8
27	0,098 5	0,828 9	107,40	4,83	91,06	0,184 4	3,378 0
28	0,132 1	0,841 4	82,00	6,89	91,69	0,258 2	3,286 8
29	0,173 5	0,854 7	63,69	9,00	92,23	0,331 1	3,201 1
30	0,223 8	0,869 0	50,19	11,16	92,67	0,403 1	3,119 9
31	0,284 0	0,884 2	40,07	13,38	93,00	0,474 1	3,042 4
32	0,355 3	0,900 7	32,34	15,65	93,20	0,544 1	2,967 7
33	0,438 6	0,918 4	26,34	17,96	93,27	0,613 1	2,895 2
34	0,535 2	0,937 7	21,62	20,33	93,19	0,680 9	2,824 0
35	0,646 2	0,959 0	17,87	22,74	92,94	0,747 7	2,753 6
36	0,772 8	0,982 3	14,84	25,19	92,50	0,813 5	2,683 2
37	0,916 4	1,008 5	12,38	27,70	91,85	0,878 4	2,612 2
38	1,078 2	1,038 2	10,36	30,28	90,97	0,942 6	2,539 9
39	1,259 7	1,072 6	8,68	32,93	89,83	1,006 5	2,465 5
40	1,462 5	1,113 3	7,27	35,69	88,38	1,071 0	2,388 2
41	1,688 2	1,163 5	6,08	38,67	86,58	0,138 2	2,306 6
42	1,938 7	1,229 4	5,05	42,05	84,28	0,212 4	2,217 9
43	2,215 7	1,326 9	4,11	46,32	81,13	0,304 4	2,114 0
44	2,521 7	1,536 2	3,10	53,39	75,51	0,456 9	1,959 7
44,4	2,654 0	2,070 4	2,07				

Realgasfaktoren

t °C	p in MPa						
	0,1	1,0	2,5	5	10	15	20
15	1,000 5	1,004 7	1,011 8	1,023 8	1,048 3	1,073 4	1,099 0
50	1,000 4	1,004 4	1,011 1	1,022 3	1,045 2	1,068 4	1,092 0

Tabelle 2.50. Sauerstoff, O_2

Zustandsgrößen im Sättigungsgebiet

T	p	v'	v''	h'	h''	s'	s''
K	MPa	dm^3/kg	dm^3/kg	kJ/kg	kJ/kg	kJ/(kg K)	kJ/(kg K)
54,351	0,000 2	0,765 3	92 971,36	−193,48	49,13	2,094 2	6,546 5
60	0,000 7	0,780 3	21 347,00	−184,07	54,25	2,259 2	6,228 7
64	0,001 8	0,791 3	8 869,81	−177,41	57,85	2,366 4	6,042 0
70	0,006 2	0,808 5	2 909,33	−167,41	63,17	2,515 4	5,810 0
74	0,012 4	0,820 7	1 545,06	−160,73	66,64	2,608 4	5,680 7
80	0,030 1	0,840 0	681,87	−150,68	71,66	2,739 0	5,517 4
84	0,050 4	0,853 8	424,64	−143,95	74,85	2,820 6	5,424 4
90	0,099 4	0,875 7	227,36	−133,79	79,33	2,937 0	5,303 8
90,18	0,101 3	0,876 4	223,46	−133,54	79,44	2,939 6	5,299 7
94	0,148 5	0,891 3	157,15	−126,53	82,07	3,010 7	5,233 5
100	0,254 2	0,916 9	95,56	−116,58	85,75	3,116 7	5,139 3
104	0,350 8	0,935 3	70,77	−109,57	87,88	3,184 5	5,082 4
110	0,543 4	0,965 7	46,82	−98,85	90,51	3,282 9	5,004 5
114	0,708 8	0,988 5	36,29	−91,54	91,84	3,346 9	4,955 5
120	1,021 6	1,026 6	25,36	−80,24	93,11	3,440 7	4,885 6
124	1,278 8	1,056 0	20,23	−72,42	93,40	3,502 7	4,840 4
130	1,747 8	1,107 9	14,60	−60,08	92,82	3,596 0	4,772 5
134	2,121 9	1,149 7	11,80	−51,31	91,59	3,658 8	4,726 1
140	2,786 5	1,229 7	8,57	−37,08	88,03	3,757 2	4,651 1
144	3,306 3	1,302 2	6,86	−26,47	83,95	3,827 2	4,594 2
150	4,219 0	1,480 4	4,66	−7,05	72,44	3,950 7	4,480 7
154	4,932 0	1,807 3	3,11	14,44	52,76	4,084 2	4,333 3
154,576	5,042 7	2,293 0	2,29	32,64	32,64	4,200 2	4,200 2

Prandtlzahl

T in K	100	200	300	400	500	600
Pr	0,815	0,745	0,709	0,695	0,697	0,704

Zustandsgrößen im idealen Gaszustand

T in K	50	100	200	400	600	800	1 000
C_p/R	3,502 9	3,501 4	3,503 2	3,621 2	3,859 9	4,057 7	4,194 8
$H/(RT_0)$	0,636 4	1,277 4	2,559 3	5,154 2	7,892 4	10,795 0	13,819 3
S_1/R	18,411 6	20,834 8	23,261 9	25,714 0	27,227 1	28,366 2	29,287 4

Tabelle 2.50 (Fortsetzung)

Realgasfaktoren

p MPa	T in K									
	100	110	120	130	140	160	180	200	250	300
0,1	0,9757	0,9814	0,9859	0,9888	0,9911	0,9939	0,9960	0,9970	0,9987	0,9994
0,2	0,9499	0,9622	0,9712	0,9770	0,9820	0,9882	0,9917	0,9941	0,9973	0,9989
0,4	0,0141	0,9223	0,9405	0,9537	0,9631	0,9757	0,9836	0,9883	0,9945	0,9976
0,6	0,0212	0,0203	0,9083	0,9288	0,9438	0,9634	0,9750	0,9825	0,9920	0,9968
0,8	0,0282	0,0270	0,8739	0,9031	0,9239	0,9506	0,9665	0,9765	0,9895	0,9953
1,0	0,0352	0,0337	0,8368	0,8760	0,9033	0,9379	0,9579	0,9704	0,9870	0,9941
2,0	0,0702	0,0672	0,0655	0,0654	0,7851	0,8688	0,9134	0,9399	0,9736	0,9883
4,0	0,1398	0,1336	0,1297	0,1286	0,1321	0,6991	0,8167	0,8767	0,9477	0,9771
6,0	0,2087	0,1990	0,1927	0,1901	0,1925	0,3725	0,7096	0,8140	0,9237	0,9676
8,0	0,2771	0,2637	0,2548	0,2502	0,2510	0,2969	0,5954	0,7534	0,9030	0,9597
10,0	0,3448	0,3278	0,3160	0,3092	0,3081	0,3377	0,5106	0,6997	0,8858	0,9542
20,0	0,6763	0,6394	0,6115	0,5914	0,5785	0,5768	0,6042	0,6720	0,8563	0,9560
30,0	0,9976	0,9395	0,8939	0,8590	0,8325	0,8068	0,8025	0,8204	0,9172	0,9972

p MPa	T in K									
	320	350	400	450	500	600	700	800	900	1000
0,1	0,9996	0,9998	0,9998	0,9998	1,0000	1,0000	1,0001	1,0002	1,0002	1,0003
0,2	0,9992	0,9996	0,9999	1,0001	1,0004	1,0005	1,0006	1,0007	1,0007	1,0007
0,4	0,9983	0,9993	0,9999	1,0004	1,0007	1,0009	1,0011	1,0011	1,0010	1,0010
0,6	0,9973	0,9989	0,9999	1,0007	1,0011	1,0014	1,0015	1,0016	1,0017	1,0015
0,8	0,9968	0,9982	1,0000	1,0010	1,0013	1,0019	1,0020	1,0022	1,0020	1,0019
1,0	0,9960	0,9972	1,0001	1,0015	1,0022	1,0026	1,0029	1,0029	1,0028	1,0026
2,0	0,9920	0,9960	1,0002	1,0024	1,0037	1,0052	1,0055	1,0055	1,0049	1,0053
4,0	0,9843	0,9919	1,0003	1,0048	1,0074	1,0102	1,0108	1,0109	1,0104	1,0101
6,0	0,9778	0,9890	1,0010	1,0073	1,0114	1,0153	1,0164	1,0163	1,0158	1,0149
8,0	0,9728	0,9870	1,0022	1,0106	1,0161	1,0207	1,0218	1,0218	1,0208	1,0198
10,0	0,9700	0,9870	1,0045	1,0152	1,0207	1,0263	1,0276	1,0271	1,0263	1,0253
20,0	0,9797	1,0048	1,0305	1,0445	1,0522	1,0581	1,0584	1,0565	1,0537	1,0507
30,0	1,0197	1,0451	1,0718	1,0858	1,0927	1,0961	1,0934	1,0888	1,0835	1,0783
40,0	1,0839	1,1023	1,1227	1,1334	1,1380	1,1374	1,1311	1,1231	1,1149	1,1072
50,0	1,1636	1,1722	1,1816	1,1858	1,1866	1,1803	1,1697	1,1582	1,1471	1,1369

Virialkoeffizienten

T in K	90	100	110	125	150	175	200	250	300	350	400
$10^3\,B$ $\mathrm{m^3\,kmol^{-1}}$	-241	-194	-161	-126	-89	-65	-49	-28	-16	$-7,5$	$-1,0$

Tabelle 2.51. Phosphorwasserstoff (Phosphin), PH_3

Zustandsgrößen im Sättigungsgebiet

| t | p | v' | v'' |
°C	MPa	dm³/kg	dm³/kg
0	2,175	1,605 1	22,99
15	3,1	1,721 2	15,80
50	6,2	2,557 5	5,35

Realgasfaktoren

| t | p in MPa | | | | | | |
| °C | | | | | | | |
	0,1	0,3	0,5	1,0	1,5	2,0	3,0
15	0,993	0,978	0,963	0,925	0,883	0,837	0,728
50	0,995	0,985	0,975	0,948	0,920	0,892	0,828

Tabelle 2.52. Schwefeldioxid, SO_2

Zustandsgrößen im Sättigungsgebiet

t	p	v'	v''	h'	h''	s'	s''
°C	MPa	dm^3/kg	dm^3/kg	kJ/kg	kJ/kg	kJ/(kg K)	kJ/(kg K)
−50	0,0116	0,6423	2490,7	350,39	774,18	3,9109	5,8100
−45	0,0160	0,6472	1843,6	357,30	776,90	3,9406	5,7811
−40	0,0216	0,6523	1387,2	364,25	779,62	3,9712	5,7527
−35	0,0288	0,6575	1058,6	371,12	782,30	4,0009	5,7275
−30	0,0380	0,6627	818,3	377,94	784,90	4,0294	5,7028
−25	0,0494	0,6680	640,6	384,77	787,50	4,0574	5,6802
−20	0,0635	0,6739	507,1	391,59	790,05	4,0842	5,6580
−15	0,0807	0,6798	405,8	398,37	792,56	4,1110	5,6379
−10	0,1014	0,6859	328,0	405,11	795,03	4,1361	5,6178
−5	0,1261	0,6916	267,5	411,94	797,42	4,1625	5,5998
0	0,1554	0,6974	220,0	418,68	799,76	4,1868	5,5818
5	0,1899	0,7035	182,4	425,50	802,07	4,2119	5,5655
10	0,2302	0,7097	152,3	432,20	804,24	4,2349	5,5488
15	0,2768	0,7163	128,0	438,99	806,42	4,2592	5,5341
20	0,3305	0,7231	108,4	445,68	808,47	4,2818	5,5195
25	0,3920	0,7301	92,3	452,13	810,23	4,3049	5,5056
30	0,4619	0,7375	79,0	459,08	812,41	4,3262	5,4918
35	0,5411	0,7453	68,0	465,82	814,29	4,3484	5,4793
40	0,6303	0,7536	58,8	472,40	816,09	4,3685	5,4667
45	0,7303	0,7622	51,1	479,01	817,77	4,3903	5,4550
50	0,8417	0,7712	44,6	485,71	819,44	4,4104	5,4433
55	0,9658	0,7808	39,1	492,54	820,99	4,4313	5,4320
60	1,1032	0,7909	34,4	499,19	822,45	4,4510	5,4215

Prandtlzahl

t in °C	−50	−25	0	20	50	60
Pr'	3,92	2,97	2,4	2,02	1,73	1,68

Spezifische Wärmekapazität im idealen Gaszustand

t in °C	−25	0	25	100	200
c_p in kJ/(kg K)	0,594	0,607	0,624	0,666	0,716

Realgasfaktoren

t	p in MPa						
°C	0,1	0,2	0,25	0,4	0,5	0,6	0,8
15	0,9804	0,9600	0,9520				
50	0,9875	0,9746	0,9681	0,9510	0,9400	0,9275	0,9015

Tabelle 2.53. Schwefelhexafluorid, SF_6

Zustandsgrößen im Sättigungsgebiet

t °C	p MPa	v' dm³/kg	v'' dm³/kg	h' kJ/kg	h'' kJ/kg	s' kJ/(kg K)	s'' kJ/(kg K)
−50	0,207	0,546 9	57,835	366,34	486,21	3,980 0	4,517 2
−48	0,228	0,549 6	52,610	368,44	486,92	3,988 7	4,515 0
−44	0,273	0,555 4	44,380	372,63	488,35	4,006 1	4,511 1
−40	0,324	0,561 4	37,740	376,81	489,77	4,023 5	4,507 9
−36	0,381	0,567 6	32,340	381,00	491,20	4,040 6	4,505 3
−32	0,445	0,754 2	27,860	385,19	492,62	4,057 7	4,503 2
−28	0,517	0,581 2	24,080	389,37	494,04	4,074 5	4,501 4
−24	0,594	0,588 6	20,900	393,56	495,47	4,091 2	4,500 2
−20	0,681	0,596 3	18,260	397,75	496,89	4,107 6	4,499 3
−16	0,775	0,604 6	16,030	401,93	498,31	4,123 9	4,498 7
−12	0,877	0,613 3	14,140	406,12	499,74	4,139 8	4,498 3
−8	0,989	0,622 7	12,500	410,31	501,08	4,155 8	4,498 1
−4	1,110	0,632 8	11,070	414,49	502,42	4,171 3	4,498 0
0	1,242	0,643 6	9,841	418,68	503,71	4,186 8	4,498 0
4	1,384	0,655 4	8,751	422,87	504,89	4,202 0	4,497 9
8	1,538	0,668 2	7,782	427,05	506,06	4,216 8	4,497 8
12	1,704	0,682 4	6,930	431,24	507,11	4,231 4	4,497 5
16	1,885	0,698 2	6,180	435,43	508,07	4,245 8	4,497 0
20	2,079	0,715 9	5,499	439,61	508,86	4,259 7	4,496 0
24	2,290	0,736 5	4,870	443,80	509,45	4,273 5	4,494 4
28	2,517	0,760 8	4,278	447,99	509,74	4,286 7	4,491 7
32	2,764	0,790 3	3,714	453,01	509,70	4,302 8	4,488 6
36	3,030	0,829 8	3,169	459,29	508,93	4,322 5	4,483 0
40	3,319	0,894 8	2,633	467,25	506,31	4,345 9	4,470 6

Spezifische Wärmekapazität im idealen Gaszustand

T in K	230	250	270	290	310
c_p in kJ/(kg K)	0,454	0,532	0,593	0,643	0,683

Realgasfaktoren

t °C	p in MPa						
	0,1	0,2	0,5	1,0	1,5	2,0	3,0
15	0,988 6	0,976 1	0,937 2	0,865 6	0,781 7		
50	0,992 6	0,984 3	0,958 8	0,913 7	0,865 0	0,811 3	0,676 0

Tabelle 2.54. Xenon, Xe

Zustandsgrößen im Sättigungsgebiet

| T | p | v' | v'' | $h'' - h'$ |
K	MPa	dm³/kg	dm³/kg	kJ/kg
161,36	0,0816	0,3350	121,95	96,98
170	0,1337	0,3428	77,52	94,79
180	0,2222	0,3520	48,57	92,09
190	0,3487	0,3613	32,01	89,24
200	0,5220	0,3711	21,97	86,27
210	0,7511	0,3817	15,58	83,07
214	0,8605	0,3862	13,69	81,74
218	0,9810	0,3911	12,07	80,35
222	1,1130	0,3965	10,68	78,90
226	1,2580	0,4024	9,48	77,42
230	1,4150	0,4083	8,43	75,80
234	1,5870	0,4148	7,50	73,99
238	1,7720	0,4216	6,68	71,96
242	1,9730	0,4292	5,96	69,75
246	2,1900	0,4374	5,31	67,38
250	2,4230	0,4462	4,74	64,92
254	2,6740	0,4552	4,24	62,38
258	2,9430	0,4655	3,79	59,68
262	3,2310	0,4778	3,38	56,57
266	3,5390	0,4914	3,00	53,06
270	3,8680	0,5076	2,65	49,18
274	4,2180	0,5277	2,34	44,88
278	4,5910	0,5519	2,04	39,87
282	4,9880	0,5845	1,75	33,68
286	5,4100	0,6357	1,46	25,56
289,74	5,8280	0,9091	0,91	0,00

Zustandsgrößen im idealen Gaszustand

T in K	100	200	273,15	400	600	800	1000
C_p/R	2,500	2,500	2,500	2,500	2,500	2,500	2,500
$H/(RT_0)$	0,9159	1,8317	2,5018	3,6635	5,4952	7,3269	9,1586
S_1/R	17,676	19,411	20,190	21,145	22,159	22,879	23,437

Realgasfaktoren

| t | p in MPa | | | | | | |
°C							
	0,1	1,0	2,5	5,0	7,5	10	20
15	0,9941	0,9391	0,8354	0,5805			
50	0,9959	0,9576	0,8894	0,7589	0,5963	0,4334	0,5207

2.4 Viskosität von Gasen
(G. Meerlender)

Die Temperaturabhängigkeit der Viskosität η von Gasen läßt sich bis zu Drücken von etwa 100 kPa durch die Gleichung

$$\eta = \left\{ 0{,}026\,689 \ \sqrt{\frac{M\,\text{mol}}{g} \cdot \frac{T}{K}} \,\Big/\, \left[\left(\frac{\sigma}{\text{nm}}\right)^2 \Omega(T^*) \right] \right\} \mu\text{Pa} \cdot \text{s} \tag{2.5}$$

beschreiben [2.11]. Darin sind M die molare Masse, T die Temperatur und σ der Stoßdurchmesser. Das Stoßintegral $\Omega(T^*)$ in (2.5) ergibt sich aus

$$\Omega(T^*) = 1{,}161\,45\,T^{*-0{,}148\,74} + 0{,}524\,87\,\exp(-0{,}773\,20\,T^*) \tag{2.6}$$
$$+ 2{,}161\,7 \ \ \exp(-2{,}437\,87\,T^*)$$

mit $T^* = kT/\varepsilon$ [2.15]. Mit Hilfe der in Tabelle 2.55 angegebenen Werte für ε/k, M und σ berechnet man zuerst T^* für die gewählte Temperatur, dann mit (2.6) das Stoßintegral $\Omega(T^*)$ und schließlich mit (2.5) die Viskosität.

Die Gleichungen (2.7) bis (2.13) und die Daten in Tabelle 2.55 gestatten auch die Berechnung der Viskosität η_m eines Gasgemisches mit zwei Komponenten. Im folgenden bezeichnen die Indices 1 und 2 die beiden Komponenten, x_1 und x_2 sind die entsprechenden Stoffmengenanteile. Zuerst werden die Hilfsgrößen

$$\left(\frac{\varepsilon}{k}\right)_{1,2} = \sqrt{\left(\frac{\varepsilon}{k}\right)_1 \left(\frac{\varepsilon}{k}\right)_2} \,, \tag{2.7}$$

$$\sigma_{1,2} = (\sigma_1 + \sigma_2)/2 \tag{2.8}$$

und

$$M_{1,2} = 2M_1 M_2/(M_1 + M_2) \tag{2.9}$$

berechnet. Für ein gegebenes T ergibt sich dann

$$T^*_{1,2} = T \Big/ \left(\frac{\varepsilon}{k}\right)_{1,2} .$$

Mit diesen Werten erhält man $\Omega(T^*_{1,2})$, wie oben beschrieben, aus (2.6) und $\eta_{1,2}$ aus (2.5). Zusätzlich berechnet man entsprechend die Viskosität η_1 und η_2 der reinen Gase und ermittelt die Hilfsgrößen

$$X = \frac{x_1^2}{\eta_1} + \frac{2x_1 x_2}{\eta_{1,2}} + \frac{x_2^2}{\eta_2} \,, \tag{2.10}$$

$$Y = \frac{3}{5}A\left(\frac{x_1^2}{\eta_1}\,\frac{M_1}{M_2} + \frac{2x_1 x_2}{\eta_{1,2}}\,\frac{M_1 M_2}{M_{1,2}^2}\,\frac{\eta_{1,2}^2}{\eta_1 \eta_2} + \frac{x_2^2}{\eta_2}\,\frac{M_2}{M_1} \right), \tag{2.11}$$

$$Z = \frac{3}{5}A\left\{x_1^2\,\frac{M_1}{M_2} + 2x_1x_2\left[\frac{M_1M_2}{M_{1,2}^2}\left(\frac{\eta_{1,2}}{\eta_1} + \frac{\eta_{1,2}}{\eta_2}\right) - 1\right] + x_2^2\,\frac{M_2}{M_1}\right\}. \qquad (2.12)$$

In (2.11) und (2.12) kann man näherungsweise $A = 1$ setzen. Die Viskosität des Gemisches ergibt sich dann aus

$$\eta_{\mathrm{m}} = \frac{1 + Z}{X + Y}. \qquad (2.13)$$

Einzelheiten über die Berechnung der Viskosität findet man bei [2.10-2.15].

Für verflüssigte Gase läßt sich die Viskosität η als Funktion der Celsius-Temperatur t durch

$$\lg(\eta/\mathrm{mPa}\cdot\mathrm{s}) = a + b/(t - c) \qquad (2.14)$$

beschreiben. Die durch Ausgleichsrechnung ermittelten Konstanten enthält Tabelle 2.56.

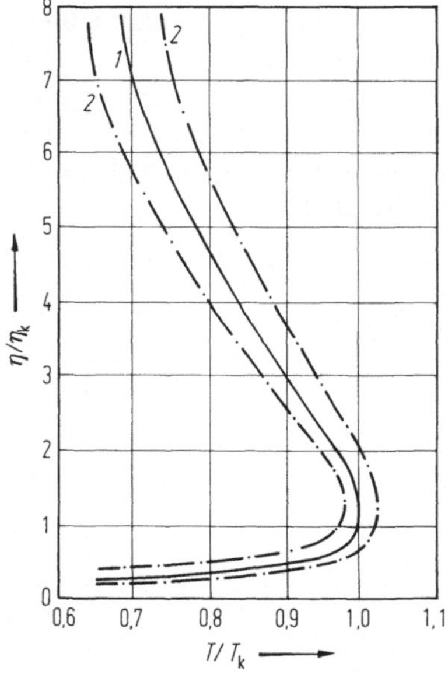

Bild 2.2 Reduzierte Viskosität η/η_{k} als Funktion der reduzierten Temperatur T/T_{k}. *1* nach (2.15) berechnete Kurve; *2* Grenzen des Bereichs, in dem die Meßwerte liegen

Bild 2.2 zeigt die reduzierte Viskosität η/η_{k} als Funktion der reduzierten Temperatur auf der Sättigungslinie T/T_{k}. T_{k} ist die kritische Temperatur, η_{k} die entsprechende Viskosität. Die Werte der Kurve wurden nach der in [2.16] angegebenen Gleichung

$$\frac{T}{T_k} = \frac{\eta/\eta_k}{0{,}107\,1 + 0{,}802\,2 \cdot \eta/\eta_k + 0{,}090\,7(\eta/\eta_k)^2} \tag{2.15}$$

berechnet. Sind T_k und η_k bekannt, s. Tabelle 2.56, so läßt sich mit (2.15) die Viskosität auf der gesamten Sättigungslinie abschätzen. Die möglichen Abweichungen von den Meßwerten findet man in Bild 2.2.

Tabelle 2.55. Viskosität η von Gasen bei Drücken unter 100 kPa als Funktion der Temperatur T
Die Viskosität η wird mit Hilfe der Gleichungen (2.5) bis (2.7) berechnet, s. Vorwort zu
Abschn. 2.4. Die Gleichungen gelten im Temperaturbereich zwischen T_1 und T_2, $\eta(T_1)$ und $\eta(T_2)$
sind die entsprechenden Viskositäten. $\eta(T_b)$ Viskosität bei der Bezugstemperatur t_b, M molare
Masse, σ Stoßdurchmesser, T_B Siedetemperatur bei 101,325 kPa, T_k kritische Temperatur.

Lfd. Nr.	Name(n)	Formel	T_b K	$\eta(T_b)$ μPa·s
1	Helium	He	293,15	19,651
2	Neon	Ne	293,15	31,502
3	Argon	Ar	293,15	22,298
4	Krypton	Kr	293,15	25,065
5	Xenon	Xe	293,15	22,789
6	Wasserstoff	H_2	293,15	8,821 1
7	Deuterium	D_2	293,15	12,509
8	Deuteriumwasserstoff	HD	293,15	10,692
9	Stickstoff	N_2	293,15	17,587
10	Luft	—	293,15	18,246
11	Sauerstoff	O_2	293,15	20,386
12	Fluor	F_2	293,15	23,207
13	Chlor	Cl_2	293,15	12,868
14	Methan	CH_4	293,15	11,084
15	Ethan	C_2H_6	293,15	9,290 3
16	Propan	C_3H_8	293,15	8,177 3
17	n-Butan	C_4H_{10}	293,15	7,602 9
18	i-Butan	C_4H_{10}	293,15	7,407 3
19	n-Pentan	C_5H_{12}	293,15	6,853 1
20	Ethen (Ethylen)	C_2H_4	293,15	10,154
21	Ethin (Acetylen)	C_2H_2	293,15	10,084
22	Silan (Siliciumwasserstoff)	SiH_4	293,15	11,428
23	Kohlendioxid	CO_2	293,15	14,879
24	Bortrifluorid	BF_3	293,15	17,009
25	Schwefelhexafluorid	SF_6	293,15	15,147
26	Chlormethan (Methylchlorid)	CH_3Cl	293,15	10,548
27	Trifluormethan (Fluoroform)	CHF_3	293,15	14,705
28	Chlordifluormethan (R22)	$CHClF_2$	293,15	12,679
29	Tetrafluormethan (R14)	CF_4	293,15	17,247
30	Chlortrifluormethan (R13)	$CClF_3$	293,15	14,347
31	Bromtrifluormethan	$CBrF_3$	293,15	15,386
32	Dichlordifluormethan (R12)	CCl_2F_2	293,15	12,304
33	Chlorethan (Ethylchlorid)	C_2H_5Cl	293,15	9,888 7
34	1,2-Dichlortetrafluorethan (R114)	$C_2Cl_2F_4$	293,15	11,493
35	Hexafluorethan	C_2F_6	293,15	14,251
36	Chlorpentafluorethan (R115)	C_2ClF_5	293,15	12,534
37	Tetrafluorethan (Tetrafluorethylen)	C_2F_4	293,15	14,578
38	Deuteriumoxid	D_2O	400	14,140
39	Kohlenstoffmonooxid	CO	293,15	17,639
40	Distickstoffoxid	N_2O	293,15	14,517
41	Schwefelwasserstoff	H_2S	293,15	12,353
42	Schwefeldioxid	SO_2	293,15	12,966
43	Fluorwasserstoff	HF	400	16,891
44	Chlorwasserstoff	HCl	293,15	14,079
45	Bromwasserstoff	HBr	293,15	18,446
46	Ammoniak	NH_3	293,15	10,050

Lfd. Nr.	M mol/g	σ nm	ε/k K	T_1 K	$\eta(T_1)$ µPa·s	T_2 K	$\eta(T_2)$ µPa·s	T_B K	T_k K
1	4,003	0,2051	121,44	200	14,199	2000	74,143	4,21	5,26
2	20,183	0,2633	63,528	200	23,831	2000	111,23	27	44,5
3	39,944	0,3296	152,38	200	15,754	2000	87,678	87	151
4	83,7	0,3536	202,46	200	17,233	2000	105,68	120	209
5	131,3	0,3898	264,69	260	20,191	1500	86,241	165	290
6	2,0156	0,2626	107,33	200	6,4432	2000	32,689	20,4	33
7	4	0,2778	65,751	200	9,4454	1200	31,775	23,7	38,4
8	3	0,3008	27,750	150	6,8633	300	10,854	22	36
9	28,016	0,3585	108,59	200	12,833	2150	68,413	77	126
10	28,965	0,3532	112,30	200	13,276	2000	68,039	81	133
11	32	0,3347	130,75	200	14,626	2420	88,107	90	155
12	38	0,3321	119,50	90	7,6522	500	34,764	85	144
13	70,914	0,3900	436,88	273,16	11,971	900	38,081	239	417
14	16,04	0,3752	145,46	200	7,8683	1200	30,963	112	190
15	30,07	0,4427	217,23	175	5,5366	1000	25,109	185	305
16	44,09	0,5181	219,35	240	6,7228	750	17,987	231	369
17	58,12	0,5559	254,38	280	7,2635	850	18,988	273	426
18	58,12	0,5676	246,36	270	6,8268	850	18,358	261	408
19	72,15	0,5987	288,72	270	6,3024	900	18,439	309	470
20	28,05	0,4192	210,27	200	6,9600	800	23,215	169	283
21	26,04	0,3056	697,16	273,16	9,4350	609,8	21,084	189	308
22	32,092	0,3872	264,22	273,16	10,646	500	18,802	161	455
23	44,01	0,3786	232,96	180	9,0840	1400	51,665	195	304
24	67,805	0,4248	164,38	190	11,338	700	33,709	173	261
25	146,05	0,5235	201,20	218,3	11,382	873	36,525	209	319
26	50,49	0,3958	436,45	250	8,9698	700	25,064	249	416
27	70,02	0,4210	248,89	230	11,516	570	26,758	189	293
28	86,48	0,4676	271,96	250	10,786	570	23,417	232	369
29	88,01	0,4610	144,28	150	9,2428	873	38,959	143	228
30	104,47	0,4830	223,93	230	11,289	570	25,648	192	302
31	148,91	0,5245	196,68	230	12,195	500	24,311	214	340
32	120,91	0,5341	236,49	250	10,508	575	22,354	243	385
33	64,515	0,4518	377,06	273,16	9,1938	700	23,007	285	460
34	170,92	0,6205	208,09	230	9,0798	673,15	23,069	277	419
35	138,01	0,5554	162,69	290,8	14,151	455,5	20,481	195	293
36	154,46	0,5791	208,45	250	10,753	500	19,958	234	352
37	100,01	0,5033	168,51	291,7	14,514	453,2	20,939	198	306
38	20,031	0,3054	510,83	373,15	13,161	573,15	20,407	375	644
39	28,01	0,3564	111,91	80	5,2312	1300	49,712	82	133
40	44,013	0,3693	271,38	200	9,8140	800	35,163	185	310
41	34,08	0,3584	325,22	270	11,350	500	20,858	213	374
42	64,063	0,3971	365,62	200	8,7718	1300	49,054	263	431
43	20,006	0,2963	408,53	293,15	12,269	550	23,145	293	461
44	36,461	0,3335	355,44	250	11,946	1023,1	44,095	188	325
45	80,912	0,3269	489,17	273,16	17,177	500	31,900	206	363
46	17,031	0,3082	440,86	194,65	6,6808	573,15	19,829	240	406

Tabelle 2.56. Viskosität η verflüssigter Gase unter Sättigungsdruck als Funktion der Celsius-Temperatur t

$$\lg(\eta/\text{mPa} \cdot \text{s}) = a + b/(t - c)$$

a, b, c Konstanten

Die Gleichung gilt im Temperaturbereich zwischen t_1 und t_2, $\eta(t_1)$ *und* $\eta(t_2)$ sind die entsprechenden Viskositäten. $\eta(t_b)$ Viskosität bei der Bezugstemperatur t_b, t_F Schmelztemperatur, t_B Siedetemperatur bei 101,325 kPa, t_k kritische Temperatur, η_k Viskosität am kritischen Punkt.

Lfd. Nr.	Name(n)	Formel	t_b °C	$\eta(t_b)$ mPa·s	a
1	Neon	Ne	−240	0,072 4	−2,493 5
2	Argon	Ar	−150	0,110 8	7,905 9
3	Krypton	Kr	−100	0,157 8	−10,117
4	Xenon	Xe	−20	0,151 8	3,348 8
5	Wasserstoff	H_2	−250	0,010 2	−3,854 9
6	Deuterium	D_2	−250	0,031 0	−1,767 8
7	Stickstoff	N_2	−150	0,034 2	−15,076
8	Sauerstoff	O_2	−150	0,090 2	−14,432
9	Fluor	F_2	−150	0,087 6	−4,046 7
10	Chlor	Cl_2	−20	0,438 7	−1,113 9
11	Kohlenstoffdioxid	CO_2	20	0,071 3	−0,467 8
12	Methan	CH_4	−150	0,093 9	−6,210 5
13	Ethan	C_2H_6	−20	0,073 1	−3,979 6
14	Propan	C_3H_8	20	0,097 6	−2,083 6
15	n-Butan	C_4H_{10}	20	0,160 4	−2,679 8
16	i-Butan	C_4H_{10}	20	0,153 7	−2,126 4
17	Ethen (Ethylen)	C_2H_4	−20	0,058 0	−4,059 4
18	Chlormethan (Methylchlorid)	CH_3Cl	20	0,184 1	−7,974 0
19	Difluormethan (Methylenfluorid)	CH_2F_2	−20	0,247 1	−3,520 5
20	Trifluormethan (Fluoroform)	CHF_3	−20	0,149 4	−5,688 2
21	Chlordifluormethan (R22)	$CHClF_2$	20	0,192 2	−3,784 6
22	Chlortrifluormethan (R13)	$CClF_3$	−20	0,153 1	−2,527 4
23	Bromtrifluormethan	$CBrF_3$	20	0,155 7	−2,689 8
24	Dichlodifluormethen (R12)	CCl_2F_2	20	0,214 3	−2,312 4
25	Chlorethan (Ethylchlorid)	C_2H_5Cl	20	0,267 8	−5,279 9
26	1,1-Difluorethan (R152 a)	$C_2H_4F_2$	20	0,179 9	−1,922 0
27	1,1-Difluor-1-chlorethan	$C_2H_3ClF_2$	20	0,333 7	3,311 8
28	1,1,1,-Trifluorchlorethan	$C_2H_2ClF_3$	20	0,333 1	−1,820 7
29	Chlorpentafluorethan (R115)	C_2ClF_5	20	0,196 5	−3,707 1
30	1,1-Dichlortetrafluorethan	$C_2Cl_2F_4$	20	0,476 9	0,298 6
31	1,2-Dichlortetrafluorethan (R114)	$C_2Cl_2F_4$	20	0,357 5	−2,355 3
32	Kohlenstoffmonooxid	CO	−200	0,230 6	−1,344 6
33	Deuteriumoxid (schweres Wasser)	D_2O	20	0,287 5	−1,772 4
34	Chlorwasserstoff	HCl	20	0,081 8	−5,477 4
35	Cyanwasserstoff	HCN	20	0,191 9	−1,661 2
36	Ammoniak	NH_3	20	0,144 3	−3,561 9
37	Methylamin	NCH_5	20	0,188 0	−1,652 2
38	Schwefelwasserstoff	H_2S	20	0,124 8	−2,181 2
39	Schwefeldioxid	SO_2	20	0,304 0	−1,538 6
40	Ethylformiat (Ameisensäureethylester)	$C_3H_6O_2$	20	0,416 1	−22,965

Lfd. Nr.	b K	c K	t_1 °C	$\eta(t_1)$ mPa·s	t_2 °C	$\eta(t_2)$ mPa·s	t_F °C	t_k °C	η_k mPa·s
1	46,908	−274,65	−246,17	0,142 4	−231,26	0,038 6	−248	−230	0,017
2	7 390,9	684,08	−188,15	0,270 6	−128,15	0,064 0	−189	−123	0,029
3	11 452	−1 329,4	−148,15	0,378 2	−88,15	0,128 5	−157	−65	0,043
4	2 688,8	625,19	−103,15	0,454 0	6,85	0,100 0	−112	16	0,052
5	106,34	−307,04	−258,65	0,022 0	−243,15	0,006 4	−259	−241	0,003
6	2,462 0	−259,46	−254,41	0,052 4	−249,5	0,030 1	−254	−235	0,005
7	13 615	−1 150,3	−203,15	0,198 9	−153,15	0,037 8	−210	−148	0,018
8	17 914	−1 488,1	−198,15	0,285 3	−128,15	0,055 0	−218	−119	0,031
9	912,65	−455,29	−203,15	0,374 0	−143,15	0,075 3	−219	−130	0,034
10	189,04	−270,03	−80	0,760 1	0,0	0,385 6	−101	143	(0,041)
11	49,690	93,181	−56,6	0,158 6	26,85	0,060 6	−57	30	0,034
12	2 903,9	−710,24	−183,15	0,198 9	−93,15	0,031 2	−184	−84	0,016
13	1 554,4	−566,57	−175	0,977 3	16,85	0,048 3	−182	31	0,022
14	345,63	−302,10	−183,15	6,638 5	66,85	0,071 3	−188	95	0,024
15	836,51	−423,77	−123,15	1,267 1	100	0,082 6	−136	152	0,025
16	415,12	−296,10	−158,15	7,634 9	116,85	0,075 6	−159	134	0,023
17	1 574,9	−577,82	−168,15	0,609 4	1,85	0,045 4	−169	9	0,023
18	11 259	−1 535,3	−30,15	0,320 8	130	0,061 2	−98	142	0,031
19	1 502,9	−535,85	−72,87	0,531 6	14,16	0,162 9	−	66	(0,039)
20	4 807,7	−1 008,7	−103,15	0,417 7	−3,15	0,123 8	−163	19	0,029
21	2 358,8	−748,74	−103,15	0,739 7	86,85	0,109 2	−160	95	0,038
22	660,15	−405,49	−103,15	0,452 9	6,85	0,118 4	−181	28	0,029
23	802,45	−406,33	−103,15	0,905 6	56,85	0,110 3	−	66	0,030
24	651,15	−376,19	−103,15	1,181 4	96,85	0,115 9	−158	111	(0,043)
25	5 424,7	−1 132,3	−15	0,376 0	40	0,222 5	−136	186	(0,032)
26	357,74	−283,90	−72,94	0,593 9	45,02	0,146 4	−117	113	(0,031)
27	3 912,3	1 052,7	−30,9	0,502 7	60	0,234 8	−131	136	(0,045)
28	390,63	−270,80	−48,22	0,859 6	69,3	0,212 7	−106	−	−
29	1 673,5	−537,72	−83,15	0,942 7	56,85	0,128 0	−106	80	0,029
30	127,43	225,49	18,5	0,481 9	70,1	0,300 9	−94	145	(0,055)
31	649,53	−320,32	−103,15	4,320 9	126,85	0,125 0	−94	145	0,031
32	28,245	−239,92	−204,6	0,285 1	−161,55	0,103 7	−205	−141	0,018
33	333,24	−157,05	3,79	1,992 8	350	0,076 7	4	370	(0,038)
34	3 518,5	−781,36	−112,35	0,605 1	45	0,060 3	−114	51	(0,032)
35	220,51	−213,49	−13,3	0,275 6	25	0,183 4	−13	183	(0,022)
36	1 752,1	−623,86	−80	0,456 7	86,85	0,080 0	−78	132	0,026
37	208,23	−204,78	−70,7	0,795 8	29,3	0,172 7	−94	156	(0,024)
38	395,15	−289,27	−80	0,509 3	50	0,096 2	−86	100	(0,032)
39	271,03	−245,31	−33,5	0,550 7	30	0,279 1	−75	157	(0,039)
40	120 695	−5 324,2	0,0	0,505 9	220	0,063 7	−79	235	0,038

Tabelle 2.57. Viskosität η in μPa·s von Gasen bei tiefen Temperaturen als Funktion der Temperatur T

Gas	T in K		
	20	80	140
Helium	3,5	8,3	11,9
Neon		12,0	18,7
Argon		6,9	11,5
Krypton			12,3
Xenon		6,5	11,8
Methan		3,3	5,6
Wasserstoff	1,02	3,53	5,3
Deuterium	1,4	4,9	7,6
Deuteriumhydrid	1,2	4,3	6,5
Stickstoff		5,4	9,5
Sauerstoff		5,9	10,6
Luft		5,6	9,8

Tabelle 2.58. Viskosität η in μPa·s von Metalldämpfen unter Sättigungsdruck als Funktion der Temperatur T

Metall	T in K					
	600	700	750	900	1 000	1 500
Lithium		9,9			11,9	13,0
Natrium		15,3			16,9	19,2
Kalium		12,9			16,1	20,2
Rubidium		17,3			21,4	27,4
Cäsium		20,4			24,8	31,8
Quecksilber	46,0		72,0	110,0		

2.5 Wasser und Wasserdampf
(U. Grigull)

In den Tabellen 2.59 bis 2.63 verwendete Größen und Einheiten [2.17–2.19]:

Formel-zeichen	Größe	SI-Einheit	Verwendete Einheit
p	Druck	$Pa = N/m^2$	MPa, kPa
T	Temperatur	K	K
t	Celsius-Temperatur $t = T - T_0$ mit $T_0 = 273{,}15$ K	°C	°C
ϱ	Dichte	kg/m^3	kg/m^3
Z	Realgasfaktor $Z = pv/(R_i T)$	—	—
$B(T)$	Zweiter Virialkoeffizient	m^3/kg	dm^3/kg
s	spezifische Entropie	J/kg K	kJ/kg K
u	spezifische innere Energie	J/kg	—
h	spezifische Enthalpie $h = u + p/\varrho$	J/kg	kJ/kg
r	spezifische Verdampfungsenthalpie $r = h_{vap} - h_{liq}$	J/kg	kJ/kg
c	Schallgeschwindigkeit $c = (\partial p/\partial \varrho)_s^{1/2}$	m/s	m/s
c_p	spezifische Wärmekapazität bei konstantem Druck $c_p = (\partial h/\partial T)_p$	J/kg K	kJ/kg K
c_v	spezifische Wärmekapazität bei konstantem Volumen $c_v = (\partial u/\partial T)_v$	J/kg K	kJ/kg K
λ	Wärmeleitfähigkeit	W/K m	mW/K m
a	Temperaturleitfähigkeit $a = \lambda/\varrho c_p$	m^2/s	$10^{-6}\,m^2/s$
η	Viskosität	$Pa \cdot s = kg/s\,m$	$\mu Pa \cdot s$
ν	kinematische Viskosität $\nu = \eta/\varrho$	m^2/s	$10^{-6}\,m^2/s$
Pr	Prandtlzahl $Pr = \nu/a = \eta c_p/\lambda$	—	—
σ	Oberflächenspannung	N/m	mN/m
b	Laplace-Koeffizient	m	mm
	$b = \left(\dfrac{\sigma/g_n}{\varrho_{liq} - \varrho_{vap}}\right)^{1/2}$ $g_n = 9{,}806\,65$ m/s^2		
β	Volumenausdehnungskoeffizient	K^{-1}	$10^{-3}\,K^{-1}$
	$\beta = -\dfrac{1}{\varrho}\left(\dfrac{\partial \varrho}{\partial T}\right)_p$		

Zur Berechnung wurden folgende Werte für gewöhnliches Wasser verwendet:
molare (universelle) Gaskonstante $R = 8{,}314\,41$ J/mol $\cdot$ K [2.20],
molare Masse $M(H_2O) = 18{,}0152$ kg/kmol [2.21],
spezifische Gaskonstante $R_i(H_2O) = R/M(H_2O)$
$$R_i(H_2O) = 0{,}461\,522 \text{ kJ/kg K.}$$

Kritische Werte für gewöhnliches (H_2O) und schweres (D_2O) Wasser [2.22]:

	Gewöhnliches Wasser (H_2O)	Schweres Wasser (D_2O)
T_c	$(647{,}14 + \delta_1)$ K mit $\delta_1 = 0{,}00 \pm 0{,}10$	$(643{,}89 + \delta_2)$ K mit $\delta_2 = 0{,}00 \pm 0{,}20$
p_c	$(22{,}064 + 0{,}24\delta_1 \pm 0{,}005)$ MPa	$(21{,}671 + 0{,}27\delta_2 \pm 0{,}010)$ MPa
ϱ_c	(322 ± 3) kg/m^3	(356 ± 5) kg/m^3

In den Tabellen 2.59, 2.60 und 2.61 sind die innere Energie und die Entropie von flüssigem Wasser beim Tripelpunkt Null gesetzt (Beschluß der 5th International Conference on the Properties of Steam, London 1956).

Unter „gewöhnlichem Wasser" ist hier Wasser natürlicher Isotopenzusammensetzung zu verstehen.

Der Index liq (von liquidus) bezeichnet den Sättigungszustand der Flüssigkeit, vap (von vapor) den des Dampfes.

Dichte des flüssigen Wassers bei $p = 101{,}325\,\text{kPa}$ s. Tabelle 3.3. Prandtlzahl des Wassers als Funktion des Druckes und der Temperatur s. Tabelle 3.22.

Tabelle 2.59. Sättigungswerte der thermodynamischen Zustandsgrößen von Wasser als Funktion der Celsius-Temperatur t

t °C	p MPa	ϱ kg/m³		h kJ/kg		r kJ/kg	c m/s		s kJ/kg K		c_p kJ/kg K		c_v kJ/kg K	
		liq	vap	liq	vap		liq	vap	liq	vap	liq	vap	liq	vap
0,0	0,00061	999,8	0,00049	−0,00416	2500,5	2500,6	1401	409,3	−0,000	9,154	4,23	1,87	4,23	1,40
2,0	0,00071	999,9	0,00056	8,4010	2504,2	2,495,8	1411	410,8	0,031	9,101	4,21	1,87	4,21	1,40
4,0	0,00081	999,9	0,00064	16,819	2507,9	2491,1	1421	412,3	0,061	9,049	4,20	1,87	4,20	1,41
6,0	0,00094	999,9	0,00073	25,220	2511,5	2486,3	1431	413,7	0,091	8,998	4,20	1,87	4,20	1,41
8,0	0,00107	999,8	0,00083	33,608	2515,2	2481,6	1439	415,2	0,121	8,948	4,19	1,87	4,19	1,41
10,0	0,00123	999,7	0,00094	41,988	2518,9	2476,9	1448	416,6	0,151	8,899	4,19	1,87	4,18	1,41
12,0	0,00140	999,5	0,00107	50,362	2522,6	2472,2	1456	418,0	0,180	8,850	4,19	1,88	4,18	1,41
14,0	0,00160	999,2	0,00121	58,732	2526,2	2467,5	1463	419,5	0,210	8,803	4,18	1,88	4,17	1,41
16,0	0,00182	998,9	0,00136	67,101	2529,9	2462,8	1470	420,9	0,239	8,756	4,18	1,88	4,17	1,41
18,0	0,00206	998,6	0,00154	75,468	2533,5	2458,1	1477	422,3	0,268	8,710	4,18	1,88	4,16	1,41
20,0	0,00234	998,2	0,00173	83,835	2537,2	2453,3	1483	423,7	0,296	8,665	4,18	1,88	4,16	1,42
22,0	0,00264	997,7	0,00194	92,202	2540,8	2448,6	1489	425,1	0,325	8,621	4,18	1,88	4,15	1,42
24,0	0,00299	997,3	0,00218	100,57	2544,5	2443,9	1494	426,5	0,353	8,577	4,18	1,89	4,14	1,42
26,0	0,00336	996,8	0,00244	108,94	2548,1	2439,2	1500	427,8	0,381	8,535	4,18	1,89	4,14	1,42
28,0	0,00378	996,2	0,00273	117,30	2551,7	2434,4	1505	429,2	0,409	8,493	4,18	1,89	4,13	1,42
30,0	0,00425	995,6	0,00304	125,67	2555,3	2429,7	1509	430,6	0,437	8,451	4,18	1,89	4,12	1,42
35,0	0,00563	994,0	0,00397	146,59	2564,4	2417,8	1520	433,9	0,505	8,351	4,18	1,90	4,10	1,43
40,0	0,00738	992,2	0,00512	167,50	2573,4	2405,9	1528	437,3	0,572	8,255	4,18	1,90	4,08	1,43
45,0	0,00959	990,2	0,00655	188,42	2582,3	2393,9	1535	440,5	0,639	8,163	4,18	1,91	4,05	1,44
50,0	0,01234	988,0	0,00831	209,33	2591,2	2381,9	1541	443,8	0,704	8,075	4,18	1,92	4,03	1,44
55,0	0,01575	985,7	0,01045	230,24	2600,0	2369,8	1546	446,9	0,768	7,990	4,18	1,93	4,00	1,45
60,0	0,01993	983,2	0,01303	251,15	2608,8	2357,6	1549	450,0	0,831	7,908	4,18	1,94	3,98	1,46
65,0	0,02502	980,5	0,01613	272,08	2617,5	2345,4	1552	453,1	0,894	7,830	4,18	1,95	3,95	1,46
70,0	0,03118	977,7	0,01982	293,01	2626,1	2333,1	1553	456,1	0,955	7,754	4,19	1,96	3,92	1,47
75,0	0,03856	974,8	0,02419	313,96	2634,6	2320,7	1553	459,0	1,016	7,681	4,19	1,97	3,90	1,48
80,0	0,04737	971,8	0,02934	334,93	2643,1	2308,1	1553	461,9	1,075	7,611	4,19	1,98	3,87	1,49
85,0	0,05781	968,6	0,03535	355,92	2651,4	2295,5	1551	464,7	1,134	7,544	4,20	2,00	3,85	1,50
90,0	0,07012	965,3	0,04234	376,93	2659,6	2282,7	1549	467,5	1,193	7,478	4,20	2,01	3,82	1,51
95,0	0,08453	961,9	0,05043	397,98	2667,7	2269,8	1546	470,2	1,250	7,415	4,21	2,03	3,80	1,52
99,63	0,10000	958,7	0,05902	417,51	2675,1	2257,6	1542	472,6	1,303	7,359	4,22	2,04	3,77	1,53

Tabelle 2.59 (Fortsetzung)

t °C	p MPa	ϱ kg/m³		h kJ/kg		r kJ/kg	c m/s		s kJ/kg K		c_p kJ/kg K		c_v kJ/kg K	
		liq	vap	liq	vap		liq	vap	liq	vap	liq	vap	liq	vap
100,0	0,1013	958,4	0,5975	419,06	2675,7	2256,7	1542	472,8	1,307	7,354	4,22	2,04	3,77	1,53
110,0	0,1432	951,0	0,8260	461,34	2691,3	2229,9	1532	477,8	1,419	7,239	4,23	2,08	3,72	1,55
120,0	0,1985	943,2	1,1208	503,78	2706,2	2202,4	1518	482,5	1,528	7,130	4,25	2,13	3,67	1,58
130,0	0,2700	934,9	1,4954	546,41	2720,4	2174,0	1503	486,9	1,635	7,027	4,27	2,18	3,62	1,61
140,0	0,3612	926,2	1,9647	589,24	2733,8	2144,6	1485	490,9	1,739	6,930	4,29	2,23	3,58	1,64
150,0	0,4757	917,1	2,5454	632,32	2746,4	2114,1	1464	494,6	1,842	6,838	4,31	2,30	3,53	1,67
160,0	0,6177	907,5	3,2564	675,65	2758,0	2082,3	1441	497,8	1,943	6,750	4,34	2,37	3,48	1,71
170,0	0,7915	897,5	4,1181	719,28	2768,5	2049,2	1416	500,7	2,042	6,666	4,37	2,46	3,44	1,76
180,0	1,0019	887,1	5,1539	763,25	2777,8	2014,5	1389	503,1	2,140	6,585	4,40	2,56	3,40	1,81
190,0	1,2542	876,1	6,3896	807,60	2785,8	1978,2	1360	505,0	2,236	6,507	4,44	2,67	3,36	1,86
200,0	1,5536	864,7	7,8542	852,38	2792,5	1940,1	1329	506,4	2,331	6,431	4,49	2,80	3,32	1,92
210,0	1,9062	852,8	9,5807	897,66	2797,7	1900,0	1296	507,2	2,425	6,357	4,54	2,94	3,28	1,99
220,0	2,3178	840,3	11,607	943,51	2801,3	1857,8	1262	507,5	2,518	6,285	4,60	3,11	3,25	2,06
230,0	2,7951	827,3	13,976	990,00	2803,1	1813,1	1225	507,2	2,610	6,213	4,68	3,30	3,21	2,13
240,0	3,3447	813,3	16,739	1037,2	2803,0	1765,7	1186	506,2	2,701	6,142	4,76	3,52	3,18	2,22
250,0	3,9736	799,1	19,956	1085,3	2800,7	1715,4	1145	504,4	2,793	6,072	4,86	3,77	3,15	2,31
260,0	4,6894	783,8	23,700	1134,4	2796,2	1661,9	1102	501,9	2,884	6,001	4,97	4,07	3,13	2,40
270,0	5,4999	767,7	28,061	1184,6	2789,1	1604,6	1057	498,6	2,975	5,929	5,11	4,42	3,11	2,50
280,0	6,4132	750,5	33,152	1236,1	2779,2	1543,1	1009	494,3	3,067	5,857	5,28	4,84	3,09	2,61
290,0	7,4380	732,2	39,119	1289,1	2765,9	1476,7	958,9	489,1	3,159	5,782	5,49	5,34	3,07	2,73
300,0	8,5838	712,4	46,154	1344,1	2748,7	1404,7	905,8	482,7	3,253	5,704	5,75	5,98	3,06	2,85
310,0	9,8605	691,0	54,525	1401,2	2727,0	1325,8	849,4	475,2	3,349	5,623	6,08	6,80	3,06	2,98
320,0	11,279	667,4	64,615	1461,3	2699,7	1238,5	789,4	466,2	3,448	5,536	6,54	7,90	3,06	3,12
330,0	12,852	641,0	77,013	1525,0	2665,3	1140,3	725,3	455,4	3,550	5,441	7,20	9,46	3,07	3,28
340,0	14,594	610,8	92,691	1593,8	2621,3	1027,5	656,1	442,6	3,659	5,335	8,24	11,9	3,09	3,44
350,0	16,521	574,7	113,48	1670,4	2563,5	893,03	580,6	426,7	3,777	5,210	10,1	16,1	3,14	3,62
360,0	18,655	528,1	143,64	1761,0	2482,0	721,06	496,6	406,1	3,915	5,054	14,7	25,8	3,22	3,82
370,0	21,030	453,1	200,29	1889,7	2340,2	450,42	396,1	374,3	4,109	4,810	41,9	78,7	3,44	4,06
371,0	21,283	440,7	210,63	1909,3	2315,8	406,51	381,4	369,1	4,139	4,770	55,5	104	3,50	4,13
372,0	21,539	425,3	223,73	1933,0	2285,6	352,54	360,8	361,2	4,175	4,721	85,8	159	3,63	4,27
373,0	21,799	402,4	242,64	1966,6	2243,1	276,44	322,4	343,3	4,226	4,654	214	342	4,05	4,68
374,0	22,055	322,0		2085,8		0,00	256,1		4,409		∞		—	

Tabelle 2.60. Sättigungswerte der Transportgrößen von Wasser als Funktion der Celsius-Temperatur t

t °C	p MPa	λ mW/(K m)		η µPa·s		ν 10^{-6} m²/s		a 10^{-6} m²/s		Pr		σ mN/m	b mm	β $10^{-3}\cdot 1/K$	
		liq	vap	liq	vap	liq	vap	liq	vap	liq	vap			liq	vap
0,0	0,00061	561,0	17,07	1792	9,22	1,792	1900	0,1327	1884	13,51	1,008	75,7	2,78	−0,081	3,672
2,0	0,00071	564,8	17,18	1675	9,26	1,675	1665	0,1340	1652	12,50	1,008	75,4	2,77	−0,042	3,646
4,0	0,00081	568,6	17,28	1569	9,31	1,569	1463	0,1353	1452	11,60	1,007	75,1	2,77	−0,006	3,621
6,0	0,00094	572,4	17,39	1473	9,36	1,473	1288	0,1364	1279	10,80	1,007	74,8	2,76	0,027	3,596
8,0	0,00107	576,2	17,51	1387	9,41	1,387	1137	0,1375	1130	10,09	1,007	74,5	2,76	0,058	3,572
10,0	0,00123	580,0	17,62	1308	9,46	1,308	1006	0,1385	999,8	9,444	1,006	74,2	2,75	0,087	3,548
12,0	0,00140	583,8	17,74	1236	9,51	1,236	891,7	0,1395	886,6	8,862	1,006	73,9	2,75	0,114	3,525
14,0	0,00160	587,5	17,86	1170	9,56	1,171	792,1	0,1405	787,9	8,334	1,005	73,6	2,74	0,140	3,502
16,0	0,00182	591,2	17,98	1110	9,62	1,111	705,1	0,1415	701,6	7,853	1,005	73,3	2,74	0,164	3,479
18,0	0,00206	594,8	18,10	1054	9,67	1,056	628,9	0,1424	625,9	7,413	1,005	73,0	2,53	0,187	3,457
20,0	0,00234	598,4	18,23	1003	9,73	1,005	562,0	0,1433	559,6	7,010	1,004	72,7	2,73	0,209	3,435
22,0	0,00264	601,9	18,35	955,4	9,78	0,958	503,2	0,1442	501,2	6,640	1,004	72,4	2,72	0,230	3,414
24,0	0,00299	605,4	18,48	911,5	9,84	0,914	451,4	0,1451	449,7	6,299	1,004	72,1	2,72	0,250	3,393
26,0	0,00336	608,8	18,62	870,8	9,89	0,874	405,6	0,1460	404,2	5,984	1,003	71,8	2,71	0,269	3,372
28,0	0,00378	612,2	18,75	833,0	9,95	0,836	365,1	0,1469	364,0	5,693	1,003	71,5	2,71	0,287	3,352
30,0	0,00425	615,4	18,89	797,8	10,01	0,801	329,3	0,1478	328,3	5,423	1,003	71,2	2,70	0,305	3,332
35,0	0,00563	623,2	19,23	719,5	10,16	0,724	256,2	0,1499	255,6	4,829	1,002	70,4	2,69	0,347	3,285
40,0	0,00738	630,5	19,60	653,1	10,31	0,658	201,3	0,1519	200,9	4,332	1,002	69,6	2,67	0,386	3,240
45,0	0,00959	637,3	19,97	596,2	10,46	0,602	159,7	0,1539	159,5	3,912	1,001	68,8	2,66	0,423	3,197
50,0	0,01234	643,5	20,36	547,1	10,62	0,554	127,8	0,1558	127,7	3,555	1,001	67,9	2,65	0,457	3,156
55,0	0,01575	649,2	20,77	504,3	10,77	0,512	103,1	0,1575	103,1	3,249	1,000	67,1	2,63	0,490	3,118
60,0	0,01993	654,3	21,19	466,8	10,94	0,475	83,92	0,1591	83,92	2,984	1,000	66,2	2,62	0,522	3,083
65,0	0,02502	658,9	21,62	433,8	11,10	0,442	68,80	0,1606	68,82	2,755	1,000	65,4	2,61	0,553	3,049
70,0	0,03118	663,1	22,07	404,5	11,26	0,414	56,81	0,1620	56,85	2,554	0,999	64,5	2,59	0,583	3,018
75,0	0,03856	666,8	22,53	378,4	11,43	0,388	47,23	0,1632	47,27	2,378	0,999	63,6	2,58	0,612	2,990
80,0	0,04737	670,0	23,01	355,0	11,60	0,365	39,53	0,1644	39,56	2,223	0,999	62,7	2,56	0,640	2,964
85,0	0,05781	672,8	23,50	334,0	11,76	0,345	33,28	0,1654	33,31	2,085	0,999	61,8	2,55	0,668	2,940
90,0	0,07012	675,3	24,02	315,1	11,93	0,326	28,18	0,1664	28,20	1,962	0,999	60,8	2,54	0,696	2,919
95,0	0,08453	677,4	24,55	297,9	12,10	0,310	24,00	0,1672	24,01	1,852	1,000	59,9	2,52	0,723	2,900
99,63	0,10000	679,0	25,05	283,4	12,26	0,296	20,78	0,1680	20,78	1,760	1,000	59,0	2,51	0,748	2,885

Tabelle 2.60 (Fortsetzung)

t °C	p MPa	λ mW/(K m)		η µPa·s		ν 10^{-6} m²/s		a 10^{-6} m²/s		Pr		σ mN/m	b mm	β $10^{-3}\cdot$1/K	
		liq	vap	liq	vap	liq	vap	liq	vap	liq	vap			liq	vap
100,0	0,1013	679,1	25,09	282,3	12,28	0,295	20,54	0,1680	20,55	1,753	1,000	58,9	2,50	0,750	2,884
110,0	0,1432	681,7	26,24	255,1	12,62	0,268	15,28	0,1694	15,26	1,584	1,001	57,0	2,47	0,804	2,860
120,0	0,1985	683,2	27,46	232,2	12,97	0,246	11,57	0,1705	11,53	1,444	1,004	55,0	2,44	0,858	2,846
130,0	0,2700	683,7	28,76	212,8	13,32	0,228	8,906	0,1714	8,840	1,328	1,007	52,9	2,40	0,912	2,844
140,0	0,3612	683,3	30,14	196,3	13,67	0,212	6,957	0,1720	6,869	1,232	1,013	50,9	2,37	0,968	2,855
150,0	0,4757	682,1	31,59	182,0	14,02	0,198	5,507	0,1725	5,399	1,151	1,020	48,7	2,33	1,026	2,878
160,0	0,6177	680,0	33,12	169,7	14,37	0,187	4,413	0,1727	4,285	1,082	1,030	46,6	2,29	1,087	2,916
170,0	0,7915	677,1	34,74	158,9	14,72	0,177	3,575	0,1727	3,430	1,025	1,042	44,4	2,25	1,152	2,969
180,0	1,0019	673,4	36,44	149,4	15,07	0,168	2,924	0,1724	2,764	0,977	1,058	42,2	2,21	1,221	3,039
190,0	1,2542	668,8	38,23	141,0	15,42	0,161	2,414	0,1718	2,241	0,937	1,077	40,0	2,16	1,296	3,128
200,0	1,5536	663,4	40,10	133,6	15,78	0,155	2,009	0,1709	1,825	0,904	1,101	37,7	2,12	1,377	3,238
210,0	1,9062	657,1	42,07	127,0	16,13	0,149	1,684	0,1696	1,492	0,878	1,128	35,4	2,07	1,467	3,372
220,0	2,3178	649,8	44,15	120,9	16,49	0,144	1,421	0,1680	1,224	0,857	1,161	33,1	2,02	1,567	3,534
230,0	2,7951	641,4	46,35	115,5	16,85	0,140	1,206	0,1659	1,005	0,842	1,200	30,7	1,96	1,680	3,729
240,0	3,3447	632,0	48,70	110,5	17,22	0,136	1,029	0,1633	0,827	0,832	1,244	28,4	1,91	1,808	3,963
250,0	3,9736	621,4	51,22	105,8	17,59	0,132	0,882	0,1601	0,680	0,827	1,296	26,1	1,85	1,955	4,245
260,0	4,6894	609,4	53,98	101,5	17,98	0,129	0,759	0,1564	0,560	0,828	1,355	23,7	1,78	2,127	4,586
270,0	5,4999	596,1	57,04	97,3	18,38	0,127	0,655	0,1519	0,460	0,835	1,423	21,3	1,72	2,331	5,002
280,0	6,4132	581,4	60,51	93,4	18,80	0,124	0,567	0,1467	0,377	0,848	1,502	19,0	1,64	2,578	5,519
290,0	7,4380	565,2	64,57	89,6	19,25	0,122	0,492	0,1407	0,309	0,870	1,593	16,7	1,57	2,884	6,170
300,0	8,5838	547,7	69,47	85,8	19,74	0,121	0,428	0,1338	0,252	0,901	1,699	14,4	1,48	3,273	7,010
310,0	9,8605	529,0	75,59	82,1	20,28	0,119	0,372	0,1258	0,204	0,944	1,824	12,1	1,39	3,785	8,127
320,0	11,279	509,4	83,57	78,3	20,89	0,117	0,323	0,1167	0,164	1,006	1,974	9,9	1,29	4,491	9,674
330,0	12,852	489,2	94,47	74,4	21,62	0,116	0,281	0,1060	0,130	1,096	2,164	7,7	1,18	5,530	11,94
340,0	14,594	468,7	110,2	70,3	22,52	0,115	0,243	0,0931	0,100	1,236	2,424	5,6	1,05	7,210	15,55
350,0	16,521	447,8	134,8	65,7	23,72	0,114	0,209	0,0769	0,074	1,486	2,835	3,7	0,90	10,37	22,12
360,0	18,655	427,5	178,5	60,2	25,54	0,114	0,178	0,0551	0,048	2,068	3,690	1,9	0,71	18,30	37,71
370,0	21,030	428,8	301,1	52,0	29,26	0,115	0,146	0,0226	0,019	5,084	7,650	0,4	0,40	68,18	126,7
371,0	21,283	439,3	336,9	50,7	29,99	0,115	0,142	0,0179	0,015	6,405	9,283	0,3	0,35	93,84	169,8
372,0	21,539	462,5	396,6	49,1	30,95	0,115	0,138	0,0127	0,011	9,099	12,38	0,2	0,29	152,2	261,1
373,0	21,799	542,4	533,0	46,7	32,37	0,116	0,133	0,0063	0,006	18,42	20,80	0,1	0,21	406,2	569,6
374,0	22,054	805,3		39,0		0,121		0		∞		0	0	∞	

Tabelle 2.61. Zustandsgrößen von Wasser bei 100 kPa als Funktion der Celsius-Temperatur zwischen $-20\,°C$ und der Sättigungstemperatur. Die Werte für $t \leqq 0$ gelten für unterkühltes Wasser

t °C	ϱ kg/m³	c_p kJ/(kg K)	λ mW/(K m)	η µPa·s	ν 10^{-6} m²/s	a 10^{-6} m²/s	Pr	c m/s	β $10^{-3}\cdot 1/K$
−20,00	992,3	5,060	520,9	4 326,4	4,360	0,104	42,02	1 247	−0,847
−15,00	995,7	4,637	532,0	3 315,3	3,330	0,115	28,90	1 297	−0,544
−10,00	997,8	4,409	541,9	2 633,5	2,639	0,123	21,43	1 338	−0,342
−9,00	998,2	4,379	543,8	2 523,8	2,528	0,124	20,32	1 345	−0,309
−8,00	998,5	4,352	545,8	2 421,0	2,425	0,126	19,30	1 352	−0,277
−7,00	998,7	4,328	547,7	2 324,7	2,328	0,127	18,37	1 359	−0,248
−6,00	998,9	4,307	549,6	2 234,3	2,237	0,128	17,51	1 365	−0,220
−5,00	999,2	4,289	551,5	2 149,3	2,151	0,129	16,72	1 372	−0,194
−4,00	999,3	4,273	553,4	2 069,3	2,071	0,130	15,98	1 378	−0,169
−3,00	999,5	4,259	555,3	1 993,8	1,995	0,130	15,29	1 384	−0,145
−2,00	999,6	4,247	557,2	1 922,6	1,923	0,131	14,66	1 390	−0,123
−1,00	999,7	4,237	559,1	1 855,4	1,856	0,132	14,06	1 396	−0,101
0,00	999,8	4,228	561,0	1 791,7	1,792	0,133	13,50	1 401	−0,080
1,00	999,9	4,221	562,9	1 731,5	1,732	0,133	12,98	1 406	−0,060
2,00	999,9	4,214	564,8	1 674,4	1,674	0,134	12,49	1 411	−0,041
3,00	1 000,0	4,208	566,8	1 620,2	1,620	0,135	12,03	1 417	−0,023
4,00	1 000,0	4,204	568,7	1 568,7	1,569	0,135	11,60	1 421	−0,006
5,00	1 000,0	4,200	570,6	1 519,7	1,520	0,136	11,19	1 426	0,011
6,00	1 000,0	4,196	572,5	1 473,2	1,473	0,136	10,80	1 431	0,028
7,00	999,9	4,194	574,4	1 428,8	1,429	0,137	10,43	1 435	0,043
8,00	999,9	4,191	576,3	1 386,5	1,387	0,138	10,08	1 440	0,059
9,00	999,8	4,189	578,2	1 346,2	1,346	0,138	9,75	1 444	0,073
10,00	999,7	4,188	580,1	1 307,7	1,308	0,139	9,44	1 448	0,087
15,00	999,1	4,184	589,4	1 139,1	1,140	0,141	8,09	1 467	0,152
20,00	998,2	4,183	598,5	1 002,7	1,005	0,143	7,01	1 483	0,209
25,00	997,1	4,183	607,2	890,8	0,893	0,146	6,14	1 497	0,259
30,00	995,7	4,183	615,5	797,8	0,801	0,148	5,42	1 509	0,305
35,00	994,0	4,183	623,3	719,5	0,724	0,150	4,83	1 520	0,347
40,00	992,2	4,182	630,6	653,1	0,658	0,152	4,33	1 528	0,386
45,00	990,2	4,182	637,3	596,2	0,602	0,154	3,91	1 536	0,423
50,00	988,0	4,181	643,6	547,1	0,554	0,156	3,55	1 541	0,457
55,00	985,7	4,182	649,2	504,3	0,512	0,158	3,25	1 546	0,490
60,00	983,2	4,183	654,4	466,8	0,475	0,159	2,98	1 549	0,522
65,00	980,6	4,184	659,0	433,8	0,442	0,161	2,75	1 552	0,553
70,00	977,8	4,187	663,1	404,5	0,414	0,162	2,55	1 553	0,583
75,00	974,9	4,190	666,8	378,4	0,388	0,163	2,38	1 553	0,612
80,00	971,8	4,194	670,0	355,1	0,365	0,164	2,22	1 553	0,640
85,00	968,6	4,199	672,8	334,1	0,345	0,165	2,08	1 551	0,668
90,00	965,3	4,204	675,3	315,1	0,326	0,166	1,96	1 549	0,696
95,00	961,9	4,210	677,4	297,9	0,310	0,167	1,85	1 546	0,723
99,63	958,7	4,217	679,0	283,4	0,296	0,168	1,76	1 542	0,748

Tabelle 2.62. Realgasfaktor $Z = pv/(R_i T)$ von Wasser als Funktion des Druckes p und der Celsius-Temperatur t. Die Stufenlinie trennt die Werte für gasförmiges (oberhalb) von denen für flüssiges Wasser (unterhalb)

Druck p MPa	Celsius-Temperatur t in °C										
	0	50	100	150	200	250	300	350	400	450	500
0,1	0,000 79	0,000 68	0,984 87	0,991 56	0,994 76	0,996 52	0,997 58	0,998 25	0,998 70	0,999 01	0,999 24
0,5	0,003 97	0,003 39	0,003 03	0,002 79	0,972 83	0,982 25	0,987 73	0,991 17	0,993 47	0,995 05	0,996 19
1,0	0,007 93	0,006 78	0,006 06	0,005 58	0,942 92	0,963 55	0,975 07	0,982 17	0,986 84	0,990 06	0,992 36
5,0	0,039 57	0,033 86	0,030 22	0,027 84	0,026 40	0,025 88	0,856 33	0,902 91	0,930 37	0,948 29	0,960 70
10,0	0,078 94	0,067 57	0,060 30	0,055 51	0,052 57	0,051 39	0,052 83	0,779 41	0,850 02	0,891 45	0,918 76
15,0	0,118 13	0,101 14	0,090 24	0,083 03	0,078 54	0,076 58	0,078 12	0,598 18	0,755 72	0,829 22	0,874 37
20,0	0,157 12	0,134 57	0,120 04	0,110 39	0,104 31	0,101 48	0,102 87	0,115 75	0,640 27	0,761 13	0,827 78
25,0	0,195 93	0,167 86	0,149 70	0,137 60	0,129 89	0,126 10	0,127 15	0,138 92	0,482 93	0,686 64	0,779 30
30,0	0,234 56	0,201 02	0,179 24	0,164 66	0,155 29	0,150 47	0,151 03	0,161 91	0,269 69	0,605 51	0,729 44
35,0	0,273 02	0,234 05	0,208 66	0,191 59	0,180 52	0,174 62	0,174 56	0,184 59	0,237 23	0,520 11	0,679 11
40,0	0,311 31	0,266 95	0,237 95	0,218 39	0,205 58	0,198 54	0,197 78	0,206 94	0,245 87	0,442 39	0,629 86
45,0	0,349 43	0,299 72	0,267 12	0,245 05	0,230 50	0,222 26	0,220 71	0,228 98	0,261 09	0,392 67	0,584 21
50,0	0,387 39	0,332 37	0,296 17	0,271 59	0,255 26	0,245 79	0,243 38	0,250 73	0,278 45	0,372 41	0,545 34
55,0	0,425 20	0,364 91	0,325 11	0,298 00	0,279 88	0,269 14	0,265 82	0,272 22	0,296 70	0,369 25	0,515 98
60,0	0,462 84	0,397 32	0,353 94	0,324 30	0,304 36	0,292 31	0,288 03	0,293 45	0,315 34	0,374 63	0,496 83
65,0	0,500 34	0,429 61	0,382 66	0,350 48	0,328 70	0,315 33	0,310 03	0,314 46	0,334 14	0,384 46	0,486 68
70,0	0,537 68	0,461 80	0,411 28	0,376 55	0,352 92	0,338 18	0,331 85	0,335 25	0,352 99	0,396 77	0,483 47
75,0	0,574 89	0,493 87	0,439 78	0,402 51	0,377 02	0,360 89	0,353 48	0,355 85	0,371 82	0,410 55	0,485 27
80,0	0,611 95	0,525 83	0,468 19	0,428 36	0,400 99	0,383 46	0,374 94	0,376 25	0,390 59	0,425 24	0,490 60
85,0	0,648 87	0,557 69	0,496 50	0,454 11	0,424 85	0,405 89	0,396 23	0,396 48	0,409 28	0,440 51	0,498 40
90,0	0,685 67	0,589 44	0,524 71	0,479 76	0,448 60	0,428 19	0,417 38	0,416 54	0,427 88	0,456 17	0,507 97
95,0	0,722 33	0,621 08	0,552 82	0,505 31	0,472 23	0,450 36	0,438 37	0,436 44	0,446 37	0,472 08	0,518 80
100,0	0,758 86	0,652 62	0,580 83	0,530 76	0,495 76	0,472 42	0,459 23	0,456 18	0,464 76	0,488 15	0,530 56

Tabelle 2.62 (Fortsetzung)

Druck p MPa	Celsius-Temperatur t in °C									
	550	600	650	700	750	800	850	900	950	1 000
0,1	0,999 41	0,999 53	0,999 63	0,999 71	0,999 77	0,999 81	0,999 85	0,999 89	0,999 91	0,999 93
0,5	0,997 03	0,997 67	0,998 15	0,998 53	0,998 83	0,999 07	0,999 27	0,999 43	0,999 56	0,999 67
1,0	0,994 05	0,995 33	0,996 30	0,997 06	0,997 67	0,998 15	0,998 54	0,998 86	0,999 12	0,999 34
5,0	0,969 66	0,976 31	0,981 37	0,985 29	0,988 37	0,990 83	0,992 81	0,994 42	0,995 74	0,996 84
10,0	0,937 92	0,951 93	0,962 45	0,970 54	0,976 85	0,981 86	0,985 87	0,989 12	0,991 78	0,993 97
15,0	0,905 03	0,927 01	0,943 34	0,955 78	0,965 44	0,973 06	0,979 14	0,984 05	0,988 05	0,991 34
20,0	0,871 22	0,901 74	0,924 14	0,941 07	0,954 14	0,964 41	0,972 59	0,979 16	0,984 51	0,988 89
25,0	0,836 81	0,876 32	0,904 98	0,926 48	0,943 00	0,955 93	0,966 19	0,974 43	0,981 12	0,986 58
30,0	0,802 15	0,850 99	0,886 00	0,912 09	0,932 05	0,947 63	0,959 97	0,969 85	0,977 86	0,984 39
35,0	0,767 73	0,826 03	0,867 37	0,898 01	0,921 36	0,939 54	0,953 92	0,965 42	0,974 73	0,982 32
40,0	0,734 16	0,801 74	0,849 27	0,884 33	0,910 99	0,931 71	0,948 07	0,961 16	0,971 74	0,980 36
45,0	0,702 19	0,778 48	0,831 90	0,871 19	0,901 02	0,924 17	0,942 45	0,957 07	0,968 88	0,978 51
50,0	0,672 70	0,756 62	0,815 46	0,858 70	0,891 52	0,916 99	0,937 10	0,953 18	0,966 18	0,976 78
55,0	0,646 59	0,736 55	0,800 14	0,846 99	0,882 57	0,910 21	0,932 05	0,949 52	0,963 66	0,975 18
60,0	0,624 61	0,718 60	0,786 13	0,836 15	0,874 25	0,903 89	0,927 34	0,946 12	0,961 32	0,973 73
65,0	0,607 24	0,703 03	0,773 59	0,826 30	0,866 62	0,898 07	0,923 00	0,942 99	0,959 20	0,972 44
70,0	0,594 55	0,690 04	0,762 61	0,817 51	0,859 74	0,892 80	0,919 06	0,940 17	0,957 31	0,971 33
75,0	0,586 28	0,679 68	0,753 29	0,809 82	0,853 64	0,888 10	0,915 56	0,937 68	0,955 67	0,970 41
80,0	0,581 93	0,671 92	0,745 64	0,803 29	0,848 37	0,884 01	0,912 51	0,935 53	0,954 29	0,969 69
85,0	0,580 91	0,666 64	0,739 66	0,797 91	0,843 94	0,880 55	0,909 94	0,933 75	0,953 20	0,969 20
90,0	0,582 65	0,663 65	0,735 30	0,793 68	0,840 35	0,877 71	0,907 85	0,932 34	0,952 40	0,968 93
95,0	0,586 61	0,662 72	0,732 47	0,790 57	0,837 59	0,875 51	0,906 25	0,931 31	0,951 90	0,968 90
100,0	0,592 36	0,663 63	0,731 09	0,788 55	0,835 65	0,873 94	0,905 14	0,930 67	0,951 70	0,969 11

Tabelle 2.63. Zweiter Virialkoeffizient B für Wasser als Funktion der Celsius-Temperatur t

t in °C	B in dm^3/kg
0	−98,963 6
50	−44,500 1
100	−25,128 5
150	−16,207 4
200	−11,334 3
250	−8,357 4
300	−6,394 5
350	−5,026 7
400	−4,032 3
450	−3,284 3
500	−2,705 6
550	−2,247 4
600	−1,877 1
650	−1,572 6
700	−1,318 5
750	−1,103 6
800	−0,919 7
850	−0,760 9
900	−0,622 3
950	−0,500 6
1 000	−0,392 8

3 Thermodynamische und mechanische Eigenschaften von Flüssigkeiten

3.1 Übersichtstabelle

(H.-H. Kirchner)

Tabelle 3.1. Verschiedene Eigenschaften ausgewählter Flüssigkeiten

M	stoffmengenbezogene (molare) Masse
ϱ	Dichte
α_V	Volumenausdehnungskoeffizient
σ	Oberflächenspannung
c_p	spezifische Wärmekapazität bei konstantem Druck
t_F	Schmelztemperatur am Schmelzpunkt bei 101,325 kPa
$\Delta H_{F,m}$,	stoffmengenbezogene (molare) Schmelzenthalpie bei t_F
t_B	Siedetemperatur bei 101,325 kPa
$\Delta H_{V,m}$	molare Verdampfungsenthalpie bei 101,325 kPa (normaler Siedepunkt)
t_k	kritische Temperatur
p_k	kritischer Druck
ϱ_k	kritische Dichte

Die hier aufgeführten Stoffwerte hängen beträchtlich von der Reinheit der Stoffe ab. Zwischen einer stoffmengenbezogenen (molaren) Größe Z_m und der entsprechenden massenbezogenen (spezifischen) Größe z besteht die Beziehung $Z_m = Mz$ [3.1–3.4].

Tabelle 3.1 (Fortsetzung)

Lfd. Nr.	Flüssigkeit	Vereinfachte Strukturformel	M kg/kmol	ϱ (20 °C) kg/dm^3
1	Acetaldehyd (Ethanal)	CH_3CHO	44,048	0,782
2	Aceton (2-Propanon)	CH_3COCH_3	58,074	0,791
3	Ameisensäure	$HCOOH$	46,015	1,220
4	Amylalkohol, Iso- (3-Methyl-1-Butanol)	$(CH_3)_2CH(CH_2)_2OH$	88,144	0,809
5	Amylalkohol, n- (1-Pentanol)	$CH_3(CH_2)_4OH$	88,144	0,815
6	Anilin	$C_6H_5NH_2$	93,128	1,022
7	Benzol	C_6H_6	78,113	0,878
8	Brom	Br_2	159,808	3,120
9	Bromoform	$CHBr_3$	252,731	2,890
10	Butylalkohol, Iso- (2-Methyl-1-Propanol)	$(CH_3)_2CHCH_2OH$	74,117	0,802
11	Butylalkohol, n- (1-Butanol)	$CH_3(CH_2)_3OH$	74,117	0,809 4
12	Chlorbenzol	C_6H_5Cl	112,559	1,106 4
13	Chloroform (Trichlormethan)	$CHCl_3$	119,378	1,489
14	Chlortoluol, m-	$CH_3C_6H_4Cl$	126,585	1,072
15	Cyanwasserstoff	HCN	27,026	0,688
16	Cyclohexan	$CH_2(CH_2)_4CH_2$	84,161	0,778 4
17	Decalin, cis- (cis-Decahydronaphthalin)	$C_{10}H_{18}$	138,252	0,897
18	Decalin, trans- (trans-Decahydronaphthalin)	$C_{10}H_{18}$	138,252	0,870
19	Diethylether	$C_2H_5OC_2H_5$	74,117	0,714
20	Dioxan, 1,4-	$OCH_2CH_2OCH_2CH_2$	88,095	1,034
21	Essigsäure	CH_3COOH	60,053	1,049
22	Ethylacetat (Essigsäureethylester)	$CH_3COOC_2H_5$	88,095	0,925
23	Ethylalkohol (Ethanol)	CH_3CH_2OH	46,063	0,789 2
24	Ethylbenzoat (Benzoesäureethylester)	$C_6H_5COOC_2H_5$	150,166	1,047
25	Glycerin (1,2,3-Propantriol)	$CH_2CHCH_2(OH)_3$	92,078	1,261
26	Heptan, n-	$CH_3(CH_2)_5CH_3$	100,203	0,686 8
27	Hexan, n-	$CH_3(CH_2)_4CH_3$	86,177	0,659 5
28	Methylalkohol (Methanol)	CH_3OH	32,037	0,791 5
29	Methylacetat (Essigsäuremethylester)	CH_3COOCH_3	74,069	0,934
30	Methylenchlorid (Dichlormethan)	CH_2Cl_2	84,933	1,325 5
31	Nitrobenzol	$C_6H_5NO_2$	123,100	1,203 1
32	Octan, n-	$CH_3(CH_2)_6CH_3$	114,230	0,702 7
33	Pentan, Iso- (2-Methyl-Butan)	$CH_3CH_2CH(CH_3)_2$	72,150	0,619 7
34	Pentan, n-	$CH_3(CH_2)_3CH_3$	72,150	0,625 9
35	Propylalkohol, Iso- (2-Propanol)	$(CH_3)_2CHOH$	60,090	0,785 1
36	Propylalkohol, n- (1-Propanol)	$CH_3(CH_2)_2OH$	60,090	0,803 5
37	Pyridin	C_5H_5N	79,101	0,983
38	Quecksilber	Hg	200,59	13,545 87
39	Schwefelkohlenstoff (Kohlenstoffdisulfid)	CS_2	76,131	1,263
40	Stickstofftetraoxid	N_2O_4	91,989	1,447
41	Tetrachlormethan (Tetrachlorkohlenstoff)	CCl_4	153,823	1,593 7
42	Tetralin (Tetrahydronaphthalin)	$C_6H_4(CH_2)_3CH_2$	132,205	0,970
43	Toluol	$C_6H_5CH_3$	92,140	0,866 9
44	Trichlormonofluormethan R11	CCl_3F	137,368	1,488
45	Trichlortrifluorethan R113	$C_2Cl_3F_3$	187,376	1,576
46	Wasser, normales	H_2O	18,010	0,998 2
47	Wasser, schweres	D_2O	20,022	1,105 3
48	Xylol, o-	$C_6H_4(CH_3)_2$	106,167	0,877 7
49	Xylol, m-	$C_6H_4(CH_3)_2$	106,167	0,864 2
50	Xylol, p-	$C_6H_4(CH_3)_2$	106,167	0,861

$10^3\,\alpha_V$ (20 °C) 1/K	σ (20 °C) mN/m	c_p (25 °C) kJ/(kg K)	t_F °C	$\Delta H_{F,m}$ kJ/mol	t_B °C	$\Delta H_{V,m}$ kJ/mol	Kritische Größen			Lfd. Nr.
							t_k °C	p_k MPa	ϱ_k kg/dm³	
	21,2	1,26	−123,5	3,23	20,2	25,73	187,8	5,54		1
1,49	23,3	2,15	−94,9	5,69	56,3	30,43	235,5	4,72	0,273	2
1,02	37,6	2,15	8,4	12,70	100,6	19,88	—	—	—	3
0,93	24,3	2,24	−117,2	—	120	—	309,8	—	—	4
0,90	25,6	2,37	−78,9	9,79	138,1	44,34	—	—	—	5
0,84	43,3	2,05	−6,1	10,52	184,4	45,1	425,6	5,30	0,340	6
1,23	28,9	1,74	−5,53	9,99	80,10	30,78	288,9	4,92	0,308	7
1,13	41,5	0,47	−7,2	10,84	58,8	29,25	311	10,34	1,184	8
0,91	41,6	0,53	8,3	11,63	149,5	—	—	—	—	9
0,94	23,0	2,43	−114,7	—	108,0	45,66	277	4,30	—	10
	24,6	2,42	−89,8	9,27	117,5	46,32	289,8	4,42	—	11
0,98	33,5	1,33	−45,2	9,88	131,8	36,81	359,2	4,52	0,365	12
1,28	27,3	0,97	−63,5	8,95	61,3	33,31	263,4	5,47	0,497	13
	33,4	1,32	−47,8	—	162	—	—	—	—	14
1,93	17,9	2,63	−13,24	8,41	25,70	25,27	183,5	5,39	0,195	15
1,20	25,0	1,85	6,55	—	80,74	—	280,4	4,05	0,273	16
0,86		1,68	−43,3	14,38	194,6	41,06	418	2,91	—	17
		1,65	−31,5	—	185,5	—	408	2,91	—	18
1,62	17,1	2,31	−116,3	7,19	34,4	26,54	193,6	3,63	0,265	19
1,094	33,7	1,74	11,78	12,60	101,5	31,71	311,9	5,20	0,360	20
1,07	27,4	2,06	16,63	11,53	118,1	24,38	321,4	5,79	0,351	21
1,38	23,9	1,93	−83,6	10,48	77,15	32,24	250,1	3,83	0,308	22
1,10	22,3	2,42	−114,5	4,97	78,33	37,47	243	6,38	0,276	23
0,88	35,3	1,63	−34,7	40,55	212,5	133,95	—	—	—	24
0,47	63,4	2,39	18,4	18,51	290,5	—	(452)	—	—	25
1,244	20,3	2,24	−90,6	14,13	98,4	31,86	167,1	2,74	0,236	26
1,35	18,4	2,26	−95,3	13,10	68,7	28,61	234,4	3,03	0,234	27
1,20	22,6	2,55	−93,9	2,95	64,5	35,24	240,0	7,95	0,272	28
	24,5	2,14	−98,7	—	57,8	30,07	233,7	4,69	0,325	29
1,37	26,5	1,18	−96,8	4,20	40,7	27,94	237	6,08	—	30
0,83	43,3	1,52	5,7	11,59	210,9	48,88	—	—	—	31
1,14	21,8	2,23	−56,8	20,68	125,7	34,16	296	2,49	0,233	32
1,54	13,7	2,27	−159,9	5,15	27,85	24,60	187,8	3,33	0,234	33
1,61	16,0	2,37	−129,7	8,37	36,07	25,97	196,6	3,37	0,232	34
1,06	21,4	2,55	−89,5	5,38	82,2	40,02	235,6	4,76	0,274	35
0,99	23,7	2,48	−126,2	5,20	97,2	41,80	263,6	5,09	0,273	36
1,122	37,2	1,68	−41,6	8,31	115,4	35,60	346,8	6,08	—	37
0,181 9	465	0,14	−38,862	2,37	356,66	57,17	1 491	151,0	—	38
1,18	32,2	0,99	−111,6	4,40	46,3	26,80	278,9	7,90	0,440	39
	27,5	0,86	−9,3	14,72	21,6	38,08	158	10,10	0,56	40
1,23	26,8	0,86	−23,0	3,28	76,7	29,99	283,2	4,56	0,558	41
0,78	35,4	1,67	−35	—	207,2	43,89	—	—	—	42
1,11	28,5	1,76	−95,0	—	110,6	33,54	320,8	4,22	0,290	43
	18	0,89	−110,5	—	23,82	25,00	198,0	4,38	0,554	44
	19	0,93	−36,4	—	47,57	27,53	214,2	3,41	0,576	45
0,207	72,75	4,17	0,00	6,01	100,00	40,64	374,2	22,12	0,328	46
		4,21	3,80	6,36	101,42	41,49	371,5	21,72	0,366	47
0,97	30,1	1,78	−25,20	13,80	144,42	36,84	358,4	3,77	0,289	48
0,99	28,6	1,73	−47,87	11,57	139,1	36,42	346	3,55	0,282	49
	28,4	1,73	13,26	16,99	138,35	36,10	345	3,51	0,281	50

3.2 Dichte
(W. Dammermann)

Tabelle 3.2. Dichte ϱ des Quecksilbers beim Normdruck $p_\mathrm{n} = 101{,}325$ kPa als Funktion der Celsius-Temperatur

t °C	ϱ in kg/dm³	t °C	ϱ in kg/dm³	t °C	ϱ in kg/dm³	t °C	ϱ in kg/dm³
−20	13,644 59	20	13,545 87	60	13,448 23	140	13,255 4
−15	13,632 18	25	13,533 61	70	13,423 96	160	13,207 6
−10	13,619 80	30	13,521 36	80	13,399 75	180	13,159 8
−5	13,607 43	35	13,509 13	90	13,375 59	200	13,112 1
0	13,595 08	40	13,496 92	100	13,351 5	220	13,064 5
5	13,582 75	45	13,484 73	110	13,327 4	240	13,016 9
10	13,570 44	50	13,472 55	120	13,303 4	260	12,969 2
15	13,558 14	55	13,460 38	130	13,279 4	280	12,921 5

Tabelle 3.3. Dichte ϱ des luftfreien Wassers natürlicher Isotopenzusammensetzung (Ozeanwasser) in kg/m^3 beim Normdruck $p_n = 101{,}325$ kPa als Funktion der Celsius-Temperatur t

Nicht aufgeführte Ziffern vor dem Komma ergeben sich aus dem Zusammenhang. Die Dichte von D_2O errechnet sich aus der von H_2O durch Multiplikation mit dem Faktor k.

t °C	ϱ in kg/m^3										k
	0,0	0,1	0,2	0,3	0,4	0,5	0,6	0,7	0,8	0,9	
0	999,840	,846	,853	,859	,865	,871	,877	,883	,888	,893	1,104 87
1	999,899	,903	,908	,913	,917	,921	,925	,929	,933	,937	1,105 03
2	999,940	,943	,946	,949	,952	,954	,956	,959	,961	,963	1,105 20
3	999,964	,966	,967	,968	,969	,970	,971	,971	,972	,972	1,105 36
4	999,972	,972	,972	,971	,971	,970	,969	,968	,967	,965	1,105 51
5	999,964	,962	,960	,958	,956	,954	,951	,949	,946	,943	1,105 66
6	999,940	,937	,934	,930	,926	,923	,919	,915	,910	,906	1,105 81
7	999,901	,897	,892	,887	,882	,877	,871	,866	,860	,854	1,105 95
8	999,848	,842	,836	,829	,823	,816	,809	,803	,795	,788	1,106 08
9	999,781	,773	,766	,758	,750	,742	,734	,725	,717	,708	1,106 20
10	999,700	,691	,682	,673	,663	,654	,644	,635	,625	,615	1,106 32
11	999,605	,595	,585	,574	,564	,553	,542	,531	,520	,509	1,106 44
12	999,497	,486	,474	,463	,451	,439	,427	,415	,402	,390	1,106 55
13	999,377	,364	,352	,339	,325	,312	,299	,285	,272	,258	1,106 66
14	999,244	,230	,216	,202	,188	,173	,159	,144	,130	,115	1,106 77
15	999,100	,084	,069	,054	,038	,023	,007	,991	,975	,959	1,106 87
16	998,943	,927	,910	,894	,877	,860	,844	,827	,809	,792	1,106 96
17	998,775	,758	,740	,722	,705	,687	,669	,651	,632	,614	1,107 06
18	998,596	,577	,558	,540	,521	,502	,483	,463	,444	,425	1,107 15
19	998,405	,386	,366	,346	,326	,306	,286	,266	,245	,225	1,107 24
20	998,204	,183	,163	,142	,121	,100	,078	,057	,036	,014	1,107 33
21	997,992	,971	,949	,927	,905	,883	,861	,838	,816	,793	1,107 41
22	997,771	,748	,725	,702	,679	,656	,633	,609	,586	,562	1,107 49
23	997,538	,515	,491	,467	,443	,419	,395	,370	,346	,321	1,107 57
24	997,297	,272	,247	,222	,197	,172	,147	,121	,096	,070	1,107 64
25	997,045	,019	,993	,968	,942	,915	,889	,863	,837	,810	1,107 72
26	996,784	,757	,730	,704	,677	,650	,623	,595	,568	,541	1,107 79
27	996,513	,486	,458	,430	,402	,374	,346	,318	,290	,262	1,107 86
28	996,234	,205	,176	,148	,119	,090	,061	,032	,003	,974	1,107 93
29	995,945	,915	,886	,856	,827	,797	,767	,737	,707	,677	1,107 99
30	995,647	,617	,587	,556	,526	,495	,465	,434	,403	,372	1,108 05
31	995,341	,310	,278	,247	,216	,185	,153	,122	,090	,058	1,108 11
32	995,026	,994	,962	,930	,898	,866	,833	,801	,768	,736	1,108 17
33	994,703	,670	,637	,604	,571	,538	,505	,472	,438	,405	1,108 23
34	994,372	,338	,304	,270	,237	,203	,169	,135	,100	,066	1,108 29
35	994,032	,997	,963	,928	,894	,859	,824	,789	,754	,719	1,108 34
36	993,684	,649	,614	,578	,543	,507	,472	,436	,400	,365	1,108 40
37	993,329	,293	,257	,220	,184	,148	,112	,075	,039	,002	1,108 45
38	992,965	,929	,892	,855	,818	,781	,744	,706	,669	,632	1,108 50
39	992,594	,557	,519	,482	,444	,406	,368	,330	,292	,254	1,108 55
40	992,216	,178	,139	,101	,062	,024	,985	,946	,908	,869	1,108 59

Tabelle 3.3 (Fortsetzung)

t °C	ϱ in kg/m³	k	t °C	ϱ in kg/m³	k	t °C	ϱ in kg/m	k
41	991,830	1,108 63	61	982,682	1,109 26	81	971,172	1,109 54
42	991,436	1,108 67	62	982,159	1,109 28	82	970,542	1,109 55
43	991,036	1,108 71	63	981,630	1,109 30	83	969,906	1,109 56
44	990,628	1,108 75	64	981,095	1,109 32	84	969,266	1,109 57
45	990,213	1,108 79	65	980,555	1,109 34	85	968,620	1,109 58
46	989,791	1,108 83	66	980,009	1,109 36	86	967,970	1,109 59
47	989,363	1,108 87	67	979,457	1,109 37	87	967,315	1,109 60
48	988,927	1,108 90	68	978,900	1,109 39	88	966,655	1,109 60
49	988,485	1,108 93	69	978,338	1,109 40	89	965,990	1,109 61
50	988,036	1,108 97	70	977,770	1,109 41	90	965,320	1,109 61
51	987,581	1,109 00	71	977,196	1,109 43	91	964,646	1,109 62
52	987,119	1,109 04	72	976,617	1,109 44	92	963,966	1,109 62
53	986,651	1,109 07	73	976,033	1,109 46	93	963,282	1,109 63
54	986,176	1,109 09	74	975,444	1,109 47	94	962,594	1,109 63
55	985,695	1,109 12	75	974,849	1,109 48	95	961,900	1,109 64
56	985,208	1,109 14	76	974,249	1,109 49	96	961,202	1,109 64
57	984,715	1,109 16	77	973,644	1,109 50	97	960,500	1,109 65
58	984,216	1,109 19	78	973,034	1,109 51	98	959,792	1,109 66
59	983,710	1,109 21	79	972,418	1,109 52	99	959,080	1,109 66
60	983,199	1,109 24	80	971,798	1,109 53	100	958,364	1,109 66
						110	951,0	
						120	943,1	
						130	934,8	
						140	926,0	
						150	916,8	

Spezielle Dichtewerte

	t in °C	ϱ in kg/m³
H_2O, Dichtemaximum	3,98	999,972 0
D_2O, Gefrierpunkt	3,81	1 105,46
D_2O, Dichtemaximum	11,19	1 106,00
D_2O, Siedepunkt	101,43	1 014,31

Tabelle 3.4. Dichte ϱ wässeriger Lösungen von D_2O und H_2O_2 in kg/m³ als Funktion des Massenanteils w_i des gelösten Stoffs und der Celsius-Temperatur t

w_i %	D_2O		H_2O_2		w_i %	D_2O		H_2O_2	
	t in °C					t in °C			
	20	60	0	20		20	60	0	20
0	0,998 2	0,983 2	0,999 8	0,998 2	60	1,059 5	1,044 5	1,255 9	1,240 0
10	1,007 8	0,992 8	1,039 5	1,034 6	70	1,070 6	1,055 6	1,305 6	1,288 1
20	1,017 7	1,002 7	1,079 7	1,071 7	80	1,081 9	1,066 9	1,357 6	1,338 7
30	1,027 8	1,012 8	1,121 6	1,111 2	90	1,093 4	1,078 5	1,411 2	1,391 1
40	1,038 1	1,023 1	1,164 8	1,152 4	100	1,105 3	1,090 5	1,466 0	1,444 3
50	1,048 7	1,033 7	1,209 2	1,195 2					

Tabelle 3.5. Dichte ϱ gesättigter wässeriger Lösungen. Bezugstemperatur t, wenn nichts anderes angegeben, 20 °C

Bodenkörper	ϱ kg/dm³	Bodenkörper	ϱ kg/dm³
Aluminiumsulfat-18-Hydrat	1,308	Kaliumnitrat	1,16
Ammoniumaluminiumsulfat-12-Hydrat (15,5 °C)	1,046	Kaliumperchlorat	1,008
		Kaliumpermanganat	1,04
Ammoniumchlorid	1,075	Kaliumsulfat	1,081
Ammoniumhydrogencarbonat	1,07	Kaliumthiocyanat	1,42
Ammoniumnitrat	1,308	Kupfer(II)-chlorid-2-Hydrat	1,55
Ammoniumphosphat-3-Hydrat (14,5 °C)	1,344	Kupfer(II)-sulfat-5-Hydrat	1,197
		Lithiumchlorid-1-Hydrat	1,29
Ammoniumsulfat	1,247	Lithiumsulfat-1-Hydrat	1,23
Bariumchlorid-2-Hydrat	1,28	Magnesiumchlorid-6-Hydrat	1,331
Bariumhydroxid-8-Hydrat	1,04	Magnesiumnitrat-6-Hydrat (25 °C)	1,338
Bariumnitrat	1,069	Magnesiumsulfat-7-Hydrat	1,31
Bleichlorid	1,007	Mangan(II)-chlorid-4-Hydrat	1,499
Bleinitrat	1,40	Mangan(II)-sulfat-5-Hydrat	1,487
Borsäure	1,015	Natriumacetat-3-Hydrat	1,17
2-Cadmiumchlorid-5-Hydrat	1,71	Natriumbromat	1,048
3-Cadmimiumsulfat-8-Hydrat	1,616	Natriumbromid-2-Hydrat	1,54
Calciumchlorid-6-Hydrat	1,43	Natriumchlorid	1,201
Calciumoxid-1-Hydrat	1,001	Natriumfluorid	1,04
Calciumsulfat-2-Hydrat	1,001	Natriumhydrogenkarbonat	1,08
Chrom(VI)-oxid (16,5 °C)	1,710	Natriumhydroxid-1-Hydrat	1,55
Diammoniumhydrogenphosphat (14,5 °C)	1,344	Natriumjodat-1-Hydrat (25 °C)	1,077
		Natriumjodid-2-Hydrat	1,92
Dinatriumhydrogenphosphat-12-Hydrat	1,08	Natriumkarbonat-10-Hydrat	1,194
		Natriumnitrat	1,38
Eisen(II)-chlorid-4-Hydrat	1,49	Natriumnitrit	1,33
Eisen(III)-chlorid-6-Hydrat	1,52	Natriumperchlorat-1-Hydrat (25 °C)	1,757
Eisen(II)-sulfat-7-Hydrat	1,225	Natriumphosphat-12-Hydrat	1,106
Kaliumaluminiumsulfat-12-Hydrat	1,053	Natriumpyrophosphat-10-Hydrat	1,05
Kaliumbromat	1,048	Natriumsulfat-10-Hydrat	1,150
Kaliumbromid	1,370	Natriumsulfid-9-Hydrat	1,18
2-Kaliumcarbonat-3-Hydrat	1,58	Natriumsulfit-7-Hydrat	1,20
Kaliumchlorat	1,042	Natriumthiosulfat-5-Hydrat	1,39
Kaliumchlorid	1,174	Nickelchlorid-6-Hydrat	1,46
Kaliumchromat	1,378	Quecksilber(II)-chlorid	1,052
Kaliumdichromat	1,077	Silbernitrat	2,18
Kaliumhexacyanoferrat(II)-3-Hydrat	1,16	Strontiumchlorid-6-Hydrat	1,39
Kaliumhexacyanoferrat (III)	1,18	Strontiumnitrat-4-Hydrat (14,7 °C)	1,394
Kaliumhydrogencarbonat	1,18	2-Zinkchlorid-3-Hydrat	2,08
Kaliumhydroxid-2-Hydrat	1,53	Zinknitrat-6-Hydrat	1,67
Kaliumjodat	1,064	Zinksulfat-7-Hydrat	1,47
Kaliumjodid	1,71	Zinn(II)-chlorid	2,07

Tabelle 3.6. Dichte ϱ anorganischer Säuren in kg/dm^3 als Funktion des Massenanteils w_i der Säure und der Celsius-Temperatur t

w_i %	HCN	HNO$_3$			H$_3$PO$_4$		H$_2$SO$_4$		
	t in °C								
	18	20	60	100	20	60	20	60	100
0	0,999	0,998 2	0,983 2	0,958 4	0,998 2	0,983	0,998 2	0,983 2	0,958 4
2	0,996	1,009 0	0,993 2	0,968 1	1,009 0	0,994	1,011 8	0,995 6	0,970 5
4	0,993	1,020 1	1,003 3	0,978 0	1,019 9	1,004	1,025 0	1,007 8	0,982 6
6	0,990	1,031 3	1,013 5	0,988 0	1,030 9	1,015	1,038 5	1,020 2	0,995 0
8	0,986	1,042 7	1,023 9	0,998 1	1,042 0	1,025	1,052 2	1,033 0	1,007 6
10	0,982	1,054 3	1,034 5	1,008 3	1,053 2	1,036	1,066 1	1,046 0	1,020 4
15	0,972	1,084 2	1,061 9	1,033 9	1,082 4	1,064	1,102 0	1,079 8	1,053 7
20	0,958	1,115 0	1,089 9	1,059 7	1,113 3	1,094	1,139 4	1,115 3	1,088 5
25	0,943	1,146 9	1,118 5	1,085 7	1,146 0	1,125 8	1,178 3	1,152 3	1,125 0
30	0,925	1,179 9	1,147 8	1,112 1	1,180 5	1,159 4	1,218 5	1,190 9	1,163 0
35	0,908	1,213 8	1,177 7	1,138 4	1,216 9	1,194 8	1,259 9	1,231 1	1,202 7
40	0,892	1,246 7	1,206 9	1,163 8	1,255 3	1,231 9	1,302 8	1,273 5	1,244 6
45	0,876	1,279 0	1,235 3	1,188 4	1,296 5	1,270 9	1,347 6	1,317 7	1,288 6
50	0,860	1,310 0	1,262 5	1,211 8	1,337 9	1,311 8	1,395 1	1,364 4	1,334 8
55	0,844	1,339 3	1,288 2	1,233 9	1,382 2	1,354 7	1,445 3	1,413 7	1,383 4
60	0,826	1,366 9	1,312 4	1,254 7	1,428 5	1,399 6	1,498 3	1,465 6	1,434 4
65	0,809	1,391 3	1,334 0	1,275 0	1,476 7	1,446 3	1,553 3	1,519 5	1,487 3
70	0,792	1,413 6	1,353 7	1,294 0	1,526 9	1,495 0	1,610 5	1,575 3	1,541 7
75	0,775	1,433 7	1,371 6	1,311 0	1,579 0	1,546 7	1,669 2	1,632 2	1,596 6
80	0,758	1,452 1	1,388 2	1,326 6	1,633 1	1,600 5	1,727 2	1,687 3	1,649 3
85	0,741	1,468 8	1,403 1	1,339 0	1,689 1	1,656 5	1,778 6	1,736 4	1,696 6
90	0,724	1,482 6	1,415 3	1,351 1	1,747 1	1,715 0	1,814 4	1,772 9	1,733 1
95	0,708	1,493 2	1,425 8	1,363 2	1,807 0	1,776 5	1,833 7	1,794 4	1,757 9
100	0,691	1,512 9	1,444 5	1,382 5	1,869 5	1,841 0	1,830 5	1,792 2	1,757 8

w_i %	HBr	HCl			HF		HI
	t in °C						
	20	20	60	100	0	20	20
0	0,998 2	0,998 2	0,983 2	0,958 4	1,000	0,998 2	0,998 2
2	1,012 1	1,008 2	0,993 0	0,968 0	1,008	1,005 0	1,012 7
4	1,026 4	1,018 0	1,002 6	0,978 7	1,016	1,012 0	1,027 7
6	1,041 2	1,027 7	1,012 1	0,989 1	1,024	1,019 0	1,043 1
8	1,056 3	1,037 6	1,021 7	0,999 2	1,032	1,026 0	1,059 0
10	1,071 8	1,047 4	1,031 2	1,009 0	1,040	1,033 0	1,075 1
15	1,112 5	1,072 5	1,055 1	1,033 4	1,060	1,050 0	1,118 0
20	1,156 6	1,098 0	1,079 0	1,057 4	1,080	1,068 0	1,164 9
25	1,204 2	1,123 8	1,102 9	1,080 7	1,099	1,086 5	1,216 8
30	1,256 0	1,149 3	1,126 0	1,103 0	1,119	1,105 5	1,273 7
35	1,312 2	1,174 0	1,147 6	1,122 0	1,139	1,125	1,335 7
40	1,373 4	1,198 0			1,159	1,146	1,402 9
45	1,441 1				1,178	1,167	1,475 5
50					1,198	1,187	

Tabelle 3.7. Dichte ϱ anorganischer Basen in kg/dm^3 als Funktion des Massenanteils w_i der Base und der Celsius-Temperatur t

w_i %	KOH			NH_3			NaOH		
	t in °C								
	20	60	100	20	60	100	20	60	100
0	0,9982	0,9832	0,9584	0,9982	0,9832	0,958	0,9982	0,9832	0,9584
5	1,0435	1,0270	1,0030	0,9770	0,9605	0,935	1,0538	1,0356	1,0115
10	1,0897	1,0717	1,0482	0,9575	0,9384	0,911	1,1089	1,0885	1,0643
15	1,1373	1,1181	1,0946	0,9396	0,9180	0,890	1,1641	1,1422	1,1172
20	1,1862	1,1660	1,1426	0,9228	0,8993		1,2191	1,1960	1,1700
25	1,2356	1,2155	1,1915	0,9072	0,8808		1,2738	1,2496	1,2230
30	1,2883	1,2665	1,2423	0,8918	0,8625		1,3279	1,3025	1,2755
35	1,3416	1,3191	1,2938	0,8762	0,8441		1,3798	1,3534	1,3260
40	1,3965	1,3734	1,3470	0,8607	0,8261		1,4300	1,4027	1,3750
45	1,4532	1,4296		0,8448	0,8081		1,4780	1,4499	1,4221
50	1,5120	1,4880					1,5253	1,4968	1,4690

$Ca(OH)_2$ $t = 20,0$ °C

w_i in %	0,02	0,04	0,06	0,08	0,10	0,12	0,13
ϱ in kg/dm^3	0,99828	0,99847	0,99881	0,99915	0,99950	0,99987	1,00010

Tabelle 3.8. Dichte ϱ wässeriger Lösungen anorganischer Verbindungen in kg/dm^3 als Funktion des Massenanteils w_i des gelösten Stoffes und der Celsius-Temperatur t

w_i %	$AgNO_3$	$BaCl_2$	$CaCl_2$			$CuCl_2$	K_2CO_3		
	t in °C								
	25	20	20	60	100	20	20	60	100
0	0,997	0,9982	0,9982	0,9832	0,9584	0,998	0,9982	0,9832	0,9584
5	1,040	1,0437	1,0402	1,0243	1,0002	1,046	1,0437	1,0269	1,0020
10	1,087	1,0928	1,0836	1,0666	1,0434	1,096	1,0904	1,0720	1,0465
15	1,137	1,1461	1,1292	1,1110	1,0881	1,149	1,1390	1,1193	1,0942
20	1,192	1,2038	1,1775	1,1581	1,1352	1,205	1,1898	1,1690	1,1444
25	1,252	1,2670	1,2281	1,2076	1,1843		1,2428	1,2213	1,1968
30	1,318		1,2812	1,2593	1,2355		1,2979	1,2759	1,2513
35	1,391		1,3369	1,3133	1,2889		1,3548	1,3324	1,3081
40	1,472		1,3943	1,3686	1,3436		1,4141	1,3913	1,3671
45	1,563			1,4257	1,4995		1,4759	1,4528	1,4285
50	1,665						1,5404	1,5169	1,4928

Tabelle 3.8 (Fortsetzung)

w_i %	KCl			KNO_3			KH_2PO_4		
	t in °C								
	20	60	100	20	60	100	20	60	100
0	0,9982	0,9832	0,9584	0,9982	0,9832	0,9584	0,9982	0,9832	0,9584
5	1,0304	1,0144	0,9896	1,0300	1,0128	0,9875	1,0338	1,0176	0,9925
10	1,0634	1,0460	1,0218	1,0626	1,0439	1,0179	1,0705	1,0537	1,0284
15	1,0976	1,0794	1,0552	1,0969	1,0764	1,0495	1,0889	1,0905	1,0659
20	1,1328	1,1140	1,0896	1,1326	1,1106	1,0830	1,1494	1,1302	1,1050
25	1,1698	1,1500	1,1260	1,1704	1,1479	1,1180	1,1920	1,1710	1,1472

w_i %	$MgCl_2$		NH_4Br	NH_4Cl	NaCl			$NaClO_3$	$NaClO_4$
	t in °C								
	20	60	20	20	20	60	100	20	20
0	0,9982	0,9832	0,9982	0,9982	0,9982	0,9832	0,9584	0,9982	0,9982
5	1,0399	1,0237	1,0269	1,0138	1,0340	1,0172	0,9925	1,0322	1,0315
10	1,0829	1,0652	1,0567	1,0285	1,0707	1,0523	1,0276	1,0677	1,0667
15	1,1282	1,1089	1,0880	1,0429	1,1085	1,0888	1,0639	1,1050	1,1040
20	1,1755	1,1554	1,1209	1,0567	1,1478	1,1268	1,1017	1,1440	1,1428
25	1,2253	1,2043	1,1557	1,0700	1,1887	1,1665	1,1422	1,1858	1,1856
30	1,2772	1,2559	1,1924					1,2298	1,2286
35	1,3349	1,3130	1,2317						1,2765
40			1,2735						1,3279
50									1,4402
60									1,570

Tabelle 3.9. Dichte ϱ flüssiger Kältemittel in kg/m^3 auf der Siedelinie als Funktion der Celsius-Temperatur t

t °C	R11 CCl_3F	R12 CCl_2F_2	R21 $CHCl_2F$	R22 $CHClF_2$	R113 $C_2Cl_3F_3$	R114 $C_2Cl_2F_4$
120					1310	
100		913			1371	
80		1062			1427	1260
60		1172		1031	1479	1339
40	1438	1253	1330	1131	1529	1411
20	1488	1328	1380	1214	1576	1476
0	1534	1396	1430	1286	1621	1538
−20	1579	1459	1470	1351	1665	1596
−40	1621	1518	1520	1410		1651
−60	1662	1600		1464		1704
−80	1702			1514		1755
−100	1741			1559		

Tabelle 3.10a. Dichte ϱ technischer Wärmeträger in kg/m³ als Funktion der Celsius-Temperatur t

1 Avilub C-3826;	4 Gilotherm PW;	7 Transotherm H, Gulf;
2 Dowtherm LF;	5 Mediatherm 250 IL;	8 Transotherm HF, Gulf;
3 Eterna CT1, Texaco;	6 Transcal LT, BP;	9 Transotherm L, Gulf

t °C	1	2	3	4	5	6	7	8	9
320			679		736	658			
300		823	692	702	744	670	696		
250	745	860	724	738	769	705	729		
220								769	714
200	776	900	757	770	796	736	762	781	728
150	808	933	789	802	827	770	796	814	762
100	838	975	822	835	859	803	828	847	796
80	850	990	835	848	873	816	842	860	808
60	863	1010	848	861	886	829	855	872	822
40	876	1025	861	874	900	842	868	886	836
20	889	1040	874	887	915	855	882	899	850
0	902	1050	887	900	923	868	896	912	864
−20		1060			938				

Tabelle 3.10b. Dichte ϱ technischer Wärmeträger in kg/m³ als Funktion der Celsius-Temperatur t

1 Avilub B-3824;	4 Dowtherm J;	7 Santotherm VP 1;
2 Baysiloneöl M VP AC 3195;	5 Farolin U, Aral;	8 Santotherm 66;
3 Diphyl DT;	6 Gilotherm D 12;	9 Santotherm 88

t °C	1	2	3	4	5	6	7	8	9
480									745
450									765
400		585					688		805
370								767	
350	656	630					755	780	850
340			778						
300	694	680	810	592	681		812	815	890
250	725	730	850	657	713		866	849	930
200	756	780	890	711	747	630	913	883	970
150	788	825	930	754	776	666	957	917	1010
100	818	875	970	801	812	703	998	951	
80	830	894	986	817	820	718	1016	966	
60	843	913	1002	833	834	733	1030	979	
40	856	930	1019	851	848	747	1046	992	
20	865	946	1035	872	865	762	1061	1006	
0	882	960	1051	888	878	776		1020	
−20			1067	893					
−40				911					
−50		1000				813			
−60				927					
−70						827			

Tabelle 3.11. Dichte ϱ wässeriger organischer Verbindungen in kg/dm^3 als Funktion des Massenanteils w_i des gelösten Stoffs und der Celsius-Temperatur t

w_i %	Harnstoff CO(NH$_2$)$_2$	Methanol CH$_3$OH			Essigsäure CH$_3$COOH		Ethanol C$_2$H$_5$OH		
	t in °C								
	25	0	20	40	20	40	0	20	60
0	0,9970	0,9998	0,9982	0,9922	0,9998	0,9922	0,9998	0,9982	0,9832
5	1,0104	0,9917	0,9896	0,9830	1,0055		0,9914	0,9859	0,9740
10	1,0239	0,9842	0,9815	0,9747	1,0125	1,0044	0,9849	0,9820	0,9640
15	1,0375	0,9786	0,9740	0,9667	1,0195		0,9800	0,9753	0,9555
20	1,0513	0,9725	0,9666	0,9582	1,0261	1,0155	0,9757	0,9688	0,9464
25	1,0654	0,9666	0,9592	0,9498	1,0326		0,9712	0,9619	0,9370
30	1,0796	0,9604	0,9515	0,9410	1,0383	1,0255	0,9654	0,9540	0,9263
35	1,0939	0,9532	0,9433	0,9316	1,0438		0,9578	0,9451	0,9150
40	1,1084	0,9459	0,9345	0,9220	1,0488	1,0340	0,9494	0,9351	0,9038
45	1,1231		0,9252		1,0534		0,9398	0,9249	0,8925
50	1,1382	0,9287	0,9156	0,9022	1,0575	1,0408	0,9294	0,9140	0,8806
55			0,9052		1,0611		0,9185	0,9028	0,8690
60		0,9090	0,8946	0,8795	1,0642	1,0464	0,9074	0,8913	0,8562
65			0,8834		1,0666		0,8960	0,8796	0,8450
70		0,8869	0,8715	0,8553	1,0686	1,0494	0,8842	0,8678	0,8316
75			0,8592		1,0696		0,8725	0,8558	0,8200
80		0,8634	0,8469	0,8291	1,0700	1,0497	0,8604	0,8435	0,8074
85			0,8340		1,0689		0,8479	0,8312	0,7950
90		0,8374	0,8202	0,8014	1,0660	1,0447	0,8348	0,8180	0,7814
95			0,8062		1,0605		0,8212	0,8043	0,7680
100		0,8102	0,7917	0,7723	1,0498	1,0272	0,8063	0,7895	0,7536

Tabelle 3.12. Dichte ϱ wässeriger Zuckerlösungen in kg/dm^3 als Funktion des Massenanteils w_i des Zuckers und der Celsius-Temperatur t

w_i %	Rohrzucker						Glucose	Fructose
	t in °C							
	0	10	20	30	40	50	20	20
0	0,9999	0,9997	0,9982	0,9957	0,9923	0,9881	0,9982	0,9982
5	1,0203	1,0196	1,0178	1,0152	1,0117	1,0074	1,0177	1,0177
10	1,0414	1,0402	1,0381	1,0353	1,0316	1,0272	1,0377	1,0370
15	1,0630	1,0615	1,0592	1,0561	1,0523	1,0477	1,0583	1,0563
20	1,0855	1,0835	1,0809	1,0777	1,0737	1,0690	1,0798	1,0754
25	1,1087	1,1064	1,1036	1,1000	1,0959	1,0911	1,1018	1,0944
30	1,1327	1,1301	1,1270	1,1232	1,1189	1,1140	1,1247	
35	1,1577	1,1547	1,1513	1,1473	1,1428	1,1378		
40	1,1835	1,1802	1,1765	1,1726	1,1676	1,1625		
45	1,2102	1,2066	1,2026	1,1981	1,1933	1,1881		
50	1,2377	1,2338	1,2296	1,2250	1,2200	1,2146		
55	1,2662	1,2620	1,2575	1,2527	1,2476	1,2421		
60	1,2956	1,2912	1,2864	1,2814	1,2762	1,2706		
65	1,3259	1,3212	1,3163	1,3111	1,3057	1,3000		
70	1,3572	1,3523	1,3472	1,3418	1,3363	1,3305		

Tabelle 3.13. Dichte ϱ organischer Verbindungen als Funktion der Celsius-Temperatur t

	t °C	ϱ kg/m³		t °C	ϱ kg/m³
Acetaldehyd	20	783	Benzophenon	100	1 042
Aceton	50	756		50	1 085
	20	791	Benzylalkohol	50	1 022
	0	812		20	1 045
	−50	868		0	1 061
Acetonitril	50	750	Brombenzol	200	1 239
	20	783		100	1 386
	0	803		50	1 455
Acetophenon	100	958		20	1 495
	50	1 002		0	1 522
	20	1 028	Butadien-(1,3)	20	621
Acetylen	20	401		0	646
	0	463	Butan	100	468
	−25	522		50	542
Ameisensäure	50	1 184		20	579
	20	1 220		0	601
-ethylester	200	602		−50	652
	100	811		−100	698
	50	883	Butanol	20	810
	20	923		0	825
	0	948	Buten-(1)	100	477
-methylester	200	566		50	558
	100	845		20	592
	50	929		0	619
	20	975		−50	668
	0	1 003		−100	712
-propylester	200	649	Buttersäure	50	927
	100	808		20	958
	50	871		0	977
	20	906	-ethylester	50	847
	0	929		20	879
Anilin	100	951		0	900
	50	996	-methylester	200	663
	20	1 022		100	807
	0	1 039		50	865
Benzaldehyd	20	1 046		20	897
	0	1 062		0	920
Benzoesäure-	50	1 009	Butylbenzol	20	869
-ethylester	20	1 039		0	877
	0	1 056		−50	914
-methylester	20	1 079	Butyronitril	50	712
	0	1 099		20	761
Benzol	250	561		0	790
	200	661	Capronsäure	50	900
	150	731		20	929
	100	793		0	945
	50	847	Chlorbenzol	200	896
	20	879		100	1 019
Benzonitril	100	890		50	1 074
	50	934		20	1 106
	20	980		0	1 128
	0	1 006			

Tabelle 3.13 (Fortsetzung)

	t °C	ϱ kg/m³		t °C	ϱ kg/m³
Chlorbutan	20	897	Dimethylether	100	500
	0	907		50	627
Chlortrifluorethen	20	885		20	666
	0	1 209		0	698
	−50	1 312	Dioxan	50	1 008
	−100	1 370		20	1 034
	−150	1 643	Diphenyl	300	801
Cyclohexan	200	578		200	888
	100	700		100	970
	50	750	Dipropylether	20	736
	20	779		0	756
Cyclohexen	100	732	Dipropylketon	100	748
	50	780		50	790
	20	811		20	817
	0	830		0	832
Cyclopentan	20	745	Dodekan	200	605
	0	765		100	689
Cyclopenten	20	770		50	727
	0	792		20	751
Cyclopropan	−50	693		0	756
	−100	740	Eicosan	300	572
Cyclohexanol	50	925		200	659
Dekan	100	667		100	742
	50	707		50	769
	20	730	Essigsäure	300	595
	0	745		250	736
Dichloressigsäure	20	1 552		200	827
Diethylamin	20	704		150	869
	0	725		100	960
Diethylanilin	50	910		50	1 018
	20	935		20	1 049
	0	951	-anhydrid	50	1 044
Diethylether	100	611		20	1 082
	50	676		0	1 105
	20	714	-ethylester	200	621
	0	736		100	797
	−50	790		50	864
	−100	842		20	901
Diethylketon	50	787		0	924
	20	814	-methylester	200	610
	0	834		100	822
Dimethylamin	20	656		50	894
	0	679		20	934
Dimethylanilin	50	930		0	959
	20	956	-propylester	200	649
2,2-Dimethylbutan	20	647		100	796
	0	665		50	855
2,3-Dimethylbutan	200	428		20	888
	100	583		0	910
	50	635	Ethan	20	326
	20	663		0	412
	0	681		−50	499
				−100	561

Tabelle 3.13 (Fortsetzung)

	t °C	ϱ kg/m³		t °C	ϱ kg/m³
Ethanol	200	557	Hexanol	20	820
	150	649		0	833
	100	716	Hexen	20	673
	50	763		0	693
	20	789	Hexylbenzol	20	861
	0	806		0	875
Ethen	0	346	Isobutanol	20	806
	−50	482		0	817
	−100	564	Isopentanol	20	810
Ethylamin	100	568		0	824
	50	643	Isopropanol	20	785
	20	682		0	801
	0	707	Jodbenzol	200	1 547
	−50	761		100	1 708
Ethylbenzol	100	797		50	1 785
	50	840		20	1 832
	20	866		0	1 861
	0	885	Methan	−100	302
	−50	929		−150	409
Fluorbenzol	200	767	Methanol	200	553
	100	923		150	650
	50	985		100	714
	20	1 024		50	765
	0	1 047		20	792
Formamid	20	1 112		0	812
Fufurol	50	1 128	Methylacetylen	−25	673
	20	1 160		−50	710
	0	1 181	Methylamin	50	618
Furan	20	937		20	660
Glycerin	100	1 209		0	683
	50	1 242		−50	740
	20	1 260	Methylanilin	20	986
Heptadekan	300	555		0	1 002
	200	644	2-Methylbutan	100	526
	100	722		50	587
	50	758		20	620
Heptan	200	495		0	639
	100	612		−50	687
	50	658		−100	727
	20	684	Methylcyclohexan	100	697
	0	701		50	742
	−50	741		20	769
Heptanol	20	822		0	787
Hexadekan	200	638		−50	828
	100	717		−100	870
	50	753	Methylcyclopentan	20	749
	20	775		0	767
Hexan	200	438	Methylethylketon	20	803
	100	580		0	826
	50	631	2-Methylpentan	50	625
	20	659		20	653
	0	678			
	−50	721			

Tabelle 3.13 (Fortsetzung)

	t °C	ϱ kg/m³		t °C	ϱ kg/m³
3-Methylpentan	50	637		20	642
	20	665		0	662
	0	683		−50	711
2-Methylpropan	100	433		−100	755
	50	520	Phenylhydrazin	50	1 072
	20	557		20	1 098
	0	581	Piperidin	100	787
	−50	634		50	834
	−100	680		20	861
Nitrobenzol	20	1 174		0	880
Nitromethan	0	1 130	Propadien	−25	652
	−25	1 165		−50	668
o-Nitrotoluol	25	1 346	Propan	50	450
Nonan	100	653		20	501
	50	694		0	528
	20	718		−50	590
	0	733		−100	646
Nonadekan	300	567	Propanol	250	453
	200	654		200	592
	100	731		150	674
	50	766		100	733
Oktadekan	300	561		50	779
	200	649		20	804
	100	727	Propen	50	478
	50	762		20	550
Oktan	200	532		0	590
	100	635	Propionitril	50	698
	50	678		20	750
	20	703		0	782
	0	719	Propionsäure	20	993
	−50	757		0	1 015
Oktanol	20	829	-ethylester	200	644
	0	842		100	795
Paraldehyd	100	899		50	856
	50	956		20	890
	20	994		0	912
Pentachlorethan	20	1 678	-methylester	200	645
	0	1 709		100	814
Pentadekan	200	631		50	879
	100	712		20	915
	50	748		0	939
	20	768	-propylester	20	882
Pentan	100	533		0	902
	50	596	Propylamin	20	719
	20	626	Propylbenzol	100	792
	0	646		50	833
	−50	693		20	860
	−100	737		0	879
Pentanol	20	814		−50	918
	0	829	Pyridin	100	901
Penten-(1)	200	288		50	953
	100	550		20	983
	50	610		0	1 003

Tabelle 3.13 (Fortsetzung)

	t °C	ϱ kg/m³		t °C	ϱ kg/m³
Tetradekan	200	624	Undekan	200	594
	100	705		100	679
	50	742		50	718
	20	763		20	740
Tetrachlorethan	20	1 600		0	754
	0	1 633	Valeriansäure	20	942
Tetrachlorethen	20	1 621		0	957
	0	1 656	m-Xylol	300	526
Toluol	250	595		200	678
	200	672		100	795
	150	737		50	838
	100	793		20	866
	50	839		0	881
	20	867	o-Xylol	300	553
	0	885		200	705
Trichlorethan	20	1 338		100	808
	0	1 371		50	854
Tridekan	200	615		20	881
	100	698		0	905
	50	735	p-Xylol	300	487
	20	756		200	612
Triethylamin	100	652		100	790
	50	699		50	833
	20	726		20	861
	0	746			

Tabelle 3.14. Dichte ϱ verschiedener Flüssigkeiten bei Raumtemperatur

Flüssigkeit	ϱ in kg/dm³	Flüssigkeit	ϱ in kg/dm³
Bitumen	1,05	Normalbenzin, FAM	0,69…0,705
Braunkohlenteeröl	0,86…0,90	Ottokraftstoff	0,72…0,80
Dieselkraftstoff	0,85…0,88	Paraffin, dünnflüssig	0,83…0,87
Düsenkraftstoff	0,75…0,85	dickflüssig	0,87…0,89
Flugbenzin	0,70…0,76	Pech	1,05…1,35
Flugmotorenöl	0,87…0,90	Petroleum	0,80…0,82
Gasöl	0,84…0,86	Seewasser, 3,5 % Salz	1,03
Heizöl EL	0,85	Spindelöl	0,86…0,88
Kerosin	0,80…0,82	Steinkohlenteer-Heizöl	1,00…1,08
Lackbenzin	0,76…0,81	Terpentinöl	0,87
Leichtbenzin	0,68…0,72	Trafoöl	0,87

3.3 Spezifische Wärmekapazität
(E. Hanitzsch)

Die spezifische Wärmekapazitäten c_p der in den Tabellen 3.15 bis 3.21 aufgeführten Flüssigkeiten werden durch Polynome als Funktion der Temperatur T beschrieben. Am Anfang jeder Tabelle steht die jeweils gültige Gleichung, die Tabelle enthält die Koeffizienten für die einzelnen Stoffe. Ist in der Tabelle für einen Koeffizienten kein Wert angegeben, so besitzt dieser den Wert 0. Die Gleichungen gelten im Temperaturbereich zwischen T_1 und T_2, T_F ist die Schmelztemperatur des Stoffs. Für die Berechnung der Koeffizienten dienten als Grundlage die in [3.5–3.9] angegebenen Daten.

Tabelle 3.15. Spezifische Wärmekapazitäten c_p der Elemente als Funktion der Temperatur T

$$c_p = (A + BT + CT^{-2} + DT^2) \ \text{kJ/(kg K)}$$

Symbol	Name	T_1 K	T_2 K	A	$10^4 B$ K^{-1}	$10^{-4} C$ K^2	$10^7 D$ K^{-2}
Ag	Silber	1 234	1 600	0,283 1			
Al	Aluminium	932	1 300	1,086			
Au	Gold	1 336	1 600	0,148 5			
B	Bor	2 573	3 500	2,900			
Ba	Barium	998	1 125	0,350			
Be	Beryllium	1 560	2 200	0,676 1	0,563		
Bi	Wismut	544	820	0,095 7	0,294	1,011	
Ca	Calcium	1 123	1 757	0,731			
Cd	Cadmium	594	1 100	0,264 3			
Ce	Cer	1 077	1 500	0,269			
Co	Cobalt	1 765	1 900	0,589 2			
Cr	Chrom	1 823	1 900	0,756 2			
Cs	Caesium	302	500	0,251 8			
Cu	Kupfer	1 356	1 600	0,493 9			
Fe	Eisen	1 803	1 900	0,749 2			
Ga	Gallium	303	1 200	0,378		0,180	
Ge	Germanium	1 211	1 600	0,380 0			
Hg	Quecksilber	298	630	0,151 4	−0,572		0,506
In	Indium	430	800	0,264	−0,120		
K	Kalium	337	1 037	0,950 8	−4,890		3,150
La	Lanthan	1 194	1 373	0,247 3			
Li	Lithium	454	1 200	3,514	7,900	12,48	−2,815
Mg	Magnesium	923	1 150	0,218 1	1,060		
Mn	Mangan	1 517	2 368	0,837 9			
Na	Natrium	371	1 200	1,632	−8,360		4,626
Nd	Neodym	1 293	1 400	0,338 2			
Ni	Nickel	1 725	1 900	0,655 9			
P	Phosphor	317	870	0,849 7			
Pb	Blei	601	1 200	0,064 1	−0,210		
Pr	Praseodym	1 192	1 500	0,305			
Rb	Rubidium	312	400	0,381 8			

Tabelle 3.15 (Fortsetzung)

Symbol	Name	T_1 K	T_2 K	A	$10^4 B$ K^{-1}	$10^{-4} C$ K^2	$10^7 D$ K^{-2}
S	Schwefel	392	718	0,705	6,520		
Sb	Antimon	903	1 300	0,274 5			
Se	Selen	490	600	0,445 1			
Si	Silicium	1 685	1 873	0,213 8	0,215		
Sn	Zinn	510	810	0,292	−0,780		
Ta	Tantal	3 269	4 000	0,231			
Te	Tellur	723	873	0,295			
Th	Thorium	2 023	3 000	0,198			
Tl	Thallium	576	1 760	0,147 4			
V	Vanadin	2 192	2 600	0,932 2			
Y	Yttrium	1 798	1 950	0,484 5			
Zn	Zink	693	1 200	0,480			

Tabelle 3.16. Spezifische Wärmekapazität c_p verflüssigter Gase als Funktion der Temperatur T

$$c_p = (A + BT + CT^2 + DT^3) \text{ kJ/(kg K)}$$

Symbol	Name	T_1 K	T_2 K	A	$10^4 B$ K^{-1}	$10^5 C$ K^{-2}	$10^8 D$ K^{-3}
Ar	Argon	85	130	−19,32	5 862,9	−560,1	1 791,4
Br	Brom	266	300	1,021	−31,29	0,311	0,409
Cl	Chlor	179	237	0,554	57,248	−2,688	3,953
D	Deuterium	18	23	−37,26	58 490	−27 740	456 600
F	Fluor	58	82	1,507	88,55	−26,44	193,8
H	Wasserstoff	14	26	11,06	−9 640	5 621	−60 720
Kr	Krypton	117	123	0,449	−509,7	86,09	−358,5
N	Stickstoff	67	117	−2,218	1 616	−208,1	911,3
O	Sauerstoff	57	72	1,6355	2,087		
Xe	Xenon	163	166	−0,5045	10,95	7,992	−33,65

Tabelle 3.17. Spezifische Wärmekapazität c_p anorganischer Flüssigkeiten als Funktion der Temperatur T (s. auch Tabelle 3.18).

$$c_p = (A + BT + CT^{-2}) \text{ kJ/(kg K)}$$

Formel	T_1 K	T_2 K	A	$10^4 B$ K^{-1}	$10^{-4} C$ K^2
AgBr	703	900	0,332		
AgCl	728	900	0,467		
AgNO$_3$	483	600	0,754		
AlBr$_3$	370	550	0,469		
AlCl$_3$	466	500	0,980		
Al$_2$Cl$_6$	466	500	0,979		
AlI$_3$	464	500	0,298		
Al$_2$S$_3$	1 370	1 800	1,045		

Tabelle 3.17 (Fortsetzung)

Formel	T_1 K	T_2 K	A	$10^4 B$ K^{-1}	$10^{-4} C$ K^2
$AsCl_3$	298	371	0,736		
AsF_3	298	331	0,961		
$AuSn$	691	910	0,192		
$AuZn$	T_F	1 200	0,217		
B_2O_3	733	1 800	1,833		
$BaBr_2$	1 126	1 237	0,436 5		
$BaCl_2$	1 236	1 339	0,501 5		
BaF_2	1 628	1 900	0,537		
$BeCl_2$	688	805	1,519		
BeF_2	823	1 500	1,229	6,324	$-4,01$
BiI_3	682	819	0,267 5		
CBr_4	363	450	0,463		
CCl_4	298	350	0,870 4		
CS_2	298	319	1,011		
$CaBr_2$	1 015	1 123	0,573 1		
$CaCl_2$	1 055	1 700	0,931 1		
CaF_2	1 691	1 800	1,280 7		
$CaFe_2O_4$	1 510	1 800	1,064 6		
$Ca_2Fe_2O_5$	1 750	1 850	1,142		
$CaO \cdot 2 B_2O_3$	1 263	1 800	2,277 1		
$CaO \cdot B_2O_3$	1 433	1 700	2,053 7		
$2 CaO \cdot B_2O_3$	1 583	1 900	1,569 8		
$3 CaO \cdot B_2O_3$	1 763	1 900	1,653 5		
$Ca_2P_2O_7$	1 626	1 700	1,594 7		
$CaTiSiO_5$	1 670	1 811	1,425 5		
$CdBr_2$	841	1 150	0,373 5		
$CdCl_2$	842	1 250	0,600 3		
CdI_2	661	1 100	0,278 8		
$CeBr_3$	T_F	1 150	0,402 0		
CeF_3	1 733	2 420	0,679 2		
$CoSi$	1 733	1 900	1,003 9		
$CoSi_2$	1 597	1 900	1,008 7		
$CrCl_2$	T_s		0,817 0		
CrO_3	458	551	1,255 3		
$CrSi_2$	1 730	1 900	0,831 6		
$CsCl$	918	1 170	0,344 4	1,064	
CsI	899	1 170	$-0,069 1$	3,301	
Cu_2Cd_3	T_F	1 000	0,374 0		
Cu_5Cd_8	T_F	1 000	0,364 5		
$CuCl$	696	1 000	0,587 5		
$CuFeO_2$	1 470	1 600	0,836 9		
$CuFe_2O_4$	1 358	1 500	0,944 4		
$DyCl_3$	991	1 000	0,538 4		
$Fe(CO)_5$	298	382	1,228 1		
$FeCl_2$	950	1 110	0,805 4		
$Fe_{0,947}O$	T_F	1 800	0,990 0		
FeS	1 468	1 500	0,809 1		
Fe_2SiO_4	1 490	1 724	1,180 6		
$FeTiO_3$	1 640	1 800	1,312 5		
$GdCl_3$	882	1 000	0,529 3		
GdI_1	1 199	1 300	0,289 7		
H_2S_2	273	344	1,391 6		

Tabelle 3.17 (Fortsetzung)

Formel	T_1 K	T_2 K	A	$10^4 B$ K^{-1}	$10^{-4} C$ K^2
HgI_2	523	600	0,2302		
$HoCl_3$	993	1100	0,5480		
HoF_3	1416	1843	0,4308	0,008	$-0,160$
K_2CO_3	1174	1250	1,1186	3,221	
KCl	1043	1200	0,8980		
$KCl \cdot MgCl_2$	760	800	0,9860		
$K_2Cr_2O_7$	671	800	1,3840		
KF	1130	1200	1,1520		
KNO_3	611	700	1,2209		
K_2SO_4	1342	1700	1,1477		
LaI_3	1034	1200	0,2920		
Li_3AlF_6	1058	2000	2,2240		
Li_2BeF_4	745	2000	2,3482		
Li_2CO_3	999	1150	1,7468	7,673	
LiF	1118	1170	2,5001		
$LiOH$	746	880	3,6235		
$MgCl_2$	987	1500	0,9710		
MgF_2	1534	1800	1,5176		
$Mg_3(PO_4)_2$	1621	2000	1,8056		
$MgSiO_3$	1853	2300	1,4586		
Mg_2SiO_4	2163	2500	1,4570		
$MnCl_2$	923	1200	0,7514		
MnS	1803	2000	0,7695		
Mn_2SiO_4	1618	1800	1,2037		
Na_3AlF_6	1300	1400	1,8614		
Na_3AlF_3	1273	1400	1,5940		
$NaCl$	1073	1300	1,1450		
$NaClO_3$	528	600	1,2499		
Na_2CrO_4	1070	1550	1,2632		
NaF	1265	1300	1,5940		
$NaNO_3$	583	700	1,8310		
Na_2O	T_F	2200	1,6877		
$NaOH$	591	980	2,2365	$-1,465$	
Na_2S	1251	2000	1,1537	0,118	
Na_2SO_4	1157	1850	1,3897		
Na_4SiO_4	1393	1800	1,4095		
Na_2SiO_3	1361	1800	1,4672		
$Na_2Si_2O_5$	1147	1800	1,4322		
Na_2TiO_3	1303	1600	1,3831		
$Na_2Ti_2O_5$	1258	1600	1,2923		
$Na_2Ti_3O_7$	1401	1700	1,3058		
Nb_2O_5	1733	1810	0,9114		
$NdCl_3$	1057	1250	0,5844		
NdF_3	1650	1873	0,9167	$-0,220$	$-5,926$
NdI_3	1060	1200	0,2967		
$NiCl_2$	1274	1336	0,7747		
PCl_3	298	348	0,8744		
$PbBr_2$	644	900	0,3146		
$PbCl_2$	771	900	0,4092		
PbI_2	683	800	0,2941		
PbO	1159	1700	0,2913		
$PbSiO_3$	1037	1800	0,4594		

Tabelle 3.17 (Fortsetzung)

Formel	T_1 K	T_2 K	A	$10^4 B$ K^{-1}	$10^{-4} C$ K^2
Pb_2SiO_4	1016	1800	0,3733		
$PrCl_3$	1059	1250	0,5415		
PrF_3	T_F	1863	0,6057	0,211	5,478
PrI_3	1010	1250	0,2743		
SbI_3	443	675	0,2856		
Sb_2Te_3	892	950	0,3307		
$ScCl_3$	1240	1350	0,9479		
$SiCl_4$	298	350	0,8619		
SiI_4	396	573	0,2753	0,771	
SiO_2	1988	2500	1,4345		
$SnCl_4$	298	400	0,6344		
SnI_4	418	450	0,2679		
$SrBr_2$	930	1200	0,4701		
$SrCl_2$	1148	1350	0,7036		
$TeCl_4$	497	550	0,8262		
TeO_2	1006	1146	0,7057	0,136	
$TiBr_4$	311	423	0,3728	1,783	
$TiCl_4$	285	409	0,7873		
TiI_4	428	650	0,2817		
$TlBr$	753	950	0,3716	$-1,331$	
$TlCl$	700	850	0,2477		
TlF	600	850	0,3012		
TlI	713	950	0,2172		
UCl_4	890	920	0,2842	1,586	
UI_4	820	870	0,2222		
VO_2	1818	1900	1,2864		
V_2O_5	943	1500	1,0490		
YCl_3	994	1100	0,6951		
YF_3	1428	1873	0,9165	$-0,002$	$-0,033$
$ZnBr_2$	675	1000	0,5054		
$ZnCl_2$	590	1000	0,7399		

Tabelle 3.18. Spezifische Wärmekapazität c_p anorganischer Flüssigkeiten als Funktion der Temperatur T (s. auch Tabelle 3.17.)

$$c_p = (A + BT + CT^2 + DT^3) \ \text{kJ/(kg K)}$$

Formel	T_1 K	T_2 K	A	$10^4 B$ K^{-1}	$10^5 C$ K^{-2}	$10^8 D$ K^{-3}
BF_3	145	173	1,366	2,336	0,858	$-2,239$
COS	134	373	2,655	$-149,1$	3,678	
CS_2	172	310	0,999	$-23,49$	1,014	
D_2O (0,1 MPa)	283	325	6,8612	$-169,9$	2,71	
D_2O (5 MPa)	293	533	6,7185	$-141,1$	1,923	
D_2O (10 MPa)	293	553	8,4007	$-228,3$	3,008	
D_2S	188	202	$-1,50$	357,9	$-9,25$	
D_2Se	211	232	1,321	$-39,80$	0,847	
HCl	164	188	$-5,561$	1342	$-83,44$	173,3
H_2O	273	373	8,945	$-405,1$	11,24	$-10,13$
H_2S	190	211	115,5	-17090	856,5	-1429
H_2Se	210	230	0,979	$-9,40$	0,13	
NH_3	197	377	$-3,787$	948,5	$-37,31$	50,60
N_2O	183	187	1,539	12,13		
NO	113	150	$-104,4$	26708	-2266	6527
NO_2	265	291	8,2645	$-737,1$	26,17	$-30,20$
SF_6	225	230	$-1,896$	118,0		
SO_2	223	323	1,338	0,8966		
$SiCl_4$	208	298	0,791	2,0		
$SnCl_4$	266	298	0,542	2,6		
$TiCl_4$	252	294	0,760	1,6		

Tabelle 3.19. Spezifische Wärmekapazität c_p organischer Flüssigkeiten als Funktion der Temperatur T

$$c_p = (A + BT + CT^2 + DT^3)\ \text{kJ/(kg K)}$$

Name	Formel	T_1 K	T_2 K	A	$10^4 B$ K^{-1}	$10^5 C$ K^{-2}	$10^8 D$ K^{-3}
Aceton	$(CH_3)_2CO$	180	324	3,514	$-192,5$	7,632	$-8,858$
Allylalkohol	CH_2CHCH_2OH	298	303	$-4,276$	224,0		
Anilin	$C_6H_5NH_2$	291	323	1,590	16,0		
Anilin	$C_6H_5NH_2$	313	453	1,565	17,24		
Benzoesaeure	C_6H_5COOH	395		2,170			
Benzol	C_6H_6	278	383	1,187	11,54	0,0981	0,448
Benzylalkohol	$C_6H_5CH_2OH$	260	298	0,083 5	64,4		
Brenzkatechin	$C_6H_4(OH)_2$	377		2,174			
Brombenzol	C_6H_5Br	250	320	0,704	9,655		
1-Brombutan	$CH_3(CH_2)_3Br$	290	373	1,30			
Bromethan	CH_3CH_2Br	290	310	0,920			
Brommethan	CH_3Br	250	282	1,14			
1-Brom-3-Methylbutan	$(CH_3)_2CH(CH_2)_2Br$	285	328	1,28			
Bromoform	$CHBr_3$	290	420	0,540			
1-Brompropan	$CH_3(CH_2)_2Br$	285	320	1,16			
iso-Butan	C_4H_{10}	115	378	0,609	154,8	$-6,758$	12,15
n-Butan	C_4H_{10}	140	366	1,481	65,99	$-3,318$	7,269
Butanol-(1)	$CH_3(CH_2)_3OH$	194	294	3,131	$-142,2$	3,942	
iso-Butanol	$(CH_3)_2CHCH_2OH$	278	319	$-1,417$	131,0		
Buttersäureethylester	$CH_3(CH_2)_2COOCH_2CH_3$	298	303	1,95			
Buttersäuremethylester	$CH_3COO(CH_2)_2CH_3$	298	303	1,93			
Butylbenzol	$C_6H_5(CH_2)_3CH_3$	192	298	1,511	$-11,8$	0,710	
tert.-Butylbenzol	$C_6H_5C(CH_3)_3$	220	294	1,590	$-24,0$	1,02	
Butylether	$(CH_3(CH_2)_3)_2O$	193	433	2,091	$-20,6$	0,74	
Chlorbenzol	C_6H_5Cl	230	353	1,029	7,94	0,075	
Chlordiphenylmethan	$(C_6H_5)_2CHCl$	299	311	0,696	24,6		
Chlorethan	CH_3CH_2Cl	231	288	1,61			
1-Chlor-3-Methylbutan	$(CH_3)_2CHCH_2CH_2Cl$	287	327	1,70			
Chlormethan	CH_3Cl	182	323	1,654	$-8,894$	$-0,537$	2,618

Tabelle 3.19 (Fortsetzung)

Name	Formel	T_1 K	T_2 K	A	$10^4 B$ K^{-1}	$10^5 C$ K^{-2}	$10^8 D$ K^{-3}
Chloroform	$CHCl_3$	240	329	0,793	11,15	−0,459	0,888
Chlortoluol	$C_6H_5CH_2Cl$	246	299	1,463	−17,5	0,558	
Cumol	$C_6H_5CH(CH_3)_2$	283	473	2,015	−19,5	0,585	
Cyclohexan	C_6H_{12}	280	301	0,384	53,41	−0,135	
p-Cymol	$CH_3C_6H_4CH(CH_3)_2$	211	297	1,580	−22,0	0,948	
n-Decan	$C_{10}H_{22}$	245	320	2,434	−35,33	0,510	1,411
Dibrommethan	CH_2Br_2	240	303	1,229	−46,4	0,852	
1,2-Dichlorethan	$(CH_2Cl)_2$	284	353	0,877	16,8	−0,049	
Dichlormethan	CH_2Cl_2	193	293	0,983	22,41	0,881	
1,1-Difluorethylen	CH_2CF_2	153	273	0,582	29,99	−0,322	
2,2-Dimethylbutan	$CH_3CH_2C(CH_3)_3$	180	300	1,4429	5,247	0,666	
2,3-Dimethylbutan	$((CH_3)_2CH)_2$	150	300	1,5132	1,277	0,718	
1,2-Dimethylcyclopentan	$C_5H_8(CH_3)_2$	162	294	1,3269	3,373	0,552	
2,5-Dimethylhexan	$((CH_3)_2CHCH_2)_2$	278	318	1,434	6,337	0,628	
3,3-Dimethylhexan	$CH_3CH_2C(CH_3)_2(CH_2)_2CH_3$	278	318	1,470	−0,539	0,792	
2,7-Dimethyloctan	$[(CH_3)_2CH(CH_2)_2]_2$	223	295	1,352	18,59	0,253	
2,5-Dimethylthiophen	$C_4H_2S(CH_3)_2$	220	300	1,457	−10,19	0,491	
1,3-Dinitrobenzol	$C_6H_4(NO_2)_2$	363		1,697			
1,2-Dinitrobenzol	$C_6H_4(NO_2)_2$	390		1,623			
1,4-Dinitrobenzol	$C_6H_4(NO_2)_2$	447		1,648			
1,1-Diphenylethan	$(C_6H_5)_2CHCH_3$	260	299	0,626	33,35		
Diphenylether	$(C_6H_5)_2O$	300	570	0,763	27,5	−0,014	
Dipropylenglykol	$(CH_3CHOHCH_2)_2O$	283	453	0,963	51,18	−0,068	
Dodecan	$CH_3(CH_2)_{10}CH_3$	267	320	2,880	−73,44	1,706	
Essigsäure	CH_3COOH	292	295	0,370	57,14		
Essigsäureethylester	$CH_3COOCH_2CH_3$	298	303	1,95			
Essigsäuremethylester	CH_3COOCH_3	298	303	1,95			
Ethan	C_2H_6	91	230	1,971	65,90	−5,028	15,07
Ethylalkohol	C_2H_5OH	158	383	2,110	−20,15	−0,386	4,786
Ethylbenzol	$C_6H_5C_2H_5$	185	473	1,210	11,28	0,174	
Ethylen	CH_2CH_2	105	170	2,355	68,81	−8,220	25,43

Tabelle 3.19 (Fortsetzung)

Name	Formel	T_1 K	T_2 K	A	$10^4 B$ K^{-1}	$10^5 C$ K^{-2}	$10^8 D$ K^{-3}
Ethylendiamin	$(CH_2NH_2)_2$	303	343	2,16	26,0		
Ethylenglykol	CH_2OHCH_2OH	262	468	0,071	140,2	−3,023	3,187
Ethylether	$(C_2H_5)_2O$	155	295	0,973	108,7	−3,734	5,445
Fluorbenzol	C_6H_5F	240	320	0,199	78,1	−1,119	
Fluorethylen	CH_2CHF	153	293	1,165	−17,64	0,766	
Freon 11	Cl_3CF	179	288	0,665	11,22	−0,306	0,591
Freon 12	Cl_2CF_2	194	294	0,040	97,12	−4,071	6,256
Freon 21	Cl_2CHF	273	353	0,817	7,906		
Freon 22	$ClCHF_2$	122	335	1,117	1,350	−0,808	3,040
Freon 113	CCl_2FCClF_2	243	353	1,253	−55,70	2,183	−2,236
Furfurylalkohol	$C_4H_3OCH_2OH$	293	343	1,076	26,90	0,18	
Glycerin	$CH_2OHCHOHCH_2OH$	283	511	0,413	78,93	−0,571	0,432
n-Heptan	C_7H_{16}	230	480	1,902	−14,48	0,899	−0,104
Hexadecan	$CH_3(CH_2)_{14}CH_3$	208	272	9,112	−740,7	17,78	
Hexadecan	$CH_3(CH_2)_{14}CH_3$	295	320	3,928	−136,1	2,637	
n-Hexan	C_6H_{14}	180	366	2,416	−59,87	2,096	−0,845
Hexanol-(1)	$CH_3(CH_2)_5OH$	230	290	4,045	−215,2	5,335	
Hydrochinon	$C_6H_4(OH)_2$	445		2,348			
Jodbenzol	C_6H_5I	250	320	0,618	7,30	−0,065	
Jodmethan	CH_3I	240	303	1,376	−60,42	1,132	
Kohlendioxid	CO_2	223	283	−195,1	24463	−1014	1402
Kohlenmonoxid	CO	70	83	2,011	19,84		
Mesitylen	$C_6H_3(CH_3)_3$	294	378	0,350	42,0	0,075	
Methan	CH_4	95	150	6,349	−717,5	51,80	−97,97
Methanol	CH_3OH	181	383	2,436	−15,72	−0,702	4,444
2-Methylbenzoesäure	$CH_3C_6H_4COOH$	377		2,09			
3-Methylbenzoesäure	$CH_3C_6H_4COOH$	382		2,29			
4-Methylbenzoesäure	$CH_3C_6H_4COOH$	453		2,36			
2-Methylbutanol-(2)	$(CH_3)_2COHCH_2CH_3$	273		2,609			
3-Methylbutanol-(1)	$(CH_3)_2CH(CH_2)_2OH$	273	303	0,699	55,0		
2-Methylbuten-(2)	$CH_3C(CH_3)CHCH_3$	144	294	2,024	−25,1	0,992	

Tabelle 3.19 (Fortsetzung)

Name	Formel	T_1 K	T_2 K	A	$10^4 B$ K^{-1}	$10^5 C$ K^{-2}	$10^8 D$ K^{-3}
Methylcyclohexan	$C_6H_{11}CH_3$	151	294	1,236	3,20	0,606	
Methylcyclopentan	$C_5H_9CH_3$	139	366	1,540	−22,6	1,158	
2-Methylfuran	$C_4H_3OCH_3$	190	300	1,854	−35,2	1,066	
2-Methylheptan	$(CH_3)_2CH(CH_2)_4CH_3$	283	308	1,109	34,5	0,07	
3-Methylheptan	$CH_3CH_2CH(CH_3)(CH_2)_3CH_3$	283	308	1,896	−20,1	1,0	
4-Methylheptan	$[CH_3(CH_2)_2]CII(CH_3)$	278	318	1,127	28,2	0,26	
2-Methylhexan	$(CH_3)_2CH(CH_2)_3CH_3$	160	292	1,548	6,30	0,536	
Methylethylketon	$CH_3CH_2COCH_3$	194	373	2,437	−37,8	1,00	
2-Methylpentan	$(CH_3)_2CH(CH_2)_2CH_3$	120	300	1,661	−6,50	0,88	
3-Methylpentan	$[CH_3CH_2]_2CH(CH_3)$	100	300	1,630	−4,0	0,79	
Naphthalin	$C_{10}H_8$	353		1,714			
Naphthol-(1)	$C_{10}H_7OH$	368		1,93			
Naphthol-(2)	$C_{10}H_7OH$	394		2,00			
2-Nitranilin	$O_2NC_6H_4NH_2$	342		1,80			
3-Nitranilin	$O_2NC_6H_4NH_2$	385		1,91			
4-Nitranilin	$O_2NC_6H_4NH_2$	421		2,00			
2-Nitrobenzoesäure	$C_6H_4(NO_2)COOH$	419		1,677			
3-Nitrobenzoesäure	$C_6H_4(NO_2)COOH$	414		2,035			
4-Nitrobenzoesäure	$C_6H_4(NO_2)COOH$	512		1,878			
Nitrobenzol	$C_6H_5NO_2$	279	293	2,207	−78,4	1,81	
Nitromethan	CH_3NO_2	298	303	1,65			
n-Nonan	C_9H_{20}	240	318	4,057	−222,8	7,567	−7,270
n-Octan	C_8H_{18}	220	370	2,200	−40,04	1,704	−1,151
iso-Octan	$(CH_3)_3CCH_2CH(CH_3)_2$	170	317	1,365	3,90	0,670	
Pentadecan	$CH_3(CH_2)_{13}CH_3$	286	312	4,142	−151,0	2,89	
n-Pentan	C_5H_{12}	150	290	1,939	5,182	−0,910	4,004
iso-Pentan	$(CH_3)_2CHCH_2CH_3$	121	477	1,599	−0,353	0,770	
Pentanol-(1)	$CH_3(CH_2)_4OH$	273		2,180			
Pentanol-(2)	$CH_3CH_2CHOHCH_2CH_3$	273		2,744			
Pentanon-(3)	$(C_2H_5)_2CO$	233	393	1,983	−14,9	0,70	
Penten-(2)	$CH_3CHCHCH_2CH_3$	136	289	1,866	−15,1	0,87	

Tabelle 3.19 (Fortsetzung)

Name	Formel	T_1 K	T_2 K	A	$10^4 B$ K^{-1}	$10^5 C$ K^{-2}	$10^8 D$ K^{-3}
Propan	C_3H_8	89	230	1,811	16,39	$-0,913$	4,305
Propanol-(1)	$CH_3(CH_2)_2OH$	170	270	1,323	22,8	0,42	
Propionsäureethylester	$CH_3CH_2COOCH_2CH_3$	298	303	1,950			
iso-Propylamin	$(CH_3)_2CHNH_2$	303	353	0,682	89,2	$-0,714$	
Propylbenzol	$C_6H_5(CH_2)_2CH_3$	273	473	0,870	31,6	$-0,034$	
1,2-Propylenglykol	$CH_3CHOHCH_2OH$	253	453	0,781	57,0	0,023	
Pyridin	C_5H_5N	295	369	1,87			
Resorcin	$C_6H_4(OH)_2$	383		2,185			
1,1,2,2-Tetrabromethan	$(CHBr_2)_2$	289	373	0,51			
1,1,2,2-Tetrachlorethan	$(CHCl_2)_2$	290	350	1,02			
Tetrachlorkohlenstoff	CCl_4	250	339	$-3,812$	481,9	$-16,65$	19,23
1,2,3,4-Tetramethylbenzol	$C_6H_2(CH_3)_4$	276	292	1,463	10,0		
1,2,3,5-Tetramethylbenzol	$C_6H_2(CH_3)_4$	255	297	0,989	27,0		
Tetradecan	$CH_3(CH_2)_{12}CH_3$	280	303	2,185	$-22,1$	0,77	
Toluol	$C_6H_5CH_3$	183	383	1,889	$-69,32$	2,983	$-2,856$
Tridecan	$CH_3(CH_2)_{11}CH_3$	270	310	3,578	$-118,6$	2,43	
1,2,4-Trimethylbenzol	$C_6H_3(CH_3)_3$	240	297	0,690	49,8	$-0,45$	
2,4,4-Trimethylpenten-(2)	$(CH_3)_3CCHC(CH_3)_2$	183	296	1,555	$-7,20$	0,84	
Undecan	$CH_3(CH_2)_9CH_3$	250	300	3,557	$-124,0$	2,64	
iso-Valeriansäureethylester	$(CH_3)_2CHCH_2COOCH_2CH_3$	273		1,899			
m-Xylol	$C_6H_4(CH_3)_2$	217	320	1,337	$-5,40$	0,61	
o-Xylol	$C_6H_4(CH_3)_2$	250	302	1,306	1,30	0,48	
p-Xylol	$C_6H_4(CH_3)_2$	290	360	2,256	$-67,1$	1,66	

Tabelle 3.20. Spezifische Wärmekapazität c_p von Flüssigkeitsgemischen als Funktion der Temperatur T. $c_p = (A + BT + CT^2)$ kJ/(kg K)

Gemisch		T_1 K	T_2 K	A	$10^4 B$ K^{-1}	$10^5 C$ K^{-2}
Ethylendichlorid-Benzol						
Komponente 1:	Ethylendichlorid					
Komponente 2:	Massenanteil in %					
Benzol	16,48	293	343	1,440	−18,98	0,553 6
Benzol	34,48	293	343	1,711	−33,41	0,821 4
Benzol	54,21	293	343	2,420	−76,26	−1,571 4
Benzol	75,93	293	343	2,727	−92,36	1,875 0
Tetrachlorkohlenstoff-Benzol						
Komponente 1:	Tetrachlorkohlenstoff					
Komponente 2:	Massenanteil in %					
Benzol	11,26	293	343	2,059	−27,72	0,553 6
Benzol	25,29	293	343	3,175	−104,0	1,875
Benzol	43,23	293	343	3,302	−111,1	2,018
Benzol	67,01	293	343	3,986	−160,1	2,875
Chloroform-Aceton						
Komponente 1:	Chloroform					
Komponente 2:	Massenanteil in %					
Aceton	10,84	293	323	0,889	8,400	
Aceton	24,49	293	323	3,082	−126,3	2,250
Aceton	42,19	293	323	1,123	14,20	
Aceton	66,05	293	323	1,386	7,300	0,250
Schwefelkohlenstoff-Aceton						
Komponente 1:	Schwefelkohlenstoff					
Komponente 2:	Massenanteil in %					
Aceton	16,02	293	313	1,944	−52,60	1,000
Aceton	33,71	293	313	1,628	−19,80	0,500
Aceton	53,36	293	313	2,151	−44,60	1,000
Aceton	75,32	293	313	3,580	−129,0	2,500
Wasser-Hydrazin						
Komponente 1:	Wasser					
Komponente 2:	Massenanteil in %					
Hydrazin	50,0	313	363	5,979	−203,2	4,018
Hydrazin	60,0	313	363	2,815	0,328 6	0,678 6
Hydrazin	70,0	313	363	1,975	55,90	−0,321 4
Hydrazin	80,0	313	363	1,068	107,26	−1,142 9
Hydrazin	90,0	313	363	0,646	126,11	−1,428 6

Tabelle 3.21. Spezifische Wärmekapazität c_p von pflanzlichen Ölen als Funktion der Temperatur T. $c_p = (A + BT + CT^2)$ kJ/(kg K)

Name	T_1 K	T_2 K	A	$10^4 B$ K^{-1}	$10^5 C$ K^{-2}
Ricinusöl	273	483	−0,413	110,86	−1,126
Rohes Leinöl	353	463	4,736	−211,7	3,780
Gereinigtes Leinöl	363	493	6,238	−266,2	4,709
Sojabohnenöl	348	553	1,711	18,42	
Chinesisches Holzöl	343	428	6,714	−289,7	4,579

3.4 Prandtlzahl
(W. Dammermann)

Tabelle 3.22. Prandtlzahl *Pr* von Wasser als Funktion der Celsius-Temperatur *t* und des Druckes *p*.
Die Stufenlinie grenzt das Flüssigkeitsgebiet vom Gasgebiet ab. Prandtlzahlen auf der Sättigungs-
kurve s. Tabelle 2.60

p MPa	t in °C									
	0	10	20	30	40	50	60	70	80	90
0,1	13,4	9,42	7,00	5,42	4,34	3,57	3,00	2,57	2,23	1,97
1	13,4	9,42	6,99	5,41	4,33	3,56	3,00	2,57	2,23	1,97
5	13,2	9,32	6,93	5,37	4,30	3,54	2,98	2,55	2,22	1,96
10	13,0	9,20	6,86	5,33	4,28	3,53	2,97	2,55	2,22	1,96
15	12,8	9,09	6,80	5,30	4,26	3,52	2,96	2,54	2,22	1,96
20	12,6	8,99	6,74	5,26	4,23	3,49	2,95	2,53	2,21	1,95
25	12,4	8,88	6,68	5,22	4,21	3,48	2,94	2,53	2,20	1,95
30	12,2	8,78	6,62	5,18	4,19	3,47	2,93	2,52	2,20	1,95
35	12,0	8,69	6,57	5,15	4,16	3,45	2,91	2,51	2,19	1,94
40	11,8	8,58	6,52	5,12	4,15	3,44	2,91	2,50	2,19	1,94
45	11,7	8,51	6,47	5,09	4,12	3,42	2,90	2,50	2,18	1,93
50	11,5	8,42	6,42	5,06	4,11	3,41	2,89	2,49	2,18	1,93
60	11,2	8,27	6,33	5,01	4,07	3,39	2,87	2,48	2,17	1,92
70	10,9	8,12	6,25	4,96	4,04	3,37	2,86	2,47	2,16	1,92
80	10,7	7,99	6,18	4,91	4,01	3,35	2,85	2,46	2,16	1,92
90	10,4	7,85	6,10	4,87	3,99	3,33	2,84	2,45	2,15	1,91
100	10,2	7,76	6,05	4,84	3,97	3,32	2,83	2,44	2,14	1,90

Tabelle 3.22 (Fortsetzung)

t in °C

100	125	150	200	250	300	350	400	450	500	600	700	800
1,01	0,951	0,975	0,957	0,946	0,938	0,930	0,924	0,917	0,911	0,898	0,887	0,877
1,76	1,39	1,15	1,07	1,01	0,972	0,951	0,937	0,926	0,916	0,901	0,889	0,879
1,75	1,38	1,15	0,903	0,832	1,20	1,07	1,00	0,967	0,944	0,913	0,897	0,886
1,75	1,38	1,14	0,900	0,823	0,899	1,31	1,12	1,03	0,985	0,932	0,906	0,894
1,75	1,38	1,14	0,898	0,816	0,868	1,95	1,29	1,12	1,03	0,953	0,915	0,901
1,74	1,37	1,14	0,895	0,809	0,844	1,23	1,59	1,22	1,09	0,976	0,924	0,907
1,74	1,37	1,14	0,893	0,804	0,825	1,08	2,36	1,36	1,15	0,998	0,933	0,913
1,74	1,37	1,14	0,892	0,799	0,810	0,991	3,43	1,55	1,22	1,02	0,941	0,918
1,73	1,37	1,14	0,890	0,794	0,797	0,936	1,76	1,76	1,30	1,04	0,950	0,922
1,73	1,37	1,14	0,888	0,790	0,786	0,896	1,35	1,89	1,36	1,06	0,957	0,926
1,73	1,37	1,14	0,887	0,787	0,776	0,866	1,16	1,76	1,41	1,08	0,963	0,928
1,73	1,37	1,14	0,886	0,784	0,768	0,841	1,06	1,52	1,43	1,09	0,969	0,930
1,72	1,37	1,14	0,884	0,778	0,754	0,804	0,934	1,20	1,34	1,09	0,974	0,930
1,72	1,37	1,14	0,883	0,774	0,744	0,777	0,865	1,02	1,18	1,08	0,972	0,927
1,72	1,37	1,14	0,881	0,770	0,735	0,756	0,820	0,920	1,05	1,05	0,961	0,919
1,72	1,36	1,14	0,881	0,767	0,728	0,740	0,787	0,853	0,960	0,999	0,944	0,909
1,71	1,36	1,14	0,880	0,765	0,723	0,728	0,762	0,806	0,889	0,948	0,922	0,895

Tabelle 3.23. Prandtlzahl Pr wässeriger Lösungen von Magnesiumchlorid und Calciumchlorid als Funktion der Celsius-Temperatur t und des Massenanteils w_i des gelösten Stoffs

t °C	Magnesiumchloridlösung $MgCl_2$ w_i in %					Calciumchloridlösung $CaCl_2$ w_i in %					
	0	5	10	15	20	5	10	15	20	25	30
20	7,0	8,2	9,8	11,7	15,5	7,2	7,8	8,8	10,4	13,0	17,8
10	9,4	10,8	12,8	16,3	21,9	9,6	10,1	11,1	12,9	16,0	21,3
0	13,4	15,3	18,6	23,6	30,8	13,7	14,4	15,7	18,0	21,9	29,7
−10				35	48				25,3	28,1	35	48
−20					76					57	78
−30										81	125

Tabelle 3.24. Prandtlzahl Pr wässeriger Lösungen von Kaliumcarbonat als Funktion der Celsius-Temperatur t und des Massenanteils w_i des Kaliumcarbonats. Eingeklammerte Werte dienen nur der Interpolation.

t °C	w_i in %							
	0	5	10	15	20	25	30	35
20	7,0	7,1	7,4	7,9	8,9	10,4	12,6	15,6
10	9,4	10,1	10,7	11,5	13,0	15,4	19,0	24,1
0	13,4	14,3	15,3	16,9	19,5	23,8	30	39
−10					(30)	37	49	64
−20							(79)	110

Tabelle 3.25. Prandtlzahl Pr wässeriger Lösungen von Magnesium-/Calcium-
chlorid und Natriumchlorid als Funktion der Celsius-Temperatur t und des
Massenanteils w_i des gelösten Stoffs

t °C	Magnesium-/Calciumchlorid-lösung 4:1 $MgCl_2/CaCl_2$ w_i in %					Natriumchloridlösung NaCl w_i in %			
	0	5	10	15	20	5	10	15	20
20	7,0	8,8	10,7	12,3	15,8	6,9	7,1	7,6	8,9
10	9,4	11,5	13,7	16,5	21,0	9,3	9,7	10,6	11,7
0	13,4	16,1	18,9	22,3	28,9	12,7	13,1	14,5	16,7
−10				32,2	42			23	26
−20					65				

Tabelle 3.26. Prandtlzahl Pr wässeriger Lösungen von Ethylenglykol als Funktion der Celsius-
Temperatur t und des Massenanteils w_i des Ethylenglykols

t °C	w_i in %										
	0	5	10	15	20	25	30	35	40	45	100
100											25
50	3,6	4,1	4,7	5,3	5,8	6,4	7,2	8,4	10,2	12,3	68
20	7,0	8,1	8,8	10,9	12,4	14,2	16,3	19,2	22,4	25,9	204
10	9,4	10,0	12,2	14,6	17,3	20,5	23,0	26,5	30,5	35	
0	13,4	14,5	17,5	20,8	24,5	28,6	33	38	44	50	
−10						41	50	59	69	80	
−20								92	111	133	

Tabelle 3.27. Prandtlzahlen Pr organischer Flüssigkeiten als Funktion der Celsius-Temperatur t

1 Methanol, CH_3OH; *5* Trichlorethylen, C_2HCl_3;
2 Ethanol, C_2H_5OH; *6* Benzin;
3 Tetrachlorkohlenstoff, CCl_4; *7* Spindelöl;
4 Methylenchlorid, CH_2Cl_2; *8* Trafoöl

t °C	*1*	*2*	*3*	*4*	*5*	*6*	*7*	*8*
100	4,4	7,5	3,3	2,3	2,9	3,5	31	60
80	4,5	9,1	3,9	2,4	3,1	3,7	42	80
60	4,9	11,2	4,7	2,6	3,3	4,3	60	125
40	5,9	13,9	6,0	2,9	3,7	5,1	90	230
20	7,4	17,5	7,7	3,3	4,3	6,3	170	480
0	9,8	23	10,2	3,9	5,1	7,8		
−20	12,8	33		5,1	6,5	9,6		
−40	18,1	52		6,7	8,3	12,3		
−60	29	91		9,5	10,7			
−80	55	181			13,7			
−100	140	430						

Tabelle 3.28. Prandtlzahlen Pr flüssiger Kältemittel auf der Siedelinie als Funktion der Celsius-Temperatur t

t °C	R11 CCl_3F	R12 CCl_2F_2	R21 $CHCl_2F$	R22 $CHClF_2$	R113 $C_2Cl_3F_3$	R114 $C_2Cl_2F_4$
120					5,1	
100					5,4	
80					5,8	4,6
60					6,5	4,7
40			2,9	2,88	7,6	5,0
20	4,4	3,05	3,0	2,82	9,1	5,5
0	5,0	3,17	3,2	2,79	11,2	6,3
−20	5,9	3,44	3,6	2,82	14,4	7,4
−40	7,3	3,90	4,1	3,04		
−60	9,6	4,65				

Tabelle 3.29. Prandtlzahl Pr technischer Wärmeträger als Funktion der Celsius-Temperatur t

1 Avilub C-3826;   *6* Transcal LT, BP;
2 Dowtherm LF;   *7* Transotherm H, Gulf;
3 Eterna CT1, Texaco;   *8* Transotherm HF, Gulf;
4 Gilotherm PW;   *9* Transotherm L, Gulf
5 Mediatherm 250 IL;

t °C	*1*	*2*	*3*	*4*	*5*	*6*	*7*	*8*	*9*
320			10,8		12,9				
300		6,2	12,3	15,7	12,9	7,7	15,2		
250	8,6	6,2	15,1	16,3	13,7	8,6	20,7		
220								51	13,0
200	10,8	7,4	22,1	18,8	17,9	11,4	28,3	63	14,7
150	14,6	8,7	37,2	27,6	29,5	15,9	50	121	21,7
100	23,1	13,7	83	56	54	28,1	113	390	40
80	26,5	14,9	131	85	82	38	205	710	57
60	43	21,1	234	160	137	58	400	1 760	90
40	63	31	500	320	270	91	960	6 500	169
20	114	48	1 340	870	680	171	3 000	20 000	350
0	270	97	5 360	4 200	2 040	410	12 000	123 000	910
−20		206							

Die Pr-Werte unter obigen Nummern gelten auch etwa für:
1 Minera Thermalöl 4   *9* Farolin T, Aral
    Mobiltherm Light
    Santotherm 60
    Thermia Oel A, Shell
Die Abweichungen erreichen höchstens rund 10 %.

Tabelle 3.30. Prandtlzahl *Pr* technischer Wärmeträger als Funktion der Celsius-Temperatur *t* (Größerer Temperaturbereich)

1 Avilub B-3824;	*5* Farolin U, Aral;	*7* Santotherm VP 1;
2 Baysiloneöl M VP AC 3195;	*4* Dowtherm J;	*8* Santotherm 66;
3 Diphyl DT;	*6* Gilotherm D 12;	*9* Santotherm 88

t °C	*1*	*2*	*3*	*4*	*5*	*6*	*7*	*8*	*9*
480									3,7
450									4,0
400		2,7					4,2		4,6
370								6,2	
350	9,5	4,9					4,4	6,9	5,8
340			6,8						
300	12,6	6,7	6,9	2,8	12,7		4,8	8,5	7,3
250	15,7	9,3	7,2	2,9	16,7		5,5	11,4	9,9
200	20,7	14,4	8,7	3,4	23,1		6,9	18,4	15
150	33	22,6	11,9	4,1	39	8,4	8,9	27,0	25
100	66	42	17,4	6,0	77	10,1	13,7	55	
80	85	53	22,2	6,6	131	11,4	18,4	87	
60	195	66	31	8,2	213	13,5	25,6	162	
40	340	87	44	10,0	440	16,9	35	340	
20	790	124	77	12,4	1 000	22,5	53	1 170	
0	2 940	186	164	18,6	3 100	33		9 400	
−20			680	25,5					
−40				36					
−50		520				305			
−60				71					
−70						2 080			

Die *Pr*-Werte unter obigen Nummern gelten auch etwa für:
1 Thermia Oel C, Shell   *5* Transcal N, BP   *7* Gilotherm DO
Die Abweichungen erreichen höchstens rund 10 %.

3.5 Viskosität
(G. Meerlender)

Bild 3.1 veranschaulicht den Bereich und die Größenordnung der Viskosität verschiedener Stoffe. Von seltenen Sonderfällen abgesehen, s. Tabelle 3.41, nimmt die Viskosität von Flüssigkeiten mit steigender Temperatur ab, mit steigendem Druck zu. Bei strukturviskosen (nicht-newtonschen) Flüssigkeiten nimmt die Viskosität mit steigendem Geschwindigkeitsgefälle ab, vgl. die Kunststoffschmelzen in Tabelle 3.39 und

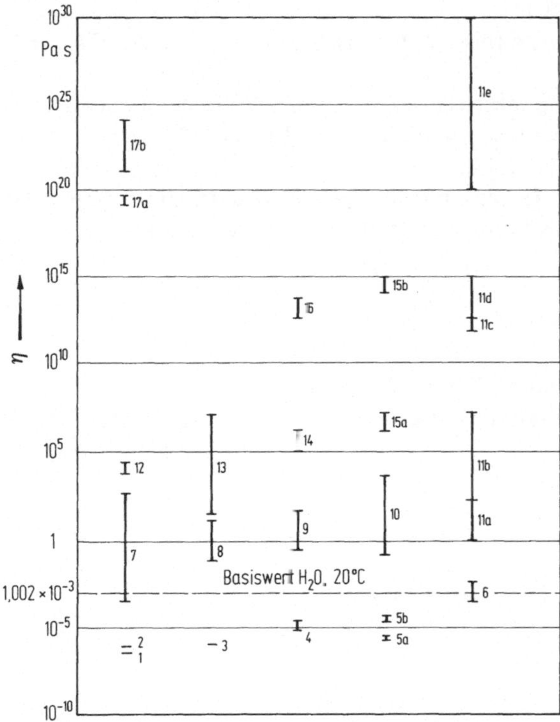

Bild 3.1. Bereich und Größenordnung der Viskosität η verschiedener Stoffe
Gasförmiges Helium (1) und Wasserstoffgas (2) bei tiefen Temperaturen, flüssiges Helium II (3), Viskositätsbereich der Gase bei Druck und Temperatur der Umgebung (4), Viskositäten am kritischen Punkt (5a Wasserstoff und Deuterium, b sonstige), einfache Flüssigkeiten in der Nähe des Schmelzpunktes (6), mit Referenzflüssigkeiten realisierte Viskositätsskala (7), technische Schmieröle (8), zähe Flüssigkeiten wie Pflanzenöle oder Honig (9), assoziierende Flüssigkeiten wie Glycerin, Oligomere, Schlackenschmelzen bei 1 300 bis 1 600 °C (10), Schmelzen technischer Silikatgläser (11a Läuterbereich, b Verarbeitungsbereich, c Einfrierbereich, d Kühlbereich und e extrapolierte Werte für verschieden gut „gekühlte" Gläser bei Umgebungstemperaturen), Modellier-Ton (12), Schmelzen technischer Kunststoffe bei 120 bis 250 °C (13), Straßenasphalt (14), duktile Metalle (15a bei der Schwingungsdämpfung und bei erzwungener Verformungsgeschwindigkeit, 15b im Kriechversuch bei Zeitstand- und Festigkeitsprüfungen), Eis und Gletschermassen (16), Erdmantel unter geophysikalischen Bedingungen (17a Astenosphäre, b Litosphäre).

Bild 3.2. Die Temperaturabhängigkeit der Viskosität einfacher Flüssigkeiten wird in weiten Bereichen im allgemeinen gut durch die von Sturm [3.10] angegebene Gleichung

$$\lg(\eta/\text{mPa}\cdot\text{s}) = A - B\lg[1 - C/(t + 273{,}15\,\text{K})] \tag{3.1}$$

beschrieben. Darin sind η die Viskosität, t die Celsius-Temperatur und A, B und C Konstanten, s. Tabellen 3.31 bis 3.33. Die Temperaturabhängigkeit der Viskosität der Metall- und Salzschmelzen läßt sich vereinfachend durch die Gleichung

$$\lg(\eta/\text{mPa}\cdot\text{s}) = a + b/(t + 273{,}15\,\text{K}) \tag{3.2}$$

wiedergeben. Die Konstanten a und b enthalten Tabelle 3.34 und 3.35.

Angaben über die Bedeutung der Viskosität verdünnter Lösungen für die Theorie starker Elektrolyte findet man in [3.11].

Tabelle 3.37 enthält zwei Beispiele flüssiger Gemische, die eine höhere Viskosität besitzen als die Komponenten.

Die Glastemperatur t_g (Übergang vom viskosen bzw. viskoelastischen in den glasigspröden Zustand) ist für die verschiedenen Stoffklassen in Tabelle 3.38 nach verschiedenen Kriterien bestimmt, vgl. [3.12–3.14].

Für die Beschreibung der vom Geschwindigkeitsgefälle D abhängigen Viskosität bei Kunststoffschmelzen hat die als Carreau-Formel bezeichnete Gleichung

$$\eta = \frac{\eta_0}{(1 + \beta|D|)^c} \tag{3.3}$$

praktische Bedeutung, wenn sich innerhalb des Meßbereichs andeutet, daß die Viskosität zu kleineren Werten des Geschwindigkeitsgefälles gegen einen konstanten Grenz-

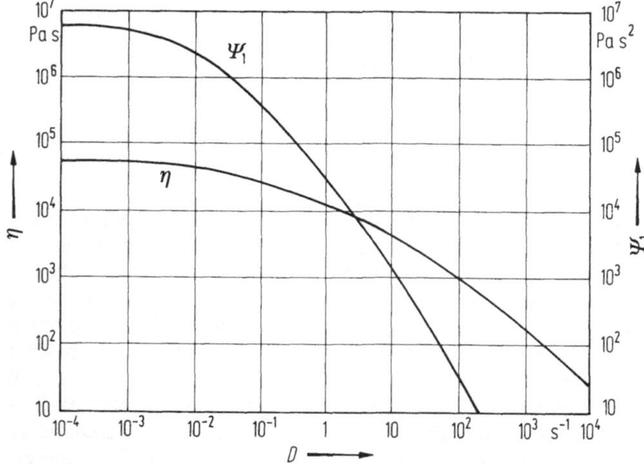

Bild 3.2. Viskosität η und erster Normalspannungskoeffizient ψ_1 einer Polyethylenschmelze niedriger Dichte (LDPE) als Funktion des Geschwindigkeitsgefälles D, s. (3.3)

wert strebt, die Nullviskosität η_0 [3.15]. Für einige Kunststofftypen sind die Konstanten η_0, β und c in Tabelle 3.39 zusammengestellt.

Bild 3.2 zeigt eine Viskositätskurve vom Carreauschen Typ und daneben den Verlauf des ersten Normalspannungskoeffizienten ψ_1 für eine Polyethylenschmelze niedriger Dichte (LDPE). Das Auftreten von Normalspannungsdifferenzen ist eine Folge elastischer Eigenschaften der Schmelze. Zur Berechnung der Funktion ψ_1 (D) aus viskoelastischen Daten s. [3.16; 3.17].

Die in Labor- und Betriebspraxis eingesetzten Viskosimeter werden in der Regel mit newtonschen Referenzflüssigkeiten kalibriert, die von metrologischen Instituten angegeben werden (vgl. IUPAC-Liste [3.18]). Tabelle 3.40 ist eine Liste der Referenzflüssigkeiten, die bei der Physikalisch-Technischen Bundesanstalt in Braunschweig verfügbar sind.

Ein Überblick über die Druckabhängigkeit der Viskosität und über Interpolationsformeln für die Viskosität von Gemischen wird in [3.19] angegeben. Einzelheiten über die Viskosität von Polymerlösungen findet man bei [3.20].

Tabelle 3.31. Viskosität η flüssiger Paraffine, Olefine, Alicyclen und Aromaten als Funktion der Celsius-Temperatur t beim Druck 100 kPa

$$\lg(\eta/\text{mPa}\cdot\text{s}) = A - B\,\lg[1 - C/(t + 273{,}15\ \text{K})].$$

A, B, C Konstanten

Die Gleichung gilt im Temperaturbereich zwischen t_1 und t_2, $\eta(t_1)$ und $\eta(t_2)$ sind die entsprechenden Viskositäten, t_b Bezugstemperatur, $\eta(t_\text{b})$ Viskosität bei t_b, t_F Schmelztemperatur, t_B Siedetemperatur
Siehe Seiten 140/141

Tabelle 3.32. Viskosität η flüssiger Halogen-Kohlenwasserstoffe und Alkohole als Funktion der Celsius-Temperatur t beim Druck 100 kPa

$$\lg(\eta/\text{mPa}\cdot\text{s}) = A - B\,\lg[1 - C/(t + 273{,}15\ \text{K})].$$

A, B, C Konstanten

Die Gleichung gilt im Temperaturbereich zwischen t_1 und t_2, $\eta(t_1)$ und $\eta(t_2)$ sind die entsprechenden Viskositäten, t_b Bezugstemperatur, $\eta(t_\text{b})$ Viskosität bei t_b, t_F Schmelztemperatur, t_B Siedetemperatur
Siehe Seiten 142/143

Tabelle 3.33. Viskosität η flüssiger Carbonsäuren, Ester, Ether, Ketone u. a. als Funktion der Celsius-Temperatur t beim Druck 100 kPa

$$\lg(\eta/\text{mPa}\cdot\text{s}) = A - B\,\lg[1 - C/(t + 273{,}15\ \text{K})].$$

A, B, C Konstanten

Die Gleichung gilt im Temperaturbereich zwischen t_1 und t_2, $\eta(t_1)$ und $\eta(t_2)$ sind die entsprechenden Viskositäten, t_b Bezugstemperatur, $\eta(t_\text{b})$ Viskosität bei t_b, t_F Schmelztemperatur, t_B Siedetemperatur
Siehe Seiten 144/145

Tabelle 3.31

Lfd. Nr.	Name(n)	Formel	t_b in °C	$\eta(t_b)$ mPa·s
1	n-Pentan	C_5H_{12}	20	0,2347
2	n-Hexan	C_6H_{14}	20	0,3122
3	n-Heptan	C_7H_{16}	20	0,4048
4	n-Octan	C_8H_{18}	20	0,5369
5	n-Decan	$C_{10}H_{22}$	20	0,9135
6	n-Undecan	$C_{11}H_{24}$	20	1,1815
7	n-Dodecan	$C_{12}H_{26}$	20	1,5144
8	n-Tetradecan	$C_{14}H_{30}$	20	2,2904
9	n-Eikosan	$C_{20}H_{42}$	100	1,4228
10	n-Triakontan	$C_{30}H_{62}$	100	3,3281
11	Methylbutan	C_5H_{12}	20	0,2254
12	Dimethylpropan (Neopentan)	C_5H_{12}	0	0,3285
13	2-Methylpentan	C_6H_{14}	20	0,2853
14	3-Methylpentan	C_6H_{14}	20	0,3010
15	2,2-Dimethylbutan (Neohexan)	C_6H_{14}	20	0,3621
16	3-Ethylpentan	C_7H_{16}	20	0,3978
17	4-Methylheptan	C_8H_{18}	20	0,5134
18	2,2,4-Trimethylpentan (i-Octan)	C_8H_{18}	20	0,5020
19	5-Methylnonan	$C_{10}H_{22}$	20	0,8258
20	6-Methylundecan	$C_{12}H_{26}$	20	1,3641
21	5-n-Butylnonan	$C_{13}H_{28}$	20	1,6487
22	7-Methyltridecan	$C_{14}H_{30}$	20	2,2172
23	2-Methylbutadien (Isopren)	C_5H_8	20	0,2161
24	n-Hex-1-en (Hexylen)	C_6H_{12}	20	0,2628
25	n-Hept-1-en (Heptylen)	C_7H_{14}	20	0,3513
26	n-Oct-1-en (Octylen)	C_8H_{16}	20	0,4743
27	Cyclopentan	C_5H_{10}	20	0,4360
28	Methylcyclopentan	C_6H_{12}	20	0,4996
29	Cyclohexan	C_6H_{12}	20	0,9818
30	Methylcyclohexan	C_7H_{14}	20	0,7215
31	Ethylcyclohexan	C_8H_{16}	20	0,8313
32	cis-Dekahydronaphthalin	$C_{10}H_{18}$	20	3,3878
33	trans-Dekahydronaphthalin	$C_{10}H_{18}$	20	2,1296
34	Bicyclohexyl	$C_{12}H_{22}$	20	3,9645
35	Benzol	C_6H_6	20	0,6493
36	Toluol	C_7H_8	20	0,5820
37	Ethylbenzol	C_8H_{10}	20	0,6591
38	o-Xylol	C_8H_{10}	20	0,8076
39	m-Xylol	C_8H_{10}	20	0,6135
40	p-Xylol	C_8H_{10}	100	0,2923
41	n-Propylbenzol	C_9H_{12}	20	0,8364
42	1,3,5-Trimethylbenzol (Mesitylen)	C_9H_{12}	100	0,3187
43	n-Butylbenzol	$C_{10}H_{14}$	20	1,0217
44	Vinylbenzol (Styrol)	C_8H_8	20	0,7531
45	Diphenyl	$C_{12}H_{10}$	100	1,0199
46	Diphenylmethan	$C_{13}H_{12}$	100	0,9290
47	Naphthalin	$C_{10}H_8$	100	0,7956
48	Anthrazen	$C_{14}H_{10}$	100	1,4500
49	Phenanthren	$C_{14}H_{10}$	100	1,9237
50	o-Terphenyl	$C_{18}H_{14}$	100	4,4056

Tabelle 3.31 (Fortsetzung)

Lfd. Nr.	A	B	C in K	t_1 in °C	$\eta(t_1)$ mPa·s	t_2 in °C	$\eta(t_2)$ mPa·s	t_F in °C	t_B in °C
1	−1,4519	7,1627	68,115	−130	3,6093	35	0,2114	−147	36
2	−1,5851	13,349	49,810	−90,3	1,8137	65	0,2181	−94	69
3	−1,5089	6,5172	95,537	−93	4,2660	95	0,2195	−91	98
4	−1,6879	11,514	72,376	−62	2,5757	122	0,2107	−57	125
5	−1,6313	8,3971	103,70	−32,1	2,6298	174,1	0,2141	−32	174
6	−1,6522	8,2405	112,10	−25	3,1528	195	0,2125	−26	195
7	−1,7044	10,058	102,73	−10	2,8675	215	0,2126	−12	215
8	−1,6565	8,4180	124,28	5	3,2209	255	0,2110	5	253
9	−1,6909	10,553	123,61	40	4,0756	300	0,2645	37	342
10	−1,4465	6,5371	186 63	70	6,0546	130	2,0811	60	450
11	−1,6321	7,0152	80,998	−160	158,97	30	0,2065	−160	28
12	−1,8197	4,1939	142,00	−15	0,4314	10	0,2807	−16	10
13	−1,7519	43,475	18,158	−150	18,195	60,57	0,2015	−154	60
14	−1,7825	71,708	11,634	−160	39,480	64,290	0,2042	−	63
15	−1,9482	28,844	33,230	−13,72	0,5872	50,16	0,2572	−100	50
16	−1,8778	−40,983	−25,373	−30	0,7742	80	0,2275	−119	93
17	−1,6576	19,507	43,716	−30	1,0506	100	0,2500	−121	118
18	−1,8862	304,17	3,5007	−100	6,4851	100	0,2285	−107	99
19	−1,5679	6,4593	120,48	−30	2,2458	100	0,3356	−87	104
20	−1,4168	4,2849	165,81	−30	5,1857	100	0,4750	−55	206
21	−1,4122	3,5376	191,64	−30	9,3773	100	0,4954	−	218
22	−1,6091	5,9791	155,07	−30	10,657	204	0,2579	−37	241
23	−1,9951	−3,7829	−365,48	−140	1,4933	32,02	0,1988	−146	34
24	−1,5265	5,5916	94,604	−140	30,465	65	0,1864	−140	64
25	−1,4724	5,1071	107,91	−119	15,784	95	0,1981	−119	94
26	−1,6356	9,6071	79,079	−20	0,8452	115	0,2065	−102	121
27	−1,7806	−141,25	−6,8655	−90	2,9982	50	0,3228	−93	50
28	−1,7318	30,273	30,222	−140	44,973	75	0,2897	−143	72
29	−1,9406	13,886	80,380	8	1,2304	80	0,4138	6	81
30	−1,6528	8,9798	94,168	−100	25,607	100	0,3029	−126	101
31	−1,4687	6,5647	113,02	−115	127,77	110	0,3371	−115	132
32	−1,4921	6,8168	145,08	−30	15,704	180	0,4470	−43	196
33	−1,5818	9,4931	108,70	−30	7,2594	180	0,3539	−30	187
34	−1,2488	3,7360	199,24	0,0	7,4493	100	0,9770	4	235
35	−1,7170	8,3211	101,16	5	0,8254	80	0,3181	5	80
36	−1,4122	4,7291	127,89	−92,15	12,766	110	0,2642	−95	110
37	−1,3943	5,1683	122,41	−95,14	16,504	131,93	0,2590	−94	136
38	−1,9519	−23,133	−59,591	−20	1,4854	141,1	0,2502	−25	144
39	−1,2197	2,3135	185,61	−50	3,7255	135,28	0,2449	−54	139
40	−1,8662	−29,240	−41,268	20	0,6402	135,19	0,2271	15	135
41	−1,3365	3,8862	154,11	−94,04	97,028	150	0,2678	−99	159
42	−1,4320	4,7276	136,55	20	0,7166	120	0,2779	−46	163
43	−1,3590	4,1347	156,33	−85	67,948	150	0,2944	−88	184
44	−1,6097	7,2821	109,94	0,0	1,0446	145	0,2265	−31	145
45	−1,3895	4,9129	179,37	72,5	1,4852	246	0,3272	70	255
46	−1,8362	67,971	22,124	37,8	2,2007	260,5	0,2592	25	264
47	−1,9822	−12,367	−156,68	80	0,9770	205	0,3468	80	218
48	−1,6118	76,159	19,478	220	0,5261	320	0,3108	216	−
49	−1,5402	9,0372	138,72	100	1,9237	320	0,3201	101	−
50	−1,2855	2,9217	291,59	46	66,429	300	0,4134	59	334

Tabelle 3.32

Lfd. Nr.	Name(n)	Formel	t_b in °C	$\eta(t_b)$ mPa · s
1	Dichlormethan (Methylenchlorid)	CH_2Cl_2	20	0,440 2
2	Trichlormethan (Chloroform)	$CHCl_3$	20	0,564 7
3	Tribrommethan (Bromoform)	$CHBr_3$	20	2,091 6
4	Trichlorfluormethan	CCl_3F	−20	0,693 0
5	Tetrachlormethan	CCl_4	20	0,972 8
6	Bromethan	C_2H_5Br	20	0,399 6
7	1,2-Dichlorethan	$C_2H_4Cl_2$	20	0,837 4
8	1,2-Dibromethan	$C_2H_4Br_2$	20	1,722 1
9	1,1,1-Trichlorethan	$C_2H_3Cl_3$	20	0,840 6
10	1,1,2,2-Tetrachlorethan	$C_2H_2Cl_4$	20	1,784 2
11	1,1,2-Trifluortrichlorethan	$C_2F_3Cl_3$	20	0,717 3
12	1,2-Difluortetrachlorethan	$C_2F_2Cl_4$	40	1,041 7
13	1-Chlorpropan	C_3H_7Cl	20	0,354 8
14	cis-1,2-Dichlorethen	$C_2H_2Cl_2$	20	0,471 0
15	trans-1,2-Dichlorethen	$C_2H_2Cl_2$	20	0,422 7
16	Trichlorethen (Trichlorethylen)	C_2HCl_3	20	0,580 8
17	Tetrachlorethen (Tetrachlorethylen)	C_2Cl_4	20	0,894 2
18	Fluorbenzol	C_6H_5F	20	0,583 5
19	Chlorbenzol	C_6H_5Cl	20	0,809 7
20	Brombenzol	C_6H_5Br	20	1,146 2
21	o-Dichlorbenzol	$C_6H_4Cl_2$	20	1,432 6
22	Hexafluorbenzol	C_6F_6	20	0,947 0
23	o-Chlortoluol	C_7H_7Cl	20	1,027 9
24	m-Chlortoluol	C_7H_7Cl	20	0,876 7
25	p-Chlortoluol	C_7H_7Cl	20	0,894 5
26	Methanol (Methylalkohol)	CH_4O	20	0,591 6
27	Ethanol (Ethylalkohol)	C_2H_6O	20	1,190 8
28	Propan-1-ol (prim. Propylalkohol)	C_3H_8O	20	2,243 3
29	Propan-2-ol (sek. Propylalkohol)	C_3H_8O	20	2,394 8
30	n-Butan-1-ol	$C_4H_{10}O$	20	2,928 5
31	n-Butan-2-ol	$C_4H_{10}O$	20	3,869 2
32	2-Methylpropan-2-ol (tert.)	$C_4H_{10}O$	40	2,076 3
33	n-Pentan-1-ol	$C_5H_{12}O$	20	4,179 7
34	n-Hexan-1-ol	$C_6H_{14}O$	20	5,319 2
35	n-Octan-1-ol	$C_8H_{18}O$	20	9,029 8
36	n-Decan-1-ol	$C_{10}H_{22}O$	100	1,468 6
37	Ethandiol (Ethylenglykol)	$C_2H_6O_2$	20	19,804
38	Propan-1,3-diol	$C_3H_8O_2$	20	52,658
39	n-Butan-1,4-diol	$C_4H_{10}O_2$	20	91,635
40	Propan-1,2,3-triol (Glycerin)	$C_3H_8O_3$	100	14,890
41	Allylalkohol	C_3H_6O	20	1,380 3
42	Cyclohexanol	$C_6H_{12}O$	100	2,087 6
43	Phenol	C_6H_6O	100	1,118 6
44	o-Kresol	C_7H_8O	100	0,987 8
45	m-Kresol	C_7H_8O	20	17,438
46	p-Kresol	C_7H_8O	100	1,307 2
47	Benzylalkohol	C_7H_8O	20	6,506 0
48	Resorcin	$C_6H_6O_2$	100	17,608
49	o-Chlorphenol	C_6H_5ClO	20	4,174 4
50	p-Chlorphenol	C_6H_5ClO	100	1,477 4

Tabelle 3.32 (Fortsetzung)

Lfd. Nr.	A	B	C in K	t_1 in °C	$\eta(t_1)$ mPa·s	t_2 in °C	$\eta(t_2)$ mPa·s	t_F in °C	t_B in °C
1	−1,2054	3,5222	124,87	−80	2,4278	40	0,3739	−97	40
2	−1,5364	−196,95	−4,4437	−63,3	1,8110	60	0,3964	−63	61
3	−1,1857	9,0093	93,666	8,3	2,4981	147,7	0,6299	8	150
4	−1,5817	196,81	4,1781	−103,2	3,5145	20	0,4418	−111	24
5	−1,4874	7,0248	112,41	−20	2,0120	75	0,5036	−23	77
6	−1,6811	−128,04	−6,8414	−120	5,6111	30	0,3629	−120	38
7	−1,4821	7,4424	103,35	−30	2,0267	80,07	0,4332	−36	83
8	−1,3453	7,8437	108,87	9,49	2,0499	126,71	0,5462	10	132
9	−1,0837	2,4628	178,95	−31,25	2,2706	69,3	0,5093	−32	74
10	−1,3957	6,4754	129,95	−40	7,8759	146	0,4445	−44	147
11	−2,3087	−13,123	−135,42	−33,2	1,7442	46,8	0,5044	−35	48
12	−1,8635	61,813	21,194	28,1	1,2441	90	0,5633	25	93
13	−1,9050	−6,3139	−205,21	−50	0,7641	45	0,2883	−122	47
14	−1,3478	8,6605	69,581	−65	1,5321	50	0,3678	−80	60
15	−1,0457	2,1200	151,83	−50	1,0104	30	0,3926	−50	45
16	−1,4520	−40,561	−20.952	−80	2,3021	80	0,3658	−88	87
17	−2,0300	−5,4573	−383,20	−20	1,4277	120	0,3824	−22	121
18	−1,5496	12,693	62,242	−41,9	1,5096	80,9	0,3282	−42	85
19	−1,6178	49,124	20,238	−45,2	2,3212	130	0,3026	−45	132
20	−1,3341	7,9601	97,246	−30,5	2,7305	155	0,3602	−31	156
21	−1,5973	39,612	28,407	−8	2,2500	178,6	0,3311	−17	180
22	−1,9139	19,090	59,766	15	1,0310	80	0,4200	5	81
23	−1,6018	19,411	51,073	0,0	1,3906	159	0,2873	−36	159
24	−1,5090	10,526	79,767	0,0	1,1741	161,7	0,2614	−49	162
25	−1,6672	55,812	18,939	10	1,0252	161,7	0,2583	7	162
26	−1,7368	11,705	75,289	−98,3	13,364	63,26	0,3556	−98	65
27	−3,2217	−12,411	−247,34	−32,01	3,8303	73,57	0,4793	−115	78
28	−3,3616	−26,783	−110,22	−54,51	24,351	95,59	0,4790	−127	97
29	−3,7743	−73,885	−40,512	−59,8	63,736	80	0,5133	−90	82
30	−2,9638	−1053,8	−2,2056	−50,92	35,975	114,11	0,4318	−90	117
31	−3,5608	31,742	76,181	−50,5	163,05	95,5	0,4269	—	98
32	−2,1193	3,5900	247,53	25	4,4198	80	0,5789	25	83
33	−2,2197	8,7222	154,67	0,0	8,7969	129,8	0,4117	−79	138
34	−2,6454	21,979	87,227	−30	39,423	155	0,3382	−46	158
35	−2,3053	10,380	150,94	0,0	20,911	187,1	0,3063	−15	195
36	−2,0053	7,3102	184,90	20	14,372	237,2	0,2648	5	236
37	−1,7473	6,2653	197,38	−13,1	133,24	177	0,6652	−13	198
38	−2,2342	11,077	164,33	−32	1857,7	176	0,9058	−32	214
39	−2,4083	12,774	159,81	18,2	100,76	195	0,8097	20	229
40	−2,0654	7,6327	232,67	20	1467,7	167	2,6768	19	291
41	−4,5929	−8,3110	−794,68	0,0	2,1283	96,9	0,3513	−129	97
42	−2,3426	6,3959	230,05	25	57,413	158,5	0,5917	25	161
43	−1,5852	3,9460	229,33	46	3,8685	183	0,4093	41	182
44	−1,6275	3,8895	230,32	30	6,0457	190	0,3421	30	191
45	−1,5965	3,5512	246,60	10	36,389	199,7	0,3470	12	203
46	−1,7062	4,3534	230,84	35	8,0934	199,7	0,3632	35	202
47	−1,7000	5,7266	186,44	10	9,3695	205	0,3380	−15	205
48	−1,4909	3,1525	322,59	141	3,7619	276	0,5263	111	277
49	−1,2790	2,7085	234,84	0,0	10,754	174	0,3955	7	175
50	−1,4206	3,2540	252,03	44,6	6,4032	218	0,3949	37	220

Tabelle 3.33

Lfd. Nr.	Name(n)	Formel	t_b in °C	$\eta(t_b)$ mPa·s
1	Ameisensäure	CH_2O_2	20	1,788 4
2	Essigsäure	$C_2H_4O_2$	20	1,214 3
3	Propansäure (Propionsäure)	$C_3H_6O_2$	20	1,104 9
4	n-Butansäure (Buttersäure)	$C_4H_8O_2$	20	1,554 2
5	Stearinsäure	$C_{18}H_{36}O_2$	100	5,269 1
6	Oleinsäure	$C_{18}H_{34}O_2$	100	3,899 1
7	Dichloressigsäure	$C_2H_2Cl_2O_2$	20	5,401 5
8	Essigsäureanhydrid	$C_4H_6O_3$	20	0,904 9
9	Methylacetat	$C_3H_6O_2$	20	0,378 5
10	Ethylacetat	$C_4H_8O_2$	20	0,449 6
11	n-Butylacetat	$C_6H_{12}O_2$	20	0,734 8
12	n-Amylacetat	$C_7H_{14}O_2$	20	0,937 5
13	Glycerintriacetat (Triacetin)	$C_9H_{14}O_6$	20	21,439
14	Benzoesäureethylester	$C_9H_{10}O_2$	20	2,173 1
15	Diethylphthalat	$C_{12}H_{14}O_4$	20	12,347
16	Di-n-Butylphthalat	$C_{16}H_{22}O_4$	20	23,426
17	Di-n-Butylcarbonat	$C_9H_{18}O_3$	100	0,672 4
18	Tri-n-Butylphosphat	$C_{12}H_{27}O_4P$	20	3,806 3
19	Diethylether (Ether)	$C_4H_{10}O$	20	0,234 7
20	Di-n-Propylether	$C_6H_{14}O$	20	0,420 4
21	Di-n-Butylether	$C_8H_{18}O$	20	0,697 2
22	Methoxybenzol (Anisol)	C_7H_8O	20	1,095 9
23	Ethoxybenzol (Phenetol)	$C_8H_{10}O$	20	1,291 7
24	Dimethylketon (Aceton)	C_3H_6O	20	0,320 0
25	Diethylketon	$C_5H_{10}O$	20	0,473 1
26	Cyclohexanon	$C_6H_{10}O$	20	2,320 4
27	Acetophenon	C_8H_8O	100	0,623 3
28	Benzophenon	$C_{13}H_{10}O$	100	1,862 2
29	Acetaldehyd	C_2H_4O	20	0,224 1
30	Benzaldehyd	C_7H_6O	20	1,539 1
31	Ethylenoxid	C_2H_4O	−20	0,390 7
32	Tetrahydrofuran	C_4H_8O	20	0,480 9
33	1,4-Dioxan	$C_4H_8O_2$	20	1,317 0
34	Trimethyltrioxan (Paraldehyd)	$C_6H_{12}O_3$	20	1,186 6
35	Pyridin	C_5H_5N	20	0,963 2
36	Pyrrolidin	C_4H_9N	20	0,759 6
37	Chinolin	C_9H_7N	20	3,688 9
38	Thiophen	C_4H_4S	20	0,662 9
39	Triethylamin	$C_6H_{15}N$	20	0,374 5
40	Ethylendiamin	$C_2H_8N_2$	20	1,668 1
41	Phenylamin (Anilin)	C_6H_7N	20	4,354 3
42	Essigsäureamid (Acetamid)	C_2H_5NO	100	1,818 3
43	Carbamidsäureethylester (Urethan)	$C_3H_7NO_2$	100	1,160 4
44	Acetonitril	C_2H_3N	20	0,357 7
45	Benzonitril	C_7H_5N	20	1,346 1
46	Nitromethan	CH_3NO_2	20	0,658 1
47	Nitrobenzol	$C_6H_5NO_2$	20	2,028 7
48	n-Propylmercaptan	C_3H_8S	20	0,373 8
49	Diethylsulfid (Thioether)	$C_4H_{10}S$	20	0,450 5
50	Schwefelkohlenstoff	CS_2	20	0,377 5

Tabelle 3.33 (Fortsetzung)

Lfd. Nr.	A	B	C in K	t_1 in °C	$\eta(t_1)$ mPa·s	t_2 in °C	$\eta(t_2)$ mPa·s	t_F in °C	t_B in °C
1	−1,5089	4,9417	164,13	8,5	2,3278	100	0,5431	8	101
2	−1,8173	42,158	28,920	15	1,3157	112,57	0,4070	17	118
3	−1,9934	−16,439	−96,780	−21	2,1174	140	0,3229	−21	141
4	−1,7956	23,276	52,316	0,0	2,2573	155,76	0,3306	−5	163
5	−1,7489	7,7125	194,69	70	11,415	300	0,4377	70	—
6	−1,2416	4,8780	216,04	20	38,684	180	1,3506	14	—
7	−2,2220	−33,576	−65,342	19,3	5,4817	189,5	0,5226	13	189
8	−1,6375	13,565	69,499	0,0	1,2366	140	0,2802	−74	139
9	−1,9462	−11,032	−109.81	−60	1,1083	54,33	0,2749	−98	57
10	−2,1447	−9,7879	−154.30	−30	0,8792	80	0,2490	−84	77
11	−1,5856	5,6800	130,41	−50	3,8049	125	0,2473	−74	126
12	−1,8078	17,644	60,760	−40	3,2043	144,5	0,2494	−71	149
13	−1,7337	4,6103	229,72	−15	482,39	55	4,7559	3	—
14	−1,4541	5,8514	148,28	0,0	3,4280	184	0,3485	−13	212
15	−1,3625	4,5621	208,20	−40	1 162,2	158	0,8793	−33	296
16	−1,8421	6,9211	192,45	−60	146 893	158	0,8611	−35	335
17	−1,2921	4,9409	151,71	20	1,8697	160	0,4296	—	207
18	−1,1290	3,6623	193,08	−40	46,987	99	1,0826	—	—
19	−1,4699	4,8457	96,528	−119,7	4,1407	40	0,2021	−120	35
20	−2,0825	−13,638	−97,866	−60	1,4304	90	0,2141	−123	90
21	−2,2764	−11,930	−148,19	−30	1,5462	140	0,2049	−96	142
22	−1,6897	11,461	86,047	0,0	1,5616	150	0,2766	−37	154
23	−1,8297	20,002	58,697	0,0	1,8702	172	0,2503	−30	172
24	−1,5868	11,263	58,656	−92	2,1234	60	0,2293	−95	56
25	−1,7049	69,435	13,112	−40	1,0978	100	0,2364	−40	102
26	−1,7787	11,924	99,391	0,0	3,6628	153,5	0,3932	−31	157
27	−1,5132	7,7572	120,06	20	1,8272	201,3	0,2949	20	201
28	−1,3706	4,1361	223,45	50	5,5175	250	0,4266	48	306
29	−2,0010	−10,506	−101,07	−80	0,8303	21,6	0,2209	−124	21
30	−1,2351	3,8849	166,98	0,0	2,2869	75	0,7361	−57	179
31	−1,4077	5,8319	82,549	−49,8	0,5766	10,73	0,2901	−112	10
32	−1,7824	−28,855	−36,340	−70	1,9049	60	0,3273	−109	65
33	−1,3912	4,0077	170,09	12	1,5432	100	0,4654	12	101
34	−1,8351	7,4008	131,31	15	1,3179	124,1	0,2849	12	124
35	−1,4733	6,8929	112,97	0,0	1,3317	115	0,3600	−42	116
36	−1,3941	3,6713	161,36	−57,7	6,4494	61,1	0,4539	−58	87
37	−1,0910	3,1132	207,14	0,0	6,7483	175	0,5593	−20	238
38	−1,5520	10,243	77,873	0,0	0,8728	80	0,3599	−38	84
39	−1,9397	−28,532	−38,077	−33,5	0,7718	85,9	0,2038	−115	89
40	−1,8684	9,0640	120,79	19,6	1,6827	116,7	0,3902	11	117
41	−1,4047	3,4216	219,05	−6	13,901	183,2	0,3690	−6	184
42	−1,7001	5,0124	221,48	91,1	2,1815	222,8	0,3870	82	222
43	−1,9971	8,4020	161,07	63,6	2,3833	183,7	0,3883	48	184
44	−1,4696	6,1306	93,536	0,0	0,4431	81,5	0,2216	−45	82
45	−1,3789	5,2456	141,93	0,0	1,9557	190,5	0,2842	−13	191
46	−1,7626	−45,561	−24,383	0,0	0,8496	100	0,3089	−29	101
47	−1,4017	6,6631	130,74	10	2,4586	207,6	0,3286	9	211
48	−1,1364	1,3108	208,80	−4,7	0,5246	40	0,3084	−113	68
49	−1,9271	−9,8869	−130,48	0,0	0,5617	90	0,2460	−104	92
50	−1,2882	7,8635	65,606	−80	1,3460	40	0,3270	−112	46

Tabelle 3.34. Viskosität η von Metallschmelzen als Funktion der Celsiustemperatur t

$$\lg(\eta/\mathrm{mPa}\cdot\mathrm{s}) = a + b/(t + 273{,}15\ K).$$

a, b sind Konstanten

Die Gleichung gilt im Temperaturbereich zwischen t_1 und t_2, $\eta(t_1)$ und $\eta(t_2)$ sind die entsprechenden Viskositäten. t_F Schmelztemperatur, t_B Siedetemperatur

Metall	Symbol	a	b K	t_1 °C	$\eta(t_1)$ mPa·s	t_2 °C	$\eta(t_2)$ mPa·s	t_F °C	t_B °C
Natrium	Na	−1,085 3	347,71	106,85	0,675	826,85	0,170	98	880
Kalium	K	−1,189 −−	312,42	66,85	0,536	726,86	0,132	64	760
Magnesium	Mg	1,264 5	1 277,8	652	1,308	900	0,667	650	1 100
Aluminium	Al	−0,501 8	537,13	700	1,122	900	0,903	660	2 400
Zink	Zn	−0,418 2	689,59	420	3,772	823	1,625	420	907
Zinn	Sn	−0,348 6	322,81	240	1,907	1 300	0,718	232	2 300
Blei	Pb	−0,293 5	430,93	350	2,500	900	1,185	328	1 750
Quecksilber	Hg	−0,280 8	138,11	−38	2,025	350	0,872	−39	357
Kupfer	Cu	−0,651 9	1 716,2	1 083	4,107	1 300	2,748	1 085	2 500
Silber	Ag	−0,441 0	1 311,2	1 000	3,880	1 420	2,154	962	2 200
Gold	Au	−0,285 4	1 400,1	1 063	5,787	1 364	3,713	1 064	2 700
Eisen	Fe	−0,530 4	2 286,9	1 537	5,407	1 777	3,846	1 530	2 800
Nickel	Ni	−0,334 9	1 793,5	1 455	5,045	1 700	3,750	1 455	2 800

Tabelle 3.35. Viskosität η von Salzschmelzen als Funktion der Celsiustemperatur t

$$\lg(\eta/\mathrm{mPa}\cdot\mathrm{s}) = a + b/(t + 273{,}15\ K).$$

a, b sind Konstanten

Die Gleichung gilt im Temperaturbereich zwischen t_1 und t_2, $\eta(t_1)$ und $\eta(t_2)$ sind die entsprechenden Viskositäten. t_F Schmelztemperatur

Stoff	Formel	a	b K	t_1 °C	$\eta(t_1)$ mPa·s	t_2 °C	$\eta(t_2)$ mPa·s	t_F °C
Natriumhydroxid	NaOH	−1,141 9	1 078,9	350	3,885	550	1,475	328
Natriumchlorid	NaCl	−1,063 9	1 164,2	806,85	1,032	936,85	0,791	800
Natriumnitrat	NaNO$_3$	−0,992 9	856,76	315	2,909	450	1,555	308
Natriumsulfat	Na$_2$SO$_4$	−0,828 4	2 181,6	966,85	8,530	1 196,8	4,525	884
Natriumcarbonat	Na$_2$CO$_3$	−4,416 4	5 739,4	879	3,673	972	1,559	853
Borax	Na$_2$B$_4$O$_7$	−8,341 0	10 428	683	367,4	888	4,362	996
Kaliumhydroxid	KOH	−1,639 1	1 350,0	400	2,324	600	0,807	360
Kaliumchlorid	KCl	−1,258 9	1 393,4	783,3	1,148	928,8	0,795	768
Kaliumnitrat	KNO$_3$	−1,072 0	940,13	341,85	2,861	486,85	1,462	335
Kaliumcarbonat	K$_2$CO$_3$	−4,853 7	6 343,0	913	3,117	984	1,555	891

Tabelle 3.36. Viskosität η wässriger Lösungen starker Elektrolyte.
w_2 Massenanteil des Elektrolyten, b Molalität, t Celsius-Temperatur

Stoff (Formel)	w_2 %	b mol/kg	t_1 °C	$\eta(t_1)$ mPa·s	t_2 °C	$\eta(t_2)$ mPa·s	t_3 °C	$\eta(t_3)$ mPa·s
Salzsäure (HCl)	5	1,4	—	—	0	1,85	25	0,97
	20	6,9	−15	3,13	0	2,09	25	1,26
	38	16,8	−30	7,13	0	3,15	25	1,94
Salpetersäure (HNO$_3$)	10	1,8	0	1,65	25	0,85	75	0,40
	50	16	0	3,07	25	1,65	75	0,75
	99	—	0	1,18	25	0,75	75	0,40
Schwefelsäure (H$_2$SO$_4$)	10	1,13	0	2,14	25	1,12	75	4,8
	50	10,2	−20	13	0	6,9	25	3,7
	99	—	+25	24	60	8,6	120	2,2
Ortho-Phosphorsäure (H$_3$PO$_4$)	10	1,13	0	2,4	25	1,2	50	0,699
	50	10,2	0	11	25	4,9	50	2,74
	97	—	25	142	25	49,5	75	22,5
Ammoniak (NH$_4$OH) w_2 und b als NH$_3$	3,5	2,1			25	0,93		
	14,6	10			25	1,05	30	0,84
Natronlauge (NaOH)	12,6	3,5	22	2,1	50	1,16	70	0,84
	47,7	22	22	59	50	13,0	70	6,50
Soda (Na$_2$CO$_3$)	17,5	2	20	3,14	30	2,38	40	1,86
Kochsalz (NaCl)	22,3	5	−20	6,98	0	3,01	20	1,65
Kalilauge (KOH)	10	2	0	2,0	20	1,23	40	0,84
	30	7,5	0	4,2	20	2,32	40	1,56
Kaliumcarbonat (K$_2$CO$_3$)	35,6	4	20	4,16	30	2,66	40	1,75
Kaliumchlorid (KCl)	13	2,0	25	0,911	50	0,588	100	0,326
	27	5,0	25	1,022	50	0,683	100	0,396
Magnesiumchlorid (MgCl$_2$)	16	2,0	−20	9,35	0	4,08	20	2,15
	26	3,7	−20	25,2	0	9,59	20	4,60
Calciumchlorid (CaCl$_2$)	15	1,6	−10	4,16	0	2,63	20	1,54
	21,8	2,5	−20	8,69	0	3,48	20	2,13
	28,7	3,6	−25	16,7	0	5,35	20	3,28

Tabelle 3.37. Viskosität η in mPa·s von Alkohol-Wasser-Gemischen und Saccharose-Lösungen. w_2 Massenanteil der organischen Verbindungen

Stoff	w_2 in %	$-20\,°C$	$0\,°C$	$20\,°C$	$50\,°C$	$80\,°C$	$100\,°C$
Methanol	30	7,7	3,69	1,801	0,832	0,482	0,363
	50	7,59	3,35	1,764	0,848	0,490	0,364
Ethanol	40		7,131	2,844	1,113	0,593	0,431
	60		5,660	2,616	1,113	0,600	0,434
	80		3,664	1,982	0,955	0,593	0,392
Ethylenglykol	20	—	3,2	1,7	0,55	0,36	0,28
	40	16	5,5	2,9	1,31	0,75	0,55
	60	33	12	5,2	2,10	1,2	0,80
Glycerin	20	—	3,4	1,77	0,88	0,53	
	40	—	7,6	3,75	1,60	0,86	0,67
	60	108	23,0	10,96	3,70	1,90	1,28
Saccharose	10		2,44	1,32	0,702	0,444	
	20		3,72	1,92	0,958	0,585	
	40		14,8	5,98	2,41	1,29	

Tabelle 3.38. Viskosität η und Glastemperatur t_g in °C einiger glasbildender Stoffsysteme. Der Glastemperatur ist eine Viskosität von etwa 10^{12} Pa·s zuzuordnen. Die Tabelle enthält die Celsius-Temperaturen t in °C, bei der die Viskosität η herrscht.

Glasbildender Stoff	η in Pa·s					t_g °C
	10^{-1}	10	10^3	10^9	10^{11}	
Quarzglas (SiO_2)	—	—	—	1 455	1 290	1 220
Borosilikatglas[a]	—	1 545	1 060	610	550	515
Kalk-Soda-Glas[b]	—	1 455	1 025	625	565	525
Kalk-Soda-Glas[a]	—	1 435	1 020	630	575	545
Brillenglas	—	1 420	1 010	625	570	545
Thermometerglas	—	1 385	980	620	570	545
Bleiglas[a]	—	1 330	910	520	465	430
Borsäure (B_2O_3)	—	995	550	315	295	285
Glucose	(170)	114	77	39	29	26
Glycerin	55	1	−34	−76	−83	−87
Salol[c]	8	−14	−28	−51	−57	−60
n-Propanol	−85	−124	−143	−167	−172	−175
Ethanol	−108	−149	—	−170	−174	−177

[a] Referenzglas des National Bureau of Standards (USA).
[b] Referenzglas der Deutschen Glastechnischen Gesellschaft.
[c] Salicylsäurephenylester.

Tabelle 3.39. Viskosität η von Kunststoffschmelzen als Funktion des Geschwindigkeitsgefälles D bei stationärer (viskosimetrischer) Scherströmung. $\eta = \eta_0/(1 + \cdot\beta|D|)^c$

Kunstoff		Typ	t in °C	η_0 in Pa·s	c	β in s
LDPE	(Polyethylen)	s. Bild 3.2.	150	50 000	0,9	1,45
PA	(Polyamid)	Ultramid B 4	250	2 500	0,8	0,013
PE	(Polyethylen)	Vestolen A 6017	230	490	0,53	0,014
PMMA	(Polymethylmethacrylat)	Plexiglas 5 N	200	10 000	0,9	0,27
PP	(Polypropylen)	Novolen 1320 H	190	9 500	0,75	0,23
PS	(Polystyrol)	168 N	210	9 150	0,82	0,19
SB	(Copolymer Styrol-Butadien)	456 M	250	2 100	0,8	0,014

Tabelle 3.40. Dynamische und kinematische Viskosität von viskosimetrischen Referenzflüssigkeiten (newtonsche Normalöle der PTB, Stand 1984)

Bezeich- nung des Öls	Dynamische Viskosität η in mPa·s					Kinematische Viskosität ν in mm²/s				
	20 °C	25 °C	40 °C	80 °C	100 °C	20 °C	25 °C	40 °C	80 °C	100 °C
1 B	0,89	0,82	0,67	0,44	0,36	1,1	1,1	0,89	0,6	0,51
2 A	1,6	1,4	1,1	0,65	0,53	2,1	1,9	1,5	0,92	0,76
2 B	2,4	2,1	1 6	0,87	0,69	3	2,7	2,1	1,2	0,96
5 A	4,2	3,7	2,6	1,3	0,98	5,1	4,5	3,2	1,6	1,3
5 B	6	5,2	3,5	1,6	1,2	7,4	6,4	4,3	2	1,6
10 A	8,5	7	4,2	1,9	1,4	10	8,4	5,2	2,3	1,8
10 B	15	12	7,1	2,6	1,9	17	14	8,2	3,2	2,3
20 A	18	14	7,9	2,7	1,9	22	18	9,9	3,5	2,5
20 C	21	17	9,8	3,4	2,4	25	20	12	4,2	3
50 A	46	34	16	4,4	2,8	50	37	18	5	3,3
50 B	58	44	22	6,1	3,9	69	52	26	7,6	5
100 A	93	67	29	6,5	4	100	73	32	7,4	4,6
100 D	130	96	43	9,6	5,7	150	110	49	11	6,9
100 C	160	110	50	11	6,3	180	130	57	13	7,6
200 A	240	160	57	9,8	5,5	250	170	62	11	6,2
200 G	340	240	97	18	9,7	380	270	110	21	12
500 A	430	300	120	21	12	480	340	140	25	14
500 B	660	430	140	20	10	720	460	150	22	12
1 000 A	870	590	210	31	16	970	660	240	36	19
1 000 B	1 300	840	290	41	21	1 500	980	350	51	26
2 000 A	1 800	1 200	410	56	28	2 000	1 300	470	66	33
2 000 B	3 400	2 200	680	78	36	3 900	2 500	800	94	44
5 000 A	4 400	2 900	940	110	50	5 000	3 200	1 100	130	59
5 000 B	6 100	3 800	1 100	120	50	7 000	4 400	1 300	140	62
10 000 A	8 800	5 600	1 700	170	77	10 000	6 500	2 000	210	94
10 000 B	13 000	8 500	2 500	190	68	15 000	9 900	2 900	230	83
20 000 A	18 000	11 000	3 200	290	120	20 000	13 000	3 700	340	140
20 000 B	32 000	20 000	5 600	460	180	36 000	22 000	6 400	540	210
50 000 A	45 000	27 000	7 500	540	200	50 000	31 000	8 500	640	240
50 000 B	62 000	38 000	10 000	730	270	70 000	43 000	12 000	860	320
100 000 A	89 000	55 000	15 000	1 000	370	99 000	61 000	17 000	1 200	440
100 000 B	130 000	78 000	21 000	1 400	520	140 000	87 000	24 000	1 700	600
200 000 B	320 000	200 000	54 000	3 600	1 300	360 000	220 000	60 000	4 100	1 500
500 000 B	700 000	430 000	120 000	7 800	2 700	770 000	480 000	130 000	8 900	3 100

Tabelle 3.41. Einige besondere Viskositätsdaten

a) „Normale" Viskosität von flüssigen Helium II unterhalb des λ-Punkts $T_\lambda = 2{,}174$ K (Viskositätsminimum)

T in K	2,17	2,0	1,8	1,6	1,4	1,1
η in µPa·s	2,6	1,5	1,3	1,3	1,4	2,7

b) Viskositätsverhältnis $\eta_\mathrm{n}/\eta_\mathrm{p}$ von Normalwasserstoff zu Parawasserstoff, Flüssigkeiten unter dem Gleichgewichtsdampfdruck

T in K	14	16	18	20	22	24
$\eta_\mathrm{n}/\eta_\mathrm{p}$	1,038	1,034	1,030	1,026	1,022	1,018

c) Temperaturabhängigkeit der Viskosität von geschmolzenem Schwefel (Viskositätsmaximum)

t in °C	120	140	155	165	188	200	230	280
η in mPa·s	11	8	7	16 000	95 000	92 000	30 500	5 200

d) Isotopie-Effekte in Wasser, Viskosität $\eta(\mathrm{H_2}^{16}\mathrm{O})$ von $\mathrm{H_2}^{16}\mathrm{O}$ bei 20 °C 1,002 mPa·s

$\eta(\mathrm{H_2}^{17}\mathrm{O})/\eta(\mathrm{H_2}^{16}\mathrm{O})$	$\eta(\mathrm{H_2}^{18}\mathrm{O})/\eta(\mathrm{H_2}^{16}\mathrm{O})$	$\eta(\mathrm{D_2}^{16}\mathrm{O})/\eta(\mathrm{H_2}^{16}\mathrm{O})$
1,023	1,054	1,245

3.6 Kompressibilität
(G. Klingenberg)

Tabelle 3.42. Isotherme Kompressibilität $\varkappa_T$ von Flüssigkeiten bei Raumtemperatur [3.1; 3.4; 3 21–3.24]

Flüssigkeit	Formel	$\varkappa_T$ TPa^{-1}
Aceton	C_3H_6O	1 200...1 275
Amylbenzoat	$C_{12}H_{16}O$	600
Anilin	C_6H_7N	356... 454
Benzol	C_6H_6	900... 968
Brom	Br	600... 630
Bromethan	C_2H_5Br	1 200...1 294
Bromoform	$CHBr_3$	407... 571
Chlorbenzol	C_6H_5Cl	700... 745
Chloroform	$CHCl_3$	937...1 100
Diethylether	$C_4H_{10}O$	1 700...1 865
Essigsäure	$C_2H_4O_2$	689... 908
Ethanol	C_2H_6O	1 070...1 119
Ethylacetat	$C_4H_8O_2$	1 700
Glycerin	$C_3H_8O_3$	200... 248
Methanol	CH_4O	1 100...1 218
Nitrobenzol	$C_6H_5O_2N$	460... 500
Olivenöl		600... 625
Pentan	C_5H_{12}	2 390...3 140
Pentanol-(1)	$C_5H_{12}O$	888... 900
Petroleum		685... 800
Quecksilber	Hg	38... 40
Ricinusöl		500
Schwefelkohlenstoff	CS_2	799... 926
Terpentinöl		780... 800
Tetrachlormethan	CCl_4	893...1 090
Toluol	C_7H_9	860... 910
Wasser	H_2O	453... 500

Tabelle 3.43. Relative Volumenänderung durch Überdruck. Es ist $\left(-\dfrac{\Delta V}{V_{p_e=0}}\right)\cdot 10^2$ angegeben, hervorgerufen durch eine Änderung des Überdrucks von 0 MPa auf p_e bei 25 °C. Nach [3.24]

Flüssigkeit	Formel	p_e in MPa							
		50	100	200	500	1 000	2 000	3 000	4 000
Chloroform	$CHCl_3$	4	7	11	18[a]	28	33	36	38
Dichlormethan	CH_2Cl_2	4	7	11	18	24[b]	34	37	39
Benzol	C_6H_6	5	[c]	19	23	27	32	35	38
Methanol	CH_4O				18	25	31		
Ethanol	C_2H_6O	4	7	11	18	25[d]	35	38	40
Propanol-(1)	C_3H_8O				16	22	28	31	34
Isopropanol	C_3H_8O				17	23	29	33	36
Glycerin, 0 °C	$C_3H_8O_3$	1	2	4	7	12			
Butanol-(1)	$C_4H_{10}O$				16	22[e]	30	35	37
Diethylether, 20 °C	$C_4H_{10}O$	5	8	13					
Pentanol-(1) (Gärung)	$C_5H_{12}O$				16	22	28	32	34

[a] Flüssig bis 540 MPa.
[b] Flüssig ab 1 220 MPa.
[c] Fest ab 67 MPa.
[d] Flüssig bis 1 960 MPa.
[e] Fest ab 1 150 MPa.
Vgl. [3.23].

Tabelle 3.44. Isotherme Kompressibilität $\varkappa_T$ von reinem Wasser in TPa^{-1} als Funktion der Celsius-Temperatur t und des Überdrucks p_e. Nach [3.25]. Die Abweichung zu den nach [3.26] gemäß der Formel

$$\varkappa_T = (c_1 + 2c_2p_e + 3c_3p_e^2 + 4c_4p_e^3)/(1 + c_1p_e + c_2p_e^2 + c_3p^3{}_e + c_4p_e^4)$$

berechneten Werten beträgt maximal $3\,TPa^{-1}$.
Die $c_1 \ldots c_4$ sind in [3.26, S. 596] für 0 bis 150 °C in 10 °C-Schritten tabelliert.

t °C	p_e in MPa								
	0	10	20	30	40	50	60	80	100
0	508,9	494,8	481,2	468,1	455,4	443,1	431,3	408,7	387,5
10	478,1	465,6	453,6	442,1	430,9	420,1	409,8	390,1	371,7
20	458,9	447,3	436,1	425,4	415,1	405,1	395,6	377,6	360,8
25	452,5	441,1	430,1	419,6	409,6	399,9	390,6	373,1	356,8
30	447,7	436,4	425,6	415,3	405,4	395,9	386,7	369,6	353,7
40	442,4	431,1	420,4	410,1	400,3	390,9	381,9	365,1	349,7
50	441,7	430,2	419,3	408,8	398,9	389,4	380,4	363,6	348,2
60	445,0	433,0	421,6	410,8	400,6	390,8	381,6	364,4	348,9
70	451,6	438,9	426,9	415,6	404,9	394,8	385,2	367,5	351,6
80	461,4	447,8	435,1	423,0	411,7	401,0	390,9	372,5	356,0
90	474,3	459,6	445,8	432,9	420,8	409,4	398,8	379,3	362,0
100	490,2	474,1	459,2	445,2	432,1	419,9	408,5	387,7	369,4

Tabelle 3.45. Isotherme Kompressibilität $\varkappa_T$ von Quecksilber in TPa^{-1} als Funktion der Celsius-Temperatur t. Druckintervall Δp in MPa, das zur Berechnung der angegebenen Größe $-\dfrac{1}{V}\dfrac{\Delta V}{\Delta p}$ in TPa^{-1} diente. Nach [3.27]. Die Schmelzkurve des Quecksilbers zwischen 227 und 1 200 MPa ist nach [3.28] gegeben durch $p = 1{,}932\,835 \cdot 10^7\,Pa\,K^{-1}d + 1{,}706\,80 \cdot 10^3\,Pa\,K^{-2}\,d^2 + 6{,}086\,70 \times 10^1\,Pa\,K^{-3}\,d^3$ mit $d = T - 234{,}30\,°\text{K}$, T thermodynamische Temperatur.

t °C	0 bis 100	100 bis 200	200 bis 300	300 bis 400	400 bis 500	500 bis 600	600 bis 700	700 bis 800	800 bis 900	900 bis 1 000	1 000 bis 1 100	1 100 bis 1 200
−30	37,2											
−20	37,7	35,7	35,2									
−10	38,2	36,7	35,7	34,7	33,7							
0	38,7	37,2	36,2	35,2	34,2	33,1	32,1					
10	39,1	37,7	36,7	35,7	34,5	33,4	32,6	31,6	31,1			
20	39,3	38,2	36,7	35,7	34,7	33,8	32,6	32,1	31,1	31	31	
30	39,8	38,7	37,2	36,2	35,2	34,2	33,1	32,6	31,6	31	31	31
40	40,3	39,3	37,7	36,7	35,7	34,7	33,7	32,6	32,1	32	31	31
50	40,8	39,8	38,2	37,2	36,2	35,2	33,7	33,1	32,2	32	31	31
100	43,3	41,8	40,8	39,3	37,7	36,7	35,7	34,7	33,7	33	32	31
150	46	45	43	42	41	41	41	36	36	33	32	31
Standardabweichung kleiner als:			2,5		5,0		7,5		10		12,5	15

3.7 Oberflächenspannung
(W. Dammermann)

Tabelle 3.46. Oberflächenspannung σ von Wasser in mN/m als Funktion der Celsius-Temperatur t (Sättigungswerte s. Tabelle 2.60). σ von D_2O ist stets etwas kleiner als σ von H_2O. Der Unterschied ist praktisch immer vernachlässigbar. Bei 25 °C beträgt er z. B. 0,05 %.

t °C	0	10	20	30	40	50	60	70	80	90
0	75,65	74,25	72,75	71,20	69,60	67,95	66,25	64,45	62,65	60,80
100	58,90	56,95	54,95	52,95	50,85	48,75	46,60	44,40	42,20	39,95
200	37,69	35,41	33,10	30,77	28,42	26,06	23,67	21,30	18,94	16,61
300	14,30	12,04	9,81	7,66	5,59	3,65	1,90	0,45		

Tabelle 3.47. Oberflächenspannung σ wässeriger Lösungen anorganischer Verbindungen in mN/m als Funktion des Massenanteils w_i des gelösten Stoffes

Verbindung	t °C	w_i in %							
		0	5	10	15	20	25	30	35
$Al_2(SO_4)_3$	25	72,00	72,70	73,60	74,80	76,40	79,30		
$BaCl_2$	25	72,00	72,90	73,80	74,65	75,50	76,30	77,10	
HCl	20	72,75	72,35	72,00	71,60	71,15	70,25	68,55	65,90
$HClO_4$	25	72,00	71,15	70,35	69,75	69,25	68,90	68,60	68,45
HNO_3	20	72,75	72,10	71,50	70,95	70,40	69,85	69,30	68,75
H_2SO_4	25	72,00	72,30	72,65	73,05	73,65	74,30	74,90	75,40
KCl	20	72,75	73,70	74,75	75,85	77,30	78,80		
KOH	18	73,05	74,80	76,50	78,6				
LiCl	25	72,00	74,10	76,25	78,65				
$MgCl_2$	20	72,75	74,20	76,30	78,70	81,40	85,2		
$MgSO_4$	20	72,75	73,60	74,65	75,95	77,60	79,40		
NaBr	20	72,75	73,45	74,20	75,05	75,95	76,95		
NaCl	20	72,75	74,25	75,90	77,70	79,75	82,10		
Na_2CO_3	20	72,75	74,05	75,60	77,20				
$NaNO_3$	20	72,75	73,45	74,30	75,25	76,20	77,25	78,40	79,65
NaOH	18	73,0	75,5	78,2	81,6	86,1	90,9	95,6	100,3
Na_2SO_4	20	72,75	73,75	74,85	76,10				
NH_4OH	18	73,05	69,80	67,60	65,90	64,40	63,10	62,00	60,95

Tabelle 3.48. Oberflächenspannung σ wässeriger Lösungen organischer Verbindungen in mN/m als Funktion des Massenanteils w_i des gelösten Stoffes

Verbindung	t °C	w_i in % 0	5	10	15	20	30	40	60	80	100
Aceton	25	72,0	55,5	48,9	44,7	41,1	35,8	32,5	29,0	26,3	23,0
Acetonitril	20	72,8	59,1	50,4	43,9	39,2	33,7	31,5	30,1	29,0	
Ameisensäure	30	71,2	66,2	62,8	60,2	58,0	54,5	51,6	47,1	42,1	36,5
p-Aminobenzoesäure	25	72,0	72,7	73,3		74,4	75,7	77,0			
n-Butanol	30	71,2	30,0	27,0	26,1	25,6	(2 %: $\sigma = 42,5$)			23,6	22
1,4-Dioxan	26	71,8	61,5	57,5	54,5	51,6	47,1	43,5	38,1	35,3	32,6
Essigsäure	30	71,2	60,1	54,6	50,4	47,7	43,6	40,7	36,4	32,2	27,8
Ethylalkohol	20	72,8	55,9	48,1	42,8	38,4	32,8	30,0	27,0	24,9	22,2
Ethylalkohol[a]	20	72,8	53,2	50,8	45,7	41,6	35,4	31,4	27,9	25,6	22,2
Glycerin	18	73,2	72,9	72,9	72,6	72,4	72	71	69	67	63
Methylalkohol	20	72,8	62,6	56,0	51,0	47,0	40,6	36,3	30,8	26,0	22,7
Propionsäure	25	72,0	50,5	43,6	39,6	36,6	34,1	32,9	31,0	29,5	26,0
Saccharose	20	72,8	72,8	72,9		73,3	73,9	74,6	76,4		

[a] Die σ-Werte dieser Zeile gelten ausnahmsweise für w_i als Volumenkonzentration.

Tabelle 3.49. Oberflächenspannung σ flüssiger Elemente. Ohne explizite Temperaturangabe gilt der σ-Wert für die Schmelztemperatur

Element	t °C	σ mN/m
Ag		920
	1 200	860
Al		870
	800	850
Ar	−188	13,2
Au		1 130
	1 200	1 070
Ba		250
Be	1 500	1 100
Bi		380
	700	350
Br		46,8
	50	36,4
Ca		340
Cd		590
	450	570
Cl		39,2
	−50	29,4
Co		1 880
	1 600	1 810
Cr		1 700
Cs		69
	200	61
	500	46
	1 000	23
Cu		1 350
	1 250	1 320
F		22,3
	−190	14,0
Fe		1 800

Element	t °C	σ mN/m
Ga		720
	200	700
Ge		630
	1 200	530
H	−255	2,3
He	−271,5	0,35
	−269	0,12
Hg	−30	490
	0	485
	20	480
	100	460
	300	415
I		56
	170	48
In		560
	300	540
Ir		2 250
K		110
	400	90
Li		400
	500	350
Mg		580
	1 000	530
Mn		1 100
	1 550	1 020
Mo		2 100
N	−203	10,5
	−183	6,6
Na	98	200
	750	130
Ne	−248	5,5

Element	t °C	σ mN/m
Ni	1 500	1 700
O	−203	18,3
	−193	15,7
Os		2 500
P	50	70
Pb		460
	700	430
Pd		1 480
Pt		1 870
Rb		90
	400	65
Re		2 650
Rh		2 000
S		61
Sb		390
	800	360
Se		90
Si		800
Sn		560
	600	530
Sr		300
Ta		2 200
Te		180
Ti		1 500
Tl		465
U		1 500
V		1 950
W		2 400
Zn		760
Zr		1 450

Tabelle 3.50. Oberflächenspannung σ von Salzschmelzen. Ohne explizite Temperaturangabe gilt der σ-Wert für die Schmelztemperatur

Salz	t °C	σ mN/m	Salz	t °C	σ mN/m	Salz	t °C	σ mN/m
$BaCl_2$	1 000	157	$HgCl_2$	293	56	NaBr		99
$BiCl_3$	271	66	KF		142		900	91
$BiBr_3$	281	64	KCl	772	99	NaI		88
$CdCl_2$	600	83		900	90		700	84
CsF		107	KBr		89	RbF		131
	826	96		800	85	RbCl		99
CsCl		90	KI		79		830	89
	830	78		800	69	RbBr		91
CsBr		85	LiF		251		830	81
	808	72	LiCl		138	RbI		83
CsI		75	NaF		202		772	72
	821	63	NaCl		116			
$HgBr_2$	241	65		1 000	98			

Tabelle 3.51. Oberflächenspannung σ einiger, vorwiegend organischer Verbindungen

Stoff	Brutto-formel	t °C	σ mN/m	Stoff	Brutto-formel	t °C	σ mN/m
Acetaldehyd	C_2H_4O	20	21,2	Glycol	$C_2H_6O_2$	20	47,7
Aceton	C_3H_6O	20	23,7	n-Hexan	C_6H_{14}	20	18,4
		40	21,2	Hydrazin	N_2H_4	25	91,5
Acetophenon	C_8H_8O	20	39,8	Isobutylalkohol	$C_4H_{10}O$	20	23,0
Acetylen	C_2H_2	−70	16,4	Isopropylalkohol	C_3H_8O	20	21,7
Ameisensäure	CH_2O_2	20	37,6	Methylacetat	$C_2H_6O_2$	20	24,6
Anilin	C_6H_7N	20	42,9	Methylamin	CH_3NH_2	−20	23,0
Benzol	C_6H_6	20	28,88	Methylenchlorid	CH_2Cl_2	20	26,5
Bromoform	$CHBr_3$	20	41,5	Methylenjodid	CH_2I_2	20	50,8
n-Buttersäure	$C_4H_8O_2$	20	26,8	Methylenethylketon	C_4H_8O	20	24,6
Chloroform	$CHCl_3$	20	27,14	Paraldehyd	$C_6H_{12}O_3$	20	25,9
Cyclohexan	C_6H_{12}	20	25,5	Phenol	C_6H_6O	20	40,9
Diethylamin	$C_4H_{11}N$	56	16,4	n-Propylalkohol	C_3H_8O	20	23,8
Diethylether	$C_4H_{10}O$	20	16,96	Pyridin	C_5H_5N	20	38,0
		50	13,4	Schwefelkohlenstoff	CS_2	20	32,3
Dimethylamin	C_2H_7N	0	18,1	Styrol	C_8H_8	19	32,1
Essigsäure	$C_2H_4O_2$	20	27,8	Tetrachlorkohlenstoff	CCl_4	20	26,95
		50	24,8			100	17,25
Ethylacetat	$C_4H_8O_2$	20	23,9			200	6,55
Ethylbenzol	C_8H_{10}	20	29,2	Toluol	C_7H_8	20	28,4
Ethylenchlorid	$C_2H_4Cl_2$	20	24,15	Vinylacetat	$C_4H_6O_2$	20	23,95
Ethylether	$C_4H_{10}O$	20	17,0			30	22,55
		50	13,5	Wasserstoffperoxid	H_2O_2	18	76,2
Glycerin	$C_3H_8O_3$	18	63,0	m-Xylol	C_8H_{10}	20	28,9
		90	58,6	o-Xylol		20	30,1
		150	51,9	p-Xylol		20	28,4

4 Thermodynamische, elektrische und mechanische Eigenschaften von Festkörpern

4.1 Übersichtstabelle

(H.-H. Kirchner)

Tabelle 4.1. Verschiedene Eigenschaften ausgewählter Festkörper (s. S. 158–160)

M	stoffmengenbezogene (molare) Masse
ϱ	Dichte
α	mittlerer Längenausdehnungskoeffizient
c_p	spezifische Wärmekapazität bei konstantem Druck
t_F	Schmelztemperatur am Schmelzpunkt bei 101,325 kPa
$\Delta H_{F,m}$	stoffmengenbezogene (molare) Schmelzenthalpie bei t_F
t_B	Siedetemperatur bei 101,325 kPa
$\Delta H_{V,m}$	molare Verdampfungsenthalpie bei 101,325 kPa (normaler Siedepunkt)

Die hier aufgeführten Stoffwerte hängen beträchtlich von der Reinheit der Stoffe ab. Zwischen einer stoffmengenbezogenen (molaren) Größe Z_m und der entsprechenden massenbezogenen (spezifischen) Größe z besteht die Beziehung $Z_m = Mz$. [4.1–4.4].

Tabelle 4.1 (Fortsetzung)

Lfd. Nr.	Stoff	Symbol oder Formel	M	ϱ (20 °C)	$10^6\,\alpha$ zwischen 0 und 100 °C	c_p (25 °C)	t_F	$\Delta H_\mathrm{F,\,m}$	t_B	$\Delta H_\mathrm{V,\,m}$
			kg/kmol	kg/dm³	1/K	kJ/(kg K)	°C	kJ/mol	°C	kJ/mol
1	Actinium	Ac	[227,027 8]	10,06		0,236	1 050	10,46	3 200	
2	Aluminium	Al	26,981 54	2,702	23,8	0,903	659	10,71	2 447	294,1
3	Antimon	Sb	121,75	6,69	10,9	0,208	630,5	20,33	1 637	128,2
4	Barium	Ba	137,33	3,51		0,192	710	7,66	1 637	150,9
5	Beryllium	Be	9,012 18	1,85	12,3	1,824	1 283	12,53	2 477	294
6	Bismut	Bi	208,980 4	9,80	13,5	0,122	271	10,91	1 560	151,5
7	Blei	Pb	207,2	11,34	29,4	0,129	327,4	4,77	1 751	179,5
8	Bor	B	10,81	2,34 (amorph)		1,026	2 030	(15,5)	3 900	~314
9	Cadmium	Cd	112,41	8,65	29,4	0,234	321	6,29	765	99,9
10	Caesium	Cs	132,905 4	1,873	97	0,236	28,64	2,18	685	65,9
11	Calcium	Ca	40,08	1,55	25,2[a]	0,656	850	18,66	1 487	150,9
12	Cer	Ce	140,12	6,77		0,206	797	12,80	3 426	313,8
13	Chrom	Cr	51,996	6,93	6,6	0,447	1 860	14,56	2 642	348,4
14	Cobalt	Co	58,933 2	8,9	12,6	0,422	1 493	15,3	2 880	389,8
15	Eisen	Fe	55,847	7,87	12	0,449	1 536	15,47	2 750	354,1
16	Gallium	Ga	69,72	5,91	18	0,417	29,78	5,59	2 227	253,8
17	Germanium	Ge	72,59	5,33	6	0,322	937,2	29,76	2 830	333,9
18	Gold	Au	196,966 5	19,29	14,3	0,125	1 064,76	12,77	2 707	325,0
19	Hafnium	Hf	178,49	13,36	6,6	0,143	2 220	21,8	(4 602)	661,3
20	Indium	In	114,82	7,36	30	0,233	156,17	3,27	2 047	226,2
21	Iod	I_2	253,809	4,93	83	0,429	113,6	15,77	182,8	41,71
22	Iridium	Ir	192,22	22,42	6,5	0,130	2 443	27,63	4 350	749,7
23	Kalium	K	39,098 3	0,86	84[b]	0,755	63,25	2,33	753,8	77,42
24	Kohlenstoff (amorph)	C	12,011	1,8–2,1			subl. 3 650			
	Graphit			2,25	7,9	0,710	subl. 3 650			
	Diamant			3,51		0,505	>3 550			
25	Kupfer	Cu	63,546	8,96	16,8	0,386	1 083	13,03	2 595	304,4
26	Lanthan	La	138,906	6,16	4,9[c]	0,200	920	6,7	3 457	393

Tabelle 4.1 (Fortsetzung)

Lfd. Nr.	Stoff	Symbol oder Formel	M	ϱ (20 °C)	$10^6 \alpha$ zwischen 0 und 100 °C	c_p (25 °C)	t_F	$\Delta H_{F,m}$	t_B	$\Delta H_{V,m}$
			kg/kmol	kg/dm³	1/K	kJ/(kg K)	°C	kJ/mol	°C	kJ/mol
27	Lithium	Li	6,941	0,534	56	3,406	180,5	3,01	1 330	148,1
28	Lutetium	Lu	174,967	9,84		0,119	1 663	19	3 395	
29	Magnesium	Mg	24,305	1,74	26,0	1,025	649,5	8,95	1 120	131,8
30	Mangan	Mn	54,938	7,43	23	0,479	1 244	14,61	2 095	224,8
31	Molybdän	Mo	95,94	10,22	5,1	0,247	2 620	27,82	~4 800	594
32	Natrium	Na	22,989 77	0,97	71	1,226	97,82	2,60	890	89,30
33	Neodym	Nd	144,24	7,01	6,7^d	0,188	1 020	10,67	3 100	296
34	Nickel	Ni	58,69	8,91	13	0,444	1 455	17,79	2 800	380,3
35	Niob	Nb	92,906 4	8,55	7,3	0,268	2 468	26,76	~4 900	696,8
36	Osmium	Os	190,2	22,48	6,6	0,131	3 045	27,96	~4 400	~630
37	Palladium	Pd	106,42	12,02	11,9	0,244	1 554	17,24	3 560	372,6
38	Phosphor, weiß	P	30,973 76	1,82	124	0,797	44,2	2,51^e	281	12,39
	schwarz			2,69						
39	Platin	Pt	195,08	21,45	9,1	0,132	1 769	21,66	4 300	446,8
40	Polonium	Po	208,98	9,4		0,126	254	(10,05)	962	(103)
41	Radium	Ra	[226,025 4]	5,0		0,121	700	(8,30)	(1 530)	36,9
42	Rhenium	Re	186,207	21,04	6,6	0,137	3 180	33,11	~5 600	707
43	Rhodium	Rh	102,905 5	12,5	8,5	0,248	1 960	22,43	3 960	531
44	Rubidium	Rb	85,467 8	1,53	90	0,361	38,8	2,20	701	75,22
45	Ruthenium	Ru	101,07	12,3	9,6	0,236	2 310	~26	4 110	~568
46	Scandium	Sc	44,955 9	2,99		0,490	1 538	16,74	2 830	~330
47	Schwefel, monokl. (β)	S$_8$	256,512	1,96		0,737	119,0	1,718~	444,6	90,57
	rhomb. (α)	S$_8$	256,512	2,07		0,705	112,8			
48	Selen (grau)	Se	78,96	4,79	37	0,321	217,4	5,42	684,9	95,48
49	Silber	Ag	107,868 2	10,5	19,7	0,235	961,3	11,27	2 180	253,5
50	Silicium	Si	28,085 5	2,33	7,6	0,705	1 423	46,47	2 355	394,6
51	Strontium	Sr	87,62	2,67		0,287	770	9,20	1 367	139,3
52	Tantal	Ta	180,947 9	16,6	6,5	0,141	2 996	31,49	~5 400	752,7
53	Tellur (amorph)	Te	127,60	6,00	17,2	0,201	449,5	17,49	989,8	114,1

Tabelle 4.1 (Fortsetzung)

Lfd. Nr.	Stoff	Symbol oder Formel	M	ϱ (20 °C)	$10^6\,\alpha$ zwischen 0 und 100 °C	c_p (25 °C)	t_F	$\Delta H_\mathrm{F,m}$	t_B	$\Delta H_\mathrm{V,m}$
			kg/kmol	kg/dm³	1/K	kJ/(kg K)	°C	kJ/mol	°C	kJ/mol
54	Thallium	Tl	204,383	11,85	29,4	0,129	303,5	4,21	1 457	162,5
55	Thorium	Th	[232,038 1]	11,7	10,5	0,118	1 695	15,64	4 200	543,0
56	Titan	Ti	47,88	4,51	8,35	0,523	1 668	15,52	3 287	430,0
57	Uran	U	238,028 9	19,1	15,3	0,116	1 132	19,71	3 930	411,8
58	Vanadium	V	50,941 5	6,12	8,3	0,483	1 890	17,5	~3 380	458
59	Wolfram	W	183,85	19,27	4,5	0,135	3 390	35,30	~5 500	799,8
60	Yttrium	Y	88,905 9	4,47		0,298	1 523	17,16	3 338	393,0
61	Zink	Zn	65,38	7,13	26,3	0,389	419,5	7,26	907	114,7
62	Zinn (grau)	Sn	118,69	α5,75		0,217	231,9	7,07	2 687	290,8
	(weiß)			β7,28	27	0,227	231,9	7,07	2 687	290,8
63	Zirkon	Zr	91,22	6,5	4,8	0,276	1 855	19,98	~380	582,0
64	Benzoesäure	C_6H_5COOH	122,125	1,266		1,204	122,13	17,71	249,1	
65	Benzophenon	$C_6H_5COC_6H_5$	182,224	1,108			48,1	20,05	305,9	
66	Kaliumchlorid	KCl	74,555	1,984	33	0,690	772	25,50	1 413	161,5
67	Kaliumnitrat	KNO_3	101,107	2,109	78	0,953	337	10,82	~400	
68	Naphthalin	$C_{10}H_8$	128,175	1,168	94	1,295	80,5	18,97	218,8	40,25
69	Natriumchlorid	NaCl	58,443	2,163	40	0,869	800	29,22	1 460	169,5
70	Natriumnitrat	$NaNO_3$	84,995	2,257		1,095	306	15,30	380	
71	Natriumsulfat	Na_2SO_4	142,041	2,698		0,921	884	26,99		
72	Phenol	C_6H_5OH	94,114	1,058	290	1,434	40,8	11,48	181,7	47,99

Werte in eckiger Klammer sind die M der bestbekannten Isotope.

[a] 20–100 °C.
[b] 0–50 °C.
[c] 0–25 °C.
[d] 0–25 °C.
[e] Für P_4.

4.2 Lineare Längenausdehnung
(W. Gorski)

Der mittlere Längenausdehnungskoeffizient $\bar{\alpha}(t_0; t)$ eines Festkörpers ist durch die Gleichung

$$\bar{\alpha}(t_0; t) = \frac{l(t) - l(t_0)}{l(t_0)\ (t - t_0)} = \frac{\Delta l}{l(t_0)\,\Delta t} \tag{4.1}$$

definiert, in der $l(t)$ die Länge bei der Temperatur t und $l(t_0)$ die Länge bei der Temperatur t_0 sind.

Die relative thermische Ausdehnung $(l(t) - l_0)/l_0 = \Delta l/l_0$ wird oft durch ein Polynom der Form

$$\frac{\Delta l}{l_0} = at + bt^2 + ct^3 + dt^4 + et^5 + \dots \tag{4.2}$$

angenähert. Darin sind l_0 die Länge bei 0 °C und t die Celsius-Temperatur. Die Koeffizienten a, b, c ... müssen experimentell ermittelt werden. Setzt man (4.2) nach Umformung in (4.1) ein, so läßt sich auch der mittlere Längenausdehnungskoeffizient $\bar{\alpha}(t_0, t)$ mit Hilfe der Koeffizienten der Gleichung (4.2) berechnen. Einzelheiten finden sich bei [4.5].

Die Tabellen 4.2 und 4.3 enthalten, soweit möglich, Angaben zur Reinheit oder Vorbehandlung, die Werkstoff-Nr. nach DIN 17007 [4.6] oder die Typenbezeichnung des Herstellers.

$\|$, $\perp$ parallel bzw. senkrecht zur c-Achse bei Kristallen

Tabelle 4.2. Relative Längenänderung $\Delta l/l$ von Festkörpern als Funktion der Celsius-Temperatur t, angenähert durch das Polynom

$$\Delta l/l_0 = at + bt^2 + ct^3 + dt^4 + et^5.$$

Ist in der Tabelle für einen Koeffizienten kein Wert angegeben, so besitzt dieser den Wert 0.

Stoff	Kenn-zeichen	Geltungs-bereich	Koeffizienten des Polynoms					$10^6\,s$ (Standard-abweichung)
		°C	$10^6\,a$ K^{-1}	$10^9\,b$ K^{-2}	$10^{12}\,c$ K^{-3}	$10^{15}\,d$ K^{-4}	$10^{18}\,e$ K^{-5}	
Aluminium	3.040 0	−250... 600	22,69	19,51	−39,5	38,7		81
Al-Legierung	3.258 3	20... 400	19,3	9,88	−4,3			12
Baustahl	1.01	−250... 700	11,26	10,94	−17,5	13,8		38
Blei	—	−200... 150	28,3	12,0	−13,3	75		—
Bronze	2.108 0	0... 500	17,04	4,34				—
Duraluminium	3.164 5	0... 300	19,0	31,6				110
Duran	8 330	20... 300	3,494	−0,557				0,9
Edelstahl	1.592 0	0... 600	15,83	6,645	−2,74			30
Eisen	99,99 %	−190... 700	11,06	8,867	−5,82	10,2	−12	18
Germanium	99,999 9 %	0... 900	5,019	1,23	5,42	−4,0		—
Gold	—	−250... 900	14,13	5,789	−11,7	9,23		38
Invar	1.391 2	0... 900	−1,615	27,54	−11,4			75
Iridium	—	−200...1 000	6,35	1,528				55
Kieselglas[a]		−250... 70	0,392 2	2,526				0,12
Kieselglas[a]		0... 700	0,450 2	1,066	−3,139	3,533	−1,52	1,8
Kieselglas[a]		700...1 080	0,544	0,411 6	−1,037	0,556		2
Konstantan	2.084 2	−250... 500	13,16	12,32	−10,6			49
Kupfer	—	−250... 600	15,95	9,879	−21,6	20,9		56
Manganin	2.136 2	0... 800	17,84	1,717	2,82			31
Neusilber	2.073 0	−273... 100	19,24	−1,938	−96,7			23
Nickel	—	−200...1 000	12,06	6,902	−2,31			78
Palladium	—	−200...1 000	11,04	3,847	−1,09			42
Platin	99,999 %	−200...1 000	8,684	1,493				29
Quarz	$\| c$	−200... 573	7,751	8,257	−27,2	58,6		73
Quarz	$\| c$	573...1 000	42,05	−53,9	20,6			50

Tabelle 4.2 (Fortsetzung)

| Stoff | Kennzeichen | Geltungsbereich | Koeffizienten des Polynoms | | | | | $10^6\,s$ (Standardabweichung) |
		°C	$10^6\,a$ K^{-1}	$10^9\,b$ K^{-2}	$10^{12}\,c$ K^{-3}	$10^{15}\,d$ K^{-4}	$10^{18}\,e$ K^{-5}	
Quarz	$\perp c$	$-200\ldots\ 573$	15,61	16,79	$-88,4$	155		154
Quarz	$\perp c$	$573\ldots1\,000$	21,36	$-28,05$	11,12			13
Silber	—	$-250\ldots\ 800$	18,74	9,959	$-17,2$	12,7		63
Silicium	99,9999 %	$0\ldots\ 900$	3,893	$-2,101$	5,13	$-1,83$		—
Sinterkorund[b]		$0\ldots\ 300$	4,93	5,02				15
Sinterkorund[b]		$0\ldots1\,700$	6,76	1,48				32
Thermometerglas	16[III]	$-250\ldots\ 480$	7,457	8,087	$-19,2$	21,3		15
Thermometerglas	N16B	$0\ldots\ 100$	7,591	5,386				1,3
Thermometerglas	2 954[III]	$-270\ldots\ 500$	5,837	2,539	$-0,0832$	$-2,3$		12
ULE-Glas	7 971	$-190\ldots\ 120$	$-0,0356$	1,090	$-4,83$	6,8	35	0,12
Wolfram	—	$-250\ldots\ \ \ 0$	5,57	10,15				8
Wolfram	—	$0\ldots1\,000$	4,45	0,76	$-0,34$			3,4
Wolfram	—	$1\,000\ldots3\,000$	$\Delta l/l_0 = 0,00487 + 3,9\cdot10^{-6}(t-1\,000\,°C)\,K^{-1} + 1,75\cdot10^{-9}(t-1\,000\,°C)^2\,K^{-2}$					240
Zerodur[c]		$-10\ldots\ 190$	0,03276	$-1,442$	5,74			0,23
Zink	$\parallel c$	$0\ldots\ 410$	58,06	42,27	-156	135		—
Zink	$\perp c$	$0\ldots\ 410$	13,04	13,95	$-43,9$	110		—

[a] Reines Kieselglas, Typ I, getempert: mit 10 K/min bis 1 100 °C, 7 h 1 100 °C, mit 0,2 K/min bis 900 °C.
[b] Mittelwert verschiedener Hersteller und Autoren.
[c] Verschiedene Handelssorten, je nach Verwendungszweck, mit unterschiedlichen Werten, >190 °C bleibende Längenänderungen.

Tabelle 4.3. Mittlerer Längenausdehnungskoeffizient $\bar{\alpha}$ von Festkörpern nach (4.1)

Stoff	t_0 °C	t °C	$10^6\,\bar{\alpha}(t_0;\,t)$ K^{-1}
Aluminium, rein[a]	0	100	24,28
Andesit	20	100	5...9
Antimon, $\parallel c$	0	20	16,2
Antimon, $\perp c$	0	20	8,2
Arsen, je nach Achsenwinkel	30	75	4...28,4
Asphalt			170...230
Baumwolle			80
Barium	0	300	18
Bernstein			56
Beryllium, $\parallel c$	0	20	11,7
Beryllium, $\perp c$	0	20	8,6
Blei[a]	0	100	29,44
Bor	20	750	8,3
Cadmium, $\parallel c$	20	100	56
Cadmium, $\perp c$	20	100	21,5
Caesium	0	26	95
Calcium	0	300	22
Chrom	0	100	6,6
Cobalt	20	100	12,5
Diabas	20	100	4,4...6,4
Eis	0		37
Eisen, rein[a]	0	100	11,9
Email	20	400	4...12
Feldspat: Albit, $\parallel$ 010	20	1 000	15,3
Feldspat: Albit, $\perp$ 010	20	1 000	6,1
Feldspat: Anorthit, $\parallel$ 001	20	1 000	5,7
Feldspat: Anorthit, $\perp$ 010	20	1 000	3,4
Fette			≈ 100
Gabbro	20	100	4,4...6,4
Germanium[a]	0	100	5,19
Gips, (CaSO$_4$, 2 H$_2$O)	12	25	25
Gläser:			
Duran 50, 8330[a]	20	300	3,32
Jenaer G 20, 2877	20	300	4,9
reines Kieselglas, getempert[a]	20	300	0,58
Ruhrglas AR	20	300	8,5
Suprax, 8486	20	300	4,15
Supremax, 8409	20	300	4,1
Thermometerglas N16B[a]	20	300	8,7
Thermometerglas 16^{III}[a]	20	300	8,81
Thermometerglas 2954^{III}[a]	20	300	6,57
ULE, Corning 7971[a]	−100	0	−0,196
ULE, Corning 7971[a]	0	100	0,035
Wertheimer GW	20	300	8,4
Glimmer	20	100	9...15
Gold[a]	0	100	14,59
Granit	20	100	5...11
Graphit, je nach Herstellung	0	500	2,5...6
Holz, $\parallel$ Wachstumsrichtung			2...11
Holz, $\perp$ Wachstumsrichtung			26...73
Indium	0	100	30,3

Tabelle 4.3 (Fortsetzung)

Stoff	t_0 °C	t °C	$10^6\,\bar{\alpha}(t_0;\,t)$ K^{-1}
Iridium[a]	0	100	6,50
Jod	−190	17	84
Kalium	0	95	83
Kaliumchlorid			33
Kaliumnitrat			78
Kalkstein	20	100	4...12
Kalkspat, $\parallel c$	20	100	−0,42
Kalkspat, $\perp c$			18,9
Kaolin			5
Kautschuk			140...200
Kohlenstoff (Diamant)	40	50	1,3
Kolophonium			85
Korund, $\parallel c$	20	100	5,5
Korund, $\perp c$	20	100	4,4
Kunststoffe:			
Aminoplaste	20	50	40...60
Bakelit	20	100	30
Buna	20	120	120...185
Epoxidharze	20	50	65...75
Hartgummi	20	60	80
Mischpolymerisate			
Celluloid	20	50	40...110
Polyamide	20	50	70...100
Polyimide	0	40	40...50
Perbunan	20	120	130
Phenoplaste	20	50	15...50
Hartpapier	20	50	20...40
Polymerisatgruppen[b]			
Polymetylmethacrylat	−10	30	70...80
Polyolefine	20	50	150...250
Polypropylen	20	50	110...170
Polystyrol	20	50	70...80
Polytetrafluoräthylen	20	60	60...110
Polyvinylchlorid	20	50	70...80
Polyurethane	20	100	110...210
Kupfer[a]	0	100	16,74
Lithium	0	95	56
Magnesia, gesintert			8...10
Magnesium, $\parallel c$	20	100	27,5
Magnesium, $\perp c$	20	100	26,1
Mangan	0	100	22,8
Marmor	20	100	5...9
Marquardsche Masse	20	100	4
Metallegierungen			
Bronze	−190	115	17,5
Duraluminium	0	100	23
Edelstahl[a]	0	100	16,47
Elektron	0	100	26
Flußstahl	0	100	11
Grauguß	−190	15	8,7
Invar[a]	0	50	1,02
Konstantan[a]	0	100	14,29

Tabelle 4.3 (Fortsetzung)

Stoff	t_0 °C	t °C	$10^6 \, \bar{\alpha}(t_0; t)$ K^{-1}
Manganin[a]	0	100	18,04
Messing	−190	115	16,65
Neusilber[a]	0	100	18,08
Molybdän	0	500	5,5
Naphthalin			94
Natrium	0	95	71
Natriumchlorid	0	100	41
Nernstmasse	18	2 000	10,5
Nickel[a]	0	100	12,73
Niob	20	100	5,9
Osmium	20	20	6,6
Palladium[a]	0	100	11,41
Phenol			290
Phosphor, weiß	0	40	125
Platin, 99,999 %[a]	0	100	8,83
Porzellan	0	100	3...4
Pythagorasmasse	20	1 000	3,5
Quarz, $\parallel c$[a]	0	100	8,36
Quarz, $\perp c$	0	100	16,56
Quarzit	20	100	11
Rhenium, $\parallel c$	17	1 920	12,45
Rhenium, $\perp c$	17	1 920	4,65
Rhodium	0	100	8,5
Rohrzucker			82
Rubidium	0	38	90
Ruthenium, $\parallel c$	50	50	8,8
Ruthenium, $\perp c$	50	50	5,9
Salpeter (KNO_3)			70
Sandstein	20	100	8...12
Schamottestein			5
Schiefer	20	100	8...10
Schwefel, rhomb. a, b, c	18	18	67, 78, 20
Selen	0	100	66
Silber[a]	0	100	19,58
Silicium, 99,999 9 %[a]	0	100	3,73
Sinterkorund[a]	0	100	5,4
Speckstein			9...10
Stearinsäure			70
Tantal	20	100	7,7
Tellur, $\parallel c$	20	20	−1,6
Tellur, $\perp c$	20	20	27
Thallium	0	20	33,7
Thorium			11
Thoriumoxid, gesintert	0	1 600	7...9,5
Titan			9
Ton, 10 % Feuchte			6
Uran	0	100	15,9
Wismut, $\parallel c$	20	240	16,2
Wismut, $\perp c$	20	240	12
Wolfram[a]	0	100	4,52
Wolframcarbid	20	60	4,5
Zerodur[a]	0	100	−0,054

Tabelle 4.3 (Fortsetzung)

Stoff	t_0 °C	t °C	$10^6\,\bar\alpha(t_0;\,t)$ K^{-1}
Ziegelstein			8...10
Zink, $\parallel c^a$	0	100	60,86
Zink, $\perp c$	0	100	14,11
Zinn, $\parallel c$	15	50	32
Zinn, $\perp c$	15	50	17
Zirkonium, $\parallel c$	40	40	4,5
Zirkonium, $\perp c$	40	40	2,5
Zirkonoxid, stabilisiert	20	100	6

[a] Siehe auch Tabelle 4.2.
[b] Füllstoffe, Glasfasern, Diolen- oder Kohlenstoffgewebe ändern die Längenausdehnung nebst anderen Eigenschaften in weitem Bereich.

Tabelle 4.4. Referenzmaterialien

Material[a]	Nr.	Geltungsbereich °C	$10^6\,\alpha$ K^{-1}
Borosilicatglas	SRM 731	$-190...\ \ 420$	4,8
Saphir	SRM 732	$20...1\,720$	5,4
Kupfer	SRM 736	$-253...\ \ 520$	16,6
Wolfram	SRM 737	$-190...1\,520$	4,4
reines Kieselglas	SRM 739	$-190...\ \ 720$	0,5

[a] Bezugsquelle: National Bureau of Standards, Office of Standard Reference Materials, U.S. Departement of Commerce, Washington, D. C. 20234, U.S.A.; Lieferform: Stäbe von 6,4 mm Durchmesser oder quadratisch in den Längen 51 mm oder 102 mm (einige auch 152 mm), mit Zertifikat der Temperaturabhängigkeit von α. (Entnommen dem NBS-Spec. Publ.-Katalog 260-1979, S. 63, Verkauf nur noch solange der Vorrat reicht.)
Ferner können die Stoffe reines Kieselglas, Platin und Saphir (mit Einschränkung) als Referenzmaterialien benutzt werden. S. Tabelle 4.2.

4.3 Dichte von Baustoffen, Schüttstoffen und Faserstoffen
(W. Dammermann)

Tabelle 4.5. Dichte ϱ von Bau-, Schütt- und Faserstoffen sowie anderen Festkörpern bei Raumtemperatur. S kennzeichnet Schüttdichtewerte

Stoff		ϱ in kg/dm³	Stoff		ϱ in kg/dm³
Aluminiumoxid		3,9	Fensterglas		2,4 …2,6
Anhydrid		2,96	Flachsfaser		1,45…1,50
Anthrazit		1,35…1,65	Fliesen		2,0
Asbest			Flußsand		1,50…1,65
-faser		0,5 …0,7	Flußspat		3,1 …3,2
-pappe		1,2	Gips		
-platten		1,6 …2,6	gebrannt		0,8 …1,6
-zementplatten		1,8 …2,2	gegossen		0,97
lose		0,47	Stein		2,3
Asche von Holz, Koks		0,7 …0,8	Estrich, lose		0,9 …1,2
Asphalt		1,2 …2,7	gerüttelt		1,3 …1,7
-beton		2,2	Stuck, lose		0,6 …0,85
Baryt		4,5	gerüttelt		1,0 …1,4
Bariumcarbonat		0,35	Glas, binäres Alkali-		
Basalt		2,6 …3,3	borat-		1,85…2,35
Baumwolle trocken,			germanat-		3,5 …4,05
gepreßt		1,47…1,5	silikat-		2,25…2,55
Bauxit		2,4 …2,7	Duran		2,23
Beton			Flint-		3,6
Bims-		0,8 …1,2	Kron-		2,5
Holz-		0,8 …1,0	Glaswolle		0,1 …0,3
Leicht-		0,3 …1,6	Glimmer		2,6 …3,2
lufttrocken		1,5 …2,4	Granit		2,5 …3,0
Naturbims-		0,7 …1,0	Hanf, lufttrocken		1,5
Schwer-		1,9 …2,8	Holz		
Steinkohlenschlacke-,			Ahorn		0,62…0,75
haufwerkporig		1,2 …1,6	Balsa		0,12…0,2
Bimsstein			Bambus		0,35…0,5
grubenfeucht		0,8 …0,9	Birke		0,75
trocken		0,28…0,32	Buche		0,7 …0,95
-sand		0,37…0,9	Buchsbaum		0,9
Wiener-		2,3	Eben-		1,1 …1,3
Braunkohle		0,9 …1,4	Eiche		0,65…0,95
	S	0,75	Erle		0,45…0,65
Brauneisenstein		3,4 …3,9	Esche		0,6 …0,8
Calciumcarbonat			Fichte		0,35…0,65
leicht	S	0,25	Hasel		0,6 …0,8
schwer	S	0,75	Kiefer		0,45…0,85
Dachpappe		1,1	Linde		0,35…0,60
Dachschiefer		2,75…2,85	Mahagoni		0,4 …0,8
Dolomit		2,85…2,95	Pappel		0,35…0,45
Eis		0,87…0,918	Rottanne		0,5 …0,7
Elektrographit		2,25	Teak		0,7 …0,95
Erde, Damm-			Ulme		0,55…0,7
trocken		1,4	Walnuß		0,6 …0,7
natürl. feucht		1,6	Weide		0,4 …0,6
gesättigt naß		1,8	Zeder		0,55

Tabelle 4.5 (Fortsetzung)

Stoff		ϱ in kg/dm³	Stoff		ϱ in kg/dm³
Holzkohle			Sandstein		2,3
fest		0,2	Vollziegel		1,0 ...2,0
luftfrei		1,4 ...1,5	Mineralwolle		0,03...0,2
pulverisiert		0,5	Molekularsieb, 2 mm Perlform		
Jutefaser		1,45	30...50 nm	S	0,70...0,75
Kalk			100 nm	S	0,65...0,70
gebrannt		0,9 ...1,3	Muschelkalk		2,4
gelöscht		1,15...1,25	Papier		
hydraulischer		0,6 ...0,7	Buchdruck, 50 % Poren		0,97
in Stücken		1,0	-fasern		1,1
-mörtel, frisch		1,75...1,80	Hart-		1,12
trocken		1,60...1,65	Lösch-, 78 % Poren		0,33
Kalksandstein		1,9 ...2,1	Paraffin		0,86...0,92
Kalkstein		2,60...2,85	Pech		1,05...1,30
	S	1,35...1,5	Porphyr		2,62
Kaolin		2,2 ...2,6		S	1,35...1,45
Karborund		3,1 ...3,2	Preßkohle		1,25
Kautschuk			Pythagorasmasse		2,9
unvulkanisiert		0,9 ...1,0	Quarz		
Kesselstein			-glas		2,2
gipsreich		2,5 ...2,8	-gut		2,1
kalkreich		1,5 ...2,0	-sand	S	1,6
Si-reich		0,6 ...1,0	naß		1,75
Kies			Ruß		1,7 ...1,8
trocken		1,75...1,85		S	0,07...0,2
naß		1,95...2,05	Sägemehl	S	0,15...0,25
Kieselgel, 1...3 mm Durch-			Sand		
messer	S	0,68...0,73	Form-, geschüttet		1,2
Kieselgur	S	0,1 ...0,45	gestampft		1,65
-masse		0,45...0,85	trocken		1,55...1,65
-steine		0,2 ...0,7	Sandstein		2,1 ...2,4
Klinker		2,6 ...2,7	Schamottesteine		2,5 ...2,7
Kohlestaub		0,4 ...0,5		S	1,7 ...2,0
Koks, Zechen-		1,6 ...1,9	Schiefer		2,65...3,2
	S	0,6 ...0,9	Schlacke, Hochofen		2,5 ...3,0
Kork		0,12...0,25		S	1,5
Korund		3,8 ...4,1	Schlackenwolle		0,1 ...0,3
Kreide		1,8 ...2,6	Schmirgel		4,0
Kryolith		2,95	Schnee, Pulver-	S	0,07...0,1
Leder			gepreßt		0,3 ...0,6
lohgar, trocken		0,86...1,0	Schwerspat		4,5
gefettet		1,02	Sinterkorund		3,7 ...4,0
Lehm		1,5 ...2,0	Sisalfaser		1,5
Magnesia (gesintert)		3,2 ...3,6	Siliciumcarbid		3,2
Magnesitssteine		2,3 ...2,7	Silimanit		2,5
Magnesiumoxid		3,65	Steinkohle		1,2 ...1,4
schwer, reinst	S	0,5		S	0,9
leicht, reinst	S	0,1	Steinsalz		2,15...2,35
Marmor		2,55...2,8	Stearin		0,95
Mauerwerk			Stroh	S	0,04...0,07
Haustein		2,6 ...2,7	gepreßt		0,3
Kalksandstein		1,6 ...2,0	Thomasmehl		2,2
Leichtziegel		0,6 ...0,8	Thomasschlacke		3,3 ...3,5

Tabelle 4.5 (Fortsetzung)

Stoff		ϱ in kg/dm^3	Stoff		ϱ in kg/dm^3
Thoriumoxid		9 …10	Verputz		1,65…1,70
Ton			Wolle, lose		0,1 …0,3
feucht, 10 %		1,8 …2,2	gepreßt		1,3
trocken		1,6 …1,8	Zement		
Tonerde		3,8 …4,0	Bauxit-		3,15…3,25
	S	0,8 …1,0	Portland-		3,0 …3,2
Tonschiefer		2,7 …2,85	eingerüttelt		1,9
Torf			lose	S	1,2
feucht		0,55…0,65	Roman-		2,6 …3,0
trocken		0,3 …0,6	Ziegelstein		1,4 …1,9
luftfrei		1,3 …1,8	Zirkonoxid		5,5

4.4 Spezifische Wärmekapazität
(E. Hanitzsch)

Die spezifischen Wärmekapazitäten c_p der in den Tabellen 4.6 bis 4.12 aufgeführten Festkörper werden durch Polynome als Funktion der Temperatur T beschrieben. Am Anfang jeder Tabelle steht die jeweils gültige Gleichung, die Tabelle enthält die Koeffizienten für die einzelnen Stoffe. Ist in der Tabelle für einen Koeffizienten kein Wert angegeben, so besitzt dieser den Wert 0. Die Gleichungen gelten im Temperaturbereich zwischen T_1 und T_2, T_F ist die Schmelztemperatur des Stoffs. Für die Berechnung der Koeffizienten dienten als Grundlage die in [4.7-4.13] angegebenen Daten.

Tabelle 4.6. Spezifische Wärmekapazität c_p der Elemente als Funktion der Temperatur T (s. auch Tabelle 4.7)

$$c_p = (A + BT + CT^{-2} + DT^2)\ \text{kJ}/(\text{kg K})$$

Symbol	Stoff	Modi.	T_1 K	T_2 K	A	$10^4 \cdot B$ K^{-1}	$10^{-4} \cdot C$ K^2	$10^7 \cdot D$ K^{-2}
Ag	Silber		298	1234	0,197	0,791	0,140	
Al	Aluminium		298	932	0,766	4,590		
As	Arsen		298	1100	0,292	1,240		
Au	Gold		298	1336	0,120	0,263		
B	Bor		298	1700	1,833	5,340	−8,500	
Ba	Barium	α	298	673	0,169	0,460		
Ba	Barium	β	673	998	−0,041	5,850		
Be	Beryllium	α	298	1527	2,354	6,310	−6,523	1,070
Be	Beryllium	β	1527	1550	3,570			
Bi	Wismut		298	544	0,090	1,081		
C	Graphit		298	1100	0,009	32,42	−1,230	−14,47
C	Graphit		1100	4000	2,035	0,362	−26,33	
C	Diamant		298	1200	0,759	11,01	−5,160	
Ca	Calcium	α	298	720	0,633	−1,812		5,920
Ca	Calcium	β	720	1123	−0,009	10,29		
Cd	Cadmium		298	594	0,198	1,094		
Ce	Cer	α	298	999	0,168	0,742		0,290
Ce	Cer	β	999	1077	0,268			
Co	Cobalt	α	273	718	0,363	2,430	−0,150	
Co	Cobalt	β	718	1400	0,234	4,160		
Co	Cobalt	γ	1400	1765	0,682			
Cr	Chrom		298	1823	0,470	1,899	−0,703	
Cs	Caesium		298	302	0,234			
Cu	Kupfer		298	1356	0,356	0,988		
Fe	Eisen	α	298	1033	0,253	5,319	0,322	
Fe	Eisen	β	1033	1179	0,779			
Fe	Eisen	γ	1179	1674	0,363	2,247		
Fe	Eisen	δ	1674	1810	0,772			
Ga	Gallium		298	303	0,379			
Ge	Germanium		298	1210	0,297	0,807		
Hf	Hafnium	α	298	1000	0,131	0,427		
Hf	Hafnium		1000	2023	0,148	0,398		
In	Indium		298	430	0,212	0,911		
Ir	Iridium		273	1973	0,121	0,308		
K	Kalium		298	337	0,646	3,340		

Tabelle 4.6 (Fortsetzung)

Sym-bol	Stoff	Modi.	T_1 K	T_2 K	A	$10^4 \cdot B$ K^{-1}	$10^{-4} \cdot C$ K^2	$10^7 \cdot D$ K^{-2}
La	Lanthan		298	583	0,166	0,753		0,035
La	Lanthan		583	1 141	0,157	0,571		0,237
Li	Lithium		298	454	2,010	49,50		
Mg	Magnesium		293	923	0,917	4,220	$-0,177$	
Mn	Mangan	α	298	1 000	0,434	2,575	$-0,282$	
Mn	Mangan	β	1 000	1 374	0,635	0,503		
Mn	Mangan	γ	1 374	1 410	0,815			
Mn	Mangan	δ	1 410	1 517	0,861			
Mo	Molybdaen		298	1 800	0,239	0,567		
Na	Natrium		298	371	3,587	$-160,6$		273,0
Nb	Niob		298	1 900	0,255	0,430		
Nd	Neodym	α	298	1 128	0,102	1,866	0,310	
Nd	Neodym	β	1 128	1 292	0,309			
Ni	Nickel	α	298	633	0,289	5,019		
Ni	Nickel	β	633	1 725	0,428	1,283		
Os	Osmium		298	2 000	0,124	0,202		
P	Phosphor (weiß)		298	317	0,617	5,106		
P	Phosphor (rot)		298	870	0,547	4,810		
Pb	Blei		298	601	0,118	0,384		
Pd	Palladium		298	1 825	0,227	0,541		
Pr	Praseodym	α	298	1 071	0,184	0,090		0,923
Pr	Praseodym	β	1 071	1 192	0,273			
Pt	Platin		298	1 800	0,123	0,287	0,021	
Pu	Plutonium	α	298	395	0,103	1,015		
Pu	Plutonium	β	397	475	0,091	1,234		
Pu	Plutonium	γ	480	588	0,052	1,943		
Pu	Plutonium	δ	592	729	0,158			
Pu	Plutonium	ε	757	912	0,147			
Rb	Rubidium		298	312	0,356			
Re	Rhenium		300	2 700	0,142	0,025		0,063
Rh	Rhodium		298	1 900	0,223	0,838		
Ru	Ruthenium		273	1 283	0,220	0,403		0,210
S	Schwefel (rhomb.)		298	369	0,467	8,140		
S	Schwefel (monokl.)		369	392	0,464	9,080		
Sb	Antimon		298	903	0,189	0,598		
Sc	Scandium	α	298	1 608	0,560	0,150		1,190
Sc	Scandium	β	1 608	1 812	0,948			
Se	Selen		298	490	0,227	3,180		
Si	Silicium		298	1 685	0,852	0,880	$-1,480$	
Sm	Samarium		298	1 190	0,099	3,732		$-1,630$
Sm	Samarium		1 190	1 345	0,312			
Sn	Zinn		298	505	0,182	1,530		
Ta	Tantal		298	3 269	0,154	$-0,120$	$-0,104$	0,109
Te	Tellur		273	723	0,150	1,721		
Th	Thorium	α	298	1 633	0,110	0,337	$-0,022$	
Th	Thorium	β	1 633	2 023	0,068	0,516		
Ti	Titan	α	298	1 155	0,461	2,100		
Ti	Titan	β	1 155	1 923	0,698			
Tl	Thallium	α	298	507	0,077	1,237	0,137	
Tl	Thallium	β	507	576	0,102	1,024		
U	Uran	α	298	941	0,046	1,573	0,206	
U	Uran	β	941	1 048	0,176			
U	Uran	γ	1 048	1 405	0,160			

Tabelle 4.6 (Fortsetzung)

Sym-bol	Stoff	Modi.	T_1 K	T_2 K	A	$10^4 \cdot B$ K^{-1}	$10^{-4} \cdot C$ K^2	$10^7 \cdot D$ K^{-2}
V	Vanadin		298	2 192	0,402	2,119	0,160	
W	Wolfram		298	2 000	0,131	0,173		
Y	Yttrium		298	1 752	0,269	0,850	0,038	
Zn	Zink		298	693	0,342	1,536		
Zr	Zirkonium	α	298	1 135	0,241	1,280		

Tabelle 4.7. Spezifische Wärmekapazität c_p der Elemente bei tiefen Temperaturen (s. auch Tabelle 4.6)

$$c_\mathrm{p} = (A + BT + CT^2 + DT^3)\ \mathrm{kJ/(kg\ K)}$$

Sym-bol	Stoff	T_1 K	T_2 K	A	$10^3 \cdot B$ K^{-1}	$10^6 \cdot C$ K^{-2}	$10^9 \cdot D$ K^{-3}
Ag	Silber	65	290	0,223	2,527	−10,62	15,37
Al	Aluminium	65	300	−4,065	12,88	−45,99	58,92
Au	Gold	64	298	0,345	1,160	−5,076	7,581
B	Bor (kristallin)	92	270	1,252	−4,29	48,48	−81,04
B	Bor (amorph)	92	240	0,736	−2,570	35,92	−48,28
Be	Beryllium	120	300	−4,007	2,073	46,61	−95,68
Bi	Wismut	70	270	0,582	0,850	−3,992	6,464
Cd	Cadmium	70	300	0,956	1,548	−6,441	9,353
Co	Cobalt	70	270	−1,925	6,354	−24,06	32,90
Cr	Chrom	70	270	−2,512	6,236	−19,65	21,59
Cu	Kupfer	60	300	−1,294	5,754	−22,97	31,90
Fe	Eisen	60	295	−2,107	6,065	−20,54	25,58
Ga	Gallium	30	200	−1,074	6,937	−38,46	76,52
Ge	Germanium	30	200	−0,468	2,981	−5,709	−4,478
Hf	Hafnium	65	300	0,181	1,502	−6,376	9,267
In	Indium	60	270	1,126	1,435	−6,319	9,722
Ir	Iridium	55	275	−0,460	2,172	−9,648	14,91
La	Lanthan	40	180	0,170	3,288	−22,93	55,15
Li	Lithium	60	300	−18,84	57,89	−230,4	329,4
Mg	Magnesium	50	300	−3,955	15,76	−63,25	88,63
Mn	Mangan	50	270	−2,162	7,503	−31,24	47,43
Mo	Molybdaen	70	270	−1,334	4,133	−16,29	22,90
Nb	Niob	60	270	−0,716	4,078	−17,73	26,81
Ni	Nickel	85	255	−1,821	6,012	−21,76	29,12
Pb	Blei	40	300	0,665	0,878	−4,400	7,340
Pd	Palladium	50	270	−0,754	3,829	−16,70	25,34
Rb	Rubidium	30	273	2,081	1,599	−8,506	16,55
Re	Rhenium	70	273	−0,385	2,114	−9,032	13,45
Rh	Rhodium	51	273	−1,172	4,120	−17,46	26,37
Sb	Antimon	14	70	−0,237	2,033	30,06	−369,8
Sc	Scandium	52	296	−1,958	8,526	−34,40	48,57
Se	Selen	55	300	−0,059	3,640	−15,04	21,92
Si	Silicium	51	300	−1,274	4,202	−2,371	−7,696
Sn	Zinn (grau)	20	100	−0,233	2,990	−13,38	20,48
Sn	Zinn (weiß)	30	100	−0,402	4,799	−31,27	61,79
Ta	Tantal	60	300	−0,069	1,828	−7,993	11,85
Ti	Titan	45	305	−2,044	7,377	−27,29	35,97
W	Wolfram	45	273	−0,604	2,322	−10,07	15,19
Zn	Zink	55	273	−0,453	5,553	−25,45	40,02

Tabelle 4.8. Spezifische Wärmekapazität c_p anorganischer Verbindungen als Funktion der Temperatur T

$$c_p = (A + BT + CT^{-2} + DT^2)\ \mathrm{kJ/(kg\ K)}$$

Formel	Mod.	T_1 K	T_2 K	A	$10^4 \cdot B$ $\mathrm{K^{-1}}$	$10^{-4} \cdot C$ $\mathrm{K^2}$	$10^7 \cdot D$ $\mathrm{K^{-2}}$
AgBr		298	703	0,177	3,431		
Ag_2CO_3		298	450	0,288	3,922		
AgCl		298	728	0,434	0,292	−0,788	
Ag_2CrO_4		298	500	0,399	2,020	−0,269	
AgI	α	298	423	0,104	4,294		
AgI	β	423	600	0,241			
$AgNO_3$	α	298	433	0,216	11,140		
$AgNO_3$	β	433	483	0,628			
Ag_2O		298	500	0,256	1,760	−0,181	
Ag_2S	α	298	452	0,171	4,457		
Ag_2S	β	452	850	0,365			
Ag_2SO_4		298	933	0,310	3,744		
Ag_3Sb		298	700	0,184	1,503		
Ag_2Se	α	298	406	0,331	0,055	−0,568	
Ag_2Se	β	406	698	0,290			
AlB_{12}		298	2 340	1,348	7,34	−5,45	
Al_4C_3		298	600	0,700	9,190		
$AlCl_3$		273	466	0,416	8,786		
Al_2Cl_6		298	466	0,416	8,786		
AlF_3	α	298	727	0,860	5,461	−1,146	
AlF_3	β	727	1 400	1,043	1,495		
AlI_3		298	464	0,173	2,326		
AlN		298	1 500	0,839	4,134	−2,040	
Al_2O_3 Korund		298	1 800	1,126	1,256	−3,476	
$Al_2O_3 \cdot H_2O$ Bauxit		298	500	1,007	2,930		
$Al_2O_3 \cdot 3H_2O$ Hydrargillit		298	425	0,464	24,460		
Al_2S_3		298	1 370	0,681	2,400		
$Al_2(SO_4)_3$		298	1 100	1,071	1,829	−3,263	
$Al_2Si_2O_{13}$ Mullit		298	600	0,586	6,580		
$Al_6Si_2O_{13}$		298	600	0,548	14,880	−1,311	−9,059
$Al_6Si_2O_{13}$		600	2 123	1,182	0,824	−5,400	−0,060
Al_2SiO_5 Sillimanit		298	1 600	1,035	1,513	−2,616	
Al_2SiO_5 Andalusit		298	1 600	1,072	1,611	−3,576	−0,039
Al_2SiO_5 Cyanit		298	1 500	1,098	1,470	−3,576	
Al_2TiO_5		298	1 800	1,004	1,220	−2,579	
As_2O_3		298	585	0,302	8,880		
As_2O_5		298	550	0,185	1,074		
As_2S_3		298	585	0,429	1,481		
As_2Te_3		298	648	0,181	1,964		
$AuSb_2$		298	628	0,163	0,441		
AuSn		298	691	0,148	0,504		
AuZn		298	T_F	0,184	0,568		
B_4C		298	1 373	1,741	4,09	−8,12	
BN		298	1 200	1,366	5,93	−9,29	
B_2O_3		298	733	0,819	10,49	−2,02	
BP		298	1 100	0,526	6,70		
$BaAl_2O_4$	α	298	600	0,561	2,894	−1,798	
$BaAl_2O_4$	β	600	1 630	0,541	1,240		
$BaBr_2$		487	1 126	0,225	0,876		
BaC_2		298	1 500	0,456	0,23	−0,599	

Tabelle 4.8 (Fortsetzung)

Formel	Mod.	T_1 K	T_2 K	A	$10^4 \cdot B$ K^{-1}	$10^{-4} \cdot C$ K^2	$10^7 \cdot D$ K^{-2}
$BaCO_3$	α	298	1040	0,440	2,481	−0,606	
$BaCO_3$	β	1079	1241	0,784			
$BaCO_3$	γ	1241		0,827			
$BaCl_2$	α	298	1198	0,446	0,153	−0,800	
$BaCl_2$	β	1198	1236	0,535			
BaF_2		298	1628	0,495	0,21	−0,86	
$BaMoO_4$		298	1700	0,455	0,957	−0,844	
$Ba(NO_3)_2$		298	850	0,481	5,715	−0,642	
BaO		298	1270	0,348	0,284	−0,541	
$Ba(OH)_2$		298	750	0,427	3,30		
$BaSO_4$		298	1300	0,606		−1,511	
$BaSiO_3$		298	1300	0,572	0,333	−1,462	
$BaTiO_3$		298	1800	0,521	0,366	−0,822	
Ba_2TiO_4		298	1800	0,465	0,173	−0,753	
$BaUO_4$		298	1084	0,277	0,916		
$BeAl_2O_4$		298	1200	0,964	7,454	−2,943	−3,084
$BeAl_2O_4$		1200	2143	1,238	1,35		
$BeAl_6O_{10}$		298	2400	0,116	1,361	−0,254	−0,290
Be_2C		430	1200	3,813	5,01	−19,82	
$BeCl_2$	α	298	688	0,959	1,54	−1,72	
$BeCl_2$	β	298	676	0,821	2,61	−1,05	
BeF_2	α	298	500	1,385	4,58	−3,74	
BeF_2	β	500	823	0,110	16,55	11,70	
Be_3N_2		298	430	0,980	18,81	−3,21	
BeO		298	2835	1,663	4,08	−6,94	−0,54
$Be(OH)_2$	α	298	450	0,443	35,74	−0,10	
BeS		298	1800	1,016	1,98	−2,34	
$BeSO_4$	α	298	863	1,074	−0,88	−2,64	7,235
$BeSO_4$	β	863	908	1,542			
$BeSO_4$	γ	908	1500	2,760	−5,001	−68,29	0,808
Be_2SiO_4		298	1833	1,127	7,132	−4,119	−3,04
BiI_3		298	682	0,068	1,866	0,050	
Bi_2O_3	α	298	800	0,222	0,718		
Bi_2O_3	β	978	1097	0,314			
Bi_2S_3		298	1050	0,214	0,800		
Bi_2Te_3		373	846	0,188	0,705	−0,163	
CBr_4	α	295	320	0,400			
CBr_4	β	320	363	0,416			
$CaAl_2O_4$		298	1800	0,953	1,578	−2,107	
$CaAl_4O_7$		298	1800	1,064	0,882	−2,864	
$Ca_3Al_2O_6$		298	1300	0,964	0,709	−1,860	
$CaBr_2$		434	1015	0,292	1,645		
CaC_2	α	298	720	1,071	1,854	−1,351	
CaC_2	β	720	1300	1,005	1,305		
$CaCO_3$		298	1200	1,044	2,190	−2,592	
$CaCl_2$		298	1055	0,648	1,146	−0,226	
CaF_2	α	298	1424	0,766	3,901	+0,252	
CaF_2	β	1424	1691	1,383	1,340		
$CaFe_2O_4$		298	1510	0,764	0,923	−0,710	
CaH_2		298	1053	0,706	5,814		
$CaHPO_4$		298	1000	1,017	4,050	−2,967	
$CaMg(SiO_3)_2$		298	1600	1,022	1,515	−3,042	
$CaMg(SiO_3)_2$ Glas		298	1000	0,992	1,990	−2,558	

Tabelle 4.8 (Fortsetzung)

Formel	Mod.	T_1 K	T_2 K	A	$10^4 \cdot B$ K^{-1}	$10^{-4} \cdot C$ K^2	$10^7 \cdot D$ K^{-2}
Ca_3N_2		298	1 468	0,936	1,044	−1,775	
$Ca(NO_3)_2$		298	800	0,749	9,383	−1,053	
CaO		298	1 800	0,871	0,806	−1,164	
$CaO \cdot Al_2O_3 \cdot 2\,SiO_2$		298	1 700	0,969	2,061	−2,541	
$CaO \cdot Al_2O_3 \cdot 2\,SiO_2$ Glas		298	1 000	1,000	1,781	−2,741	
$2\,CaO \cdot Al_2O_3 \cdot SiO_2$		298	1 600	0,820	2,698	−0,136	
$CaO \cdot 2\,B_2O_3$		298	1 263	1,100	4,104	−3,676	
$CaO \cdot B_2O_3$		298	1 433	1,033	3,249	−2,686	
$2\,CaO \cdot B_2O_3$	α	298	804	1,007	2,647	−2,461	
$2\,CaO \cdot B_2O_3$	β	804	1 583	1,204	0,552		
$3\,CaO \cdot B_2O_3$		298	1 763	0,993	1,833	−2,290	
$Ca(OH)_2$		298	1 000	1,421	1,612	−2,560	
$CaO \cdot MgO \cdot 2\,SiO_2$		298	1 600	1,022	1,515	−3,041	
$3\,CaO \cdot SiO_2$		298	1 800	0,914	1,580	−1,860	
$Ca_3P_2O_8$	α	298	1 373	0,651	5,352	−0,674	
$Ca_3P_2O_8$	β	1 373	1 600	1,066			
$Ca_2P_2O_7$	α	298	1 413	0,873	2,430	−1,838	
$Ca_2P_2O_7$	β	1 413	1 626	1,253			
CaS		298	2 000	0,626	1,073		
$CaSO_4$		298	1 400	0,516	7,252		
$CaSO_4 \cdot 1/2\,H_2O$		298	450	0,489	11,242		
$CaSiO_3$ Pseudowollastonit		298	1 700	0,931	1,419	−2,035	
$CaSiO_3$ Wollastonit		298	1 450	0,960	1,297	−2,349	
$CaSiO_3$ Glas		298	1 000	0,778	4,229	−1,470	
Ca_2SiO_4	β	298	1 200	0,881	2,145	−1,759	
$CaTiO_3$	α	298	1 530	0,938	0,418	−2,058	
$CaTiO_3$	β	1 530	1 800	0,986			
$CaTiSiO_5$		298	1 670	0,905	1,182	−2,055	
$CaUO_4$	α	293	1 025	0,338	1,455		
$CaUO_4$	β	1 025	1 134	0,330	1,539		
$CaWO_4$		298	1 073	0,385	1,590		
$CdBr_2$		298	841	0,294	0,775	−0,312	
$CdCO_3$		298	700	0,250	7,644		
$CdCl_2$		298	842	0,258	4,999		
CdF_2		298	1 345	0,399	1,530		
CdI_2	α	298	595	0,185	1,028		
CdI_2	β	595	661	0,246			
CdO		298	1 500	0,376	0,497	−0,381	
CdS		298	1 200	0,308	0,956		
$CdSO_4$		298	1 273	0,371	3,713		
$CdTe$		298	1 314	0,219	0,791	−0,307	
$CdTiO_3$		298	1 600	0,557	0,462	0,874	
$CeBr_3$		298	T_F	0,249	0,645	−0,008	
CeF_3		298	1 733	0,408	0,849		
CeH_2		298	1 200	0,247	1,354		
CeN		298	2 000	0,301	0,448	−0,470	
Ce_2O_3		298	1 200	0,329	1,262	−0,280	
CeO_2		298	1 250	0,377	1,028	−0,441	
ClC_2		298	1 500	1,154	1,548	−1,548	
Cl_2C_3		293	1 500	1,144	1,115	−1,878	
$CoCl_2$		298	1 000	0,464	4,705		
CoF_2		298	1 470	0,660	1,614		
CoF_3		298	1 200	0,742	2,104	−0,220	

Tabelle 4.8 (Fortsetzung)

Formel	Mod.	T_1 K	T_2 K	A	$10^4 \cdot B$ K^{-1}	$10^{-4} \cdot C$ K^2	$10^7 \cdot D$ K^{-2}
CoO		298	1 800	0,644	1,139	0,223	
Co_3O_4		298	1 000	0,536	2,968	$-0,994$	
CoS		273	1 373	0,487	1,154		
$CoSO_4$		298	1 000	0,812	2,675		
CoSi		298	1 733	0,565	1,390	$-0,865$	
$CoSi_2$		298	1 597	0,616	1,621	$-0,861$	
$CoWO_4$	α	298	986	0,376	1,581		
$CoWO_4$	β	986	1 073	0,399	1,367		
CrB		298	1 200	0,674	2,551	$-1,599$	
CrB_2		298	1 200	0,547	6,081		
Cr_3C_2		298	1 500	0,698	1,297	$-1,734$	
Cr_4C		298	1 700	0,558	1,407	$-0,955$	
Cr_7C_3		298	1 700	0,596	1,521	$-1,059$	
$Cr(CO)_6$		293	329	0,926	3,422		
$CrCl_2$		298	1 097	0,519	2,029		
$CrCl_3$		298	1 218	0,514	1,857		
Cr_2N		273	800	0,540	2,411		
CrN		273	800	0,624	2,472		
Cr_2O_3		350	1 800	0,785	0,606	$-1,030$	
CrO_3		298	458	0,826	2,167	$-1,749$	
$Cr_2(SO_4)_3$		298	1 200	0,913	2,027	$-2,288$	
Cr_5Si_3		298	1 300	0,577	1,432	$-0,744$	
CrSi		298	1 700	0,649	1,092	$-1,050$	
$CrSi_2$		298	1 730	0,607	2,081	$-0,718$	
Cs_2CO_3		298	883	0,354	2,128	$-0,336$	
CsCl	α	293	743	0,318	0,306	$-0,114$	
CsCl	β	743	918	0,020	4,376	$-0,221$	
CsF		298	955	0,311	0,746		
CsI		298	899	0,114	1,668	0,311	
CuBr		300		0,382			
Cu_2Cd_3		298	T_F	0,170	2,740		
Cu_5Cd_8		298	T_F	0,202	1,870		
CuCl	α	298	680	0,365	4,227		
CuCl	β	680	696	0,653			
$CuCl_2$		298	800	0,480	3,734		
$CuFeO_2$	α	298	1 091	0,647	0,497	$-1,188$	
$CuFeO_2$	β	1 091	1 470	0,604	0,995		
$CuFe_2O_4$		298	675	0,584	4,923	$-0,979$	
$CuFe_2O_4$		675	795	0,950			
$CuFe_2O_4$		795	1 358	0,694	1,714		
CuI		298	873	0,266	0,628		
CuI_2		298	Ts	0,265			
Cu_2Mg		273	873	0,413	2,145		
Cu_3N		273	373	0,444			
Cu_2O		298	1 200	0,436	1,667		
$CuO \cdot CuSO_4$		298	1 200	0,671	2,023	$-1,298$	
Cu_2S	α	298	376	0,513			
Cu_2S	β	376	623	0,611			
Cu_2S	γ	623	1 400	0,534			
CuS		273	1 273	0,464	1,155		
$CuSO_4$		298	900	0,492	4,509		
Cu_2Se	α	298	395	0,284	3,757		
Cu_2Se	β	395	800	0,408			

Tabelle 4.8 (Fortsetzung)

Formel	Mod.	T_1 K	T_2 K	A	$10^4 \cdot B$ K^{-1}	$10^{-4} \cdot C$ K^2	$10^7 \cdot D$ K^{-2}
Cu_2Te	α	298	433	0,235	2,103		
Cu_2Te	β	433	531	0,237	2,103		
Cu_2Te	γ	531	590	0,444			
Cu_2Te	δ	590	633	0,526			
Cu_2Te	ε	633	841	0,429	$-0,674$		
Cu_2Te	ζ	841	950	0,343			
$DyCl_3$		298	991	0,352	0,669	$-0,053$	
$ErCl_3$		298	1049	0,349	0,642	$-0,038$	
Eu_2O_3 monoklin	α	298	895	0,352	0,770	$-0,247$	
Eu_2O_3 monoklin	β	895	1802	0,369	0,495		
Eu_2O_3 kubisch		298	1350	0,379	0,521	$-0,361$	
Fe_3C	α	273	463	0,458	4,660		
Fe_3C	β	463	1500	0,597	0,699		
$FeCl_2$		298	950	0,625	0,687	$-0,386$	
$FeCl_3$		298	581	0,763		$-1,576$	
$FeCr_2O_4$		298	1800	0,728	0,998	$-1,424$	
Fe_2N		273	1000	0,496	2,027		
Fe_4N		273	1000	0,473	1,438		
$Fe_{0,947}O$		298	T_F	0,708	1,215	$-0,407$	
FeO		298	1200	0,721	0,943	$-0,221$	
Fe_2O_3	α	298	950	0,615	4,873	$-0,930$	
Fe_2O_3	β	950	1050	0,943			
Fe_2O_3	γ	1050	1750	0,831			
Fe_3O_4	α	298	1100	0,721	3,408	$-1,809$	
Fe_3O_4	β	900	1800	0,867			
FeS	α	298	411	0,247	12,565		
FeS	β	411	598	0,828			
FeS	γ	598	1468	0,581	1,133		
FeS_2		298	1000	0,624	0,460	$-1,064$	
$FeSi$		298	900	0,534	2,144		
Fe_2SiO_4		298	1490	0,750	1,922	$-1,376$	
$FeTiO_3$		298	1640	0,768	1,202	$-1,321$	
Fe_2TiO_4		298	1600	0,624	2,822	$-0,636$	
Fe_2TiO_5		298	1700	0,804	0,919	$-1,294$	
FeW_2		298	1250	0,280	0,978	$-0,158$	
$GaAs$		298	1238	0,312	0,419		
GaN		298	1773	0,455	1,074		
Ga_2O_3		298	1800	0,602	0,824	$-1,121$	
GaP		298	1790	0,416	0,677		
$GaSb$		298	985	0,238	0,656		
$GdCl_3$		298	882	0,328	1,302	0,054	
GdI_3	α	298	1013	0,189	0,140	$-0,078$	
GdI_3	β	1013	1199	0,238			
Gd_2O_3 monoklin		298	1852	0,315	0,409	$-0,293$	
Gd_2O_3 kubisch		298	1550	0,332	0,328	$-0,448$	
GeO_2 tetragonal		298	1500	0,637	1,108	$-1,696$	
GeO_2 hexagonal		298	1500	0,659	0,940	$-1,692$	
$GeTe$		298	997	0,244	0,640		
H_3BO_3		298	836	1,315			
HfB_2		298	1600	0,326	0,920	$-0,941$	
HfC		298	2500	0,264	0,259	$-0,527$	
$HfCl_4$		298	485	0,411		$-0,311$	

Tabelle 4.8 (Fortsetzung)

Formel	Mod.	T_1 K	T_2 K	A	$10^4 \cdot B$ K^{-1}	$10^{-4} \cdot C$ K^2	$10^7 \cdot D$ K^{-2}
HfF_4		298	1 100	0,525	0,123	$-1,480$	
HfO_2		298	1 800	0,346	0,413	$-0,692$	
$HgCl$		273	816	0,196	0,656		
$HgCl_2$		273	553	0,236	1,603		
HgI		273	563	0,146	0,589		
HgI_2	α	298	403	0,170			
HgI_2	β	403	523	0,186			
HgS rot		298	618	0,188	0,669		
HgS schwarz		298	1 000	0,189	0,653		
$HoCl_3$		298	993	0,352	0,478	$-0,035$	
HoF_3		298	1 343	0,482	0,022	$-0,950$	
HoF_3		1 343	1 416	0,736	$-0,741$	$-10,773$	
Ho_2O_3		298	1 621	0,333	0,184	$-0,305$	
In_2O_3		298	1 600	0,446	0,286	$-0,830$	
$IrCl_3$		298	1 080	0,285	0,631	$-0,140$	
IrO_2		298	1 400	0,323	0,360	$-0,687$	
Ir_2S_3		298	1 200	0,226	0,843	$-0,219$	
$KAlSi_3O_8$		298	1 400	0,960	1,940	$-2,564$	
$KAlSi_3O_8$ Glas		298	1 400	0,932	2,580	$-2,149$	
KBr		298	1 000	0,406	1,167		
KBr		600	1 000	0,451	0,879	$-0,998$	
K_2CO_3		630	1 174	0,581	7,889		
KCl		298	1 043	0,555	2,918	0,432	
$KCl \cdot MgCl_2$		298	760	0,639	4,337		
$K_2Cr_2O_7$		298	671	0,521	7,793		
KF		298	1 130	0,794	2,247		
KI		600	1 000	0,532	$-2,112$	$-2,616$	
KNO_3	α	298	401	0,602	11,753		
KNO_3	β	401	611	1,192			
K_2O		298	1 100	1,015	$-0,524$	$-1,173$	2,514
$K_2O \cdot 3\,Al_2O_3 \cdot 4\,SiO_3 \cdot 6\,H_2O$		298	700	1,167	3,970	$-3,426$	Alunit
$K_2O \cdot 3\,Al_2O_3 \cdot 4\,SiO_3 \cdot 6\,H_2O$		298	650	1,550		$-5,551$	Alaun
K_2SO_4	α	298	856	0,691	5,714	$-1,023$	
K_2SO_4	β	856	1 342	0,807	3,217		
LaI_3		298	1 034	0,187	0,381	$-0,053$	
LaN		298	1 800	0,304	0,451	$-0,473$	
La_2O_3		298	1 171	0,371	0,396	$-0,421$	
Li_3AlF_6	α	298	748	1,273	6,788	$-1,996$	
Li_3AlF_6	β	748	848	1,759			
Li_3AlF_6	γ	848	978	1,823			
Li_3AlF_6	δ	978	1 058	1,888			
$LiBeF_3$		298	633	1,057	11,637	$-1,199$	
Li_2CO_3		560	999	0,216	24,190		
$LiCl$		298	878	1,086	3,356		
LiF		298	1 118	1,474	8,371		
Li_3N		298	880	1,409	27,629		
Li_2O		298	1 045	2,092	8,513	$-4,733$	
$LiOH$		298	746	2,095	14,396	$-3,966$	
Li_2SiO_3		298	1 474	1,320	4,586	$-3,018$	$-0,679$
$MgAl_2O_4$		298	1 800	1,082	1,882	$-2,876$	
$MgCO_3$		298	750	0,924	6,847	$-2,064$	
$MgCl_2$		298	987	0,830	0,624	$-0,905$	
$MgCr_2O_4$		298	1 800	0,871	0,775	$-2,084$	

Tabelle 4.8 (Fortsetzung)

Formel	Mod.	T_1 K	T_2 K	A	$10^4 \cdot B$ K^{-1}	$10^{-4} \cdot C$ K^2	$10^7 \cdot D$ K^{-2}
MgF_2		298	1 534	1,137	1,692	$-1,477$	
Mg_2Ge		298	1 388	0,606	1,484	$-0,262$	
MgH_2		298	620	1,033	18,752	$-2,225$	
Mg_3N_2	α	298	823	0,945	3,026		
Mg_3N_2	β	823	1 061	1,227			
Mg_3N_2	γ	1 061	1 300	1,224			
$Mg(NO_3)_2$		298	600	0,301	20,082	0,505	
$MgNi_2$		298	900	0,463	2,155		
MgO		298	3 098	1,215	0,778	$-2,906$	
$Mg(OH)_2$		298	600	0,935	11,331		
$6\,MgO \cdot MgCl_2 \cdot 8\,B_2O_3$	α	298	538	0,264	19,557		
$6\,MgO \cdot MgCl_2 \cdot 8\,B_2O_3$	β	538	650	1,273			
$Mg_3(PO_4)_2$		298	1 621	0,462	12,773	0,041	$-4,138$
MgS		298	2 000	0,764	1,462		
Mg_2Si		298	873	0,956	1,953	$-1,151$	
$MgSiO_3$ Klinoenstatit		298	1 600	1,023	1,976	$-2,618$	
$MgSiO_3$ rhomb. Enstatit		903	1 258	1,199			
$MgSiO_3$ Pyroxen-Typ		298	800	0,858	5,002	$-1,692$	
$MgSiO_3$ Amphibolisch.		298	1 400	1,023	2,267	$-2,447$	
$MgSiO_3$ Glas		298	1 000	0,912	3,976	$-1,846$	
$MgSiO_3$ Protoenstatit		1 258	1 850	1,219			
Mg_2SiO_4		298	1 808	1,065	1,945	$-2,533$	
$MgTiO_3$		298	1 800	0,985	1,142	$-2,273$	
Mg_2TiO_4		298	1 800	0,937	2,226	$-1,796$	
$MgTi_2O_5$		298	1 800	0,851	1,924	$-1,537$	
$Mg_2V_2O_7$		298	1 200	0,637	4,606		
MgV_2O_6		298	1 100	0,569	5,837		
$MgZn_2$		298	800	0,420	1,943		
Mn_3C		298	1 310	0,598	1,325	$-0,963$	
Mn_7C_3		298	1 500	0,586	1,303	$-0,945$	
$MnCl_2$		298	923	0,600	1,051	$-0,456$	
$MnCo_3$		298	700	0,397	1,679	$-0,847$	
MnF_2		298	1 129	0,666	2,566	$-0,212$	
MnF_3		298	1 000	0,733	2,766		
Mn_4N		298	800	0,397	5,459		
Mn_5N_2		298	800	0,422	5,308		
MnO		298	1 800	0,655	1,144	$-0,519$	
MnO_2		298	800	0,799	1,174	$-1,867$	
Mn_2O_3		298	1 350	0,655	2,221	$-0,856$	
Mn_3O_4	α	298	1 445	0,633	1,979	$-0,402$	
Mn_3O_4	β	1 445	1 800	0,918			
MnS		298	1 803	0,548	0,866		
MnS_2		250	350	0,585	1,483	$-0,365$	
$MnSO_4$		298	1 100	0,811	2,472	$-1,951$	
$MnSi$		298	1 518	0,594	1,537	$-0,771$	
Mn_3Si		298	950	0,523	2,700	$-0,763$	
Mn_5Si_3		298	1 573	0,561	1,508	$-0,546$	
$MnSiO_3$		298	1 500	0,844	1,239	$-1,967$	
Mn_2SiO_4		298	1 618	0,788	0,965	$-1,541$	
$MnWO_4$		298	1 073	0,359	1,694		
MoB		298	1 200	0,383	1,203	$-0,443$	
MoB_2		600	1 200	0,282	4,627		
Mo_2C		298	2 200	0,339	0,472	$-0,562$	

Tabelle 4.8 (Fortsetzung)

Formel	Mod.	T_1 K	T_2 K	A	$10^4 \cdot B$ K^{-1}	$10^{-4} \cdot C$ K^2	$10^7 \cdot D$ K^{-2}
$Mo(CO)_6$		293	351	0,777	5,864		
Mo_2N		298	800	0,227	2,804		
MoO_3		298	1 808	0,583	1,715	$-1,070$	
Mo_3Si		298	2 200	0,272	0,718	0,010	
Mo_5Si_3		298	2 200	0,325	0,621	$-0,213$	
$MoSi_2$		298	2 200	0,446	0,787	$-0,432$	
NH_4Cl	α	298	457	0,923	25,026		
NH_4Cl	β	458	500	0,391	26,590		
$(NH_4)_2SO_4$		298	600	0,784	21,276		
Na_3AlF_6	α	298	845	0,916	5,871	$-0,554$	
Na_3AlF_6	β	845	1 300	1,039	3,161		
Na_3AlF_3	α	298	838	1,015	5,540	$-1,987$	
Na_3AlF_3	β	838	1 273	1,002	6,656		
$NaAlSi_3O_8$		298	1 400	1,045	1,673	$-3,023$	
$NaAlSi_3O_8$ Glas		298	1 200	0,979	2,873	$-2,579$	
$NaBO_2$		298	1 239	0,769	8,158		
$NaBO_2$		1 239	2 000	2,226			
$NaBr$		298	550	0,483	0,854		
Na_2CO_3		298	500	0,552	21,475	$-1,236$	
$NaCl$		298	1 073	0,786	2,792		
$NaClO_3$		298	528	0,514	14,543		
Na_2CrO_4	α	298	694	0,624	8,643		
Na_2CrO_4	β	694	1 070	0,926	3,185		
NaF		298	1 265	1,036	3,866	$-0,329$	
$NaNO_3$		298	583	0,302	26,581		
Na_2O	α	298	1 023	0,895	11,328	$-0,668$	$-4,928$
Na_2O	β	1 023	1 243	1,328	2,059		
Na_2O	γ	1 243	T_F	1,369	1,728		
$NaOH$		298	568	1,794	$-27,721$		58,946
$NaOH$	β	568	591	2,150			
Na_2S		298	1 251	0,970	1,608		
Na_2SO_4	α	298	450	0,692	9,349		
Na_2SO_4	γ	514	1 157	0,856	5,697		
Na_4SiO_4		298	1 393	0,883	4,033		
Na_2SiO_3		298	1 361	1,068	3,291	$-2,218$	
$Na_2Si_2O_5$		298	1 147	1,019	3,873	$-2,451$	
Na_2TiO_3	α	298	560	0,743	6,110		
Na_2TiO_3	β	560	1 303	0,765	5,013		
$Na_2Ti_3O_7$		298	1 401	0,880	1,476	$-0,782$	
NbB_2		298	1 400	0,410	3,365	$-0,822$	
NbC		298	1 790	0,430	0,690	$-0,857$	
$NbC_{0,75}$		298	1 763	0,367	0,924	$-0,513$	
Nb_2C		298	1 703	0,336	0,635	$-0,434$	
$NbCl_4$		298	600	0,569		$-0,517$	
$NbCl_5$		298	477	0,589		$-0,465$	
$NbCr_2$		298	1 500	0,377	1,207	$-0,374$	
NbN		298	600	0,340	2,113		
NbO		298	1 700	0,386	0,903	$-0,300$	
NbO_2	α	298	1 640	0,492	2,063	$-0,811$	
NbO_2	β	1 040	1 700	0,713			
Nb_2O_5		298	1 700	0,610	0,557	$-1,152$	
$NbSi_2$		298	2 000	0,424	1,030	$-0,188$	
Nb_5Si_3		298	2 000	0,345	0,561	$-0,274$	

Tabelle 4.8 (Fortsetzung)

Formel	Mod.	T_1 K	T_2 K	A	$10^4 \cdot B$ K^{-1}	$10^{-4} \cdot C$ K^2	$10^7 \cdot D$ K^{-2}
$NdCl_3$		298	1 057	0,311	2,438		
NdF_3		298	1 650	0,373	1,819	1,008	
NdI_3	α	298	847	0,173	0,682	$-0,012$	
NdI_3	β	847	1 060	0,224			
Nd_2O_3	α	298	1 395	0,344	0,885	$-0,353$	
Nd_2O_3	β	1 395	1 795	0,463			
$NiAl_2O_4$		295	1 900	0,901	1,321	$-1,741$	
NiB		298	1 300	0,618	2,106	$-1,619$	
Ni_3B_4		298	1 300	0,711	2,239	$-1,722$	
$NiCl_2$		298	1 274	0,565	1,020	$-0,384$	
NiF_2		298	1 723	0,649	1,860		
NiO	α	298	525	$-0,280$	21,046	2,179	
NiO	β	525	565	0,777			
NiO	γ	565	1 800	0,626	1,131		
NiS		298	670	0,429	2,950		
$NiSO_4$		298	500	0,814	2,682		
$NiSi$		298	1 265	0,562	0,709	$-0,752$	
$Ni_{0,35}Si_{0,65}$		298	1 200	0,645	0,949	$-0,927$	
Ni_2Si		298	1 582	0,454	0,946		
Ni_3Sn		298	900	0,295	1,448		
$NiTe$		298	700	0,260	0,741		
$NiTiO_3$		298	1 750	0,745	1,034	$-1,185$	
$NiWO_4$		298	1 120	0,333	2,143		
OsO_2		298	1 200	0,315	0,467	$-0,638$	
P_2O_5		298	700	0,528	11,437	$-1,099$	
$PbBr_2$		298	644	0,212	0,251		
$PbCO_3$		298	800	0,194	4,478		
$PbCl_2$		298	771	0,240	1,204		
PbF_2		293	1 097	0,282	0,700		
PbI_2		298	683	0,163	0,427		
PbO rot		298	1 000	0,205	0,703	$-0,187$	
PbO gelb		298	1 000	0,170	1,200		
PbO		1 000	1 159	0,207	0,514	$-0,152$	
PbO_2		298	1 000	0,232	1,301		
Pb_3O_4		298	1 000	0,200	0,476		
PbS		298	900	0,186	0,685		
$PbSO_4$		298	1 100	0,151	4,277	0,579	
$PbSiO_3$		298	1 037	0,264	3,910	$-0,405$	$-1,911$
Pb_2SiO_4		298	600	0,252	1,630	$-0,270$	
Pb_2SiO_4		600	1 016	0,394	$-0,031$	$-1,798$	
$PbTiO_3$		300	850	0,258	3,216		
$Pb_{0,37}Tl_{0,63}$		298	T_F	0,100	0,917		
PdO		298	1 200	0,370	0,574	$-0,103$	0,031
$PrCl_3$		298	1 059	0,349	1,929		
PrF_3		298	T_F	0,461	1,032	0,421	
PrI_3		298	1 010	0,171	0,778		
Pr_2O_3		298	1 070	0,301	1,586		
$PrO_{1,83}$		298	1 172	0,390	1,072	$-0,381$	
PtS		298	1 100	0,220	0,479	$-0,390$	
PtS_2		298	1 000	0,227	1,143	$-0,065$	
$PtSb_2$		298	900	0,146	0,483		
$PuC_{0,88}$		298	1 400	0,219	0,191	$-0,541$	
$PuC_{1,5}$		298	2 200	0,146	1,502	$-0,002$	$-0,259$

Tabelle 4.8 (Fortsetzung)

Formel	Mod.	T_1 K	T_2 K	A	$10^4 \cdot B$ K^{-1}	$10^{-4} \cdot C$ K^2	$10^7 \cdot D$ K^{-2}
$PuCl_2$		298	2 525	0,194	0,872	−0,371	−0,181
PuO_2		298	2 273	0,342	0,032	−0,763	
$ReCl_3$		298	750	0,361	0,944	−0,652	
Re_2O_7		298	570	0,252	3,801	−0,194	
Re_5Si_3		298	1 500	0,188	0,445	−0,138	
Rh_2O_3		291	973	0,342	2,275		
$SbBr_3$		273	370	0,199	3,391		
$SbCl_3$		273	346	0,189	10,473		
SbI_3		298	443	0,142	1,765		
SbO_2		298	1 198	0,308	2,204		
Sb_2O_3		273	930	0,274	2,454		
Sb_2O_5		298	500	0,142	7,446		
Sb_2S_3		298	823	0,300	1,782		
Sb_2Te_3		298	893	0,184	0,668		
$ScCl_3$		298	1 240	0,632	1,018	−0,481	
ScF_3		298	1 250	0,975	0,726	−0,923	
ScN		298	2 000	0,777	0,922	−1,561	
Sc_2O_3		298	2 500	0,703	1,711		
SeO_2		298	613	0,627	0,351	−0,995	
SiC		298	1 700	0,932	3,130	−3,210	
SiI_4		298	396	0,153	1,632		
Si_3N_4		298	900	0,503	7,039		
SiO_2 Quarz	α	298	847	0,731	0,167	−1,003	
SiO_2 Quarz	β	847	1 079	0,981	1,671		
SiO_2 Cristobalit	α	298	523	0,298	14,671		
SiO_2 Cristobalit	β	523	1 995	1,211	0,216	−6,894	
SiO_2 Tridymit	α	298	390	0,228	17,277		
SiO_2 Tridymit	β	390	2 000	0,950	1,839		
SiO_2 Glas		298	2 000	0,932	2,564	−2,403	
$SmCl_3$		298	951	0,320	1,858	0,029	
Sm_2O_3 monoklin	α	298	1 195	0,369	0,557	−0,516	
Sm_2O_3 monoklin	β	1 195	1 798	0,443			
Sm_2O_3 kubisch		298	1 150	0,368	0,610	−0,475	
$SnCl_2$		298	520	0,358	2,043		
SnO		298	1 273	0,297	1,087		
SnO_2		298	1 500	0,490	0,666	−1,433	
SnS	α	298	875	0,237	2,076	0,250	
SnS	β	875	1 155	0,271	1,038		
SnS_2		298	1 000	0,355	0,961		
$SrAl_2O_4$	α	298	932	0,862	0,240	−2,579	
$SrAl_2O_4$	β	932	1 600	0,711	1,425		
$SrBr_2$	α	298	918	0,304	0,544		
$SrBr_2$	β	918	930	0,465			
$SrCO_3$	α	298	1 197	0,607	2,426	−0,964	
$SrCO_3$	β	1 197	1 325	0,964			
$SrCl_2$	α	298	1 002	0,404	2,481		
$SrCl_2$	β	1 002	1 148	0,854			
SrF_2		298	1 750	0,516	1,432		
SrI_2		298	811	0,228	0,374		
SrO		298	1 270	0,498	0,452	−0,731	
$SrTiO_3$		298	1 800	0,644	0,465	−1,044	
Sr_2TiO_4		298	1 800	0,560	0,560	−0,680	
$SrWO_4$		298	1 100	0,360	1,076		

Tabelle 4.8 (Fortsetzung)

Formel	Mod.	T_1 K	T_2 K	A	$10^4 \cdot B$ K^{-1}	$10^{-4} \cdot C$ K^2	$10^7 \cdot D$ K^{-2}
TaB		500	1 200	0,171	1,266		
TaB$_2$		298	3 370	0,294	0,927	−0,744	
TaC		298	4 270	0,224	0,588	−0,455	
Ta$_2$C		298	3 775	0,178	0,373	−0,229	
TaCl$_4$		298	700	0,414		−0,259	
TaCl$_5$		298	489	0,444		−0,350	
TaCr$_2$		298	1 293	0,259	0,800	−0,253	
TaFe$_2$		298	1 300	0,229	0,901		
TaN		298	3 360	0,284	0,139	−0,648	
Ta$_2$N		298	3 000	0,188	0,470	−0,188	
Ta$_2$O$_5$		298	1 800	0,350	0,621	−0,561	
TaSi$_2$		298	2 200	0,309	0,325	−0,383	
Ta$_5$Si$_3$		298	2 000	0,182	0,396	−0,090	
TeCl$_4$		298	497	0,516			
TeO$_2$		298	1 006	0,408	0,912	−0,315	
ThC$_{1,94}$		298	1 700	0,249	0,474	−0,362	
ThCl$_4$		298	1 038	0,340	0,363	−0,244	
ThF$_4$		298	1 383	0,363	0,795	−0,246	
ThI$_4$		298	839	0,175	0,175	−0,083	
ThN		298	2 000	0,193	0,388	−0,194	
Th$_3$N$_4$		298	2 000	0,219	0,347	−0,296	
ThO$_2$		298	2 500	0,264	0,338	−0,355	
Th(SO$_4$)$_2$		623	897	0,247	5,445		
TiB$_2$		298	3 190	0,811	3,719	−2,510	−0,481
TiC		298	1 800	0,826	0,559	−2,500	
TiI$_4$	α	298	379	0,133	3,114		
TiI$_4$	β	379	428	0,267			
TiN		298	1 800	0,805	0,635	−2,001	
TiO	α	298	1 264	0,692	2,357	−1,218	
TiO	β	1 264	1 800	0,776	1,964		
TiO$_2$ Rutil		298	1 800	0,941	0,147	−2,278	
TiO$_2$ Anatas		298	1 300	0,934	0,262	−2,215	
Ti$_2$O$_3$	α	298	473	0,213	15,572		
Ti$_2$O$_3$	β	473	1 800	1,009	0,378	−2,968	
Ti$_3$O$_5$	α	298	450	0,663	5,518		
Ti$_3$O$_5$	β	450	1 400	0,778	1,496		
TiS$_2$	α	298	420	0,302	10,211		
TiS$_2$	β	420	1 010	0,560	1,920		
TlBr		298	753	0,163	0,729		
TlCl		298	700	0,209	0,349		
TlF	α	298	355	0,231	0,491		
TlF	β	355	595	0,099	3,330		
TlI	α	298	451	0,146	0,419		
TlI	β	451	713	0,098	1,422		
Tl$_2$O$_3$		298	993	0,289	0,078	−0,487	
UB$_2$		298	2 300	0,412	−1,550	−1,366	0,944
UBr$_4$		350	750	0,236	0,369	−0,236	
UC		298	2 073	0,224	0,171	−0,244	
UC$_2$		298	2 050	0,263	0,326	−0,359	
U$_2$C$_3$		298	2 050	0,244	0,250	−0,303	
UCl$_3$		298	900	0,253	0,942	0,128	
UCl$_4$		298	800	0,300	0,944	−0,087	
UF$_4$		298	1 309	0,342	0,933	−0,008	

Tabelle 4.8 (Fortsetzung)

Formel	Mod.	T_1 K	T_2 K	A	$10^4 \cdot B$ K^{-1}	$10^{-4} \cdot C$ K^2	$10^7 \cdot D$ K^{-2}
UF_6		273	337	0,150	10,935		
UI_4		380	720	0,195	0,134	$-0,265$	
UO_2		298	1 500	0,298	0,251	$-0,614$	
UO_3		298	900	0,323	0,372	$-0,434$	
U_3O_8		298	900	0,335	0,439	$-0,593$	
UO_2F_2		298	1 200	0,344	0,710	$-0,139$	
US		298	2 000	0,196	0,242	$-0,140$	
US_2		298	1 833	0,238	0,318		
U_2S_3		298	2 000	0,218	0,281	$-0,066$	
$VC_{0,88}$		298	2 000	0,591	2,163	$-1,156$	
VCl_2		298	1 300	0,592	0,934	$-0,244$	
VCl_3		298	900	0,612	1,043	$-0,447$	
VN		298	1 600	0,705	1,353	$-1,424$	
VO		298	1 700	0,708	2,013	$-0,788$	
VO_2	α	298	345	0,755			
VO_2	β	345	1 818	0,901	0,858	$-1,993$	
V_2O_3		298	1 800	0,819	1,329	$-1,513$	
V_2O_5		298	943	1,071	$-0,897$	$-3,041$	
VSi_2		298	1 950	0,667	1,086	$-0,879$	
V_3Si		298	1 400	0,518	1,011	$-0,384$	
WB		298	1 200	0,299	$-0,168$	$-1,079$	
W_2B		298	1 200	0,204	0,159	$-0,347$	
W_2B_3		298	1 200	0,411	0,217	$-1,748$	
WC		298	2 500	0,222	0,440	$-0,476$	$-0,051$
$W(CO)_6$		293	372	0,467	7,443		
WO_3		298	1 550	0,315	1,225		
WS_2		298	1 300	0,279	0,574	$-0,169$	
WSi_2		298	2 200	0,283	0,460	$-0,255$	
W_5Si_3		298	2 200	0,179	0,390	$-0,089$	
YCl_3		298	994	0,536	0,165	$-0,621$	
YF_3		1 350	1 428	$-2,190$	14,585	193,141	
YN		298	2 200	0,443	0,630	$-0,711$	
$YbCl_3$		298	1 127	0,339	0,334	$-0,067$	
Yb_2O_3		298	1 800	0,327	0,494	$-0,435$	
$ZnBr_2$		298	675	0,234	1,932		
$ZnCl_2$		298	590	0,445	1,689		
$ZnFe_2O_4$		298	1 000	0,645	1,848	$-0,663$	
Zn_3N_2		273	700	0,355	4,200		
ZnO		298	1 600	0,602	0,627	$-1,121$	
ZnS		298	1 200	0,522	0,532	$-0,584$	
$ZnSO_4$		298	1 000	0,442	5,390		
Zn_2SiO_4		298	1 785	0,650	1,658	$-1,359$	
ZnTe		298	1 563	0,241	0,566		
Zn_2TiO_4		298	1 800	0,687	0,955	$-1,326$	
$ZnWO_4$		298	1 110	0,362	1,306		
ZrB_2		298	1 200	0,586	1,565	$-1,301$	
$ZrBr_4$		298	633	0,260	1,538		
$ZrCl_4$		298	608	0,573		$-0,522$	
ZrN		298	1 700	0,441	0,668	$-0,684$	
ZrO_2	α	298	1 478	0,565	0,611	$-1,141$	
ZrO_2	β	1 478	1 850	0,604			
$ZrSiO_4$		298	1 800	0,719	0,895	$-1,844$	

Tabelle 4.9. Spezifische Wärmekapazität c_p von Legierungen als Funktion der Temperatur T.
$c_p = (A + BT + CT^2)$ kJ/(kg K)

Formel	T_i K	T_2 K	A	$10^4\,B$ K^{-1}	$10^7\,C$ K^{-2}
Al (93,9 %) Cu (4,5 %)	123	723	0,384	18,335	−11,347
Al (90 %) Zn (5,5 %) Mg (2,5 %), Cu, Mn	170	723	0,470	13,14	−4,776
Au (78,24 %) Ni (21,76 %)	72	293	0,033	13,30	−26,118
Bi (56,5 %) Pb (43,5 %)	323	773	0,059	2,977	−2,390
Co (60,49 %) Cr (26,69 %)	811	1478	37,30	252,46	−0,644
Co (99,5 %) Ni (0,36 %)	300	1360	1,972	−7,215	13,814
Co (99,5 %) Ni (0,36 %)	1 380	1700	33,249	−383,96	120,67
Co$_7$W$_6$	590	1 145	0,199	0,662	0,001
Cr (63,91 %) Al (18,11 %)	273	1 523	0,406	5,114	−1,332
Cr$_{0,784}$Fe$_{0,216}$	289	1 400	0,398	2,269	0,083
Cr (98,7 %) Fe (0,6 %) Al (0,4 %), Si, C, P	273	1873	0,452	0,448	1,475
Cu (43,6 %) Cr (26 %) W (15 %) Ni (10 %) Fe	444	1411	0,242	2,484	0,002
Cu (94,18 %) Ga (15,80 %)	348	963	0,267	4,237	−2,220
Cu (60 %) Ni (40 %)	40	200	−0,123	47,402	−116,99
DyCo$_5$	95	435	0,118	14,302	−20,406
Fe$_7$W$_6$	590	1 145	0,181	0,780	
In (51,95 %) Sn (48,05 %)	40	75	0,337	−2,559	1,821
K (78,0 %) Na (22,0 %)	273	1073	1,139	−6,731	4,184
K (54,0 %) Na (46,0 %)	323	1073	1,313	−7,721	4,636
Li (96,74 %) Mg (3,26 %)	100	300	0,024	216,5	−346,4
Mg$_3$Cd	70	300	0,060	36,315	−69,767
MgCd	188	463	0,404	−6,048	16,845
MgCd$_3$	70	300	0,142	8,715	−9,613
MgNi$_2$	110	558	0,155	18,246	−20,019
Mg (99,8 %) Si (0,2 %)	190	300	0,470	32,437	−46,874
Mg$_2$Sn	81	314	0,065	31,547	−56,018
Mg (97 %) Th (2 %) Mn (0,5 %)	470	878	0,786	5,621	2,231
Mg (94 %) Zn (5,78 %)	425	793	0,820	3,903	4,215
MgZn$_2$	100	590	0,475	1,853	−0,023
Mn (83 %) Cu (17 %)	80	320	0,049	27,155	−34,75
Mo (99,5 %) Ti (0,5 %)	700	1811	0,166	1,242	−0,017
Mo (70 %) W (29,83 %)	553	2 855	0,174	0,433	0,256
Na$_2$K	198	254	0,906	−9,549	54,549
Na$_2$K	323	1073	1,314	−6,452	3,797
Nb (66 %) Ta (33 %) Zr (0,7 %)	43	136	0,202	0,537	−0,001
Nb (85 %) Ti (10 %) Zr (4,9 %), C, O$_2$, N$_2$, H$_2$	550	2 560	0,227	0,866	0,105
Nb (89 %) W (9,7 %) Zr (0,88 %), C, O$_2$, N$_2$	435	2 510	0,233	0,268	0,188
Nb (99,2 %) Zr (0,5 %)	533	2 200	0,304	0,218	0,084
Ni (90 %) Cr (10 %)	298	1 600	0,375	1,787	−0,001
Ni (50,04 %) Cu (49,96 %)	308	883	0,296	4,270	−2,376
Ni (66 %) Cu (29 %) Al (3 %)	120	920	0,240	6,611	−3,709
Ni (79,3 %) Fe (20,7 %)	480	1670	0,445	1,487	−0,074
Ni (72 %) Mn (25 %) Al (2 %) Si (1 %)	298	1 600	0,452	0,750	0,000 3
Ni (65,57 %) Mo (23,78 %) Fe (5,05 %) C	811	1478	0,354	1,850	0,102
Ni$_4$W	298	1 100	0,257	1,116	−0,002
Sn (49,9 %) Pb (48,8 %)	100	300	0,129	2,920	−4,252
Ta (62 %) Nb (30 %) V (7,5 %), C, O$_2$, N$_2$	422	2 500	0,056	2,120	0,512
Ta (88,8 %) W (9 %) Hf (2,2 %), C, O$_2$, N$_2$	561	2 733	0,083	0,357	0,068
Ta (90 %) W (9,5 %) Nb (0,09 %)	537	2 888	0,099	0,724	−0,084
Ti (96 %) Cr (2,7 %) Fe (1,4 %), O$_2$, N$_2$, C	311	1033	0,600	−3,829	6,508
Ti (91,81 %) Mn (7,9 %)	497	1816	0,482	0,321	0,001
Zr (99 %) Ag (0,88 %)	334	873	0,301	−0,853	1,328
Zr (92,23 %) In (7,77 %)	353	1158	0,320	−1,165	1,303
Zr (87,92 %) U (10,58 %) H$_2$ (1,5 %)	506	1 006	0,434	2,306	−0,098

Tabelle 4.10. Spezifische Wärmekapazität c_p von Stählen als Funktion der Temperatur T

$$c_\mathrm{p} = (A + BT + CT^2 + DT^3)\ \mathrm{kJ/(kg\,K)}$$

Bezeichnung	T_1 K	T_2 K	$10^2\,A$	$10^3\,B$ K^{-1}	$10^6\,C$ K^{-2}	$10^9\,D$ K^{-3}
12CrMo19 5	373	973	$-9{,}193$	2,913	$-4{,}763$	2,920
X1CrMo26 1	373	573	$-13{,}67$	3,392	$-5{,}500$	3,270
X10Cr13	373	923	3,452	2,341	$-3{,}976$	2,680
X10CrAl7	373	973	$-10{,}25$	3,020	$-5{,}027$	3,120
X10CrAl13	373	923	3,452	2,341	$-3{,}976$	2,680
X10CrAl18	373	873	3,288	2,477	$-4{,}414$	3,080
X10CrAl18	373	873	3,288	2,477	$-4{,}414$	3,080
X10CrAl24	373	573	$-13{,}67$	3,392	$-5{,}500$	3,270
X12CrMo7	373	923	$-2{,}939$	2,582	$-4{,}207$	2,645
X12CrMo9 1	373	923	$-3{,}001$	2,619	$-4{,}317$	2,730
X20Cr13	373	923	3,452	2,341	$-3{,}976$	2,680
X20CrMoV12.1	373	923	3,452	2,341	$-3{,}976$	2,680
X40CrMoV5 1	373	973	$-9{,}193$	2,913	$-4{,}763$	2,920
niedrig/unlegiert	373	873	$-4{,}592$	2,692	$-4{,}305$	2,640

Tabelle 4.11. Spezifische Wärmekapazität c_p organischer Verbindungen

Name	Formel	T K	c_p kJ/(kg K)	T K	c_p kJ/(kg K)	T K	c_p kJ/(kg K)
Aceton	$(CH_3)_2CO$	63	2,260				
Ameisensäure	$HCOOH$	251	1,620	273	1,800		
Anthracen	$C_{14}H_{10}$	323	1,289	373	1,465		
Benzol	C_6H_6	73	0,516	173	0,950	223	1,251
Chloralhydrat	$CCl_3CH(OH)_2$	305	0,892				
Chloressigsäure	$ClCH_2COOH$	333	1,519				
Dextrose	$C_6H_{12}O_6$	23	0,065	273	1,159	293	1,151
o-Dinitrobenzol	$C_6H_4(NO_2)_2$	113	1,055	273	1,461		
Glycerin	$C_3H_5(OH)_3$	73	0,481	173	0,908	273	1,381
Glykol	$(CH_2OH)_2$	233	1,352				
Harnstoff	$(NH_2)_2CO$	293	1,339				
Isopropylalkohol	C_3H_7OH	73	0,212				
Laktose	$C_{12}H_{22}O_{11}$	293	1,201				
Laktose	$C_{12}H_{22}O_{11} \cdot H_2O$	293	1,251				
Laevulose	$C_6H_{12}O_6$	293	1,151				
Malonsäure	$CH_2(COOH)_2$	293	1,151				
Maltose	$C_{12}H_{22}O_{11}$	293	1,339				
Myristinsäure	$C_{13}H_{27}COOH$	273	1,595				
Naphthalin	$C_{10}H_8$	143	1,176				
Naphthol α	$C_{10}H_7OH$	323	1,005				
Naphthol β	$C_{10}H_7OH$	334	1,055				
Nitronaphthalin α	$C_{10}H_7NO_2$	273	0,988				
Oxalsäure	$(COOH)_2 \cdot 2\,H_2O$	273	1,415	323	1,611		
Palmitinsäure	$C_{15}H_{31}COOH$	223	1,281	273	1,599	293	1,800
Pikrinsäure	$HOC_6H_2(NO_2)_3$	273	1,005	323	1,101	373	1,243
Propionsäure	C_2H_5COOH	240	3,039				
n-Propylalkohol	C_3H_7OH	73	0,712	143	2,080		
Rohrzucker	$C_{12}H_{22}O_{11}$	293	1,251				
Stearinsäure	$C_{17}H_{35}COOH$	288	1,670				
Thymol	$C_{10}H_{14}O$	273	1,318				
Trinitrotoluol	$CH_3C_6H_2(NO_2)_3$	173	0,712	273	1,302	373	1,611
Weinsteinsäure	$(CHOHCOOH)_2$	309	1,201				
Weinsteinsäure	$(CHOHCOOH)_2 \cdot H_2O$	273	1,289	323	1,532		

Tabelle 4.12. Spezifische Wärmekapazität c_p von Gebrauchsstoffen als Funktion der Temperatur T

$$c_p = (A + BT + CT^2 + DT^3)\ kJ/(kg\,K)$$

Name	T_1 K	T_2 K	A	$10^4\,B$ K^{-1}	$10^5\,C$ K^{-2}	$10^8\,D$ K^{-3}
Holz	273	373	−0,214	48,60		
Holzkohle	273	1 323	−0,258	37,90	−0,172	
Gas- und Retortenkoks	273	1 413	−0,245	37,32	−0,166	
Kautschuk (kristallin)	130	280	5,878	−901,5	49,75	−81,29
Kautschuk (amorph)	180	280	−25,444	3 227,3	−128,3	170,7

4.5 Kompressibilität
(G. Klingenberg)

Tabelle 4.13. Isotherme Kompressibilität $\varkappa_T = -\dfrac{1}{v}\left(\dfrac{\partial v}{\partial p}\right)_T$ von Festkörpern bei Raumtemperatur. Berücksichtigt sind die Tabellenwerke [4.1; 4.3; 4.4; 4.14–4.17]

Stoff	$\varkappa_T$ TPa^{-1}	Stoff	$\varkappa_T$ TPa^{-1}
Aluminium	13,2 … 14,0	Tantal	4,84… 5,3
*Antimon	15,0 … 27,5	Tellur	41 … 52
Barium	103 …104	Thallium	20,6 … 36
Beryllium	8,0 … 9,8	Thorium	18,5 … 19
*Bismut	22,5 … 36,0	Titan	8,0 … 9,23
*Blei	19 … 24,7	Uran	8,16… 9,9
*Cadmium	14,4 … 24,0	Vanadium	6,21… 6,5
Calcium	57 … 64	*Wolfram	2,7 … 3,3
*Cer	41,8 … 50,5	*Zink	13 … 20
Cobalt	5,2 … 5,5	*Zinn	17,2 … 20
Eisen	5,89… 6,0	Zirconium	11,2 … 47,6
Germanium	13 … 14,4		
Gold	4,6 … 6,0		
Indium	21,4 … 28,1	Duralaluminium	13 … 13,3
Iridium	2,7 … 2,8	Elektron AZM	28
*Kupfer	2,44… 7,5	Gußeisen	9,13
Lanthan	35,9 … 41,2	Grauguß	15
Magnesium	28 … 30,1	Konstantan	6,3 … 6,39
Mangan	7,4 … 16,2	Manganin	8,3
Molybdaen	3,5 … 4,6	Messing	8,9 … 9
Nickel	4,3 … 5,64	Neusilber	7
Niob	5,8 … 5,9	Stahl	5,91… 6,4
Osmium	2,7 … 2,71	Marmor	16
Palladium	5,26… 5,5	Porzellan	28
*Platin	3,1 … 4,39	Gläser	1,5 … 38
Rhenium	2,75… 2,8	Quarzglas	27 … 27,1
Rhodium	3,64… 3,7	Eis	100 …120
Silber	9,27… 10,2	Polystyrol	300
Silicium	3,2 … 10,0	Plexiglas	280

Erhebliche Änderungen der Kompressibilität kommen bei einigen Substanzen durch das Herstellungsverfahren bzw. die Vorbehandlung zustande; z.B. ist Kupfer im polykristallinen Zustand weit weniger kompressibel als im geglühten. Diese Stoffe sind durch einen Stern (*) gekennzeichnet. Wichtig ist auch der Reinheitsgrad der Proben.

Tabelle 4.14. Relative Volumenänderung durch Überdruck. Es ist $\left(-\dfrac{\Delta v}{v_{p_e=0}}\right)\cdot 10^3$ angegeben, hervorgerufen durch eine Änderung des Überdrucks von 0 MPa auf p_e bei Raumtemperatur. Nach [4.14], [4.15]

Stoff	p_e in MPa										Bemerkungen
	100	200	500	1 000	1 500	2 000	2 500	3 000	5 000	10 000	
Ag	1,0	2,0	4,9	9,6	14,1	18,5	22,7	26,6			vgl. [4.18]
Al	1,4	2,7	6,8	13,2	19,7	25,7	31,5		50	86	vgl. [4.18]
Au	0,6	1,2	2,9	5,7	8,5	11,3	14,1	16,8			
Cd	2,0	3,9	9,9	19,3	28,8	37,4	45,6	52,6			gegossen
Cu	0,7	1,5	3,6	7,1	10,6	14,0	17,3	20,5			geglüht
Fe			2,9	5,9	8,7	11,5	14,3	17,1			Einkristall
In			12	24	36	46	55	65	94	157	
Ni	0,5	1,1	2,5	5,0	7,6	10,2	12,9	15,5			Sprung bei 1 030 MPa
Pb	2,4	4,8	11,6	22		42		60	91	147	gealtert bei 200 °C
NaCl	4,2	8,2	19,9	37,7	53,9	68,5	82,1	94,6	137	211	[4.19]
SiO_2	3,0	6,0	15	30	45	60	78	93	138	205	Quarzglas [4.20]

4.6 Elastizitätsmodul
(M. Biermann)

Da alle Festkörper zufolge ihrer atomaren Struktur dreidimensional periodisch aufgebaut sind, müssen sie mindestens in kleinen Bereichen kristallin sein. Daraus ergeben sich notwendig anisotrope Eigenschaften. Meßwerte des Elastizitätsmoduls vieler Kristalle findet man in [4.21].

Der vorliegende Artikel beschränkt sich auf *polykristalline* Stoffe, in denen die kristallinen Bereiche völlig unregelmäßig ausgerichtet sind, oder auf *amorphe* Stoffe, deren kristalline Bereiche unnachweisbar klein sind. Diese beiden als statistisch isotrop oder quasiisotrop bezeichneten Stoffarten können unabhängig von ihrer atomaren Struktur so behandelt werden, als wären sie isotrop.

Die isotrope Elastizität wird theoretisch durch drei Materialfunktionen vollständig beschrieben. Wenn aber die Verformungen verschwindend klein bleiben und das Materialgesetz linearisiert wird, entarten diese Funktionen zu zwei Koeffizienten, die nicht mehr von der Verformung, sondern nur noch von Zustandsgrößen wie der Temperatur abhängen können. Diese beiden Koeffizienten der *linearen isotropen Elastizität* sind willkürlich. Am häufigsten verwendet man für sie den *Elastizitätsmodul E* und die *Poissonzahl μ*. In manchen Fällen zieht man den *Schubmodul G* vor. Es gilt die Beziehung $G = E/[2(1 + \mu)]$. Besonders bei stark kompressiblen Materialien ist die aus der Theorie folgende Aussage wichtig, daß nur der Schubmodul G nicht davon abhängt, ob der Meßvorgang adiabat oder isotherm verläuft.

Normalerweise mißt man von einem gegebenen Stoff entweder den Elastizitätsmodul oder den Schubmodul, da meistens der Wert der Poissonzahl μ wenigstens ungefähr bekannt ist. Er liegt fast immer zwischen 1/4 und 1/2. Wenn μ nicht temperaturabhängig ist, haben der Elastizitätsmodul E und der Schubmodul G die gleiche Temperaturabhängigkeit (Bild 4.1). Dies trifft allerdings nicht allgemein zu, vgl. [4.22].

Die hier gegebenen Darstellungen des Elastizitätsmoduls von Metallen sowie deren Legierungen und Verbindungen in Abhängigkeit von der Celsius-Temperatur t (Bild 4.2 bis 4.13) stützen sich großenteils auf die Veröffentlichungen [4.23–4.30]. Ein beachtenswerter Effekt der Erniedrigung des Elastizitätsmoduls zeigt sich im entmagnetisierten *ferromagnetischen* Zustand, wo eine magnetostriktive Verformung hinzukommt (Bild 4.5 und 4.10 bis 4.12). Dieser Effekt läßt sich durch Kornvergrößerung – zum Beispiel infolge vorherigen Ausglühens der Probe – verstärken. Magnetische Sättigung verhindert ihn jedoch. Oberhalb der Curietemperatur, also im *paramagnetischen* Zustand, verlaufen die Graphen wie gewöhnlich ziemlich monoton. Wegen eines möglichen elektrischen Feldeinflusses sei auf die Veröffentlichung [4.31] hingewiesen.

Den Darstellungen des Schubmoduls G einiger Hochpolymerer in Abhängigkeit von der Celsius-Temperatur t (Bild 4.14 bis 4.18) liegen überwiegend die Veröffentlichungen [4.32; 4.33] zugrunde. Man hat bei solchen Stoffen vor allem zu beachten, daß mit steigender Temperatur zunächst die amorphen Anteile und dann gegebenenfalls vorhandene kristalline Anteile erweichen, bevor sich die Vernetzungen ganz auflösen. In gummielastischen Bereichen kann der Elastizitätsmodul eine kleine Zunahme mit steigender Temperatur aufweisen. Dagegen äußern sich Phasenumwandlungen fast immer in deutlichen Abnahmen des Elastizitätsmoduls mit steigender Temperatur.

4.6.1 Übersichtstabelle

Tabelle 4.15. Richt- oder Mittelwerte des Elastizitätsmoduls E (Celsius-Temperatur $t \approx 20\,°C$)

	E kN/mm^2
a) Naturgesteine	
Sandstein	5... 40
Gneis	13... 36
Granit	15... 70
Kalkstein	25... 70
Porphyr	57... 68
Basalt	50... 100
Quarzit	65... 80
Diabas	70... 80
Glimmer (Muskovit)	160... 210
Diamant	900...1 200
b) Kunstgesteine	
Baugips	2
Gasbeton (Rohdichte 0,4...0,8 kg/m^3)	1... 4
Leichtbeton (Rohdichte <2 kg/dm^3)	<10
dichter Silicatbeton (Kalk-Quarzsand-Gemenge)	10... 25
Zementbeton (Normal- bis Schwerbeton)	10... 50
Kalksandstein (Calciumsilicat-Gestein)	5... 25
Hartbrandziegel	25... 50
c) Feinkeramische Werkstoffe	
Steinzeug	40... 60
Hartporzellan	65... 85
Zirkonporzellan (mechanisch sehr fest)	140... 210
Cordier-Masse (aus Ton und Speckstein, sehr temperaturwechselbeständig)	70... 110
Steatit (sehr fest, aber empfindlich gegen Temperaturwechsel)	80... 120
Erzeugnisse mit erhöhtem Al_2O_3-Gehalt (gut wärmeleitend, sehr feuerbeständig)	90... 200
d) Gläser[a]	
Quarzglas (sehr temperaturwechselbeständig) (0,6)	72
Vycor = quarzreiches Silicatglas mit 96 % SiO_2 (ultraviolettdurchlässig) (8)	67
Fenstergläser (8 bis 9)	50...100
Flintglas (8)	80
Kronglas (9)	70
Borosilicatgläser mit 7 bis 13 % B_2O_3 (feuerfest und dielektrisch verlustarm) (32 bis 39)	51... 66
Pyrex = Borosilicatglas von Corning (temperaturwechselbeständig) (32)	69
Supremax = Thermometerglas von Schott (37)	90
Alumosilicatgläser (hochisolierend) (41 bis 99)	64... 74
Alumoborosilicatglas (Geräteglas, chemisch widerstandsfähig) (49)	72
Fiolax = Borosilicatglas von Schott (braun gefärbt) (55)	71
Manometerglas (67)	81
Natron-Kali-Bleiglas mit 20 % PbO (hellgrün gefärbt, dielektrisch verlustreich) (91)	63
Kalk-Natron-Silicatglas (92)	69
Acrylglas (aus Polymethylmethacrylat) (80)	3

Tabelle 4.15 (Fortsetzung)

	E kN/mm^2
e) Biomaterialien	
Membran unter der Eischale	0,008
Knorpel	0,025
Sehne, Embryoknochen	0,6
verkalkter Knochen (z. B. Schenkelknochen)	24
Zahnbein	13
Zahnschmelz	47
f) Vollhölzer	
Fichte, Kiefer, längs der Wuchsfaser	10...12
quer der Wuchsfaser	3... 5
Eiche, Esche, Rotbuche, längs der Wuchsfaser	12...15
quer der Wuchsfaser	6...11
Preßholz (nicht imprägniert)	28
g) Holzwerkstoffe	
Buchensperrholz, 1 bis 3 mm dick:	
längs der Außenfaser	12,5 ± 4
quer der Außenfaser	4,5 ± 0,5
4 bis 8 mm dick:	
längs der Außenfaser	10 ± 2
quer der Außenfaser	5,5 ± 0,5
Buchenschichtholz längs der Außenfaser	16 ± 2
Preßschichtholz-Erzeugnisse (imprägniert)	10 ...25
Kunstharz-Preßholz-Erzeugnisse	10 ...19
Hartpapier	15
Spanplatten	0,6... 2,4
Faserplatten, mittelhart	1 ... 4
h) Duroplaste	
Polyester-Gießharz, ungesättigt	3,5
Epoxid-Gießharz, ausgehärtet	4
Melaminharz-Preßmassen mit Holzmehl	6... 8
mit Gesteinsmehl	8...12
Phenolharz-Preßmassen ohne Füllstoff	5... 8
mit Holzmehl	6... 9
mit Gesteinsmehl	9...15
mit langfaserigem Füllstoff	13...17
i) Thermoplaste	
Celluloid (Zellhorn)	1,4...2,0
Celluloseacetat, hoch verestert	2,2
Polyurethan, weich	0,3
hart	1
Polypropylene	1,1...1,4
Polycarbonate	2,2...2,5
Polytetrafluorethylen	4
6-Polyamide (Perlon)	1,5...2,2
6,6-Polyamid (Nylon), unverstärkt	2,5
mit 20 % Glasfasern	8
mit 70 % Glasfasern	21
Polystyrol, unverstärkt	3,3
mit 30 % Glasfasern	8

Tabelle 4.15 (Fortsetzung)

	E kN/mm^2
j) Kautschuke	
Butylgummi ohne Füllstoff	0,000 7...0,001 5
Volumengehalt an Ruß etwa 30 %	0,003 ...0,004
Neoprengummi ohne Füllstoff	0,001 5...0,003
Volumengehalt an Ruß etwa 25 %	0,003 ...0,005
Perbunan ohne Füllstoff	0,002 ...0,003
Volumengehalt an Ruß 35 bis 40 %	0,002 5...0,004
Buna S ohne Füllstoff	0,001 ...0,003
Volumengehalt an Ruß 20 bis 30 %	0,002 5...0,004 5

[a] Die in Klammern gesetzten Zahlen bei den Gläsern sind die mittleren Längenausdehnungskoeffizienten zwischen 20 und 300 °C in 10^{-6}/K.

4.6.2 Diagramme des Elastizitätsmoduls E, des Schubmoduls G und der Poisson-Zahl μ als Funktion der Celsius-Temperatur

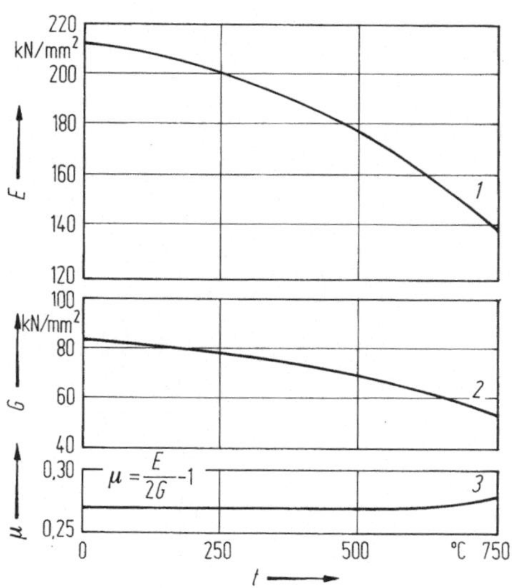

Bild 4.1. *1* Elastizitätsmodul E, *2* Schubmodul G und *3* Poisson-Zahl μ von Stahl

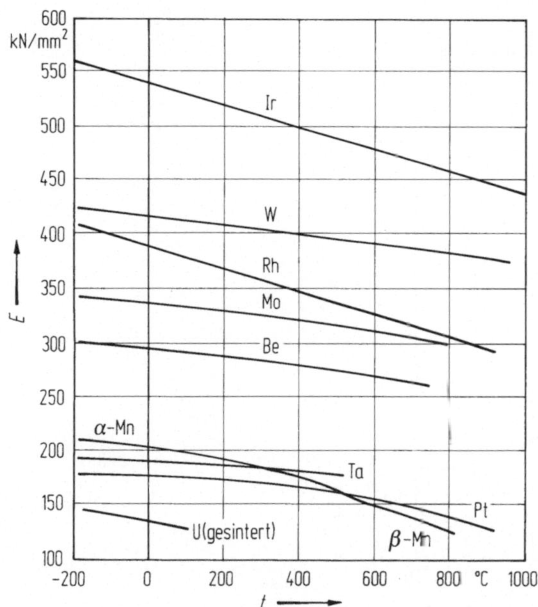

Bild 4.2. Elastizitätsmodul E von Beryllium, Iridium, Mangan, Molybdän, Platin, Rhodium, Tantal, Uran und Wolfram

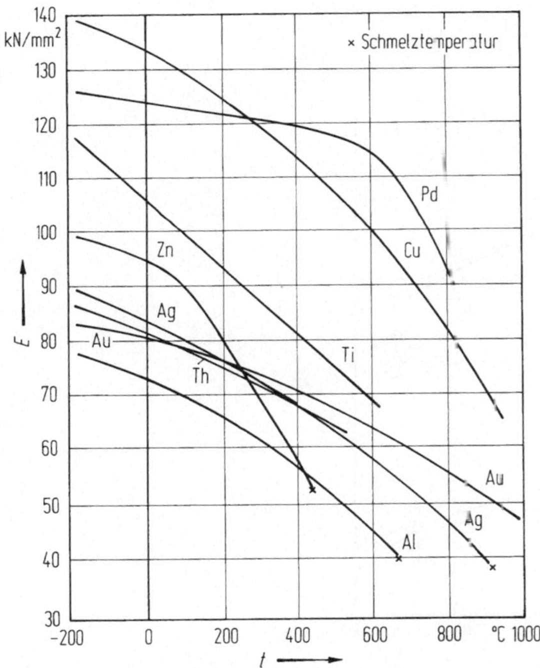

Bild 4.3. Elastizitätsmodul E von Aluminium, Gold, Kupfer, Palladium, Silber, Thorium, Titan und Zink

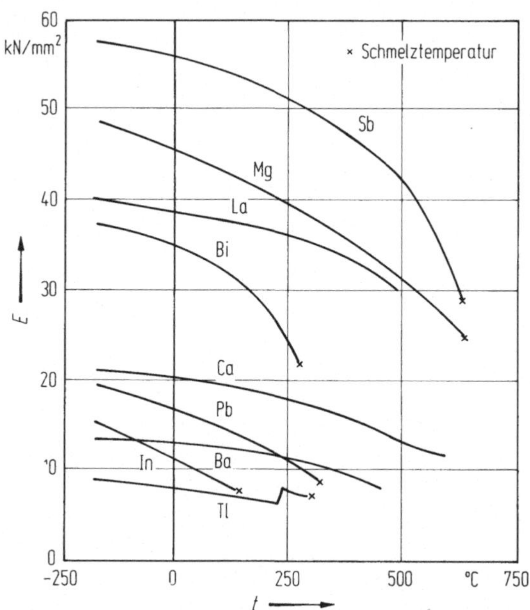

Bild 4.4. Elastizitätsmodul E von Antimon, Barium, Bismut, Blei, Calcium, Indium, Lanthan, Magnesium und Thallium

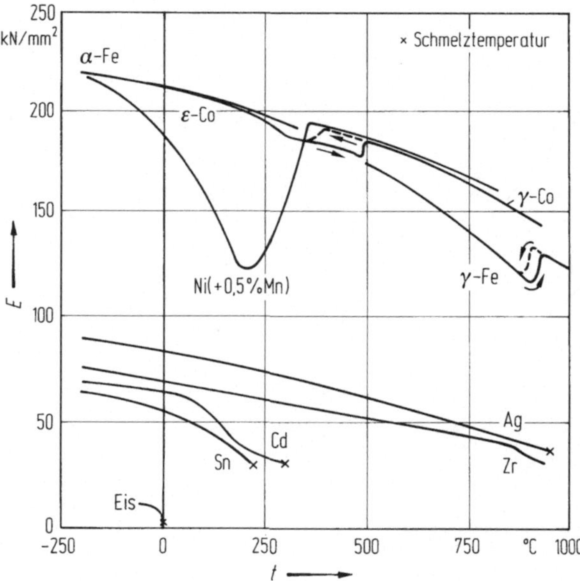

Bild 4.5. Elastizitätsmodul E von Cadmium, Cobalt, Eis, Eisen, Nickel, Silber, Zinn und Zirkonium

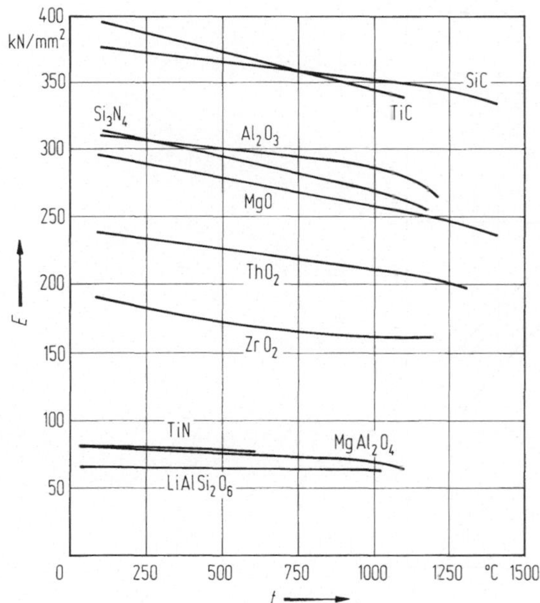

Bild 4.6. Elastizitätsmodul E von Carbiden, Nitriden und Oxiden

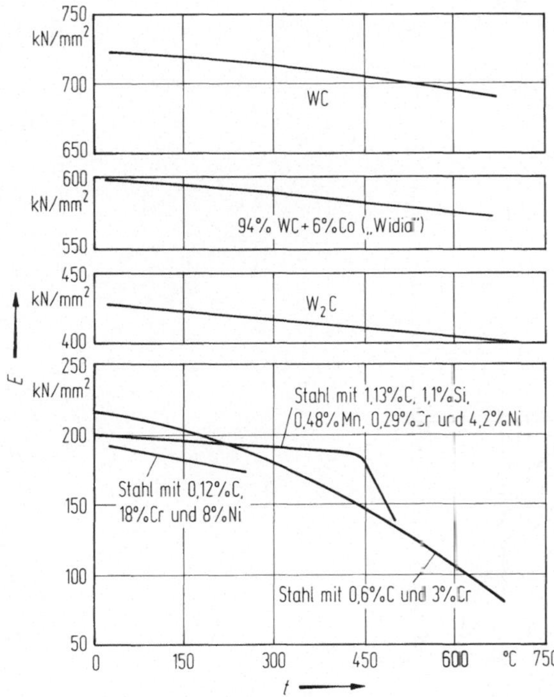

Bild 4.7. Elastizitätsmodul E von Hartmetallen und Stählen

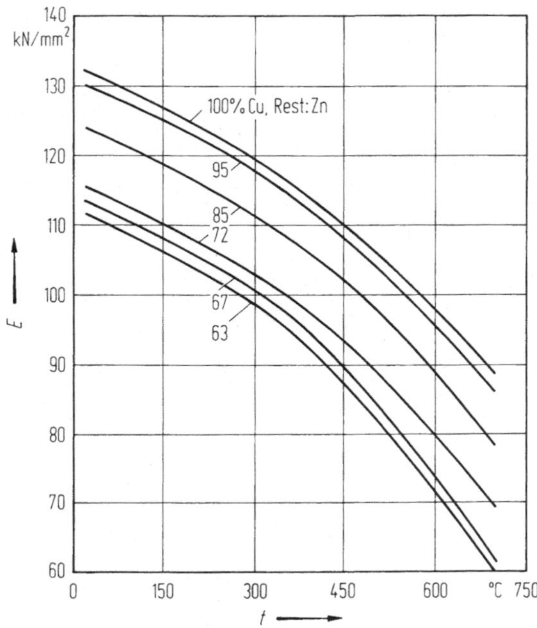

Bild 4.8. Elastizitätsmodul E von Kupfer und α-Kupfer-Zink-Mischkristallen (Messing)

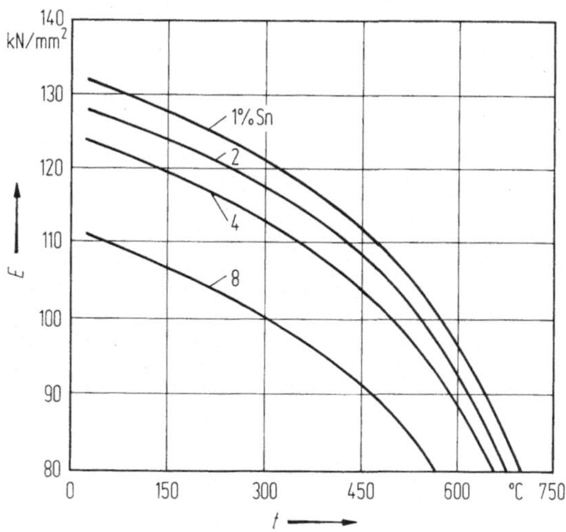

Bild 4.9. Elastizitätsmodul E von α-Kupfer-Zinn-Mischkristallen

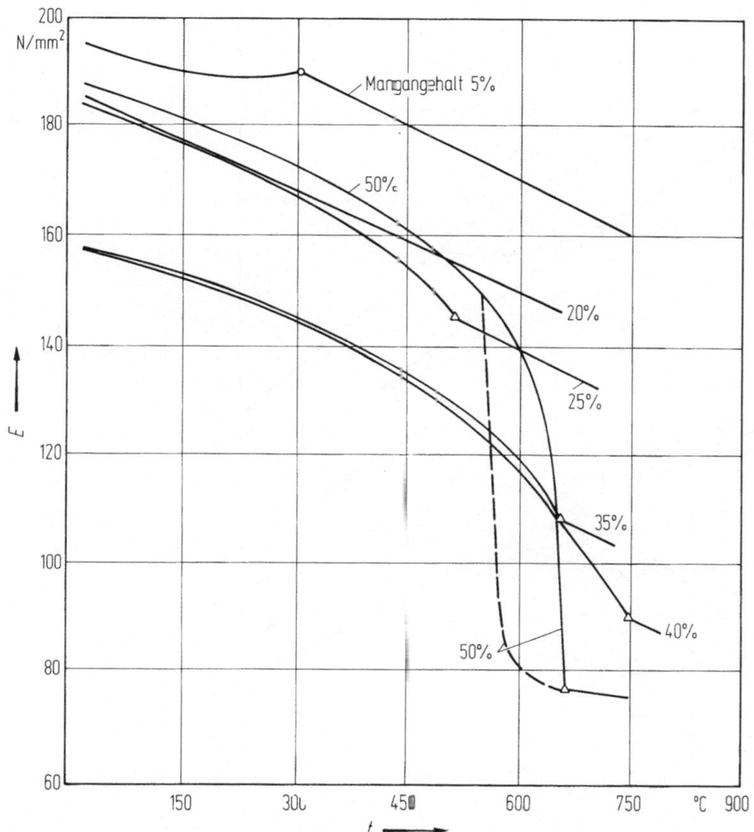

Bild 4.10. Elastizitätsmodul E von Nickel-Mangan-Legierungen. ○ Curie-Temperatur, △ Übergang von geordneter in ungeordnete Atomverteilung. —— bei 900 °C ausgeglüht, dann bei 400 °C getempert, – – – bei 800 °C abgeschreckt

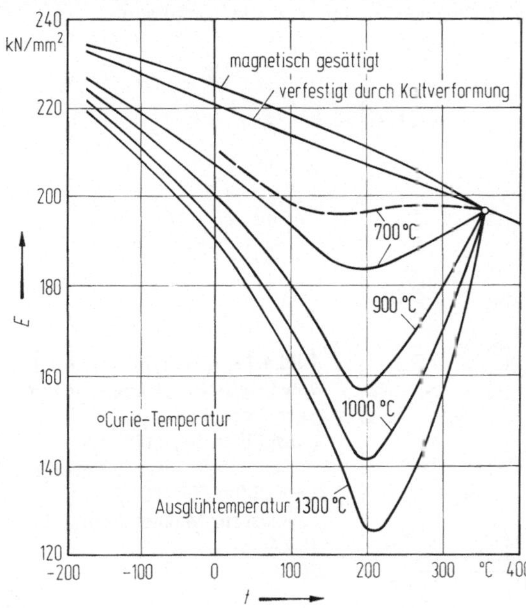

Bild 4.11. Elastizitätsmodul E von Nickel mit 0,5 % Mangan

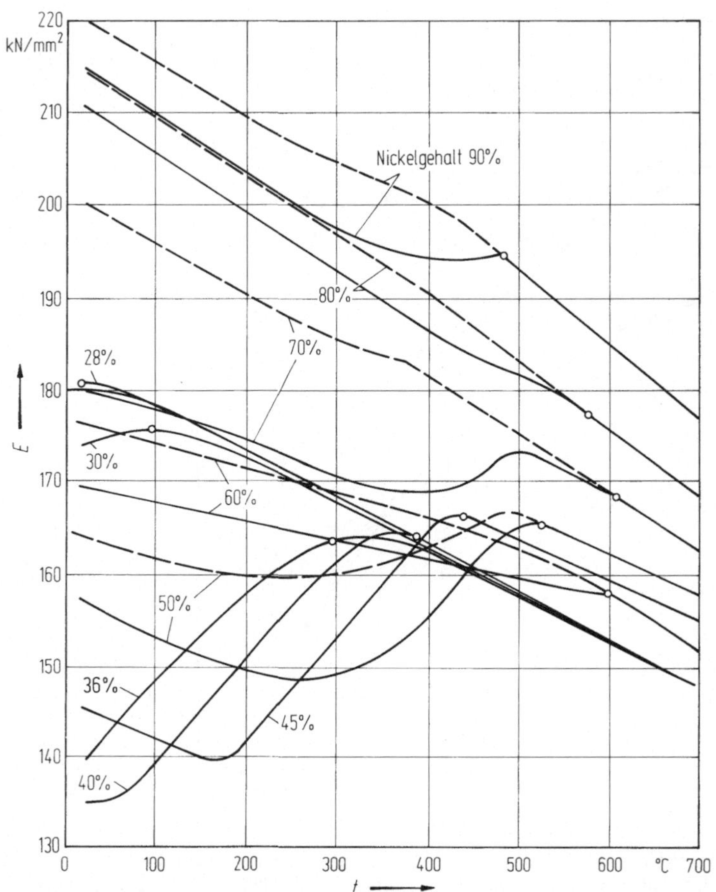

Bild 4.12. Elastizitätsmodul E von Eisen-Nickel-Legierungen nach Ausglühen bei 700 °C (gestrichelte Kurven) oder bei 1 000 °C (durchgezogene Kurven). ○ Curie-Temperatur

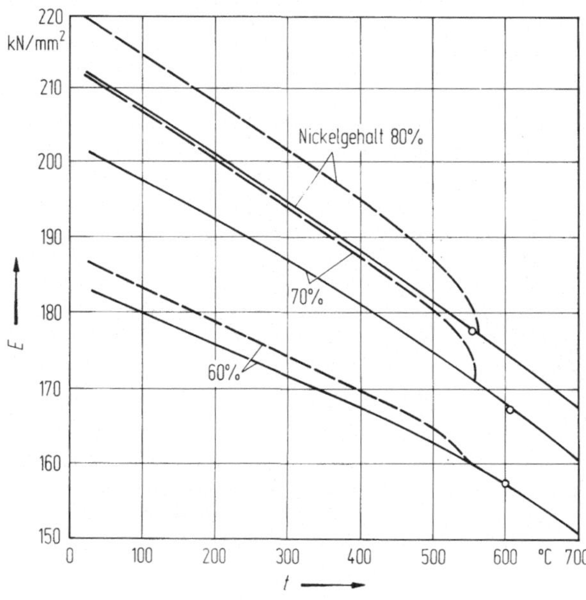

Bild 4.13. Elastizitätsmodul E von Eisen-Nickel-Legierungen nach Vorbehandlung (Ausglühen bei 1 000 °C), —— ab 650 °C rasch luftgekühlt, − − − 200 h bei 450 °C angelassen. Magnetisierung bei 32 kA/m

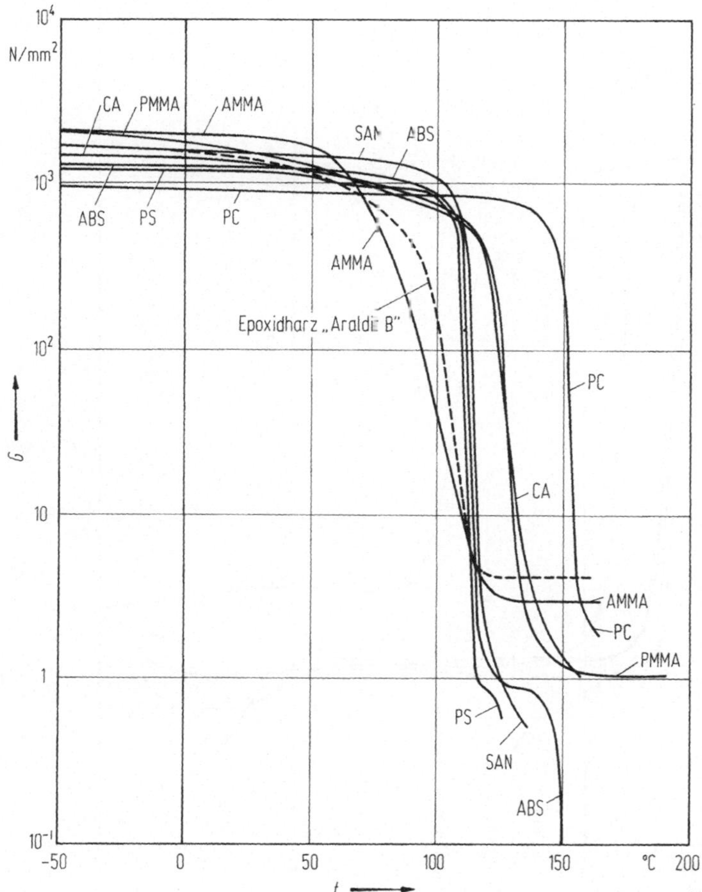

Bild 4.14. Schubmodul G von amorphen Thermoplasten. ABS Acrylnitril-Butadien-Styrol-Copolymerisat, AMMA Acrylnitril-Methylmethacrylat-Copolymerisat, CA Celluloseacetat, PMMA Polymethylmethacrylat, PC Polycarbonat, PS Polystyrol, SAN Styrol-Acrylnitril-Copolymerisat

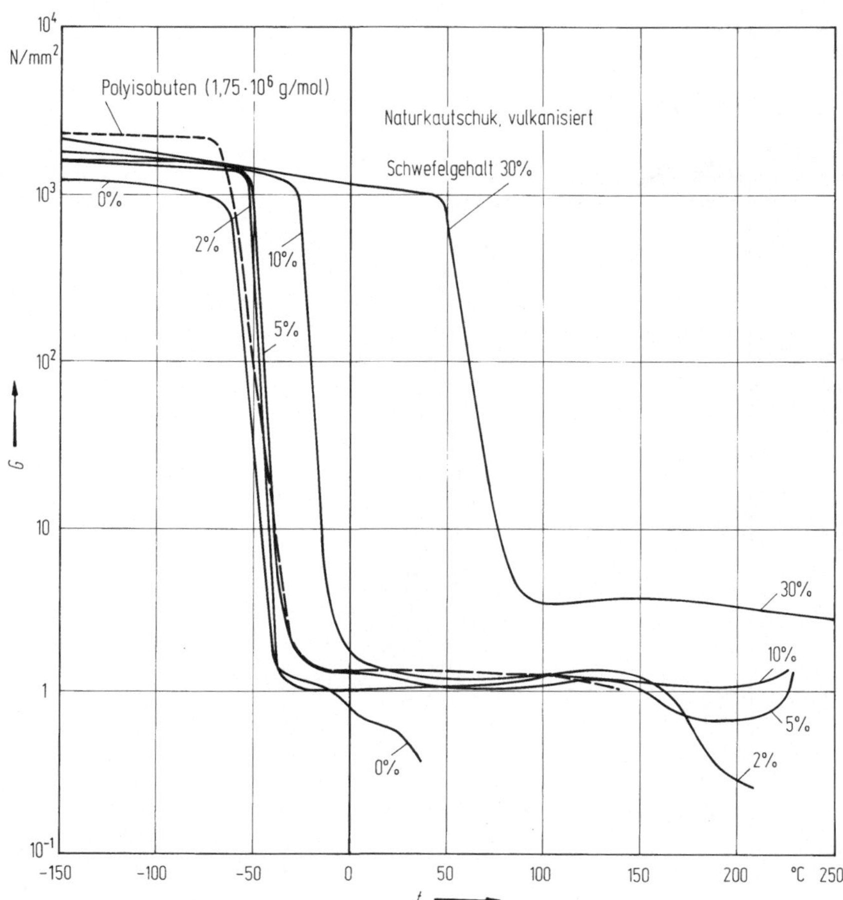

Bild 4.15. Schubmodul G von —— Naturkautschuk und – – – Polyisobuten (Polyisobutylen), molare Masse $\approx 1{,}75 \cdot 10^6$ kg/kmol

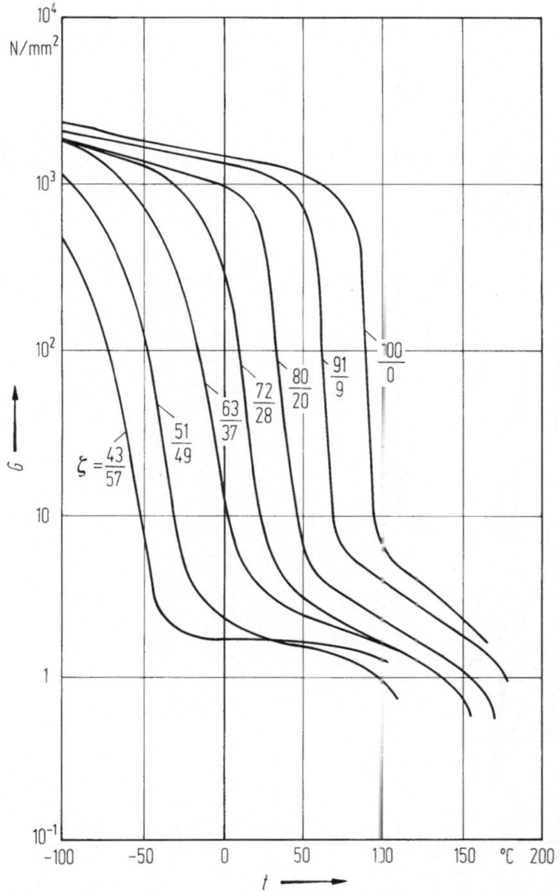

Bild 4.16. Schubmodul G von Polyvinylchlorid (PVC), weichgemacht mit Dibutylphtalat. ζ Massenverhältnis PVC/Weichmacher

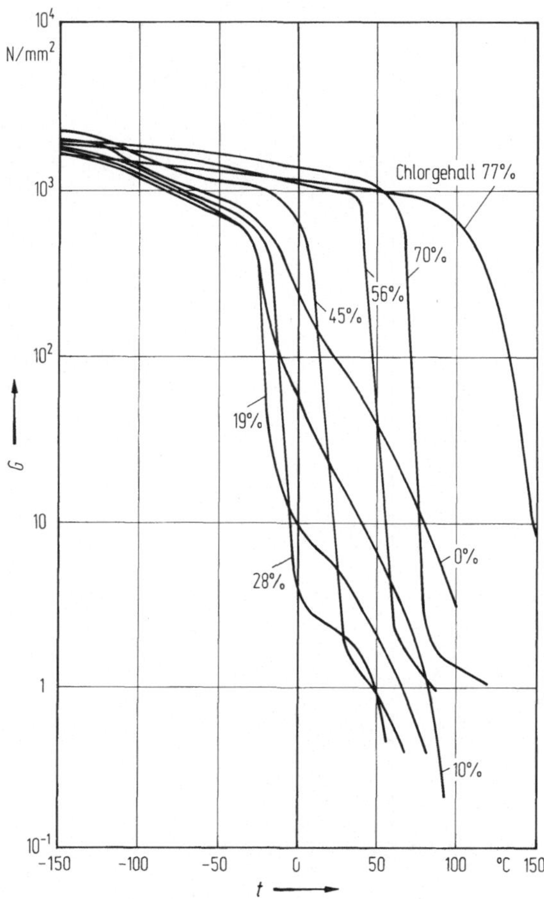

Bild 4.17. Schubmodul G von Polyethen (Polyethylen), chloriert (teilkristallisiert)

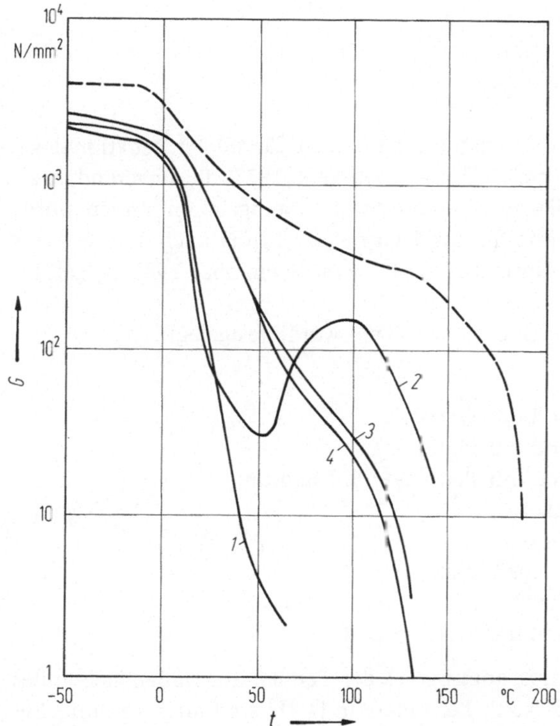

Bild 4.18. Schubmodul G von – – – Polyvinylidenchlorid (amorph) und ——— Mischpolymerisaten mit Massenanteilen von 70 % Vinylidenchlorid und 30 % Vinylchlorid nach Vorbehandlung: *1* aus zähflüssigem Zustand auf $-70\,°C$ abgeschreckt (amorpher Zustand); *2* etwas milder abgeschreckt, während des Versuchs teilweise rekristallisiert; *3* aus zähflüssigem Zustand sehr langsam abgekühlt (teilweise kristalliner Zustand); *4* wie *1* abgeschreckt, dann 3 h bei 70 °C nachgetempert (teilweise kristalliner Zustand)

4.7 Thermospannung
(W. Neubert)

Tabelle 4.16 enthält Grundwerte der Thermospannungen für alle international genormten Thermopaare nach der Norm IEC 584-1, Ausgabe 1977, die unverändert als DIN IEC 584, Teil 1 im Jahre 1984 in die deutsche Normung übernommen wurde [4.34]. Zusätzlich sind die Grundwerte für das Thermopaar Typ N nach dem Entwurf zur Änderung der internationalen Norm IEC 584-1 vom September 1985 aufgeführt [4.35].

Folgende Kennzeichnung durch Buchstaben (Typ) wurde festgelegt:

Kennbuchstabe	Thermopaar
R	Platin — 13 % Rhodium/Platin
S	Platin — 10 % Rhodium/Platin
B	Platin — 30 % Rhodium/Platin — 6 % Rhodium
J	Eisen/Kupfer-Nickel
T	Kupfer/Kupfer-Nickel
E	Nickel-Chrom/Kupfer-Nickel
K	Nickel-Chrom/Nickel
N	Nickel-Chrom-Silizium/Nickel-Silizium

Formeln zur Berechnung der Thermospannung aus der Temperatur finden sich außer in den genannten Normen in [4.36–4.38]. Besonders in [4.38] sind auch vereinfachte Formeln und solche zur Berechnung der Temperatur aus der Thermospannung angegeben.

Die Tabellen 4.17 und 4.18 enthalten je ein Beispiel für Thermopaare, die bei extrem tiefen bzw. hohen Temperaturen verwendet werden.

Tabelle 4.16. Grundwerte der Thermospannungen für die international genormten Thermopaare

Temperatur °C	Thermospannung in µV							
	Kennbuchstabe (Typ)							
	R	S	B	J	T	E	K	N
−200				−7 890	−5 603	−8 824	−5 891	−3 990
−190				−7 659	−5 439	−8 561	−5 730	−3 884
−180				−7 402	−5 261	−8 273	−5 550	−3 766
−170				−7 122	−5 069	−7 963	−5 354	−3 634
−160				−6 821	−4 865	−7 631	−5 141	−3 491
−150				−6 499	−4 648	−7 279	−4 912	−3 336
−140				−6 159	−4 419	−6 907	−4 669	−3 170
−130				−5 801	−4 177	−6 516	−4 410	−2 994
−120				−5 426	−3 923	−6 107	−4 138	−2 807
−110				−5 036	−3 656	−5 680	−3 852	−2 612
−100				−4 632	−3 378	−5 237	−3 553	−2 407

Tabelle 4.16 (Fortsetzung)

Tempe-ratur °C	Thermospannung in µV							
	Kennbuchstabe (Typ)							
	R	S	B	J	T	E	K	N
−90				−4215	−3089	−4777	−3242	−2193
−80				−3785	−2788	−4301	−2920	−1972
−70				−3344	−2475	−3811	−2586	−1744
−60				−2892	−2152	−3306	−2243	−1509
−50	−226	−236		−2431	−1819	−2787	−1889	−1268
−40	−188	−194		−1960	−1475	−2254	−1527	−1023
−30	−145	−150		−1481	−1121	−1709	−1156	−772
−20	−100	−103		−995	−757	−1151	−777	−518
−10	−51	−53		−501	−383	−581	−392	−260
0	0	0	0	0	0	0	0	0
10	54	55	−2	507	391	591	397	261
20	111	113	−3	1019	789	1192	798	525
30	171	173	−2	1536	1196	1801	1203	793
40	232	235	−0	2058	1611	2419	1611	1064
50	296	299	2	2585	2035	3047	2022	1339
60	363	365	6	3115	2467	3683	2436	1619
70	431	432	11	3649	2908	4329	2850	1902
80	501	502	17	4186	3357	4983	3266	2188
90	573	573	25	4725	3813	5646	3681	2479
100	647	645	33	5268	4277	6317	4095	2774
110	723	719	43	5812	4749	6996	4508	3072
120	800	795	53	6359	5227	7683	4919	3374
130	879	872	65	6907	5712	8377	5327	3679
140	959	950	78	7457	6204	9078	5733	3988
150	1041	1029	92	8008	6702	9787	6137	4301
160	1124	1109	107	8560	7207	10501	6539	4617
170	1208	1190	123	9113	7718	11222	6939	4936
180	1294	1273	140	9667	8235	11949	7338	5258
190	1380	1356	159	10222	8757	12681	7737	5584
200	1468	1440	178	10777	9286	13419	8137	5912
210	1557	1525	199	11332	9820	14161	8537	6243
220	1647	1611	220	11887	10360	14909	8938	6577
230	1738	1698	243	12442	10905	15661	9341	6914
240	1830	1785	266	12998	11456	16417	9745	7254
250	1923	1873	291	13553	12011	17178	10151	7596
260	2017	1962	317	14108	12572	17942	10560	7940
270	2111	2051	344	14663	13137	18710	10969	8287
280	2207	2141	372	15217	13707	19481	11381	8636
290	2303	2232	401	15771	14281	20256	11793	8987
300	2400	2323	431	16325	14860	21033	12207	9340
310	2498	2414	462	16879	15443	21814	12623	9695
320	2596	2506	494	17432	16030	22597	13039	10053
330	2695	2599	527	17984	16621	23383	13456	10412
340	2795	2692	561	18537	17217	24171	13874	10772
350	2896	2786	596	19089	17816	24961	14292	11135
360	2997	2880	632	19640	18420	25754	14712	11499
370	3099	2974	669	20192	19027	26549	15132	11865

Tabelle 4.16 (Fortsetzung)

Tempe- ratur °C	Thermospannung in µV Kennbuchstabe (Typ)							
	R	S	B	J	T	E	K	N
380	3 201	3 069	707	20 743	19 638	27 345	15 552	12 233
390	3 304	3 164	746	21 295	20 252	28 143	15 974	12 602
400	3 407	3 260	786	21 846	20 869	28 943	16 395	12 972
410	3 511	3 356	827	22 397		29 744	16 818	13 344
420	3 616	3 452	870	22 949		30 546	17 241	13 717
430	3 721	3 549	913	23 501		31 350	17 664	14 091
440	3 826	3 645	957	24 054		32 155	18 088	14 467
450	3 933	3 743	1 002	24 607		32 960	18 513	14 844
460	4 039	3 840	1 048	25 161		33 767	18 938	15 222
470	4 146	3 938	1 095	25 716		34 574	19 363	15 601
480	4 254	4 036	1 143	26 272		35 382	19 788	15 981
490	4 362	4 135	1 192	26 829		36 190	20 214	16 362
500	4 471	4 234	1 241	27 388		36 999	20 640	16 744
510	4 580	4 333	1 292	27 949		37 808	21 066	17 127
520	4 689	4 432	1 344	28 511		38 617	21 493	17 511
530	4 799	4 532	1 397	29 075		39 426	21 919	17 896
540	4 910	4 632	1 450	29 642		40 236	22 346	18 282
550	5 021	4 732	1 505	30 210		41 045	22 772	18 668
560	5 132	4 832	1 560	30 782		41 853	23 198	19 055
570	5 244	4 933	1 617	31 356		42 662	23 624	19 443
580	5 356	5 034	1 674	31 933		43 470	24 050	19 831
590	5 469	5 136	1 732	32 513		44 278	24 476	20 220
600	5 582	5 237	1 791	33 096		45 085	24 902	20 609
610	5 696	5 339	1 851	33 683		45 891	25 327	20 999
620	5 810	5 442	1 912	34 273		46 697	25 751	21 390
630	5 925	5 544	1 974	34 867		47 502	26 176	21 781
640	6 040	5 648	2 036	35 464		48 306	26 599	22 172
650	6 155	5 751	2 100	36 066		49 109	27 022	22 564
660	6 272	5 855	2 164	36 671		49 911	27 445	22 956
670	6 388	5 960	2 230	37 280		50 713	27 867	23 348
680	6 505	6 064	2 296	37 893		51 513	28 288	23 740
690	6 623	6 169	2 363	38 510		52 312	28 709	24 133
700	6 741	6 274	2 430	39 130		53 110	29 128	24 526
710	6 860	6 380	2 499	39 754		53 907	29 547	24 919
720	6 979	6 486	2 569	40 382		54 703	29 965	25 312
730	7 098	6 592	2 639	41 013		55 498	30 383	25 705
740	7 218	6 699	2 710	41 647		56 291	30 799	26 098
750	7 339	6 805	2 782	42 283		57 083	31 214	26 491
760	7 460	6 913	2 855	42 922		57 873	31 629	26 885
770	7 582	7 020	2 928	43 563		58 663	32 042	27 278
780	7 703	7 128	3 003	44 207		59 451	32 455	27 671
790	7 826	7 236	3 078	44 852		60 237	32 866	28 063
800	7 949	7 345	3 154	45 498		61 022	33 277	28 456
810	8 072	7 454	3 231	46 144		61 806	33 686	28 849
820	8 196	7 563	3 308	46 790		62 588	34 095	29 241
830	8 320	7 672	3 387	47 434		63 368	34 502	29 633
840	8 445	7 782	3 466	48 076		64 147	34 909	30 025

Tabelle 4.16 (Fortsetzung)

Tempe-ratur °C	Thermospannung in µV							
	Kennbuchstabe (Typ)							
	R	S	B	J	T	E	K	N
850	8 570	7 892	3 546	48 716		64 924	35 314	30 417
860	8 696	8 003	3 626	49 354		65 700	35 718	30 808
870	8 822	8 114	3 708	49 989		66 473	36 121	31 199
880	8 949	8 225	3 790	50 621		67 245	36 524	31 590
890	9 076	8 336	3 873	51 249		68 015	36 925	31 980
900	9 203	8 448	3 957	51 875		68 783	37 325	32 370
910	9 331	8 560	4 041	52 496		69 549	37 724	32 760
920	9 460	8 673	4 126	53 115		70 313	38 122	33 149
930	9 589	8 786	4 212	53 729		71 075	38 519	33 538
940	9 718	8 899	4 298	54 341		71 835	38 915	33 926
950	9 848	9 012	4 386	54 948		72 593	39 310	34 315
960	9 978	9 126	4 474	55 553		73 350	39 703	34 702
970	10 109	9 240	4 562	56 155		74 104	40 096	35 089
980	10 240	9 355	4 652	56 753		74 857	40 488	35 476
990	10 371	9 470	4 742	57 349		75 608	40 879	35 862
1 000	10 503	9 585	4 833	57 942		76 358	41 269	36 248
1 010	10 636	9 700	4 924	58 533			41 657	36 633
1 020	10 768	9 816	5 016	59 121			42 045	37 018
1 030	10 902	9 932	5 109	59 708			42 432	37 402
1 040	11 035	10 048	5 202	60 293			42 817	37 786
1 050	11 170	10 165	5 297	60 876			43 202	38 169
1 060	11 304	10 282	5 391	61 459			43 585	38 552
1 070	11 439	10 400	5 487	62 039			43 968	38 934
1 080	11 574	10 517	5 583	62 619			44 349	39 315
1 090	11 710	10 635	5 680	63 199			44 729	39 696
1 100	11 846	10 754	5 777	63 777			45 108	40 076
1 110	11 983	10 872	5 875	64 355			45 486	40 456
1 120	12 119	10 991	5 973	64 933			45 863	40 835
1 130	12 257	11 110	6 073	65 510			46 238	41 213
1 140	12 394	11 229	6 172	66 087			46 612	41 590
1 150	12 532	11 348	6 273	66 664			46 985	41 966
1 160	12 669	11 467	6 374	67 240			47 356	42 342
1 170	12 808	11 587	6 475	67 815			47 726	42 717
1 180	12 946	11 707	6 577	68 390			48 095	43 091
1 190	13 085	11 827	6 680	68 964			48 462	43 464
1 200	13 224	11 947	6 783	69 536			48 828	43 836
1 210	13 363	12 067	6 887				49 192	44 207
1 220	13 502	12 188	6 991				49 555	44 577
1 230	13 642	12 308	7 096				49 916	44 947
1 240	13 782	12 429	7 202				50 276	45 315
1 250	13 922	12 550	7 308				50 633	45 682
1 260	14 062	12 671	7 414				50 990	46 048
1 270	14 202	12 792	7 521				51 344	46 413
1 280	14 343	12 913	7 628				51 697	46 777
1 290	14 483	13 034	7 736				52 049	47 140
1 300	14 624	13 155	7 845				52 398	47 502
1 310	14 765	13 276	7 953				52 747	

Tabelle 4.16 (Fortsetzung)

Tempe-ratur °C	Thermospannung in µV							
	Kennbuchstabe (Typ)							
	R	S	B	J	T	E	K	N
1 320	14 906	13 397	8 063				53 093	
1 330	15 047	13 519	8 172				53 439	
1 340	15 188	13 640	8 283				53 782	
1 350	15 329	13 761	8 393				54 125	
1 360	15 470	13 883	8 504				54 466	
1 370	15 611	14 004	8 616				54 807	
1 380	15 752	14 125	8 727					
1 390	15 893	14 247	8 839					
1 400	16 035	14 368	8 952					
1 410	16 176	14 489	9 065					
1 420	16 317	14 610	9 178					
1 430	16 458	14 731	9 291					
1 440	16 599	14 852	9 405					
1 450	16 741	14 973	9 519					
1 460	16 882	15 094	9 634					
1 470	17 022	15 215	9 748					
1 480	17 163	15 336	9 863					
1 490	17 304	15 456	9 979					
1 500	17 445	15 576	10 094					
1 510	17 585	15 697	10 210					
1 520	17 726	15 817	10 325					
1 530	17 866	15 937	10 441					
1 540	18 006	16 057	10 558					
1 550	18 146	16 176	10 674					
1 560	18 286	16 296	10 790					
1 570	18 425	16 415	10 907					
1 580	18 564	16 534	11 024					
1 590	18 703	16 653	11 141					
1 600	18 842	16 771	11 257					
1 610	18 981	16 890	11 374					
1 620	19 119	17 008	11 491					
1 630	19 257	17 125	11 608					
1 640	19 395	17 243	11 725					
1 650	19 533	17 360	11 842					
1 660	19 670	17 477	11 959					
1 670	19 807	17 594	12 076					
1 680	19 944	17 711	12 193					
1 690	20 080	17 826	12 310					
1 700	20 215	17 942	12 426					

Tabelle 4.17. Grundwerte der Thermospannung E als Funktion der Kelvin-Temperatur T für Nickel-Chrom/Gold-0,07 % Eisen [4.39]

T K	E µV	T K	E µV
0	0	50	793,5
1	7,9	60	962,7
2	17,3	70	1 136,3
3	28,0	80	1 314,2
4	40,0	90	1 496,3
5	52,9	100	1 682,5
6	66,6	110	1 872,4
7	81,0	120	2 065,9
8	96,0	130	2 262,6
9	111,5	140	2 462,2
10	127,4	150	2 664,4
11	143,6	160	2 869,1
12	160,0	170	3 076,2
13	176,7	180	3 285,4
14	193,4	190	3 496,5
15	210,3	200	3 709,5
16	227,2	210	3 924,1
17	244,2	220	4 140,4
18	261,2	230	4 358,0
19	278,2	240	4 576,8
20	295,2	250	4 796,6
25	379,5	260	5 017,3
30	462,8	270	5 239,2
35	545,4	280	5 461,9
40	627,7		
45	710,2		

Tabelle 4.18. Grundwerte der Thermospannung E als Funktion der Celsius-Temperatur t für Wolfram-3 % Rhenium/Wolfram-25 % Rhenium [4.40]

t °C	E µV	t °C	E µV
0	0	1 250	23 094
50	528	1 300	24 033
100	1 145	1 350	24 961
150	1 840	1 400	25 875
200	2 602	1 450	26 777
250	3 420	1 500	27 666
300	4 286	1 550	28 542
350	5 192	1 600	29 404
400	6 129	1 650	30 252
450	7 093	1 700	31 085
500	8 077	1 750	31 902
550	9 076	1 800	32 702
600	10 086	1 850	33 485
650	11 103	1 900	34 248
700	12 124	1 950	34 989
750	13 147	2 000	35 707
800	14 171	2 050	36 399
850	15 194	2 100	37 063
900	16 211	2 150	37 694
950	17 223	2 200	38 290
1 000	18 226	2 250	38 845
1 050	19 221	2 300	39 356
1 100	20 206		
1 150	21 180		
1 200	22 143		

4.8 Elektrische Leitfähigkeit
(F. Melchert)

Tabelle 4.19. Spezifischer elektrischer Widerstand ϱ bei 20 °C und Temperaturkoeffizient α des elektrischen Widerstandes reiner Metalle

$$\varrho(t) = \varrho(0\,°\text{C})\,(1 + at)$$

nach [4.41]

Metall	$\varrho\,(0\,°\text{C})^{a}$ $10^{-6}\,\Omega\text{m}$	α^{b} $10^{-3}/\text{K}$	Metall	$\varrho\,(0\,°\text{C})^{a}$ $10^{-6}\,\Omega\text{m}$	α^{b} $10^{-3}/\text{K}$
Ag	0,015 0	4,10	Na·	0,042 7	5,5
Al	0,025 0	4,67	Nb	0,233	2,28
As	0,260		Ni	0,065 8	6,75
Au	0,020 4	3,98	Os	0,95	4,2
Ba	0,36	6,1	Pb	0,193	4,22
Be	0,027 8	7,5	Pd	0,097 7	3,8
Bi	1,07	4,45	Po	~0,45	~4,6
Ca	0,036	~4	Pr	0,69	1,65
Cd	0,067 3	4,26	Pt	0,098 1	3,92
Co	0,052	6,58	Pu	1,60	−2,97
Cr	0,150		Rb	0,116	5,3
Cs	0,190	5,0	Re	0,189	3,1
Cu	0,015 5	4,33	Rh	0,043 3	4,57
Fe$_\alpha$	0,087 1	6,57	Ru	0,066 7	4,5
Ga	0,137	4,1	Sb	0,321	5,1
Hf	0,265	4,4	Sn	0,101	4,63
Hg	0,941	0,99	Sr$_\alpha$	0,20	~5
In	0,082	5,1	Ta	0,124	3,6
Ir	0,047 4	4,33	Th	0,191	3,3
K	0,063	5,4	Ti	0,42	5,5
La	0,65		Tl	0,15	5,2
Li	0,085	4,37	U	~0,25	
Mg	0,039 4	4,2	V	0,182	
Mn$_\alpha$	7,10	0,17	W	0,048 9	4,83
Mn$_\beta$	0,91	1,4	Zn	0,054 5	4,2
Mn$_\gamma$	0,23	6,3	Zr	0,405	4,0
Mo	0,050 3	4,7			

[a] Die Werte für nicht kubische Metalle sind aus Einkristalldaten gemittelt oder an polykristallinen Materialien gemessen.

[b] Mittlerer relativer Temperaturkoeffizient, in der Regel für Bereich 0 bis 100 °C.

Tabelle 4.20. Elektrische Widerstandswerkstoffe nach DIN 17 471 [4.42]

a) Physikalische Kennwerte

Kurzzeichen	Spezifischer elektrischer Widerstand ϱ bei 20 °C in 10^{-6} Ωm	Temperaturkoeffizient α des Widerstands zwischen 20 und 100 °C in 10^{-6}/K	Thermospannung gegen Kupfer bei 20 °C in µV/K	Spezifische Wärme-kapazität bei 20 °C in J/(gK)	Wärmeleitfähigkeit bei 20 °C in W/(K m)
CuNi2	0,05	$+1\,000\ldots+1\,600$	-15	0,38	130
CuNi6	0,10	$+500\ldots\ +900$	-20	0,38	92
CuMn3	0,125	$+280\ldots\ +380$	$+1$	0,39	84
CuNi10	0,15	$+350\ldots\ +450$	-25	0,38	59
CuNi23Mn	0,30	$+220\ldots\ +280$	-30	0,37	33
CuNi30Mn	0,40	$+80\ldots\ +130$	-25	0,40	25
CuMn12Ni	0,43	$-10\ldots\ +10$[a]	$-0,6$	0,41	22
CuNi44	0,49	$-80\ldots\ +40$	-40	0,41	23
CuMn12NiAl	0,50	$-50\ldots\ +50$	-2	0,41	22
NiCr8020	1,08	$+50\ldots\ +150$	$+4$	0,42	15
NiCr6015	1,11	$+100\ldots\ +200$	$+1$	0,46	13
NiCr20AlSi	1,32	$-50\ldots\ +50$[b]	$+1$	0,46	14

[a] Grenzen gelten nur zwischen 20 und 50 °C; die Widerstands-Temperaturkurve hat einen parabolischen Verlauf mit einem Maximum im Bereich von $+20$ bis $+40$ °C.

[b] Für Verwendung bei Präzisionswiderständen kann Temperaturkoeffizient auf Werte zwischen $-10\cdot10^{-6}$/K und $+10\cdot10^{-6}$/K eingestellt werden.

Tabelle 4.20 (Fortsetzung)

b) Chemische Zusammensetzung, Hinweise zur Verwendung

Kurz-zeichen	Chemische Zusammensetzung Mittelwerte der Massenanteile in %							Besondere Eigenschaften	Übliche Verwendung	Obere Anwendungs-temperatur an Luft °C
	Al	Cr	Cu	Fe	Mn	Ni	Si			
CuNi2			Rest			2		weich lötbar	Anschlußenden, niedrigohmige elektrische Widerstände	300
CuNi6			Rest			6				300
CuMn3			Rest		3					200
CuNi10			Rest			10		korrosions- und zunderbeständig, weich lötbar		400
CuNi23Mn			Rest		1,5	23		korrosions- und zunderbeständig, weich lötbar	elektrische Widerstände, Heizdrähte	500
CuNi30Mn			Rest		3	30		gut korrosions- und zunderbeständig, weich lötbar	elektrische Widerstände, Anlasser	500
CuMn12Ni			Rest		12	2		hohe zeitliche Konstanz des Widerstandes, weich lötbar	Meß- und Präzisionswiderstände	140 [c]
CuNi44			Rest		1	44		gut zunderbeständig, weich lötbar	Meßwiderstände, Potentiometer, Heizdrähte	600
CuMn12NiAl	1,2		Rest		12	5		weich lötbar	elektrische Widerstände	500
NiCr80 20		20				Rest		gut korrosions- und zunderbeständig, nicht ferromagnetisch	hochohmige elektrische Widerstände, Heizdrähte	600
NiCr60 15		15		20		Rest				600
NiCr20AlSi	3,5	20		0,5	0,5	Rest	1	hohe Festigkeit, nicht ferromagnetisch	hochohmige Meß- und Präzisionswiderstände	200

[c] Bei Verwendung für Präzisionswiderstände nur 60 °C.

5 Wärmeleitfähigkeit
(W. Hemminger)

Die angegebenen Werte sind zum Teil aus verschiedenen Quellen gemittelt, zum Teil aus graphischen Darstellungen entnommen und im allgemeinen gerundet [5.1–5.9]. Die Unsicherheit der Werte kann größer sein als die Einheit der letzten aufgeführten Dezimale.

5.1 Gase

Die angegebenen Wärmeleitfähigkeiten gelten für einen Druck von etwa 100 kPa. Ausnahmen sind vermerkt. Da bei hohen Temperaturen die Bestimmung der Wärmeleitfähigkeit sehr schwierig wird (Konvektion, Strahlung), sind die hierfür tabellierten Werte im allgemeinen als Richtwerte zu betrachten.

Angaben über die Druckabhängigkeit der Wärmeleitfähigkeit, über die Wärmeleitfähigkeit binärer und ternärer Gasgemische und dissoziierender Gase finden sich in [5.2, S. 582 ff.].

Tabelle 5.1. Wärmeleitfähigkeit λ von Elementen, anorganischen Verbindungen und Luft in mW/(K m) als Funktion der Celsius-Temperatur t

Stoff	Formel oder Symbol	t in °C												
		−243	−173	−73	0	25	50	100	200	300	500	800	1 200	1 727
Ammoniak	NH_3				21,8	24,2	27,0	33,2	47,2	61,5	93,2			
Argon	Ar			12,5	16,3	17,6	18,8	21,1	25,4	29,6	36,6	45,2	55,8	68,6
Bortrifluorid	BF_3				17,3	18,9	20,5	23,6	29,9	36,5				
Brom ($p < 100$ kPa)	Br_2				4,3	4,7	5,0	5,8	7,4	9,1				
Bromwasserstoff ($p < 100$ kPa)	HBr				7,9	8,7	9,5	11,1	14,2	17,3				
Chlor ($p < 100$ kPa)	Cl_2				8,0	8,8	9,7	11,4	14,9	18,3				
Chlorwasserstoff ($p < 100$ kPa)	HCl				12,7	13,9	15,1	17,6	22,5	27,0				
Deuterium	D_2				131									
Distickstoffoxid	N_2O			9,8	15,3	17,3	19,3	23,6	32,2	39,7	54,6			
Fluor ($p < 100$ kPa)	F_2		9,0	17,9	24,3	26,4	28,6	32,7	40,6	47,6				
Helium	He		72	115	145,2	153,7	162,1	178,3	208,8	241	300	378	474	587
Iod ($p < 100$ kPa)	I_2									60				
Iodwasserstoff	HI				5,6	6,2	6,6	7,7	9,7	11,7	15,6			
Kalium	K												25	
Kohlenstoffdioxid	CO_2			9,5	14,5	16,4	18,4	22,3	30,2	38,1	54,2	72,0	89,8	
Kohlenstoffmonooxid	CO				23,1	24,9	26,7	30,4	36,8	42,9	53,5	67,9		
Krypton	Kr			6,5	8,6	9,4	10,1	11,4	14,0	16,0	21,0	26,3		
Luft			9,2	18,2	24,1	25,9	27,6	31,0	37,6	44,4	55,5	72,5		
Natrium	Na												54	
Neon	Ne	10,7	22,2	37,5	46,2	48,9	51,6	56,8	66,6	74,4	89,5	109	136	162
Quecksilber ($p < 100$ kPa)	Hg								7,5	8,8				
Sauerstoff	O_2		9,0	18,6	24,5	26,4	28,3	31,8	38,6	46,2	58,7	75,7	95,7	
Schwefeldioxid	SO_2				8,6	9,6	10,6	12,9	18,4	24,1	33,9	48,1		
Schwefelhexafluorid	SF_6					13,5	14,8			31,7				
Schwefelwasserstoff	H_2S				13,0	14,3	15,8	18,9	25,4	32,4				
Siliciumtetrafluorid	SiF_4								25,4	31,4				
Stickstoff	N_2		9,6	18,3	24,0	25,7	27,5	30,8	37,1	43,1	53,5	68,6		
Stickstoffoxid	NO			17,3	23,9	25,7	27,5	31,0	38,0	44,4	57,7			
Tetrachlorkohlenstoff	CCl_4				5,9	6,7	7,5	9,1	12,0					
Wasser	H_2O								24,6	33,2	44,1	64,5	96,4	
Wasserstoff	H_2	29,4	67,6	128,0	174,4	186,1	197,4	219,2	259,3					
Xenon	Xe				3,9	5,2	5,5	6,0	6,9	8,1	9,8			

Tabelle 5.2. Wärmeleitfähigkeit λ von organischen Verbindungen in $mW/(K\,m)$ als Funktion der Celsius-Temperatur t

Stoff	Formel	t in °C					
		0	25	50	100	150	200
Methan	CH_4	30,5	33,9	37,5	45,2	53,6	62,6
Ethan	C_2H_6	18,3	21,2	24,5	31,6	38,5	46,5
Ethylen	C_2H_4	17,5	20,8	24,0	31,0	37,0	44,0
Acetylen (Ethin)	C_2H_2	18,6	21,5	24,6	30,3	36,2	42,3
Propan	C_3H_8	15,1	18,0	21,0	27,2	34,0	42,5
Propylen	C_3H_6	14,0	17,0	20,0			
Butan	C_4H_{10}	13,5	16,3	18,5	24,5	31,0	38,4
Butylen	C_4H_8	12,3	16,0	18,5			
Butadien, 1,3-	C_4H_6		15,8	18,4			
Pentan	C_5H_{12}			17,3	22,8	29,0	35,7
Hexan	C_6H_{14}				20,2	26,0	
Benzol	C_6H_6				16,5	21,4	29,3
Heptan	C_7H_{16}			15,0	17,6		
Octan	C_8H_{18}				15,5		
Methylchlorid	CH_3Cl	9,1	10,7	12,4	15,7	19,5	23,6
Methylbromid	CH_3Br		8,0	9,1	11,6	14,5	17,6
Methyliodid	CH_3I			6,3	8,2		
Chloroform	$CHCl_3$				10,1	12,3	14,0
Methylenchlorid	CH_2Cl_2			9,3	11,8	14,3	16,9
Tetrafluorkohlenstoff	CF_4	13,8	15,8	17,6	21,4		
Tetrachlorkohlenstoff	CCl_4				9,0	10,5	
Trifluorchlormethan	CF_3Cl	10,8	12,2	14,0	17,3	20,5	23,5
Difluordichlormethan	CF_2Cl_2	8,6	9,9	11,0	13,4	16,0	
Ethylchlorid	C_2H_5Cl		10,9	13,1	17,6	22,0	27,0
Methanol	CH_4O				23,6	27,6	
Ethanol	C_2H_6O				22,0	27,3	30,6
Dimethylether	C_2H_6O				25,0		
Ethylenoxid	C_2H_4O		11,8	14,3	19,3	24,9	
Essigsäure ($p < 100$ kPa)	$C_2H_4O_2$		12,2	14,0	17,6		
Aceton	C_3H_6O				17,6	22,7	27,9
Diethylether	$C_4H_{10}O$		17,2	22,1	27,6	33,5	
Dimethylamin	C_2H_7N		16,0	21,0	30,5	40,4	

5.2 Flüssigkeiten
(Wasser s. Tabelle 2.60 und 2.61)

Die relative Unsicherheit der angeführten Werte ist unterschiedlich, i. allg. ist mit 5 % zu rechnen. Bei sehr tiefen oder sehr hohen Temperaturen (verflüssigte Gase oder Metallschmelzen) können noch größere Unsicherheiten auftreten, ebenso für Flüssigkeiten, deren Zusammensetzung nicht exakt definiert ist. Die Wärmeleitfähigkeit ist i. allg. für den Sättigungsdruck angegeben.

Da in konvektionsfreien Flüssigkeiten zusätzlich zur Wärmeleitung auch Wärmestrahlung auftritt, können die Meßwerte der Wärmeleitfähigkeit einen Effektivwert darstellen, der von der Probensubstanz (spektrales Absorptionsvermögen), der Meßtemperatur, dem Temperaturgradienten, der Schichtdicke der Flüssigkeit und von Oberflächeneigenschaften der Begrenzungsflächen abhängt.

Tabelle 5.3. Wärmeleitfähigkeit λ verflüssigter Gase in mW/(K m) beim Sättigungsdruck als Funktion der Temperatur T (s. auch Tabelle 5.8 und 5.9)

Stoff	Formel oder Symbol	T in K						
		2,5	4	16	20	24	25	30
Deuterium	D_2				126	134		
Helium	He	19	28					
Neon	Ne						117	108
Wasserstoff	H_2			105	118		127	

Stoff	Formel oder Symbol	T in K												
		65	70	75	80	85	90	93	113	133	153	173	193	213	233
Argon	Ar					126	120	117	93	66					
Bortrifluorid	BF_3										203	203			
Ethylen	C_2H_4								253	231	210	188	166	145	123
Kohlenstoffmonooxid	CO				143	134		118	86	35					
Krypton	Kr									82	69	56	43		
Methan	CH_4							216	185	156	128	100			
Ozon	O_3				219		222	223	227	231					
Propan	C_3H_8							205	202	195	182	169	157	144	
Sauerstoff	O_2			168	162		150	145	118	90					
Stickstoff	N_2	160	151		132		114	108	75						
Tetrafluormethan	CF_4										94	78	63		
Xenon	Xe											68	60	53	45

Tabelle 5.4 Wärmeleitfähigkeit λ flüssiger Metalle in W/(K m) als Funktion der Celsius-Temperatur t

Entsprechend den schwierigen meßtechnischen Bedingungen ist hier mit größeren Unsicherheiten zu rechnen, so daß die angegebenen Werte den Charakter von Richtwerten haben.

Stoff	Symbol	t in °C								
		0	100	200	300	400	600	800	1 000	1 200
Aluminium	Al							95	101	
Antimon	Sb							28		
Bismut	Bi				14	15	17			
Blei	Pb					17	19			
Cadmium	Cd					46				
Caesium	Cs		20	20	20	20	19	17	14	11
Gallium	Ga		35	45	56					
Indium	In			37	39	41	47	57		
Kalium	K		53	49	45	41	35	29	24	
Kalium(75 %)-Natrium			23	24	26	27	30			
Kupfer	Cu									170
CuZn5										108
CuZn30										75
CuSn10										82
CuNi10Fe1,3										86
Lithium	Li			43	47	50	56	62	66	69
Magnesium	Mg							89		
Natrium	Na		88	83	78	73	64	55	47	40
Quecksilber	Hg	8,2	9,0	9,8	11,0	11,7	12,6			
Rubidium	Rb		33	32	31	29	26	22	18	
Zink	Zn						60	71		
Zinn	Sn				28	31				

Tabelle 5.5. Wärmeleitfähigkeit λ anorganischer Flüssigkeiten in W/(K m) als Funktion der Celsius-Temperatur t (s. auch Tabelle 5.3, Tabelle 2.60 und 2.61)

Die angegebenen Werte gelten im allgemeinen für den Sättigungsdruck.

Stoff	Formel	t in °C					
		−40	−20	0	20	50	100
Ammoniak	NH_3			0,536	0,491	0,425	0,306
Bortrichlorid	BCl_3	0,117	0,113	0,108			
Brom	Br_2				0,125	0,105	
Chlorwasserstoff	HCl			0,227	0,189		
Germaniumtetrachlorid	$GeCl_4$		0,110	0,107	0,104	0,100	
Kohlenstoffdioxid	CO_2			0,109	0,087		
Phosphorsäure	H_3PO_4				0,431	0,459	0,504
Salpetersäure (98 %)	HNO_3			0,265	0,260	0,254	0,243
Schwefel	S						0,132
Schwefeldioxid (bei 517 kPa)	SO_2			0,224	0,211	0,198	0,177
Schwefelhexafluorid	SF_6	0,080	0,072	0,065	0,058		
Schwefelkohlenstoff	CS_2			0,15			
Schwefelsäure	H_2SO_4				0,330	0,362	0,416
Siliciumtetrachlorid	$SiCl_4$			0,10			
Stickstoffdioxid	NO_2			0,142	0,132	0,116	
Wasser,schwer	D_2O				0,582	0,618	0,641

Tabelle 5.6. Wärmeleitfähigkeit λ von Salzschmelzen für verschiedene Celsius-Temperaturen t

Salzschmelze	Formel	t in°C	λ in W/(K m)
Silberbromid	$AgBr$	460	0,28
Silberiodid	AgI	250	0,28
Silbernitrat	$AgNO_3$	211	0,38
		250	0,43
Boroxid	B_2O_3	500	1,00
Kupferchlorid	Cu_2Cl_2	427	0,19
Kaliumbromid	KBr	788	0,29
Kaliumchlorid	KCl	820	0,36
Kaliumiodid	KI	734	0,24
Kaliumnitrat	KNO_3	340	0,47
		450	0,50
Lithiumchlorid	$LiCl$	670	0,46
Natriumbromid	$NaBr$	802	0,32
Natriumcarbonat	Na_2CO_3	1 135	1,83
Natriumchlorid	$NaCl$	780	0,88
		827	1,00
Natriumiodid	NaI	705	0,27
Natriumhydroxid	$NaOH$	400	0,91
Natriumnitrat	$NaNO_3$	310	0,56
		450	0,60
Natriumnitrit	$NaNO_2$	276	0,67
Blei(II)-Chlorid	$PbCl_2$	477	0,35
Rubidiumnitrat	$RbNO_3$	450	0,39
Zinkchlorid	$ZnCl_2$	318	0,30
		368	0,29

Tabelle 5.7. Wärmeleitfähigkeit λ von Schmelzen von Salzgemischen für verschiedene Celsius-Temperaturen t (Zahlen in Klammern: Stoffmengenanteile w_i in %)

Salzgemisch	t in °C	λ in W/(K m)
$AgCl + AgI$ (47/53)	300	0,18
$AgNO_3 + KNO_3$ (78/22)	281	0,52
$AgNO_3 - KNO_3$ (28/72)	279	0,51
$AgNO_3 - NaNO_3$ (76/24)	268	0,56
$AgNO_3 + NaNO_3$ (26/74)	325	0,53
$LiCl + KCl$ (59/41)	353	0,69
$LiNO_3 + NaNO_3$ (50/50)	230	0,54
	293	0,54
$NaCl + FeCl_3$ (46/54)	158	0,26
$NaCl + ZnCl_2$ (42/58)	270	0,37
$NaF + UF_4$ (74/26)	650	0,25
$NaNO_3 + KNO_3$ (77/23)	324	0,47
$NaNO_3 + KNO_3$ (25/75)	450	0,52

Tabelle 5.8. Wärmeleitfähigkeit λ von Kohlenwasserstoffen in W/(K m) als Funktion der Celsius-Temperatur t (s. auch Tabelle 5.3)

Näherungswerte:

Kohlenwasserstoffe	(20 °C):	0,10...0,15
Halogenierte Kohlenwasserstoffe	(0 °C):	0,05...0,15
	(20 °C):	0,06...0,16
Alkohole	(20 °C):	0,13...0,29
Carbonsäuren	(20 °C):	0,14...0,22

Stoff	Formel	-40	-20	0	20	50	100
Propylen	C_3H_6				0,112	0,101	
Propan	C_3H_8			0,102	0,093	0,080	
Butan	C_4H_{10}	0,134	0,125	0,116	0,108	0,095	0,074
Pentan	C_5H_{12}	0,137	0,129	0,121	0,113	0,101	0,081
Isopren	C_5H_8	0,146	0,138	0,130	0,122		
Hexan	C_6H_{14}	0,141	0,133	0,126	0,119	0,108	0,090
Cyclohexan	C_6H_{12}				0,121	0,113	0,100
Benzol	C_6H_6				0,146	0,136	0,120
Heptan	C_7H_{16}	0,145	0,138	0,131	0,124	0,114	0,097
Toluol	C_7H_8	0,152	0,146	0,140	0,135	0,126	0,112
Xylol	C_8H_{10}				0,134		0,116
Octan	C_8H_{18}	0,148	0,142	0,136	0,130	0,121	0,106
Naphthalin	$C_{10}H_8$						0,129
Diphenyl	$C_{12}H_{10}$						0,134
Phenantren	$C_{14}H_{10}$						0,129
o-Terphenyl	$C_{18}H_{14}$					0,132	0,129

Die Kopfzeile der Temperaturspalten lautet t in °C.

Tabelle 5.9. Wärmeleitfähigkeit λ von Halogen-Kohlenwasserstoffen in W/(K m) als Funktion der Celsius-Temperatur t

Stoff (Bezeichnung als Kältemittel in Klammern)	t in °C					
	-40	-20	0	20	50	100
CH_2F_2 (R32)	0,179	0,163	0,147	0,131		
CH_2FCl (R31)	0,168	0,157	0,146	0,135		
CH_2Cl_2 (R30)	0,163	0,155	0,147	0,139	0,127	
CHF_3 (R23)	0,106	0,091	0,076			
CHF_2Cl (R22)	0,120	0,110	0,100	0,090		
$CHFCl_2$ (R21)	0,127	0,119	0,112	0,104	0,093	
$CHCl_3$, Chloroform (R20)	0,133	0,127	0,122	0,116	0,108	
CF_3Cl (R13)	0,071	0,060	0,050			
CF_2Cl_2 (R12)	0,093	0,086	0,079	0,072		
$CFCl_3$ (R11)	0,106	0,100	0,094	0,089	0,080	
CCl_4, Tetrachlorkohlenstoff (R10)		0,110	0,106	0,101	0,095	0,084
CF_3CH_2Cl (R133a)	0,112	0,105	0,098	0,090	0,079	
CF_3CH_2Br (R133a B1)	0,099	0,093	0,088	0,083	0,075	
C_2F_6 (R116)	0,062	0,054	0,046			
C_2F_5Cl (R115)	0,073	0,067	0,060			
$CF_2Cl \cdot CF_2Cl$ (R114)	0,081	0,076	0,071	0,066		
$CF_2Cl \cdot CFCl_2$ (R113)		0,084	0,080	0,076	0,070	
$CFCl_2 \cdot CFCl_2$ (R112)			0,086		0,078	0,070
$CF_2Br \cdot CF_2Br$ (R114 B2)	0,073	0,070	0,067	0,064	0,059	
$C_2H_2Cl_2$, Dichlorethylen				0,125		
C_2HCl_3, Trichlorethylen	0,131	0,125	0,120	0,115	0,107	
C_2Cl_4, Tetrachlorethylen			0,118	0,112	0,104	0,091
$CF_3 \cdot CFCl \cdot CF_2Cl$ (R216)	0,076	0,072	0,068	0,063		
$CF_3 \cdot CF_2 \cdot CCl_3$ (R215)	0,081	0,077	0,074	0,070	0,065	
$CF_2 \cdot Cl \cdot CF_2 \cdot CCl_3$ (R214)	0,084	0,081	0,078	0,075	0,071	0,064
C_6H_5F, Fluorbenzol	0,144	0,139	0,133	0,127	0,119	0,105
C_6H_5Cl, Chlorbenzol	0,141	0,137	0,133	0,128	0,122	0,111
C_6H_5Br, Brombenzol		0,119	0,115	0,111	0,106	0,097
C_6H_5I, Iodbenzol		0,104	0,102	0,100	0,097	0,092
C_6F_{12} (RC51-12)		0,066	0,063	0,060	0,055	

Tabelle 5.10. Wärmeleitfähigkeit λ von organischen Verbindungen, die Sauerstoff oder Stickstoff enthalten, in $W/(K\,m)$ als Funktion der Celsius-Temperatur t

Stoff	Formel	t in °C					
		-40	-20	0	20	50	100
Methanol	CH_4O	0,218	0,212	0,210	0,200	0,191	0,176
Ameisensäure	CH_2O_2				0,224	0,210	0,187
Ethanol	C_2H_6O	0,184	0,178	0,172	0,166	0,157	0,142
Essigsäure	$C_2H_4O_2$				0,161	0,155	0,145
Propanol	C_3H_8O	0,165	0,161	0,157	0,153	0,146	0,136
Isopropanol	C_3H_8O	0,149	0,145	0,141	0,137	0,131	
Aceton	C_3H_6O	0,186	0,178	0,170	0,162	0,150	
Glycerin	$C_3H_8O_3$				0,285	0,289	0,297
Butanol	$C_4H_{10}O$	0,159	0,156	0,152	0,148	0,143	0,134
Isobutanol	$C_4H_{10}O$			0,138	0,133	0,127	0,120
Diethylether	$C_4H_{10}O$	0,155	0,147	0,138	0,138	0,117	
Buttersäure	$C_4H_8O_2$			0,153	0,150	0,144	0,136
Diethylenglykol	$C_4H_{10}O_3$				0,204	0,206	0,208
Pentanol	$C_5H_{12}O$	0,154	0,151	0,148	0,145	0,140	0,132
Hexanol	$C_6H_{14}O$	0,152	0,149	0,146	0,143	0,138	0,131
Phenol	C_6H_6O					0,155	0,150
Heptanol	$C_7H_{16}O$	0,146	0,143	0,140	0,137	0,133	0,126
Octanol	$C_8H_{18}O$	0,146	0,143	0,140	0,137	0,133	0,126
Diphenylether	$C_{12}H_{10}O$					0,140	0,132
Stearinsäure	$C_{18}H_{36}O_2$						0,165
Pyridin	C_5H_5N				0,162	0,161	
Anilin	C_6H_7N			0,174	0,173	0,171	0,167
Dimethylanilin	$C_8H_{11}N$				0,143	0,138	0,129
Nitrobenzol	$C_6H_5O_2N$				0,152	0,147	0,138

Stoff	Formel	t in °C				
		30	70	110	150	190
Dimethylphtalat[a] (99,9 %)	$C_{10}H_6O_4$	0,146 9	0,142 7	0,137 5	0,131 4	0,124 5
Di-n-butylphtalat[a] (99,9 %)	$C_{12}H_9O_4$	0,135 2	0,130 7	0,125 7	0,120 2	0,114 4
Diisobutylphtalat[a] (99,9 %)	$C_{12}H_9O_4$	0,124 8	0,120 9	0,116 5	0,111 6	

[a] 1 mm Schichtdicke

Tabelle 5.11. Wärmeleitfähigkeit λ wässeriger Lösungen anorganischer Verbindungen in $W/(K\,m)$ als Funktion des Massenanteils w_i des gelösten Stoffs und der Celsius-Temperatur t

a) Säuren und Basen

	Formel	t in °C	Massenanteil w_i des gelösten Stoffs in %				
			10	20	30	50	90
Salzsäure	HCl	29	0,57	0,52	0,47		
Schwefelsäure	H_2SO_4	0	0,53	0,50	0,48	0,44	0,34
		20	0,57	0,55	0,52	0,47	0,35
		40	0,60	0,58	0,55	0,49	0,36
		80	0,65	0,62	0,59	0,53	0,38
Salpetersäure	HNO_3	0	0,53	0,51	0,49	0,44	0,30
		20	0,57	0,55	0,52	0,46	0,30
		40	0,60	0,57	0,54	0,47	0,29
		80	0,64	0,60	0,57	0,48	0,27
Phosphorsäure	H_3PO_4	29	0,59	0,56	0,54	0,50	0,44
Natronlauge	$NaOH$	0	0,60	0,61			
		20	0,63	0,64	0,64		
		40	0,66	0,67	0,67		
		80	0,70	0,72	0,72	0,72	
Kalilauge	KOH	0	0,57	0,57	0,55	0,52	
		20	0,60	0,60	0,58	0,54	
		40	0,63	0,63	0,61	0,57	
		80	0,67	0,67	0,65	0,61	

b) Salzlösungen

	t in °C	Massenanteil w_i des gelösten Stoffs in %				
		5	10	20	30	50
$LiCl$	20	0,59	0,58	0,55	0,54	
$LiBr$	0	0,54	0,53	0,50	0,47	0,41
	20	0,59	0,57	0,54	0,51	0,44
	80	0,66	0,64	0,60	0,57	0,49
LiI	20	0,59	0,57	0,54	0,51	0,43
$NaCl$	−10			0,53		
	0	0,56	0,55	0,55		
	20	0,59	0,59	0,58		
	80	0,66	0,65	0,63		
$NaBr$	20	0,59	0,58	0,56	0,54	
NaI	20	0,59	0,58	0,56	0,53	
Na_2SO_4	20	0,60	0,60			
$NaNO_3$	20	0,57	0,59	0,58	0,57	
Na_2CO_3	20	0,60	0,61			
Na_3PO_4	20	0,61	0,61			
$NaClO_4$	20	0,59	0,58	0,57	0,55	0,49
KF	20	0,59	0,59	0,57	0,54	
KCl	−10			0,51		
	0	0,55	0,55	0,53		
	20	0,59	0,58	0,56		
KBr	20	0,59	0,58	0,55	0,52	
KNO_3	20	0,59	0,58	0,57		
K_2SO_4	20	0,59	0,59			
K_2CO_3	20	0,59	0,59	0,58	0,56	0,50
$CsCl$	25	0,60		0,57		

Tabelle 5.11 (Fortsetzung)

b) Salzlösungen	t in °C	Massenanteil w_i des gelösten Stoffs in %				
		5	10	20	30	50
$MgCl_2$	−20			0,48		
	−10			0,50	0,47	
	0	0,55	0,54	0,51	0,48	
	20	0,59	0,58	0,55	0,51	
$MgSO_4$	20	0,59	0,59	0,58		
$Mg(NO_3)_2$	20	0,59	0,58	0,56	0,54	
$CaCl_2$	−30				0,49	
	−10			0,53	0,52	
	0	0,56	0,55	0,54	0,53	
	20	0,59	0,59	0,57	0,56	
$Ca(NO_3)_2$	20	0,59	0,59	0,58	0,56	
$SrCl_2$	20	0,59	0,59	0,57		
$Sr(NO_3)_2$	20	0,59	0,59	0,57	0,55	
$BaCl_2$	20	0,59	0,59	0,58		
$AgNO_3$	20	0,59	0,59	0,57	0,56	0,51
$CuSO_4$	20	0,59	0,59	0,58		
$ZnSO_4$	20	0,59	0,59	0,57	0,56	
$ZnCl_2$	20	0,59	0,58	0,55	0,52	

c) Meerwasser	t in °C	Salzgehalt (Massenanteil w_i) in g/kg				
		20	40	80	120	160
	0	0,57	0,56	0,56	0,55	0,54
	20	0,60	0,60	0,59	0,59	0,58
	40	0,63	0,63	0,62	0,62	0,61
	100	0,62	0,68	0,68	0,68	0,68
	140	0,69	0,69	0,69	0,70	0,70
	180	0,68	0,68	0,69	0,70	0,70

Tabelle 5.12. Wärmeleitfähigkeit λ wässeriger Lösungen organischer Verbindungen in $W/(K\,m)$ als Funktion des Massenanteils w_i und der Celsius-Temperatur t

Stoff	Formel	t in °C	w_i in %					
			10	20	30	50	70	90
Methanol	CH_4O	-60					0,28	0,24
		-40				0,33	0,28	0,24
		-20			0,40	0,33	0,28	0,23
		0	0,51	0,46	0,42	0,34	0,28	0,23
		20	0,54	0,48	0,43	0,34	0,28	0,22
		60	0,58	0,52	0,46	0,36	0,27	0,21
Ethanol	C_2H_6O	-40					0,24	0,20
		-20			0,38	0,31	0,24	0,20
		0	0,50	0,45	0,40	0,31	0,24	0,19
		20	0,53	0,47	0,41	0,32	0,24	0,19
		60	0,57	0,50	0,43	0,33	0,24	0,18
Propanol	C_3H_8O	-20					0,23	0,18
		0	0,50	0,44	0,39	0,30	0,23	0,17
		20	0,53	0,46	0,40	0,30	0,22	0,17
		60	0,57	0,50	0,43	0,31	0,22	0,17
Isopropanol	C_3H_8O	-20				0,28	0,21	0,16
		0	0,50	0,44	0,38	0,24	0,21	0,16
		20	0,52	0,46	0,39	0,29	0,21	0,15
		60	0,57	0,49	0,42	0,30	0,21	0,15
Aceton	C_3H_6O	-20				0,29	0,23	0,19
		0	0,50	0,44	0,39	0,30	0,23	0,18
		20	0,53	0,46	0,40	0,30	0,23	0,18
Glycerin	$C_3H_8O_3$	-20				0,39	0,34	
		0	0,53	0,50	0,46	0,40	0,35	0,30
		20	0,56	0,52	0,49	0,42	0,35	0,30
		60	0,61	0,57	0,52	0,45	0,37	0,31
Glucose	$C_6H_{12}O_6$	0	0,54	0,51	0,48	0,42		
oder		20	0,57	0,54	0,50	0,44		
Saccharose	$C_{12}H_{22}O_{11}$	40	0,59	0,56	0,53	0,46		
		80	0,64	0,60	0,56	0,49		
Pyridin	C_5H_5N	40	0,56	0,49	0,42	0,31	0,23	0,18
Formamid	CH_3ON	40	0,60	0,56	0,53	0,47	0,41	0,37
Harnstoff	CH_4ON_2	25	0,59	0,58	0,57	0,54		

Tabelle 5.13. Wärmeleitfähigkeit λ von Ölen für verschiedene Celsius-Temperaturen t
Es handelt sich i. allg. um Näherungswerte, da die chemisch-physikalischen Angaben für eine exaktere Charakterisierung zumeist fehlen. Es ist derjenige Temperaturbereich angegeben, für den der aufgeführte Temperaturkoeffizient der Wärmeleitfähigkeit $d\lambda/dt$ gilt.

Stoff	t °C	λ W/(K m)	Temperatur-koeffizient $\dfrac{d\lambda}{dt}$ in 10^3 W/(K^2 m)	Temperatur-bereich °C
Dieselkraftstoffe	20	0,12	$-0,15$	20... 200
Erdnußöl	10	0,16		
Erdöl	20	0,13	$-0,13$	20... 80
Kabelisolieröle	20	0,14		
Kondensatoröle	30	0,12	$-0,22$	30... 70
Leinöl	30	0,17	$-0,21$	30... 70
Mandelöl	10	0,17		
Mineralöle	0	0,13	$-0,24$	0... 50
(hochraffiniert)	0	0,12	$-0,02$	0... 75
Mohnöl	10	0,16		
Motorenöl	20	0,14	$-0,12$	20... 80
Olivenöl	30	0,17	$-0,06$	30... 190
Paraffinöl	25	0,13		
Ricinusöl	15	0,18	$-0,085$	15... 150
Schmieröle (schwer)	-20	0,154	$-0,03$	$-20...+15$
Schmieröle (leicht)	-75	0,125	$-0,011$	$-75...+20$
Sesamöl	10	0,16		
Siliconöle:				
Polydiethylsiloxane	30	0,13...0,16	$-0,17...-0,14$	20... 340
Polydimethylsiloxane	30	0,11...0,16		
(DC 200, Viskosität 12 500 mm^2/s)	30	0,161 6		
	70	0,155 4		
	110	0,148 9		
	150	0,142 2		
	190	0,135 3		
Terpentinöl	12	0,11		
Transformatorenöle	20	0,12		
Walöl	28	0,14	$-0,08$	28... 140
Wärmeübertragungsöle	20	0,14	$-0,1$	20... 200
Zylinderöle	20	0,14		

Tabelle 5.14. Wärmeleitfähigkeit λ verschiedener Flüssigkeiten für einige Celsius-Temperaturen t
Für die hier aufgeführten Flüssigkeiten verschiedenster Art (zumeist ohne exakt festgelegte Zusammensetzung) sind die angegebenen Wärmeleitfähigkeiten als Richtwerte aufzufassen.

Stoff	t °C	λ W/(K m)	Bemerkungen
Benzin	20	0,12	
Bienenwachs	60... 90	0,18	
Bitumen	25...105	0,15	
Blut, menschlich	38	0,51	
Blutplasma, menschlich	36	0,58	
Butterfett	20	0,17	Wassergehalt 0 %
Butter	20	0,20	15 % Wasser
Eigelb	33	0,34	
Eiweiß	36	0,56	
Fettsäuren	72...148	0,22...0,26	je nach Zusammensetzung
Fruchtsäfte			s. Tabelle 5.12: Glucose/Saccharose, wobei Zuckergehalt = Gehalt an Trockensubstanz des Safts
Honig	21	0,5	starke Streuungen
Magermilch	20	0,57	0 % Fett (Masse)
	80	0,63	
Buttermilch	20	0,57	0,35 % Fett
Vollmilch	20	0,56	2,5 % Fett
	80	0,62	
	20	0,55	3,6 % Fett
	80	0,61	
Sahne	20	0,38	20 % Fett
	20	0,33	45 % Fett
Paraffin	20	0,13	
Petroleum	20	0,13	
Vaseline	20	0,18	
Weine	20	0,4 ...0,5	

5.3 Festkörper

5.3.1 Elemente

Alle Werte gelten — falls nicht anders angegeben — für reines/reinstes polykristallines Material, das evtl. gealtert wurde. Die Wärmeleitfähigkeit hängt besonders bei tiefen Temperaturen stark von Verunreinigungen und Defekten ab. Die Temperatur T^* stellt einen Grenzwert dar, unterhalb dem die Wärmeleitfähigkeit sehr stark von der Vorbehandlung und den Verunreinigungen abhängt. Verfestigte Gase s. Tabelle 5.51.

Tabelle 5.15. Wärmeleitfähigkeit λ ausgewählter Elemente in W/(K m) als Funktion der Temperatur T
Bei Temperaturen unter T^* ist das Vorwort zu Abschn. 5.3.1 zu beachten. (l) nach dem Zahlenwert bedeutet flüssiger Zustand.

Element	Symbol	T^* K	T in K 100	200	273,2	300
Aluminium	Al	200	300	237	236	237
Aluminium 99,2 %	Al				211	209
Antimon	Sb	300	46	30	25	24
Beryllium	Be	300		301	218	200
Bismut	Bi		16	10	8	8
Blei	Pb	80	40	37	35	35
Bor	B	100		52	32	28
Cadmium	Cd	100	103	99	97	97
Calcium 99 %	Ca		188	189	185	184
Chrom	Cr	300	158	111	95	93
Cobalt	Co	300	168	118	102	99
Eisen	Fe	300	132	94	83	80
Gallium[a]	Ga	150	47	42	41	41
Germanium	Ge			97	67	60
Gold	Au	100	345	327	318	315
Hafnium	Hf	300				23
Indium	In	80	98	90	84	82
Iridium	Ir	150	172	153	148	147
Kalium	K	80				102
Kohlenstoff; Diamant (hochrein, perfekt)	C		$\leqq 10^4$	$\leqq 4\,000$	$\leqq 2\,600$	$\leqq 2\,300$
Kohlenstoff pyrolytischer Graphit (2 300 K) parallel zur Schichtung	C		$\leqq 5\,000$	$\leqq 3\,200$	$\leqq 2\,200$	$\leqq 2\,000$
Kohlenstoff pyrolitischer Graphit (2 300 K) senkrecht zur Schichtung	C		40	15	11	10
Kohlenstoff, amorph	C				1,4	1,4

[a] Werte für polykristallines Ga entsprechen etwa den Werten parallel zur a-Achse. Werte parallel zur b-Achse etwa doppelt, parallel zur c-Achse etwa halb so groß.

400	500	600	800	1 000	1 200	1 400	1 600	1 800
240	237	232	22)	93 (*I*)				
203	196	185	174					
21	19	18	17	27 (*I*)				
161	139	126	107	92	85			
7	7	13	15					
34	32	31	31	18 (*I*)				
19	14	11						
95	92	42 (*I*)						
92	88	83	75	71				
85								
69	61	55	43	33	28	31		
38 (*I*)	48 (*I*)	59 (*I*)						
43	34	27	20	17	17			
312	309	304	292					
22	22	21	21	21	21	21	21	22
74								
144								
52 (*I*)	48 (*I*)	44 (*I*)	37 (*I*)	31 (*I*)	26 (*I*)	21 (*I*)		
≦1 600								
≦1 500	≦1 100	≦900	≦700	≦500	≦400	≦400	≦300	≦300
7	5	4	3	2	2	2	2	1
	1,9			2,5				

Tabelle 5.15 (Fortsetzung)

Element	Sym-bol	T^* K	T in K			
			100	200	273,2	300
Kohlenstoff (ATJ-Graphit parallel zur Pressrichtung)	C					98
Kohlenstoff (ATJ-Graphit senkrecht zur Pressrichtung)	C					129
Kohlenstoff (AXM-5Q1-Graphit)	C					
Kupfer	Cu	200	483	413	401	398
Kupfer, kommerziell, OFHC (oxygen free high conductivity)	Cu		440	400	393	
Lanthan	La	150	10	12	13	13
Lithium	Li	200		88	79	77
Magnesium	Mg	200	170	159	157	156
Mangan	Mn	200	5			
Molybdän	Mo	250	178	148	143	141
Natrium	Na	100	147	149	142	138
Nickel	Ni	300	158	106	94	90
Nickel, kommerzielles Elektrolyt-Ni	Ni			78		75
Niob	Nb	150	53		52	53
Osmium	Os	250				
Palladium	Pd	150	77			75
Phosphor, schwarz	P	150		18	13	12
Platin	Pt	150	77	72	71	71
Plutonium	Pu		3	5	6	7
Quecksilber	Hg	40	32	29	8 (l)	8 (l)
Rhenium	Re	200	60	51	49	48
Rhodium	Rh	200	186	154	151	150
Ruthenium	Ru	250		118	117	117
Schwefel	S				0,29	0,29
Schwefel, amorph	S		0,16	0,18	0,20	0,21
Silber	Ag	150	450	430	428	427
Silicium	Si		$\leqq 800$	264	168	148
Tantal	Ta	150	59			57
Titan	Ti	300				22
Uran	U	200	22	25	27	28
Vanadium	V	150	36	31	31	31
Wolfram	W	200	213	188	176	172
Zink	Zn	150	124	123	122	121
Zinn, weiß	Sn	150	82	72	68	67
Zirconium	Zr	300	33			23

400	500	600	800	1 000	1 200	1 400	1 600	1 800
	81			49				
	106			64				
	86	79	65	56	50	45	42	39
392	388	383	371	357	342	167 (I)	174 (I)	179 (I)
382	375	368	354	340				
15								
72	44 (I)	48 (I)	54 (I)	60 (I)	65 (I)	68 (I)	70 (I)	
153	151	149		84 (I)	98 (I)			
135	130	126	118	112	105	100	95	91
86 (I)	81 (I)	76 (I)	67 (I)	58 (I)	50 (I)	43 (I)		
80	72	65	67	72	76	80		
64	59	54	54					
55	57	58	61	64	67	70	73	76
87	87							
75	75							
72	72	73	75	79	83	87	92	97
9 (I)	11 (I)	12 (I)	13 (I)					
46	45							
146	140							
115	113	111						
0,13 (I)	0,16 (I)							
420	413	405	389					
99	76	62	42	31	26	23	22	
58	58	59	59	60	61	62	63	63
20	20	19	20	21	24	26	29	
30	32	34	39	44				
	33	34	36	39	41	44	46	48
158	147	139	127	120	114	110	107	105
116	111	105	56 (I)	67 (I)				
62	60	28 (I)	36 (I)	40 (I)	45 (I)			
22	21	21	22	24	26	27	29	30

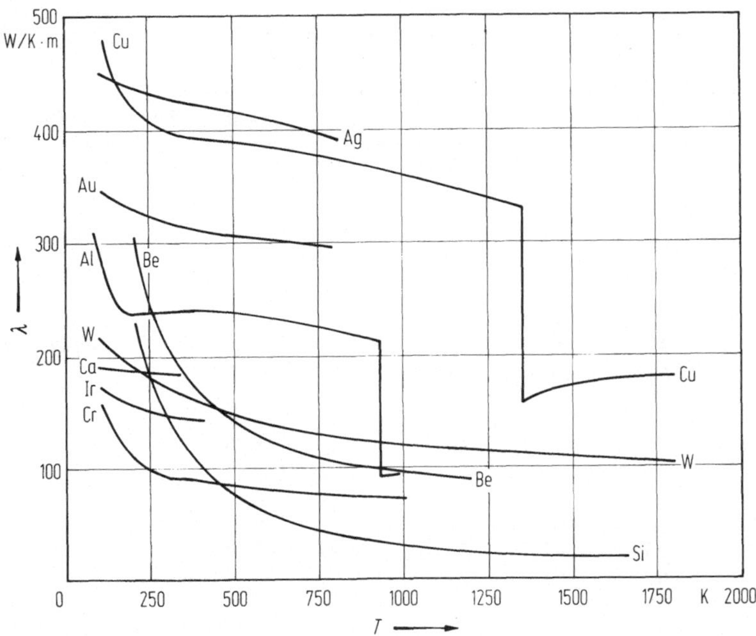

Bild 5.1. Wärmeleitfähigkeit λ als Funktion der Temperatur T von Aluminium (Al), Beryllium (Be), Calcium (Ca), Chrom (Cr), Gold (Au), Iridium (Ir), Kupfer (Cu), Silber (Ag), Wolfram (W)

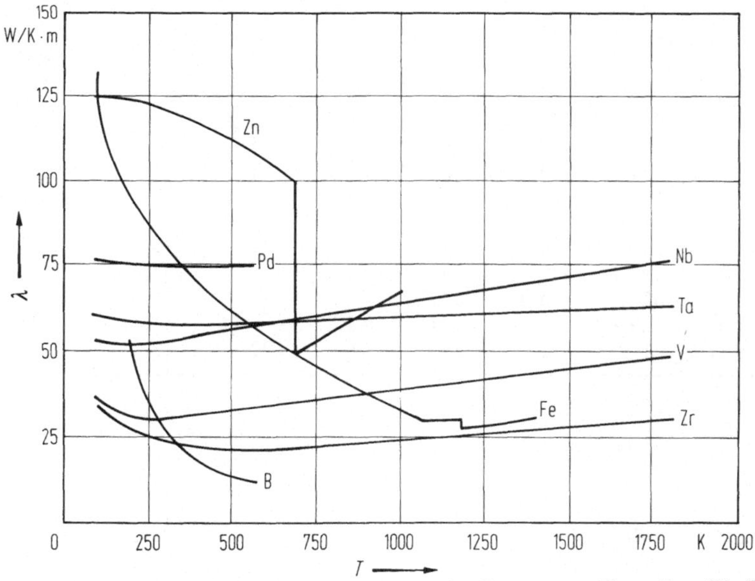

Bild 5.2. Wärmeleitfähigkeit λ als Funktion der Temperatur T von Bor (B), Eisen (Fe), Palladium (Pd), Niob (Nb), Tantal (Ta), Vanadium (V), Zink (Zn), Zirkonium (Zr)

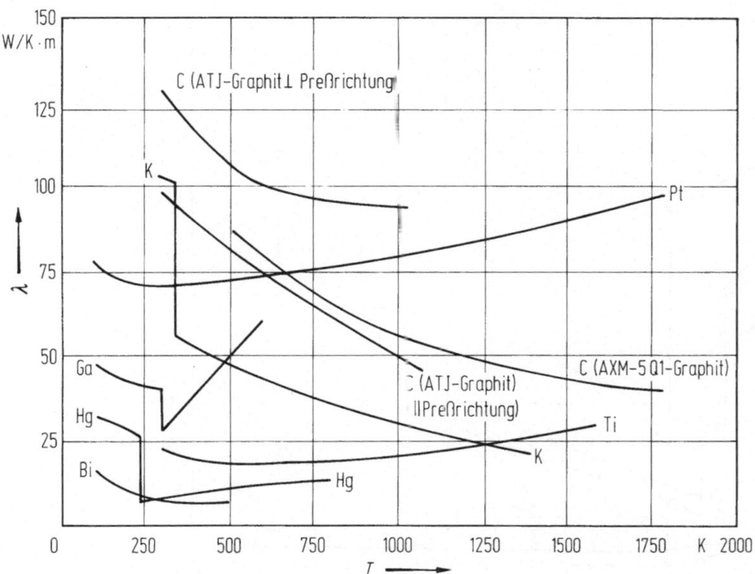

Bild 5.3. Wärmeleitfähigkeit λ als Funktion der Temperatur T von Bismut (Bi), Gallium (Ga), Graphit (C), Kalium (K), Platin (Pt), Quecksilber (Hg), Titan (Ti)

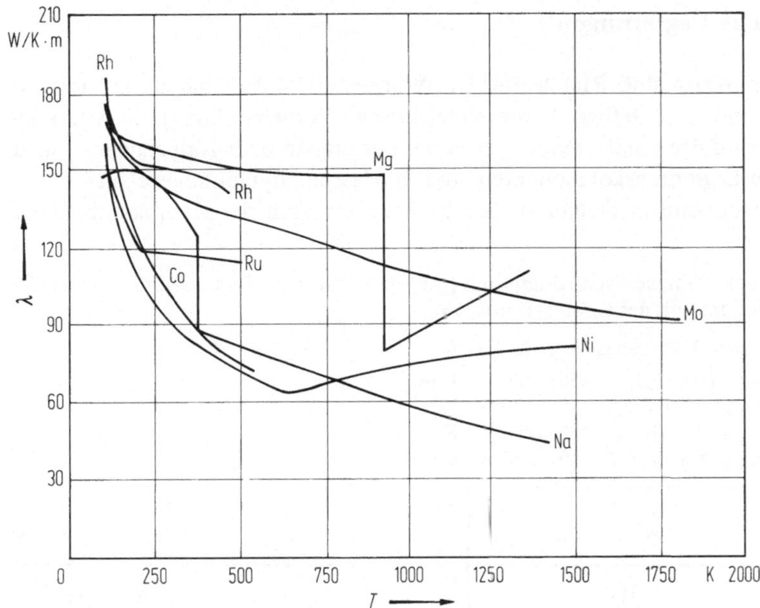

Bild 5.4. Wärmeleitfähigkeit λ als Funktion der Temperatur T von Cobalt (Co), Magnesium (Mg), Molybdän (Mo), Natrium (Na), Nickel (Ni), Rhodium (Rh), Rhutenium (Ru)

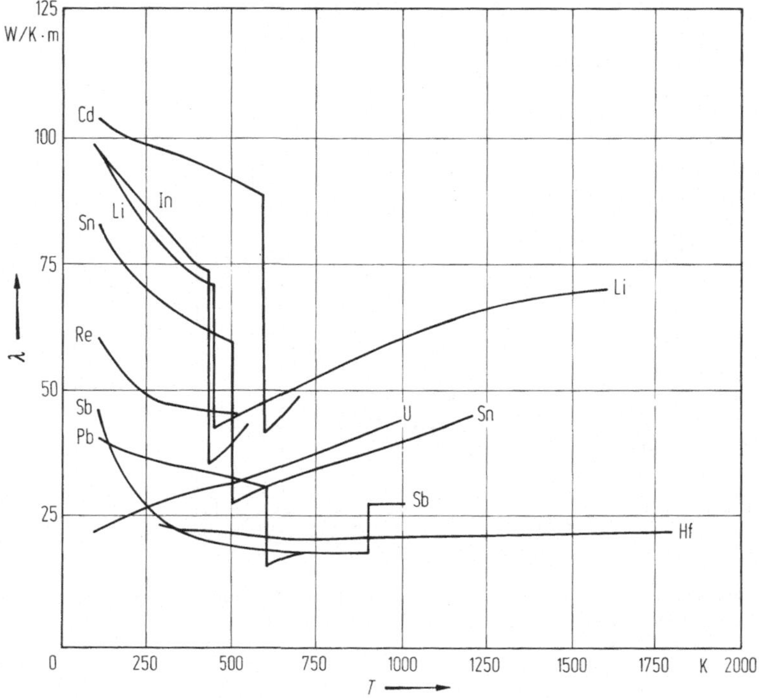

Bild 5.5. Wärmeleitfähigkeit λ als Funktion der Temperatur T von Antimon (Sb), Blei (Pb), Cadmium (Cd), Hafnium (Hf), Indium (In), Lithium (Li), Rhenium (Re), Zinn (Sn), Uran (U)

5.3.2 Metallische Legierungen

Die angegebenen Werte sind Richtwerte. Die Wärmeleitfähigkeit hängt von der Zusammensetzung und vom Gefüge (thermomechanische Vorbehandlung) ab. Auf mögliche Anisotropie infolge einer Textur – etwa bei Formteilen oder Halbzeugen – wird hingewiesen. Die Legierungskomponenten sind in Massenanteilen angegeben.

Die Legierungen sind in alphabetischer Reihenfolge nach der Hauptkomponente geordnet.

Tabelle 5.16. Wärmeleitfähigkeit von Aluminium-, Antimon-, Bismut-, Blei-, Cadmium- und Cobaltlegierungen als Funktion der Celsius-Temperatur t

Aluminiumlegierungen, Näherungswerte für 100 °C

Al-Cu-Legierungen ($\leqq 10\%$ Cu):	150...180 W/(K m)
Al-Ni-Legierungen ($\leqq 5\%$ Ni):	90...170 W/(K m)
Al-Si-Legierungen ($\leqq 12\%$ Si):	140...200 W/(K m)
Al-Zn-Legierungen ($\leqq 5\%$ Zn):	140...180 W/(K m)

Stoff	t °C	λ W/(K m)	Stoff	t °C	λ W/(K m)
AlCu3...5Mg2...3	−100	125		100	181
(Dural, Duralumin)	0	159		200	194
	20	165	AlMg8	−100	85

Tabelle 5.16 (Fortsetzung)

Stoff	t °C	λ W/(K m)	Stoff	t °C	λ W/(K m)
AlMg8	0	102	BiCd30	55	21
	20	106	BiCd40	55	25
	100	123	BiCd50	55	34
	200	148	BiPb25Sn25	20	16
AlSb10	50	183	BiPb bis 45 % Pb	20	6...10
AlSb20	50	155	BiSn5	100	7
AlSb30	50	141	BiSn15	100	10
AlSb40	50	100	BiSn30	100	13
AlSb50	50	81	BiSn41	100	18
AlSn10	50	186	BiSn50	100	34
AlSn30	50	173			
AlSn50	50	139	*Bleilegierungen*		
AlZn10	50	162	PbSn5 (Lagerlegierung)	20	23
AlZn20	50	136	PbSn36	5	20
AlZn30	50	133	PbSb10	54	26
G-AlSi4Mg	25	163	PbSb20	54	23
G-AlSi5Mg	25	159	PbSb30	54	22
G-AlSi12	25	163	PbSb40	54	21
G-AlSiCu1	25	167	PbSb50	54	20
AlMgSi1 (warm ausgehärtet)	25	155	PbSn10	54	36
AlCuMg2 (kalt ausgehärtet)	25	121	PbSn20	54	32
G-AlCu4Ti	20	146	PbSn30	54	38
G-AlZn5Mg	20	159	PbSn40	54	41
Lagerlegierungen:			PbSn50	54	46
AlSi12CuNi1	20	134	PbAg10	60	35
AlSn2Cu3Mg	20	169	PbAg20	60	38
			PbAg30	60	39
Antimonlegierungen			PbAg40	60	44
SbPb10	54	20	PbAg50	60	49
SbPb20	54	19			
SbPb30	54	20	*Cadmiumlegierungen*		
SbPb40	54	20	CdSn10	53	87
SbAl10	52	24	CdSn20	53	84
SbAl20	52	22	CdSn30	53	78
SbAl30	52	42	CdSn40	53	75
SbAl40	52	48	CdSn50	53	70
SbBi30	0	10	CdZn10	53	95
	100	12	CdZn20	53	97
SbBi50	0	8	CdZn30	53	100
	100	9	CdZn40	53	102
Bismutlegierungen			*Cobaltlegierungen*		
BiSb20	0	7	CoCr10	59	14
	100	9	CoCr30	59	13
BiCd10	55	13	CoCr40	59	10
BiCd20	55	10	Co-Ni-Legierungen	30	51...57

Tabelle 5.17. Wärmeleitfähigkeit λ von Stählen als Funktion der Celsius-Temperatur t

Stahl	t in °C	λ in W/(K m)
Unlegierte Stähle	0	45...65
	100	45...60
	200	43...56
	500	35...41
	800	24...30
	1 000	26...28
	1 200	28...30
Niedriglegierte Stähle	0	25...49
	100	28...47
	200	30...45
	500	31...37
	800	25...30
	1 000	26...29
	1 200	29...30
Hochlegierte Stähle	0	12...27
(ferritische Stähle sind schlechter wär-	100	14...28
meleitend als austenitische)	200	16...28
	500	20...28
	800	23...27
	1 000	25...28
	1 200	28...31
Beispiele handelsüblicher Stahlsorten		
Unlegierter Stahl: C45	0	48
(Vergütungsstahl)	100	48
	200	46
	500	38
	1 000	27
Niedriglegierter Stahl:		
10CrMo9 10 (warmfester	0...100	37
Kesselbaustahl)	100...200	35
	200...300	32
	300...400	29
	400...500	27
Hochlegierte Stähle:		
X8CrNiNb16 13	0...100	13
(austenitisch, warmfest)	200...300	14
	500...600	16
X10CrNiMoVNb16 13	0...100	10
(austenitisch, warmfest)	200...300	12
	500...600	16
X12CrNiSi18 8	0	14
(nichtrostender, austenitischer	100	15
Automatenstahl)	300	18
	500	21
	700	25
	900	28

Tabelle 5.18. Wärmeleitfähigkeit von Eisengußwerkstoffen in W/(K m) als Funktion der Celsius-temperatur t

Stoff	t in °C					
	0	20	100	200	400	1 000
Gefügebestandteile						
Ferrit		73				
Zementit		7				
Perlit		52				
Temperkohle		15				
Graphit		24				
Gußeisen						
unlegiert, je nach Zusammensetzung und Gefüge		48...52	46...50		42...45	
legiert, je nach Zusammensetzung und Gefüge		30...51	29...50		26...46	
mit Kugelgraphit:						
GGG 38		38				
GGG 70		25				
Temperguß, weiß		46...50				
Temperguß, schwarz		62...71	64		59	
Stahlguß						
niedriglegiert, je nach Zusammensetzung und Gefüge	33...59			35...53	36...46	27...29
hochlegiert, je nach Zusammensetzung und Gefüge	12...30			17...28	20...28	26...28
GS-X30CrSi7		19				
GS-X45CrSi13...29		19				
GS-X25...35CrNiSi18...37 9...20		19				
GS-X12...22Cr14		30				
GS-X25CrNi17		30				
GS-X70Cr29		19				
GS-X12CrNi18 9		15				
GS-X8CrNiNb18...10		15				

Tabelle 5.19. Wärmeleitfähigkeit λ von
Eisenlegierungen als Funktion der Celsius-
Temperatur t (s. auch Hochtemperaturlegie-
rungen Tabelle 5.25)

Stoff	t	λ
	°C	W/(K m)
FeNi36	20	10...13
FeNi42	20	10...15
FeNi48	20	13
FeNi42Cr6	20	13
FeNi48Cr5	20	14
FeNi49Cr	20	17
FeNi28Co21	20	17
FeNi28Co23	20	17
FeNi29Co18	20	17
FeNi29Co24Ti	20	13
FeNi33Co10Ti	20	13
FeNi35CoTi	20	13
(bei Ni > 50 % s.		
Nickellegierungen)		
FeNi38Cr16	50	13
(Incoloy DS)	100	14
	200	16
	400	16
	600	23
	800	26
G-FeCr30Ni20	100	15
G-FeNi35Cr15	100	14
G-FeNi39Cr19	538	16
FeNi28Co18	200	15
(Kovar)	400	17
	600	18
	800	20

Tabelle 5.20. Wärmeleitfähigkeit λ von
Goldlegierungen als Funktion der Celsius-
Temperatur t

Stoff	t	λ
	°C	W/(K m)
AuCu12	0	56
	100	67
AuPd10	25	98
AuPd20	25	59
AuPd30	25	44
AuPd40	25	40
AuPd50	25	36
AuPt10	25	76
AuPt20	25	41
AuPt30	25	30
AuPt40	25	36

Tabelle 5.21. Wärmeleitfähigkeit λ von Kupferlegierungen für verschiedene Celsius-Temperaturen t

Näherungswerte für 20 °C
Kupfer mit Legierungszusätzen unter 1 %: 230...390 W/(K m)
Rotguß: 50...67 W/(K m)
Guß-Zinn-Bleibronzen: 52...67 W/(K m)

Stoff	t °C	λ W/(K m)
Messinge		
CuZn10	20	176
	200	222
CuZn15	20	155
	200	184
CuZn20	20	142
	200	176
CuZn28	20	126
	200	146
CuZn33	20	117
CuZn40	20	113
G-CuZn35	20	92
Sondermessinge (weich geglüht)		
CuZn20Al	20	100
CuZn28Sn	20	109
CuZn39Sn	20	117
Bronzen		
CuBe2	20	110
	200	130
CuMn2	20	130
CuMn5	20	42
CuMn14	20	23
CuSi2Mn	20	54
CuSi3Mn	20	38
Zinnbronzen		
CuSn2	20	165
	200	200
CuSn4	20	95
	200	130
CuSn6	20	70
	200	98
CcuSn8	20	65
	200	80
G-CuSn10	20	42...50
G-CuSn12	20	33...42
G-CuSn14	20	31...33
Aluminiumbronzen		
CuAl5	20	75
CuAl10Fe	20	33
CuAl10Ni	20	33
CuAl10	20	59
G-CuAl9	20	63

Tabelle 5.21 (Fortsetzung)

Stoff	t °C	λ W/(K m)
Neusilberlegierungen		
CuNi12Zn24	20	48
CuNi25Zn15	20	23
CuNi18Zn19Pb	20	27
CuNi10Zn42Pb	20	34
G-CuNi25Sn5Pb	20	25
G-CuNi15Pb5Sn3	20	27
G-CuNi12Pb9Sn2	20	27
G-CuNi20	20	23
CuNi40...45 (Konstantan)	−200	18
	−100	21
	0	22
	20	24
CuMn12Ni4 (Manganin)	−100	16
	0	21
Kupfer-Nickel-Legierungen		
CuNi30	20	25
CuNi25	20	33
CuNi20	20	38
CuNi5	20	46
CuNi30Mn	20	25
CuNi30Fe	20	29
CuNi20Fe	20	38
CuNi10Fe	20	46
CuNi5Fe	20	46
Kupfer-Gold-Legierung		
CuAu27	0	91
	100	114
Kupfer-Silber-Legierungen		
CuAg5	62	325
CuAg10	62	302
CuAg20	62	267
CuAg30	62	263
CuAg40	62	275
CuAg45	62	314
CuAg50	62	313

Tabelle 5.22. Wärmeleitfähigkeit λ von Magnesiumlegierungen als Funktion der Celsius-Temperatur t

Stoff	t °C	λ W/(K m)	Stoff	t °C	λ W/(K m)
MgAl2,5	20	86		100	69
MgAl4,2	20	69		200	76
MgAl10,3	20	43	MgCu8	−100	107
MgAl10Si	−100	41		0	124
	0	56		20	126
	20	58		100	130
				200	133

Tabelle 5.23. Wärmeleitfähigkeit λ von Nickellegierungen in $W/(K\,m)$ als Funktion der Celsius-Temperatur t
Näherungswerte für 20 °C
Nickel mit Legierungszusätzen unter 10 %: 18...48 $W/(K\,m)$; Nickel-Chrom-Legierungen (über 15 % Chrom): 4...14 $W/(K\,m)$

Stoff	t in °C											
	−200	−100	0	20	50	100	200	300	400	600	800	900
NiAl4Ti				18		18						
NiBe2				31								
NiMn5			48			48						
NiMn3Si								33...42				
NiSi4								33...42				
NiFe45				19								
NiFe48Cr				18								
NiFe50				13								
NiCu30Fe	15	20		21		26					39	
NiFe16Cr15Mo7Mn (Contracid)	7	9	11									
NiCr21Fe18Mo9Co (Hastelloy X)	6	8	10									
NiCu30Al		14		17		20	24		27		38	
G-Ni95						59						
G-Ni85Si10Cu						21						
G-NiCu30Fe						27			35			
G-NiCu30 (Monel 505)		13	17			20			30			
G-NiCr12						14						
NiCr20Ti (Nimonic 75)					13	14	16		19	23	26	
NiCr20TiAl (Nimonic 80/80A)					11	12	14		17	21	25	28
NiCr20Co18Ti3Al (Nimonic 90)					12	13	15		18	22	25	
NiCo20Cr15Mo5Al4,5Ti (Nimonic 105)					11	12	13		16	19	23	25
NiCr15Fe7Ti2,3AlNb/Ta (Inconel X-750)					15		18				21	
NiCo28Cr15Mo3Ti3Al (Inconel 700)												18
NiCr16Al3Ti (Inconel 702)												36
NiCr22Fe20Mo9 (Hastelloy X)									16	20	24	26
G-NiCo20Cr26Mo6						13						
G-NiCr15Fe6Mo6AlTiB						13	16					

Tabelle 5.24. Wärmeleitfähigkeit λ von Palladium-, Platin-, Silber-, Titan-, Vanadium-, Zink-, Zinn- und Zirconiumlegierungen für einige Celsius-Temperaturen t

Stoff	t °C	λ W/(K m)	Stoff	t °C	λ W/(K m)
Palladiumlegierungen			*Vanadiumlegierungen*		
PdAu10	25	52	VTi5	70	29
PdAu20	25	42	VTi10	70	25
PdAu30	25	40	VTi20	70	20
PdAu40	25	36	VTi10Al5	70	13
PdAu50	25	36	VTi40Al5	70	10
PdAg10	25	48	VSi3Zr2,5	70	21
PdAg20	25	37	*Zinklegierungen*		
PdAg30	25	32			
PdAg40	25	27	G-ZnAl4Cu1	20	104
PdAg50	25	32	G-ZnCu5Pb2	20	93
PdPt10	25	56	ZnPb38	20	49
PdPt20	25	44	*Zinnlegierungen*		
PdPt30	25	44			
PdPt40	25	38	SnAg10	60	60
PdPt50	25	37	SnAg20	60	61
Platinlegierungen			SnAg30	60	61
			SnAg40	60	61
PtRh10	0	30	SnAl10	50	81
	20	30	SnAl20	50	95
	200	31	SnAl30	50	114
PtRh40	20	47	SnAl40	50	126
	100	52	SnCd5	50	54
	200	54	SnCd10	50	56
	500	65	SnCd20	50	59
PtIr10	0	31	SnCd30	50	64
	100	31	SnCd40	50	65
PtPd10	25	43	SnPb20	50	54
PtPd20	25	42	SnPb40	50	49
PtPd30	25	36	SnTl10	60	38
PtPd40	25	34	SnTl20	60	42
PtPd50	25	37	SnTl30	60	43
			SnTl40	60	48
Silberlegierungen			SnTl46	60	56
AgCu5	62	352	*Zirconiumlegierungen*		
AgCu15	62	342			
AgCu25	62	330	ZrSn3Al1,5	400	13
AgCu40	62	311		500	15
AgCu50	62	313		600	17
AgCd18Zn16Cu15	−200	31	ZrAl1,5Sn1,5Mo1,5	500	17
(Silberlot)	−100	56		600	18
AgPt10	25	98			
AgPt30	25	31			
AgPt35	25	38			
Titanlegierungen					
TiAl5Sn2,5	0	7			
TiAl6V4	20	6			
TiAl7Mo4	20	6			
TiV13Cr11Al3	20	7			

Tabelle 5.25. Wärmeleitfähigkeit λ von Hochtemperatur-legierungen für einige Celsius-Temperaturen t (s. auch Eisenlegierungen Tabelle 5.19, Nickellegierungen Tabelle 5.23)

Stoff	t °C	λ W/(K m)
Ni55Cr20Co10Mo10Al	20	13
	815	21
Fe52Cr16Ni13Co10Mo2Nb3W2,5	20	13
Co62Cr27Mo5Ni3Fe	200	14
	600	20
G-FeCr30Ni20	100	15
	538	20
	815	21
G-FeNi35Cr15	100	14
	538	20
G-FeNi39Cr19	538	16
G-Ni60Cr12	100	14

Tabelle 5.26. Wärmeleitfähigkeit λ von Heiz-leiter- und Widerstandslegierungen für einige Celsius-Temperaturen t

Stoff	t °C	λ W/(K m)
NiCr8020	20	15
NiCr6015	20	13
NiCr3020	20	13
CrNi2520	20	13
CuMn12Ni4 (Manganin)	−100	17
	20	22
	100	26
NiCr20AlSi	20	14
CuMn12NiAl	20	22
CuNi44	20	23
NiCu30Fe	20	22
CuNi30Mn	20	25
CuNi23Mn	20	33
CuMn3	20	84

Tabelle 5.27. Wärmeleitfähigkeit λ von verschiedenen Legierungen als Funktion der Celsius-Temperatur t

Name, Handelsbezeichnung	t in °C	λ in W/(K m)
Alusil (AlSi20)	−100	142
	0	158
	20	160
	100	169
	200	174
Elektron (MgZn4Cu)	20	116
Hartmetalle: s. keramische Stoffe (Tabelle 5.32)		
Konstantan (CuNi40)	−100	21
	0	22
	20	23
	100	26
Kovar (z. B. FeNi28Co18)	200	15
	400	17
	600	18
	800	20
Manganin (CuMn12Ni4)	−100	17
	0	21
	100	26
Molybdändisilicid (Heizleiterlegierung)	20	63
Monel 505 (G-NiCu30)	100	20
	400	30
Nirosta-Stähle (V2A, V4A) und	20	14
Remanit-Stähle (Richtwerte!)	100	15
	200	17
	500	21
	700	25
	900	28
Silumin (AlSi11...14)	0	159
	20	162
	100	171
Stahl AISI303	0	14
(entspricht X12CrNiSi18 8)	100	15
	200	16
	400	20
	600	23
	800	27
Vitallium	200	14
(CoCr27...30Mo5...7Ni)	600	20
Woodsches Metall	20	12
(BiPb26Sn12Cd13)		
Zircaloy-2	20	13
	100	13
	200	14
	400	17
	600	20
	800	23

5.3.3 Gläser

Die Wärmeleitfähigkeit der Gläser liegt bei Raumtemperatur in dem relativ engen Bereich von etwa 0,5 W/(K m) bis etwa 1,5 W/(K m), sie nimmt mit steigender Temperatur zu. Bei höheren Temperaturen (oberhalb etwa 200 °C) bewirkt der Energietransport durch innere Strahlung (zusätzlich zur reinen Wärmeleitung), daß eine „effektive" Wärmeleitung gemessen wird, deren Strahlungsanteil mit steigender Temperatur stark zunimmt. Die „effektive" Wärmeleitfähigkeit ist bei dünnen Glasschichten (Größenordnung bis 5 mm bei Raumtemperatur) von der Schichtdicke abhängig, entscheidend ist der Absorptionskoeffizient im Wellenlängenbereich der bei Meßtemperatur herrschenden Infrarotstrahlung.

Tabelle 5.28. Wärmeleitfähigkeit λ von Quarzglas und Pyrex-Glas in W/(K m) als Funktion der Celsius-Temperatur t

	t in °C							
	-200	-150	-100	-50	0	20	100	200
Quarzglas	0,52	0,84	1,05	1,21	1,32	1,36	1,48	1,60
Pyrex-Glas (Typ 7740)	0,46	0,70	0,88	1,01	1,11	1,14	1,23	1,34

Tabelle 5.29. Wärmeleitfähigkeit λ verschiederer Gläser in W/(K m) als Funktion der Celsius-Temperatur t (s. auch Tabelle 5.28)

Massenanteile w_i in % (Werte in Klammern: Dichte)	t in °C		
Glas	-100	0	100
Zinkkrongläser (2,4...2,6 kg/dm³)			
55...65 SiO_2, 15...5 ZnO, B_2O_3, Al_2O_3	0,88...0,92	1,09...1,13	1,17...1,26
55...65 SiO_2, 15...5 ZnO, Na_2O, K_2O	0,59...0,71	0,71...0,88	0,84...0,96
55...65 SiO_2, 25...15 ZnO, B_2O_3, Al_2O_3	0,88...0,92	1,09...1,13	1,13...1,21
55...65 SiO_2, 25...15 ZnO, Na_2O, K_2O	0,67...0,80	0,84...0,96	0,92...1,05
65...75 SiO_2, 15...5 ZnO, B_2O_3, Al_2O_3	0,88...0,92	1,13...1,17	1,21...1,30
65...75 SiO_2, 15...5 ZnO, Na_2O, K_2O	0,71...0,84	0,88...1,05	1,00...1,13
65...75 SiO_2, 25...15 ZnO, B_2O_3, Al_2O_3	0,88...0,96	1,13...1,17	1,21...1,26
65...75 SiO_2, 25...15 ZnO, Na_2O, K_2O	0,67...0,84	0,84...1,00	1,05...1,21
Baritkrongläser (2,9...3,7 kg/dm³)			
31...41 SiO_2, 48...43 BaO, B_2O_3, Al_2O_3	0,54...0,59	0,71...0,75	0,80...0,84
47...65 SiO_2, 32...10 BaO, B_2O_3, K_2O, ZnO	0,61...0,71	0,75...0,88	0,88...1,00
Borflintgläser (3,2 kg/dm³)			
36...56 B_2O_3, 32...52 PbO, 10...5 Al_2O_3 weitere Oxide	0,38...0,54	0,54...0,67	0,71...0,84

Tabelle 5.29 (Fortsetzung)

Massenanteile w_i in % (Werte in Klammern: Dichte)	t in °C		
Glas	-100	0	100
Flintgläser			
65 SiO_2, 25 PbO (2,9 kg/dm³)	0,67...0,71	0,88...0,92	1,00...1,05
55 SiO_2, 35 PbO (3,2 kg/dm³)	0,59...0,67	0,75...0,84	0,88...0,92
45 SiO_2, 45 PbO (3,6 kg/dm³)	0,50...0,59	0,67...0,75	0,80...0,84
35 SiO_2, 60 PbO (4,3 kg/dm³)	0,46...0,50	0,59...0,63	0,71...0,75
25 SiO_2, 73 PbO (5,3 kg/dm³)	0,42...0,46	0,54...0,59	0,63...0,67
20 SiO_2, 80 PbO (6,0 kg/dm³)	0,42	0,50	0,59
Natrium-Calcium-Gläser (2,45...2,6 kg/dm³)			
72...75 SiO_2, 15...17 Na_2O, 8...13 CaO	0,75...0,88	0,96...1,09	1,09...1,17
60...65 SiO_2, 15...25 Na_2O, 10...20 CaO	0,67...0,84	0,84...1,00	0,96...1,09
Borosilicatgläser (2,4...2,6 kg/dm³)			
60...65 SiO_2, 15...20 B_2O_3	0,67...0,73	0,88...0,94	1,00...1,07
65...70 SiO_2, 10...15 B_2O_3	0,73...0,80	0,94...1,00	1,07...1,13
70...75 SiO_2, 5...10 B_2O_3	0,80...0,86	1,03...1,09	1,15...1,21
Borgläser			
55...69 B_2O_3, 14...18 Al_2O_3, weitere Oxide	0,50...0,63	0,67...0,80	0,84...0,88
Eisengläser			
62...67 SiO_2, 10...20 Fe_2O_3, 18 Na_2O_3		0,86...0,96	0,96...1,05

Silicat- und Boratgläser bei 30°C Massenanteile w_i in %	λ in W/(K m)
78...82 SiO_2, 22...18 Li_2O	0,85...0,95
52...58 SiO_2, 40...41 Na_2O, 2...7 MgO	0,61...0,64
50...57 SiO_2, 40 Na_2O, 2...9 CaO	0,62...0,66
46...56 SiO_2, 38...39 Na_2O, 4...16 SrO	0,54...0,62
43...55 SiO_2, 35...38 Na_2O, 6...22 BaO	0,47...0,55
47...57 SiO_2, 37...39 Na_2O, 4...16 Al_2O_3	0,59...0,67
70...75 SiO_2, 15...30 Li_2O, 0...10 ZnO	0,65...0,91
76...82 SiO_2, 16...17 Li_2O, 1...8 TiO_2	0,61...0,90
55...85 PbO, 15...45 B_2O_3	0,35...0,52
40...55 B_2O_3, 30...32 Al_2O_3, 13...34 CaO	1,0 ...1,1

5.3.4 Oxide und keramische Stoffe

Die Wärmeleitfähigkeit keramischer Stoffe hängt vom Gefüge (Korngröße, Phasenverteilung, Porosität, Mikrorisse, ...) ab. Als pauschale Charakteristika sind zumeist die Dichte (Rohdichte, absolut oder relativ zur theoretischen Dichte (TD)), die Korngröße oder die Porosität angegeben. Falls bekannt, sind die Reinheit und Herstellungsbedingungen aufgeführt. Die Art der Herstellung der Produkte kann eine Anisotropie der Wärmeleitfähigkeit zur Folge haben. Über den Einfluß der Strahlung s. Abschn. 5.3.3 (Gläser). Die poröse Struktur keramischer Materialien (feuerfeste Steine, Pulverschüttungen u. ä.) bedingt verschiedene Anteile der Wärmeleitung durch das Feststoffgerüst (meist gering) und durch das Füllgas (Druckabhängigkeit). Wärmetransport durch Konvektion kann hinzukommen. Die angegebenen Werte sind — insbesondere für die nur grob charakterisierten Pulver, Porzellane, Steinzeuge und feuerfesten Steine — lediglich Richtwerte.

Tabelle 5.30. Wärmeleitfähigkeit λ von Oxiden in W/(K m) als Funktion der Celsius-Temperatur t
Werte in Klammern: Reinheit in %; Dichte relativ zur theoretischen Dichte (TD) in %

Oxide	t in °C								
	-100	-50	0	20	100	200	500	1 000	1 500
Al_2O_3 (synthetischer Saphireinkristall, 60° zur c-Achse)			52	48	35	26	14		
Al_2O_3 (99,5; 98 TD)	67	50	40	37	29	22	11	6	6
BeO (99,5; 98 TD)		382	302	280	213	159	75	30	17
CaO					15	11	9	8	
CaO (3,03 kg/dm^3)					14	10	8	7	
CrO_2 (99; 82...86 TD)								3	
CrO_2 Pulver gepreßt; 2,35 kg/dm^3)				0,45					
LiO_2 (93,4 TD)						8,5	5,5		
LiO_2 (79,8 TD)						6	4		
LiO_2 (70,8 TD)						5	3		
MgO (99,5; 98 TD)			53	49	39	29	14	7	6
SiO_2 (Quarzglas)	1,05	1,21	1,32	1,36	1,48	1,60	2,10	4,60	
ThO_2 (99,5; 98 TD)			14	13	11	9	5	3	3
TiO_2 (99,5; 98 TD)			9	8	7	6	4	3	
ZnO						17	9		
ZnO (3,72 kg/dm^3)						11	6		
ZrO_2					1,9	2,0	2,1	2,3	
ZrO_2 (5,2...5,35 kg/dm^3)					1,7	1,7	1,8	2,0	

Tabelle 5.31. Wärmeleitfähigkeit λ von Oxidpulvern in W/(K m) als Funktion der Celsius-Temperatur t

Oxidpulver	Porosität in %	Mittlere Korngröße in mm	t in °C	λ in W/(K m)
MgO	42	0,27	100	0,4
			200	0,5
			500	0,7
			800	0,8
	36	0,27	100	0,6
			200	0,8
			500	1,0
			800	1,2
Al_2O_3	51	0,21	100	0,3
			200	0,4
			500	0,5
			800	0,6
	42	0,26	100	0,4
			200	0,5
			500	0,65
			800	0,75
ZrO_2	42	0,29	100	0,2
			200	0,3
			500	0,4
			800	0,4
	30	1,02	100	0,4
			200	0,4
			500	0,6
			800	0,7

Näherungswerte für Oxidpulver

	Rohdichte kg/m³	t in °C		
		200	600	800
Al_2O_3-Pulver (luftgefüllt, mittlerer Korndurchmesser 0,2...0,4 mm)	1 000...2 310	0,25 ...0,50	0,25...0,70	0,70...0,75
MgO-Pulver (luftgefüllt, mittlerer Korndurchmesser 0,1...0,4 mm)	1 540...2 330	0,30 ...0,85	0,50...1,20	0,60...1,30
ZrO_2-Pulver (luftgefüllt, mittlerer Korndurchmesser 0,3...1,0 mm)	2 020...3 950	0,20 ...0,40	0,25...0,60	0,40...0,70
Kieselgur (SiO_2-Pulver)	150... 400	0,065...0,085	0,11	0,13

Tabelle 5.32. Wärmeleitfähigkeit λ von Carbiden, Hartmetallen und Nitriden in W/(K m) als Funktion der Celsius-Temperatur t
Werte in Klammern: Reinheit in %; Dichte relativ zur theoretischen Dichte (TD) in %

Carbide	t in °C			
	100	500	1 000	1 500
SiC, reaktionsgesintert	173	82	34	
TiC, heißgepreßt (98,4; ca. 100 TD)	43	39	35	31
UC: 20,8 bei 400 K, lineare Zunahme bis 24,8 bei 2 400 K				

Hartmetalle bei ca. 20 °C	λ in W/(K m)
WC97Co3	88
WC94Co6	79
WC91Co9	75
WC87Co13	59
WC94TiClCo5	79
WC86TiC5Co9	63
WC78TiC14Co8	33
WC69TiC25Co6	21
WC61TiC32Co7	17
WC34TiC60Co6	13

Nitride	t in °C			
	100	200	500	1 000
AlN (96; 98 TD)		31	25	
Si_3N_4, heißgepreßt (3,1...3,2 kg/dm^3)	25...33	24...31	20...25	16...19
Si_3N_4, heißgepreßt (99 TD)	28	26	21	
Si_3N_4, reaktionsgesintert (2,1...2,7 kg/dm^3)	4...12	4...11	3...9	2...6
Si_3N_4 + 4 % Al_2O_3, heißgepreßt (3,16 kg/dm^3)	14	13	11	

Tabelle 5.33. Wärmeleitfähigkeit λ von Porzellanen und Steinzeugen zwischen 0 °C und 100 °C (Näherungswerte)

Stoff	λ in W/(K m)
Hartporzellan (2,3...2,5 kg/dm^3)	1,2...1,6
Preßporzellan (2,3...2,5 kg/dm^3)	1,2...1,6
Steinzeug (2,1...2,7 kg/dm^3)	1,3...2,0
Zirkonporzellan (3,0...3,8 kg/dm^3)	4,2...6,3
Steatit (Mg-Si-Keramik) (2,6...2,8 kg/dm^3)	2,3...2,8
Keramik auf TiO_2-Basis (3,1...3,9 kg/dm^3)	3,1...4,1
Al-Mg-Silikate (1,8...2,1 kg/dm^3)	1,0...1,7

Tabelle 5.34. Wärmeleitfähigkeit λ (Mittelwerte) feuerfester Steine in W/(K m) als Funktion der Celsius-Temperatur t

Steinart (Massenanteile w_i in %)	Rohdichte kg/m^3	t in °C		
		200	500	1000
Silica (88...97 SiO$_2$)	600	0,22	0,32	0,46
	1 000	0,32	0,47	0,72
	1 500	0,70	0,89	1,23
	2 000	1,23	1,50	1,95
Schamotte (15...65 Al$_2$O$_3$, 30...78 SiO$_2$)	700	0,40	0,44	0,50
	1 000	0,42	0,47	0,56
	1 500	0,54	0,63	0,79
	2 000	1,04	1,18	1,41
	2 400	1,70	1,85	2,11
Sillimanit (57...70 Al$_2$O$_3$, 29...40 SiO$_2$)	1 200		0,65	
	1 500		0,76	
	2 000		1,11	
	2 400		1,60	
Korund (63...99 Al$_2$O$_3$, 3...35 SiO$_2$)	1 000		0,45	
	1 500		0,83	
	2 000	1,38	1,25	1,10
	2 500	2,10	1,76	1,55
	2 900	3,25	2,64	2,31
Forsterit (47...57 MgO, 20...41 SiO$_2$, bis 11 Al$_2$O$_3$, 5...10 Fe$_2$O$_3$)	2 400	1,46	1,21	1,44
	2 600	1,68	1,43	1,66
	2 800	2,11	1,84	2,08
Magnesit (54...94 MgO, 2...23 SiO$_2$, bis 15 Al$_2$O$_3$)	2 400	4,1	3,0	2,5
	2 800	7,1	4,9	3,5
	3 000	8,6	5,9	4,1
Chrommagnesit (21...40 Cr$_2$O$_3$, 17...50 MgO, 12...22 Al$_2$O$_3$, 9...13 Fe$_2$O$_3$)	2 900	1,95	1,78	1,64
	3 100	2,30	2,08	1,94
Karborund (48...98 SiC, bis 39 SiO$_2$, bis 20 Al$_2$O$_3$	2 200		8,5	7,5
	2 400		12	9
	2 600		20,5	15

5.3.5 Mineralien, Gesteine, Salze, Erden, Sand und Kohle

Bei einkristallinen Mineralien ist die Wärmeleitfähigkeit von der Richtung und der Reinheit abhängig. Bei polykristallinen Mineralien oder Gesteinen können Texturen/ Schichtungen eine Anisotropie bewirken. Zusätzlicher Energietransport durch innere Strahlung kann zur reinen Wärmeleitung hinzukommen. Bei porösen Materialien wird die Wärmeleitfähigkeit von der Rohdichte, der Porosität, der Struktur und der Feuchtigkeit bestimmt. Konvektiver Wärmetransport durch Fluide und Wärmetransport über die Phasenumwandlung von Wasser können kaum vorhersagbare Anteile zu einer „effektiven" Wärmeleitfähigkeit beisteuern, die neben der Temperatur auch vom wirkenden Temperaturgradienten abhängt.

Tabelle 5.35. Wärmeleitfähigkeit λ von Mineralien (Einkristalle) als Funktion der Celsius-Temperatur t (Wärmeleitfähigkeit stark von der Reinheit abhängig)

Mineral	t in °C	λ in W/(K m)
Kalkspat (CaCO$_3$; 2,71 kg/dm^3)		
parallel zur Achse	0	4
	100	3
	200	2,5
senkrecht zur Achse	0	3,5
	100	2,7
	200	2,4
Quarz (2,65 kg/dm^3)		
parallel zur Achse	0	11,5
	100	9,2
	200	6,9
	300	5,2
senkrecht zur Achse	0	6,8
	100	5,0
	200	4,1
	300	3,4
Sylvin (KCl; 1,99 kg/dm^3)	0	7,0
	50	6,6
Steinsalz (NaCl; 2,16 kg/dm^3,	0	6,1
senkrecht zur Achse)	100	4,2
	200	3,1
	300	2,5

Tabelle 5.36. Wärmeleitfähigkeit λ polykristalliner Mineralien als Funktion der Celsius-Temperatur t

Mineral	t in °C	λ in W/(K m)
Albit (Natronfeldspat, 2,61 kg/dm³)	0	2,0
	100	2,0
	200	1,9
Kalifeldspat	−190	3,3
	0	4,2
Speckstein (Talk)		
(2,75 kg/dm³)	30	3,1
(2,87 kg/dm³)	100	3,3
Glimmer		
parallel Ebenen	−200	5 ...6
	−100	4 ...4,5
	27	3,8...4,1
	100	3,0...3,7
	400	2,9...3,7
	800	2,6...3,6
senkrecht Ebenen	−200	1
	−100	0,6
	27	0,4

Tabelle 5.37. Wärmeleitfähigkeit λ von Gesteinen als Funktion der Celsius-Temperatur t

Gestein	t in °C	λ in W/(K m)
Eruptivgestein		
Basalt (2,88...3,15 kg/dm³)	35	1,7...2,2
Granit (2,64 kg/dm³)	0	2,8
	50	2,7
	100	2,4
	200	2,3
	300	2,1
	400	2,0
Granit (1,81...2,92 kg/dm³)	0	2,4...3,8
	100	2,2...3,2
	200	2,0...2,8
Porphyr (2,77 kg/dm³)	25	3,3
Lava (2,80...2,88 kg/dm³)	25	1,3...4,6
Sedimentgestein,		
metamorphes Gestein		
Anhydrit (CaSO₄)	35	4,8...5,5
(Gorleben)	75	4,4...5,0
Dolomit (2,80...2,86 kg/dm³)	10	4,8...5,2
Gips (2,32 kg/dm³)	50	1,1
	100	1,2
	150	1,3
Gneis (2,64 kg/dm³)	20	2,1...3,7
Kalkstein	0	2,2...3,5
(2,61...2,7 kg/dm³)	100	2 ...3
(2,56 kg/dm³)	150	1,3...1,5

Tabelle 5.37 (Fortsetzung)

Gestein	t in °C	λ in W/(K m)
Kalkstein	$-15...-5$	2,9
wassergesättigt		
(Porosität 12 %)		
Kalksandstein, trocken		
(2,11 kg/dm³)	20... 80	1,2
(1,98 kg/dm³)	20... 80	1,1
(1,88 kg/dm³)	20... 80	0,9
(1,50 kg/dm³)	20... 80	0,6...0,7
Marmor (2,7 kg/dm³)	-50	3,2
	0	3,0
	50	2,6
	100	2,3
	200	1,8
	300	1,4
Quarzite (Richtwerte)	20	3,1...8,0
Quarzit	0	6,0
(70...98 % Quarz, 2,67 kg/dm³)	20	5,7
	50	5,2
	100	4,6
	200	3,9
Sandstein:		
Quarzite		
(2,4 kg/dm³)	30	4,3
(2,2 kg/dm³)	30	3,1
(2,0 kg/dm³)	30	2,2
quarzitisch		
(2,5 kg/dm³)	30	3,9
(2,2 kg/dm³)	30	2,5
(2,0 kg/dm³)	30	1,8
(1,8 kg/dm³)	30	1,2
feldspathaltig		
(2,4 kg/dm³)	30	2,6
(2,2 kg/dm³)	30	2,0
(2,0 kg/dm³)	30	1,4
(1,8 kg/dm³)	30	1,0
Sandstein		
wassergesättigt		
(Porosität 25 %)	$-15...-5$	5,4
(Porosität 18 %)	$-15...-5$	2,9
Schiefer, senkrecht zur Schichtung	0	2,0
(2,72...2,95 kg/dm³)	20	2,0
	50	1,9
	100	1,8
	200	1,6
	300	1,5
Schieferton, leicht sandig	35	2,0...2,8
(2,46...2,62 kg/dm³)		

Tabelle 5.38. Wärmeleitfähigkeit λ einiger Salze als Funktion der Celsius-Temperatur t bzw. der Temperatur T

Salz	t in °C	T in K	λ in W/(K m)
Sylvinit (KCl, 1,9...2,0 kg/dm³)	20		5,2
Kalisalz	25		5,1 ...5,5
Steinsalz	35		4,5 ...5,5
(Gorleben)	75		3,8 ...4,6
Steinsalz	35		4,1 ...5,3
(Asse)	75		3,3 ...4,1
Steinsalz		100	24,3
(empfohlene Mittelwerte für unterschied-		150	15,0
liche Proben)		200	10,9
		250	8,24
		293	6,65
		300	6,57
		400	4,80
		500	3,67
		600	2,98
		700	2,47
		800	2,08
		900	1,85
		1000	1,67

Tabelle 5.39. Wärmeleitfähigkeit λ von Erde und Sand für einige Celsius-Temperaturen t bzw. Temperaturen T

Erde, Sand	t in °C	Rohdichte (trocken) kg/dm³	Volumen-anteil H_2O in %	λ in W/(K m)
Ackererde			10	1,3
(Porosität 34 %)	22	1,7	21	1,6
			31	2,0
(Porosität 38 %)	22	1,6	6	0,6
			7	0,8
			14	1,2
			36	1,8
Permafrost-Erde (Kanada, unter- schiedliche Eisanteile)	−4...−7			1,5 ...2,2
aufgetaut	21			0,9 ...1,9
Lehm	23	1,5	45	1,7
Mergel, rot	20	2,5		2,2
grau	20			0,9 ...1,4
Moorwiese	20	0,16	90	0,9
Sandboden	20	1,3 ...1,6	7 ...25	0,8 ...1,2
Ton	23	1,4 ...1,8	44 ...49	0,9 ...1,8
Quarzsande:				
Flußsand	20	1,5	0	0,33
	160			0,38
(feucht)	20	1,6		1,1
Quarzsand	20	1,6	0	0,3
			8,3	0,6

Tabelle 5.39 (Fortsetzung)

Erde, Sand	t in °C	Rohdichte (trocken) kg/dm³	Volumenanteil H_2O in %	λ in W/(K m)
(Porosität 50 %)		1,3	0	0,2
			gesättigt	2,1
(Porosität 30 %)		1,8	0	0,4
			gesättigt	3,1
Quarzsand (Korngröße 0,1...0,2 mm)	200	1,5	0	0,34
	500			0,43
	1 000			0,59
Ölsand (Kanada, ca. 2 kg/dm³)				
(15,5 % Bitumen)	20			1,3
	50			1,0
	100			0,8
(18 % Bitumen)	20			1,4
	50			1,3
	100			1,1
Seesand	20	1,5	0	0,3
	20	1,6	0	0,3

	t in °C	Rohdichte (feucht) in kg/dm³	Massenanteil Wasser in %	λ in W/(K m)
Meeresboden	4	1,6	40	1,0
		1,4	50	0,8
		1,2	70	0,7

	T in K	Rohdichte kg/m³	λ in mW/(K m)
Mondboden			
(im Vakuum)	225	1 100...1 970	0,61...2,13
	300		0,78...2,49
(Proben der Apollo 14-Mission)	225	1 100	1,07
	300		1,40
	225	1 300	0,90
	300		1,29
	225	1 500	1,01
	300		1,40
	225	1 800	1,65
	300		1,96

Tabelle 5.40. Wärmeleitfähigkeit λ von Kohle und Graphit für einige Celsius-Temperaturen t

Stoff	Aschengehalt %	Rohdichte kg/dm³	Porosität %	t °C	λ W/(K m)
Kohle und Koks					
Steinkohle	1 ...10	1,24...1,35	0	30	0,21...0,27
Braunkohle, trocken	5	0,95	32	30	1,2
Holzkohle					
senkrecht zur Schichtung	0,6	0,26	81	30	0,1
parallel zur Schichtung	0,9	0,28	81	30	0,15
Schwelkoks (Verkokung bei 550 °C)	6 ...9	0,66...0,78	50	30	0,14
Hochtemperaturkoks (Verkokung bei 1 000...1 200 °C)	6 ...9	0,92...0,96	50...51	30	0,7 ...1,2
Graphit					
Graphit (rein; Acheson)		2,24	0	20	168
				500	91
				800	65
Graphit-Schaum (SIGRI) (Porendurchmesser ca. 0,1 mm)		0,15	93	400	0,60
				600	0,68
				800	0,73
				1 000	0,75
				1 300	0,83

5.3.6 Kunstoffe, Kautschuk und Gummi

Die Wärmeleitfähigkeit der Plastomere hängt davon ab, ob eine amorphe oder kristalline Struktur vorliegt. Verstreckte Polymere weisen eine Anisotropie auf. Da der $\lambda(t)$-Verlauf bei charakteristischen Temperaturen oft nicht mehr monoton zu- oder abnimmt, sondern abknickt, sind Inter- oder Extrapolationen der Tabellenwerte u.U. mit größeren Unsicherheiten behaftet. Bei Duromeren hängt die Wärmeleitfähigkeit von der Art und dem Anteil des Füllstoffs ab. Dies gilt auch für die Elastomere, Kautschuke und für Gummi, bei denen auch der Grad der Dehnung die Wärmeleitfähigkeit nach Betrag und Richtungsabhängigkeit beeinflußt.

Tabelle 5.41. Wärmeleitfähigkeit λ von Plastomeren in W/(K m) als Funktion der Celsius-Temperatur t

Plastomer	Dichte kg/dm^3	t in °C						
		-150	-100	-50	0	50	100	150
Polyethylen								
Hochdruck (tk)	0,913...0,925	0,36	0,38	0,38	0,35	0,31	0,24	0,25
Niederdruck (tk)	0,95	0,62	0,56	0,50	0,44	0,38	0,32	0,25
	0,98	0,97	0,86	0,75	0,65	0,54	0,44	0,25
Polymethylmethacrylat (a)	1,18	0,16	0,18	0,19	0,19	0,19	0,19	0,19
Polyvinylchlorid (a)	1,38	0,13	0,15	0,15	0,16	0,17	0,17	
Polystyrol (a)	1,03 ...1,06			0,14	0,16	0,16	0,16	0,16
Polytetrafluorethylen (tk)	2,13 ...2,23	0,23	0,24	0,25	0,25	0,26	0,26	0,26
Polyamid (tk)	1,09 ...1,15				0,32	0,29	0,27	0,25
Polypropylen (tk)	0,86 ...0,92	0,17	0,19	0,21	0,22	0,22	0,20	
Polycarbonat (a)		0,17	0,19	0,21	0,23	0,24	0,24	0,24

(tk) überwiegend teilkristallin
(a) überwiegend amorph

Tabelle 5.42. Wärmeleitfähigkeit λ von Duromeren in W/(K m) als Funktion der Celsius-Temperatur t

Duromer	Dichte kg/dm^3	t in °C			
		0	20	50	100
Phenol	1,2		0,18		
	1,3		0,15		
Phenol mit Holzmehl gefüllt	1,30		0,26		
	1,34		0,29		
	1,38	0,32	0,32	0,32	0,33
	1,42		0,34		
Phenol mit Papierfaser gefüllt		0,37	0,38	0,39	0,40
„Hartpapier" (Phenol mit Papier gefüllt)	1,36	0,26	0,26	0,26	0,27
	1,40		0,29		
Phenol mit Gesteinsmehl gefüllt			0,82	0,82	0,82
Harnstoff mit Zellulose gefüllt	1,49	0,36	0,36	0,37	0,38
Melamin mit Holzmehl gefüllt	1,49		0,43		
Epoxid	1,22	0,20	0,20	0,20	0,20
Epoxid mit Mineralmehl gefüllt	1,8		0,82		
	2,0		1,36		
Epoxid mit 39 % Volumenanteil Al-Pulver			2,0		
Polyester	1,21		0,18		
Polyester mit Glasfaser gefüllt	1,70		0,29		
	1,80		0,32		
Polyester mit 39 % Volumenanteil Al-Pulver			1,2		

Tabelle 5.43. Wärmeleitfähigkeit λ von Elastomeren in $W/(K\,m)$ als Funktion der Celsius-Temperatur t

Elastomer		Dichte kg/dm^3	t in °C								
			−150	−100	−50	0	20	25	50	80	100
Naturkautschuk, schwach vulkanisiert		1,10	0,16	0,16	0,16	0,15			0,15		0,15
Siliconkautschuk			0,19	0,21	0,20	0,17			0,16		0,15
Polyester-Urethan		1,25	0,20	0,21	0,22	0,21			0,20		0,20
Hartgummi, stark mit Schwefel vernetzt		1,20	0,14	0,15	0,16	0,16			0,17		0,17
verschiedene Kautschuke							0,13...0,25				
Gummi, Kautschukanteil											
40 %							0,24				
60 %							0,19				
100 %							0,19				
Hartgummi	(Rohdichte)	1,14						0,17			
		1,24						0,20			
		1,30						0,24			
		1,39						0,26			
		1,78						0,67			
Elastomere gefüllt mit Ruß, SiO$_2$ ...							0,13...0,46			0,12...0,45	

5.3.7 Holz und Holzwerkstoffe

Die Wärmeleitfähigkeit gewachsener Hölzer hängt im wesentlichen von der Orientierung des Wärmestroms zur Holzfaser, von der Rohdichte und vom Feuchtegehalt ab. Die Wärmeleitfähigkeit parallel zur Faserrichtung (axial) ist etwa doppelt so groß wie senkrecht dazu. Weitere Parameter sind: Gehalt und Verteilung von Extraktstoffen (z. B. Harze), Dichteverteilung im Probenmaterial, Störungen im Faserverlauf (Äste, Risse u. ä.), radiale oder tangentiale Wärmestromrichtung bezüglich der Jahresringe (bei senkrecht zu den Fasern strömender Wärme).

Im Bereich von 100 bis 800 kg/m^3 steigt die Wärmeleitfähigkeit etwa linear mit der Rohdichte. Auch bei Holzwerkstoffen hängt die Wärmeleitfähigkeit von der Rohdichte, dem Wassergehalt und der Richtung des Wärmestroms zu bevorzugten Richtungen des Werkstoffs (z. B. Faserrichtung, Preßrichtung) ab. Bei plattenförmigen Materialien wird die Wärmeleitfähigkeit üblicherweise in Richtung der Plattennormale angegeben.

Die zahlreichen Einflußparameter lassen nur die Angabe von Richtwerten zu. Bau- und Wärmedämmstoffe s. Abschn. 5.3.8.

Tabelle 5.44. Wärmeleitfähigkeit λ verschiedener gewachsener Hölzer. Wärmestrom senkrecht zur Faser

Holzart	t °C	Rohdichte kg/m^3	Feuchtigkeit (Massenanteil in %)	λ in W/(K m) axial	radial	tangential
Verschiedene Hölzer	20		5	0,09...0,17		
	20		10	0,10...0,18		
	20		20	0,11...0,19		
	20		40	0,14...0,39		
Buche	20	726	14		0,17	
	20	733	14			0,15
Eiche	20	666	14		0,17	
	20	704	14			0,14
Esche	20	740	15	0,31	0,18	0,16
Fichte	20	440	14		0,10	
	20	437	13			0,10
	20	410	16	0,22	0,12	0,10
Mahagoni	20	700	15	0,31	0,17	0,15
Walnuß	20	650	12	0,33	0,15	0,14
Mittelwerte bei 24 °C und 12 % Feuchtigkeit						
Ahorn		500			0,14	
		600			0,15	
		700			0,17	
		800			0,18	
Balsa		100			0,05	
		200			0,06	
		300			0,08	
Birke		500			0,13	
		600			0,14	
		700			0,15	

Tabelle 5.44 (Fortsetzung)

Holzart	t °C	Rohdichte kg/m³	Feuchtigkeit (Massenanteil in %)	λ in W/(K m)		
				axial	radial	tangential
Buche		600			0,15	
		700			0,17	
Eiche		600			0,15	
		700			0,17	
		800			0,19	
Esche		500			0,13	
		600			0,14	
		700			0,16	
		800			0,17	
Fichte		400			0,10	
		500			0,12	
Kiefer		300			0,08	
		400			0,11	
		500			0,13	
		600			0,15	
		700			0,17	
Mahagoni		600			0,14	
		700			0,16	
Pappel		500			0,12	
Tanne		400			0,10	
		500			0,11	
		600			0,13	
Zeder		300			0,08	
		400			0,10	
		500			0,12	
Zypresse		300			0,10	
		400			0,11	
		500			0,12	

Tabelle 5.45. Wärmeleitfähigkeit λ von Holzwerkstoffenn

Holzwerkstoff	Rohdichte kg/m³	Feuchtigkeit (Massenanteil in %)	λ W/(K m)
Bei ca. 20 °C:			
Sperrholzplatten	450... 800	8...11	0,08...0,14
Faserplatten	200... 400		0,05...0,06
	600... 750		0,07...0,08
	750...1 100		0,09...0,14
Spanplatten, verleimt	300	9	0,08
	400		0,09
	600		0,13
Spanplatten, zementgebundene Korkplatten	1 000...1 200	lufttrocken	0,19
	100	2,6	0,04
	200		0,05
Torfplatten		0,55	0,04
Bei 10 °C Mitteltemperatur:			
Spanplatten verleimt	300	trocken	0,06
	400		0,07
	500		0,09
	600		0,10
	700		0,12
Sperrhölzer	450... 800	trocken	0,08...0,12

5.3.8 Bau- und Wärmedämmstoffe

Für Baustoffe sind gerundete Werte λ^* der Wärmeleitfähigkeit angegeben. Sie gelten für eine Mitteltemperatur von 10 °C. Temperatureinflüsse, der Einfluß von Stoffinhomogenitäten und des Feuchtegehalts sind in diesen „Rechenwerten" berücksichtigt (s. [5.6]).

Für Wärmedämmstoffe sind Näherungswerte angegeben, da die „effektive" Wärmeleitfähigkeit von zahlreichen Parametern abhängt (Temperatur, Temperaturgradient, Rohdichte, Art der Gasfüllung, Struktur, Schichtdicke, ...), was die Abhängigkeit der Anteile des Energietransports (Leitung, Strahlung, Konvektion) im heterogenen Material widerspiegelt.

In Schaumstoffen, die mit anderen Treibgasen als Luft getrieben wurden, findet im Laufe der Zeit ein Diffusionsausgleich mit der umgebenden Luft statt. Die Ausgleichsgeschwindigkeit hängt von der Treibgasart, dem Feststoff, der Zellgröße, von Deckschichten, von der Gestalt und von der Temperatur ab.

Tabelle 5.46. Wärmeleitfähigkeit λ^* verschiedener Baustoffe bei der Mitteltemperatur 10 °C

Baustoff	Rohdichte in kg/m³	λ^* in W/(K m)
Mörtel		0,9 ...1,4
Normalmörtel (Kurzbezeichnung: NM)		1,0
Leichtmörtel 1,0 (Kurzbezeichnung: LM 36)		0,36
Leichtmörtel 0,7 (Kurzbezeichnung: LM 21)		0,21
Normalbeton (nach DIN 1045)		2,1
Leichtbetone mit geschlossenem Gefüge, je nach Rohdichte und Art der Zuschläge		0,3 ...1,2
Leichtbetone mit haufwerkporigem Gefüge, je nach Rohdichte und Art der Zuschläge		0,15 ...1,4
Dampfgehärteter Gasbeton	400... 800	0,14 ...0,23
Gasbeton-Bauplatten mit normaler Fugendichte und Mauermörtel	500... 800	0,2 ...0,3
Wandbauplatten aus Leichtbeton	800...1 400	0,3 ...0,6
Wandbauplatten aus Gips	600...1 200	0,3 ...0,6
Gipskartonplatten		0,2
Vollklinker-Mauerwerk		1,0
Kalksandstein-Mauerwerk	1 000...2 200	0,5 ...1,3
Gasbeton-Blockstein-Mauerwerk	500... 800	0,2 ...0,3
Leichtbauplatten aus mineralisierter Holzwolle	200... 600	0,06 ...0,13
Linoleum		0,17
PVC-Beläge		0,23
Asphalt		0,7
Bitumen		0,17
Dachpappe		0,14 ...0,35
Polyurethan-Ortschaum		0,03
Korkplatten		0,045...0,055
Polystyrol-Hartschaum		0,025...0,040
Polyurethan-Hartschaum		0,020...0,035
Faserdämmstoffe (mineralisch, pflanzlich)		0,035...0,050
Schaumglas		0,045...0,060
Sperrholz		0,15
Harte Holzfaserplatten		0,17
Poröse Holzfaserplatten		0,045...0,056
Schüttungen (abgedeckt):		
Blähperlit		0,06
Expandierter Korkschrot		0,05
Hüttenbims		0,13
Blähton, Blähschiefer		0,19
Polystyrolschaum-Partikel		0,045
Sand, Kies, Splitt (trocken)		0,7
Sägemehl (lufttrocken)		0,06 ...0,07
(Oxidpulver s. Tabelle 5.31)		

Tabelle 5.47. Wärmeleitfähigkeit λ von Wärmedämmstoffen in W/(K m) als Funktion der Celsius-Temperatur t

a) Näherungswerte für verschiedene Fasermaterialien

Stoff	Rohdichte kg/m^3	t in °C	λ in W/(K m)
Glasfaserstoffe (Fasern, Filze, Matten, Platten, Wolle)	63...186	0	0,03...0,04
		100	0,05...0,06
Mineralfaserstoffe (Wolle, Platten, Matten)	95...360	−100	0,02
		0	0,03...0,05
		100	0,04...0,06
		200	0,05...0,07
		300	0,07...0,11
Organische Faserstoffe (Baumwolle, Seide, Wolle)	18...136	−100	0,02...0,04
		0	0,03...0,05
		100	0,05...0,07
Torfmull (lufttrocken)	130...190	0	0,04

b) Näherungswerte für Betriebsbedingungen

Stoff	t (Mitteltemperatur) in °C			
	0	100	200	300
Mineralfaserstoffe (lose Fasern, ungebundene [versteppte] Bahnen und Matten)	0,040...0,045	0,050...0,065	0,085...0,095	0,11...0,13
Rollfilze, gebunden				
weich	0,040	0,065		
hart	0,040	0,060		
Platten, gebunden				
weich	0,04	0,065		
hart	0,035	0,050		

Tabelle 5.48. Wärmeleitfähigkeit λ von Wärmedämmstoffen für hohe Temperaturen als Funktion der Celsius-Temperatur t

Stoff	Rohdichte in kg/m³	Mitteltemperatur t in °C	λ in W/(K m)
SiO₂-Fasermatte (50 mm dick)	84	200	0,01
im Vakuum		400	0,04
		600	0,09
		800	0,16
in Luft		200	0,06
		400	0,12
		600	0,22
		800	0,38
Perlit (lose Füllung)	48	200	0,10
		400	0,17
		600	0,26
		800	0,39
	128	200	0,07
		400	0,12
		600	0,18
		800	0,26
Calciumsilicatplatte	160...180	200	0,06
		400	0,09
		600	0,15
		700	0,19
	ca. 400	200	0,09
		400	0,10
		600	0,12
		800	0,15
(Al₂O₃ + SiO₂)-Fasern	ca. 100	200	0,06
		400	0,09
		600	0,14
		800	0,21
		900	0,25
	ca. 130	200	0,06
		400	0,08
		600	0,13
		800	0,18
		900	0,21

Tabelle 5.49. Wärmeleitfähigkeit λ von Wärmedämmstoffen für tiefe Temperaturen in W/(K m) als Funktion der Celsius-Temperatur t

Stoff	Rohdichte kg/m^3	t in °C				
		-150	-100	-50	0	50
Mineralwolle (lose)	200	0,018	0,023	0,029	0,035	
Perlit	48	0,021	0,026	0,032	0,037	
	80	0,024	0,030	0,036	0,042	
Polyurethan-Schaum (diffusionsdicht abgedeckt)	40	0,014	0,019	0,023	0,020	
Perlit (Korngröße 0,5 mm; Druck $< 0,1$ Pa)	60...80	0,0004	0,0008	0,0017	0,0033	
Superisolierung aus Glasseiden-gewebe und geknitterter Alu-Folie (30 Lagen/cm; Druck $< 10^{-2}$ Pa)		0,00004	0,00006	0,0001	0,00015	
Näherungswerte für Betriebsbedingungen						
Korkplatten	80...200	0,025	0,030	0,035	0,040	0,045
Polystyrolpartikel-Hartschaum	$\geqq 20$	0,020	0,025	0,030	0,035	0,040
Polyurethan-Hartschaumplatten	$\geqq 30$	0,020	0,025	0,025 bis 0,030	0,025 bis 0,030	0,030 bis 0,035
Polyurethan-Ortschaum	$\geqq 37$	0,020	0,025	0,030	0,030	0,035
Schaumglas	100...150	0,035	0,040	0,045	0,050	0,060

Tabelle 5.50. Wärmeleitfähigkeit λ von Schaumstoffen in W/(K m) (Mittelwerte) als Funktion der Celsius-Temperatur t

Ausgangsstoff	Rohdichte kg/m^3	t in °C				
		-150	-100	-50	0	50
Polyethylen	37	0,024	0,031	0,041	0,053	0,067
Polyvinylchlorid	60	0,017	0,022	0,027	0,034	0,044
	100					0,046
	150					0,049
Polystyrol	15	0,016	0,022	0,028	0,035	0,044
	30			0,026	0,031	0,037
Phenol, hart	40	0,017	0,022	0,027	0,032	0,039
	60				0,034	0,042
Harnstoff-Formaldehyd	15				0,031	0,044
	30				0,033	0,045
Glas	150	0,042	0,046	0,051	0,056	0,064
Gummi	60				0,029	0,035
	80	0,015	0,021	0,026	0,032	0,039

5.3.9 Verschiedene Festkörper

Die alphabetisch aufgeführten Stoffe sind z.T. nicht näher charakterisiert. Die angegebenen Werte der Wärmeleitfähigkeit sind dann als Näherungswerte aufzufassen. Für polykristallines Eis zeigen die Literaturwerte einen Schwankungsbereich von ca. $\pm 25\,\%$ um den Mittelwert.

Tabelle 5.51. Wärmeleitfähigkeit λ verfestigter Gase als Funktion der Temperatur T

Stoff	Formel oder Symbol	T in K	λ in W/(K m)
Argon	Ar	10	3,7
		20	1,4
		30	0,8
		80	0,3
Kohlenstoffdioxid	CO_2	169	0,54
		195	0,45
		213	0,40
Krypton	Kr	10	1,7
		20	1,2
		50	0,5
		90	0,3
Methan	CH_4	19	0,12
Neon	Ne	10	0,8
		20	0,3
Stickstoff	N_2	10	1,7
		20	0,4
		40	0,2
Wasserstoff	H_2	10	1,6
		13	0,9

Tabelle 5.52. Wärmeleitfähigkeit λ verschiedener Festkörper für einige Celsius-Temperaturen t

Stoff	Dichte, Rohdichte kg/dm³	t °C	λ W/(K m)
Asphalt	2,12	20	0,7
Bakelit	1,271	20	0,23
Benzol		−78,5	0,31
Bernstein	ca. 1,1	20	0,13
Bitumen	1,05	20	0,17
Dentin (menschlich, normal)			0,56
(menschlich, kariös)			0,79
Eis (polykristallin, Mittelwerte für Ih-Modifikation, die bei Atmosphärendruck bis 273,2 K stabil ist)		−160	5,8
		−140	4,9
		−120	4,2
		−80	3,3
		−40	2,7
		0	2,14
Eis (rein, polykristallin)	0,918 7	−10	2,32
Gletschereis (blasig)	0,82	−0,5	1,90
Antarktiseis	0,86	−20	1,59
Elfenbein		80	0,45...0,57
Farben und Lacke (ausgehärtete Schichten):			
Harzbasis	1,1 ...1,3	25	0,16...0,37
Tränklacke	1,0 ...1,2	25	0,16...0,23
Mennige	1,7 ...3,8	25	0,14...0,50
Vorlack	2,9	25	0,71
Fleisch (je nach Wassergehalt)			0,2 ...0,6
Rind (Mittelwerte)		30	0,45
		60	0,48
		80	0,51
Gewebe (Tuche, Mittelwerte):			
Baumwolle	0,46	30	0,07
Kunstseide	0,52	30	0,06
Leinen	0,59	30	0,07
Wolle	0,29...0,48		0,05
Glycerin		−78	0,32
Haut (menschlich)			0,3 ...0,5
Horn (Keratin)		30	0,18
Kreide		20	0,92
Leder	1,0	20	0,14...0,16
Methan-Hydrat		−60	0,45
Naphtalin		0	0,38
		−78	0,51
		−190	1,18
Papier	0,46...0,66		0,13...0,17
Pappe		50	0,17...0,33
Paraffin	0,90...0,91	−190	0,35
		−100	0,36
		0	0,27...0,29
		20	0,25...0,27
		60	0,21
Schnee	0,15...0,30	0	0,1 ...0,2
	0,40...0,80	0	0,3 ...1,1
Vaseline		0	0,19
Zelluloid	1,4	8...30	0,21

6 Brennwert
(H. Klinge)

Die Brennwerte der Tabellen 6.1 bis 6.3 sind auf Standardbedingungen bezogen ($t = 25\,°C$, $p = 101{,}325$ kPa). Die Elemente, Verbindungen und Brennstoffe sind in alphabetischer Reihenfolge geordnet. In Tabelle 6.3 steht an erster Stelle der handelsübliche Name und dahinter der Nomenklaturname, z. B. Caprinsäure (Dekansäure).

Die Brennwerte der Tabellen 6.4 bis 6.8 sind Richtwerte, die je nach Beschaffenheit der Stoffe bis zu 10 % abweichen können. Die Brenn- und Heizwerte gelten für die Rohsubstanz im Verwendungszustand.

Die Brennwerte der Tabelle 6.5 (Gasförmige Brennstoffe) sind auf das Normvolumen des trockenen, realen Gases (0 °C, 101,325 kPa) bezogen. Die Brennwerte der Tabelle 6.6 (Nahrungsmittel) gelten für den genießbaren Teil der Rohware.

Die Brennwerte der Tabelle 6.1 (Elemente) stellen gleichzeitig die Bildungsenthalpien der Oxide dar. Wenn mehrere Oxide bei der Verbrennung entstehen können, ist bei dem Namen das Oxid angegeben, zu dem das Element verbrennt [6.1; 6.4]. Die Verbrennungsprodukte der Tabelle 6.3 sind bei Kohlenwasserstoffen, die Stickstoff enthalten, Kohlendioxid, Wasser und Stickstoff.

Bei den Kohlenwasserstoffen, die Metalle oder Nichtmetalle enthalten, entstehen je nach Versuchsausführung verschiedene Endprodukte [6.5; 6.15; 6.16]. Die Angaben in Tabelle 6.7 (Futtermittel) sagen nichts aus über Verdaulichkeit und Nährwert, s. [6.9; 6.10]. Die in den Tabellen aufgeführten Werte sind im wesentlichen den Arbeiten [6.1 bis 6.16] entnommen.

Tabelle 6.1. Brennwert H_0 von Elementen. M molare Masse, A Aggregatzustand (f fest, fl flüssig, g gasförmig), H_0 spezifischer Brennwert, $H_{0,\,m}$ molarer Brennwert

Name	Symbol	M kg/kmol	A	H_0 MJ/kg	$H_{0,\,m}$ MJ/kmol
Aluminium	Al	26,981	f	62,102	1 675,61
Antimon zu Sb_2O_3	Sb	121,75	f	5,822	708,8
Arsen zu As_2O_3	As	74,922	f	8,929	669,0
Barium	Ba	137,34	f	4,236	581,8
Beryllium	Be	9,012	f	67,475	608,1
Bismut	Bi	208,98	f	2,746	573,86
Blei zu Pb_3O_4	Pb	207,19	f	3,545	734,5
Blei zu PbO	Pb	207,19	f	1,058	219,2
Blei zu PbO_2	Pb	207,19	f	1,335	276,6
Bor	B	10,811	f	116,002	1 254,1
Cadmium	Cd	112,4	f	2,278	256,05
Caesium	Cs	132,905	f	2,393	318,0

Tabelle 6.1 (Fortsetzung)

Name	Symbol	M kg/kmol	A	H_0 MJ/kg	$H_{0,m}$ MJ/kmol
Calcium	Ca	40,08	f	15,846	635,11
Cer zu CeO_2	Ce	140,12	f	7,782	1 090,4
Chrom zu Cr_2O_3	Cr	51,996	f	21,944	1 141,0
Cobalt	Co	58,933	f	4,054	238,91
Dysprosium	Dy	162,5	f	11,465	1 863,1
Eisen zu Fe_3O_4	Fe	55,847	f	20,01	1 117,5
Erbium	Er	167,26	f	11,346	1 897,8
Europium	Eu	151,96	f	10,865	1 651,0
Gadolinium	Gd	157,25	f	11,546	1 815,6
Gallium	Ga	69,72	f	15,519	1 082,0
Germanium	Ge	72,59	f	7,44	540,07
Hafnium	Hf	178,49	f	6,261	1 117,6
Holmium	Ho	164,93	f	11,405	1 881,1
Indium	In	114,82	f	8,063	925,8
Iridium	Ir	192,2	f	0,957	184,0
Kalium zu KO_2	K	39,102	f	7,232	282,8
Kohlenstoff	C	12,011	f	32,762	393,51
Kupfer zu Cu_2O	Cu	63,54	f	2,688	170,8
Kupfer zu CuO	Cu	63,54	f	2,452	155,77
Lanthan	La	138,91	f	12,909	1 793,14
Lithium zu Li_2O	Li	6,939	f	85,963	596,5
Lutetium	Lu	174,97	f	10,756	1 882,0
Magnesium	Mg	24,312	f	24,73	601,24
Mangan zu Mn_3O_4	Mn	54,938	f	25,627	1 407,9
Molybdaen	Mo	95,94	f	7,77	745,45
Natrium zu Na_2O_2	Na	22,99	f	22,223	510,9
Neodym	Nd	144,24	f	12,535	1 808,12
Neptunium	Np	237,0	f	4,532	1 074,0
Nickel	Ni	58,71	f	4,083	239,7
Niob	Nb	92,906	f	20,5	1 904,6
Osmium zu OsO_4	Os	190,2	f	2,016	383,5
Quecksilber zu HgO	Hg	200,59	fl	0,45	90,18
Phosphor zu P_4H_{10}	P	30,974	f	99,955	3 096,0
Plutonium	Pu	242,0	f	4,363	1 055,83
Praseodym zu $PrO_{1,833}$	Pr	140,907	f	6,694	943,24
Rhenium zu Rh_2O_7	Re	186,2	f	6,649	1 238,0
Rubidium zu RbO_2	Rb	85,47	f	3,335	285,0
Ruthenium	Ru	101,07	f	3,018	305,0
Samarium	Sm	150,35	f	12,133	1 824,2
Scandium	Sc	44,956	f	42,455	1 908,6
Schwefel zu SO_2	S	32,064	f	9,257	296,81
Selen	Se	78,96	f	2,858	225,7
Silicium	Si	28,086	f	32,4	910,0
Strontium	Sr	87,62	f	6,897	604,3
Tantal	Ta	180,948	f	11,302	2 045,1
Technitium zu Tc_2O_7	Tc	96,906	f	11,489	1 113,4
Tellur	Te	127,6	f	2,521	321,7
Thallium zu Tl_2O_3	Tl	204,37	f	1,717	351,0
Thorium	Th	232,038	f	5,287	1 226,7
Thulium	Tm	168,934	f	11,18	1 888,7
Titan	Ti	47,9	f	19,699	943,58
Uran zu U_3O_6	U	238,03	f	15,018	3 574,8
Vanadium	V	50,942	f	30,439	1 550,62

Tabelle 6.1 (Fortsetzung)

Name	Symbol	M kg/kmol	A	H_0 MJ/kg	$H_{0,m}$ MJ/kmol
Wasserstoff	H_2	2,016	g	141,785	285,83
Wolfram	W	183,85	f	4,585	842,91
Ytterbium	Yb	173,04	f	10,486	1 814,5
Zink	Zn	65,37	f	5,335	348,78
Zinn	Sn	118,69	f	4,893	580,8
Zirconium	Zr	91,22	f	12,065	1 100,57

Tabelle 6.2. Brennwert H_0 anorganischer Verbindungen. M molare Masse, A Aggregatzustand (f fest, fl flüssig, g gasförmig), H_0 spezifischer Brennwert, $H_{0,m}$ molarer Brennwert

Stoff	Bruttoformel	M kg/kmol	A	H_0 MJ/kg	$H_{0,m}$ MJ/kmol
Ammoniak	NH_3	17,03	g	22,255	379,0
Cyanwasserstoff	HCN	27,026	fl	23,752	641,93
Dicyan	$(CN)_2$	52,035	g	21,036	1 094,6
Kohlenstoffmonooxid	CO	28,01	g	10,103	282,99
Kohlenoxidsulfid	COS	60,07	g	9,093	546,2
Phosphorwasserstoff	H_3P	33,997	g	38,325	1 302,93
Schwefelkohlenstoff	CS_2	76,131	fl	22,161	1 687,16
Schwefelwasserstoff	H_2S	34,076	g	16,5	562,25

Tabelle 6.3. Brennwert H_0 organischer Verbindungen. M molare Masse, A Aggregatzustand (f fest, fl flüssig, g gasförmig), H_0 spezifischer Brennwert, $H_{0,m}$ molarer Brennwert

Stoff	Bruttoformel	M kg/kmol	A	H_0 MJ/kg	$H_{0,m}$ MJ/kmol
Acetamid	C_2H_5ON	59,068	f	20,017	1 182,4
Acetanilid	C_8H_9ON	135,167	f	31,234	4 221,81
Aceton	C_3H_6O	58,081	fl	30,826	1 790,42
Acetonitril	C_2H_3N	41,053	fl	30,82	1 265,24
Acetophenon (Methylphenylketon)	C_8H_8O	120,152	fl	34,53	4 148,85
Acetylaceton	$C_5H_8O_2$	100,118	fl	26,839	2 687,09
Acridin	$C_{13}H_9N$	179,223	f	36,841	6 602,77
Acrolein	C_3H_4O	56,065	fl	29,075	1 630,09
Acrylsäure	$C_3H_4O_2$	72,064	fl	18,985	1 368,17
Adenin (6-Aminopurin)	$C_5H_5N_5$	135,129	f	20,559	2 778,13
Adipinsäure	$C_6H_{10}O_4$	146,144	f	19,131	2 795,87
dl-Äpfelsäure	$C_4H_6O_5$	134,089	f	9,888	1 325,87
dl-Alanin	$C_3H_7O_2N$	89,095	f	18,153	1 617,34
Aldol (3-Hydroxybutyraldehyd)	$C_4H_8O_2$	88,107	fl	25,957	2 286,99
Alizarin (1,2-Dihydroxyanthrachinon)	$C_{14}H_8O_4$	240,218	f	25,236	6 062,14
Allylalkohol	C_3H_6O	58,081	fl	31,869	1 851,0
Ameisensäure	CH_2O_2	46,026	fl	5,532	254,64
Ameisensäureethylester	$C_3H_6O_2$	74,08	fl	22,123	1 638,87

Tabelle 6.3 (Fortsetzung)

Stoff	Brutto-formel	M kg/kmol	A	H_0 MJ/kg	$H_{0,\,m}$ MJ/kmol
p-Aminoazobenzol	$C_{12}H_{11}N_3$	197,242	f	33,389	6 585,62
p-Aminophenol	C_6H_7ON	109,129	f	29,138	3 179,84
Amylacetat	$C_7H_{14}O_2$	130,188	fl	33,504	4 361,82
Anethol (1-Methoxy-4-propenylbenzol)	$C_{10}H_{12}O$	148,204	f	37,39	5 541,35
Anilin	C_6H_7N	93,129	fl	36,431	3 392,76
4-Anisidin (4-Methoxyanilin)	C_7H_9ON	123,154	f	31,392	3 866,05
Anisol (Methylphenylether)	C_7H_8O	108,141	fl	34,944	3 778,88
Anthracen	$C_{14}H_{10}$	178,236	f	39,664	7 069,54
9,10-Anthrachinon	$C_{14}H_8O_2$	208,219	f	30,953	6 445
Arabinose	$C_5H_{10}O_5$	150,13	f	15,604	2 342,62
Arabit	$C_5H_{12}O_5$	152,15	f	18,182	2 766,46
Azelainsäure (Nonandisäure)	$C_9H_{16}O_4$	188,226	f	25,363	4 773,98
cis-Azobenzol	$C_{12}H_{10}N_2$	182,227	f	35,747	6 514,07
trans-Azobenzol	$C_{12}H_{10}N_2$	182,227	f	35,515	6 471,81
Azoxybenzol	$C_{12}H_{10}ON_2$	198,22	f	32,39	6 420,35
Behensäure (Docosansäure)	$C_{22}H_{44}O_2$	340,588	f	41,011	13 967,85
Benzalaceton	$C_{10}H_{10}O$	146,188	f	35,988	5 260,96
Benzaldehyd	C_7H_6O	106,125	fl	33,224	3 525,86
Benzamid	C_7H_7ON	121,14	f	29,325	3 552,38
Benzanilid	$C_{13}H_{11}ON$	197,236	f	33,421	6 591,89
Benzhydrol (Diphenylcarbinol)	$C_{13}H_{12}O$	184,24	f	36,506	6 725,87
Benzidin	$C_{12}H_{12}N_2$	184,243	f	35,322	6 507,79
Benzil	$C_{14}H_{10}O_2$	210,235	f	32,271	6 784,4
Benzoesäure	$C_7H_6O_2$	122,125	f	26,425	3 227,2
Benzoesäureanhydrid	$C_{14}H_{10}O_3$	226,234	f	28,764	6 507,38
Benzoesäureethylester	$C_9H_{10}O_2$	150,179	fl	30,61	4 596,98
Benzoin	$C_{14}H_{12}O_2$	212,251	f	32,869	6 976,36
Benzol	C_6H_6	78,115	fl	41,831	3 267,62
Benzonitril	C_7H_5N	103,123	fl	35,116	3 621,25
Benzophenon (Diphenylketon)	$C_{13}H_{10}O$	182,224	f	35,739	6 512,5
Benzoylchlorid	C_7H_5OCl	140,57	fl	23,3	3 275,24
Benzylalkohol	C_7H_8O	108,141	fl	34,558	3 737,19
Benzylamin	C_7H_9N	107,15	fl	37,853	4 055,97
Benzylchlorid	C_7H_7Cl	126,587	fl	29,298	3 708,7
Benzylcyanid	C_8H_7N	117,14	fl	36,557	4 282,32
Bernsteinsäure	$C_4H_6O_4$	118,09	f	12,638	1 492,42
Bernsteinsäureanhydrid	$C_4H_4O_3$	100,075	f	15,427	1 543,9
Bernsteinsäurediethylester	$C_8H_{14}O_4$	174,196	fl	24,194	4 214,54
Bernsteinsäuredimethylester	$C_6H_{10}O_4$	146,144	f	20,221	2 955,16
Biphenyl (Diphenyl)	$C_{12}H_{10}$	154,213	f	40,54	6 251,8
Borneol	$C_{10}H_{18}O$	154,25	f	39,863	6 148,81
1,3-Butadien	C_4H_6	54,092	g	46,989	2 541,73
1,2-Butadien	C_4H_6	54,092	g	47,951	2 593,77
n-Butan	C_4H_{10}	58,124	g	49,499	2 877,08
Butanal	C_4H_8O	72,108	fl	34,364	2 477,91
t-Butanol	$C_4H_{10}O$	74,124	fl	35,669	2 643,95
n-Butanol (n-Butylalkohol)	$C_4H_{10}O$	74,124	fl	36,097	2 675,63
1-Buten	C_4H_8	56,108	g	48,425	2 717,01
2-Butenal (Crotonaldehyd)	C_4H_6O	70,092	fl	32,635	2 287,43
Buttersäure (Butansäure)	$C_4H_8O_2$	88,107	fl	24,782	2 183,47
Buttersäureethylester	$C_6H_{12}O_2$	116,161	fl	30,659	3 561,38
iso-Buttersäureethylester	$C_6H_{12}O_2$	116,16	fl	30,462	3 538,47
t-Butylamin	$C_4H_{11}N$	73,139	fl	40,956	2 995,49

Tabelle 6.3 (Fortsetzung)

Stoff	Brutto-formel	M kg/kmol	A	H_0 MJ/kg	$H_{0,m}$ MJ/kmol
n-Butylamin	$C_4H_{11}N$	73,139	fl	41,27	3 018,46
s-Butylamin	$C_4H_{11}N$	73,139	fl	41,136	3 008,63
t-Butylbenzol	$C_{10}H_{14}$	134,223	fl	43,698	5 865,21
n-Butyllithium	C_4H_9Li	64,055	fl	47,226	3 025,03
Butyramid	C_4H_9ON	87,121	f	28,623	2 493,66
Camphen	$C_{10}H_{16}$	136,23	f	45,111	6 145,46
Campher	$C_{10}H_{16}O$	152,23	f	38,781	5 903,62
Caprinsäure (Dekansäure)	$C_{10}H_{20}O_2$	172,26	f	35,293	6 079,57
e-Caprolactam	$C_6H_{11}ON$	113,161	f	31,846	3 603,68
Capronsäure (Hexansäure)	$C_6H_{12}O_2$	116,161	fl	30,057	3 491,45
Carbazol	$C_{12}H_9N$	167,212	f	36,681	6 133,45
Carvacrol	$C_{10}H_{14}O$	150,21	fl	37,729	5 667,23
Cetylalkohol (Hexadecanol-(1))	$C_{16}H_{34}O$	242,449	f	43,177	10 468,22
Cetylpalmitat	$C_{32}H_{54}O_2$	480,856	f	42,399	20 387,8
p-Chinon	$C_6H_4O_2$	108,098	f	25,415	2 747,26
4-Chlorbenzoesäure	$C_7H_5O_2Cl$	156,57	f	19,565	3 063,29
Chloressigsäure	$C_2H_3O_2Cl$	94,498	f	7,713	728,85
Chrysen	$C_{18}H_{12}$	228,296	f	39,175	8 943,43
Citronensäure	$C_6H_8O_7$	192,127	f	10,205	1 960,62
Codein (Monohydrat)	$C_{18}H_{23}O_4N$	317,384	f	30,684	9 738,68
Coffein	$C_8H_{10}O_2N_4$	194,19	f	21,852	4 243,41
Coniin	$C_8H_{17}N$	127,23	fl	41,945	5 336,69
Cumol (Isopropylbenzol)	C_9H_{12}	120,196	fl	43,391	5 215,42
Cyanamid	CH_2N_2	42,041	f	17,558	738,14
Cyanessigsäure	$C_3H_3O_2N$	85,062	f	14,697	1 250,18
Cyclobutan	C_4H_8	56,108	fl	48,497	2 721,06
Cycloheptan	C_7H_{14}	98,19	fl	46,836	4 598,84
Cycloheptanol	$C_7H_{14}O$	114,187	fl	38,481	4 394,04
Cyclohepten	C_7H_{12}	96,174	fl	47,815	4 598,59
Cyclohexan	C_6H_{12}	84,163	fl	46,573	3 919,7
Cyclohexanol	$C_6H_{12}O$	100,162	fl	37,213	3 727,36
Cyclohexanon	$C_6H_{10}O$	98,146	fl	35,855	3 519,04
Cyclohexen	C_6H_{10}	82,146	fl	45,677	3 752,21
Cyclopentan	C_5H_{10}	70,136	fl	46,927	3 291,22
Cyclopropan	C_3H_6	42,081	g	49,697	2 091,29
p-Cymol (1-Methyl-4-isopropyl-benzol)	$C_{10}H_{14}$	134,21	fl	43,732	5 869,32
1-Cystein	$C_3H_7O_2NS$	121,159	f	18,717	2 267,73
cis-Decahydronaphthalin	$C_{10}H_{18}$	138,255	fl	45,483	6 288,22
trans-Decahydronaphthalin	$C_{10}H_{18}$	138,255	fl	45,401	6 276,96
n-Decan	$C_{10}H_{22}$	142,287	fl	47,639	6 778,41
1-Decen	$C_{10}H_{20}$	140,271	fl	47,191	6 619,59
Di-isopropylketon	$C_7H_{14}O$	114,189	fl	38,555	4 402,53
Di-n-butylzink	$C_8H_{18}Zn$	179,6	fl	33,213	5 965,13
Di-n-propylzink	$C_6H_{14}Zn$	151,55	fl	30,703	4 653,03
Diacetyl	$C_4H_6O_2$	86,091	fl	24,047	2 070,24
Diamylether	$C_{10}H_{22}O$	158,283	fl	42,54	6 733,31
Dibenzoylperoxid	$C_{14}H_{10}O_4$	242,233	f	27,025	6 546,29
Dibenzylamin	$C_{14}H_{15}N$	197,279	f	39,299	7 752,95
1,2-Dichlorbenzol	$C_6H_4Cl_2$	147,005	fl	20,147	2 961,71
1,2-Dichlorethan	$C_2H_4Cl_2$	98,96	fl	12,57	1 243,93
Dichlormethan (Methylenchlorid)	CH_2Cl_2	84,933	fl	7,133	605,84
Diethylamin	$C_4H_{11}N$	73,139	fl	41,598	3 042,44
Diethylanilin	$C_{10}H_{15}N$	149,235	fl	40,697	6 073,49

Tabelle 6.3 (Fortsetzung)

Stoff	Brutto-formel	M kg/kmol	A	H_0 MJ/kg	$H_{0,\,m}$ MJ/kmol
Diethylessigsäure	$C_6H_{12}O_2$	116,16	fl	29,925	3 476,07
Diethylether	$C_4H_{10}O$	74,124	fl	37,114	2 751,06
Diethylketon	$C_5H_{10}O$	86,135	fl	35,992	3 100,18
Diethylquecksilber	$C_4H_{10}Hg$	258,71	fl	11,995	3 103,27
Diethylzink	$C_4H_{10}Zn$	123,49	fl	27,293	3 370,42
1,2-Dihydrobenzol	C_6H_8	80,131	fl	44,268	3 547,24
1,4-Dihydronaphthalin	$C_{10}H_{10}$	130,18	fl	41,663	5 423,69
Diisoamyl	$C_{10}H_{22}$	142,287	fl	47,513	6 760,51
Diisobutylen (Isoocten)	C_8H_{16}	112,217	fl	46,696	5 240,04
Diisopropyl	C_6H_{14}	86,177	g	48,255	4 158,48
Diisopropylketon	$C_7H_{14}O$	114,189	fl	38,555	4 402,53
1,2-Dijodethan	$C_2H_4J_2$	281,862	f	4,821	1 358,86
Dimethylamin	C_2H_7N	45,085	fl	38,672	1 743,51
Dimethylanilin	$C_8H_{11}N$	121,184	fl	39,453	4 781,06
Dimethylchlorsilan	C_2H_7ClSi	94,617	fl	25,228	2 386,97
Dimethyldichlorsilan	$C_2H_6Cl_2Si$	129,062	fl	16,319	2 106,23
Dimethylether	C_2H_6O	46,07	g	31,701	1 460,47
Dimethylformamid	C_3H_7ON	73,095	fl	26,566	1 941,88
Dimethylglyoxim	$C_4H_8O_2N_2$	116,121	f	21,869	2 539,48
2,5-Dimethylhexan	C_8H_{18}	114,233	fl	47,798	5 460,11
3,4-Dimethylhexan	C_8H_{18}	114,233	fl	47,873	5 468,68
2,4-Dimethylpentan	C_7H_{16}	100,206	fl	47,957	4 805,58
3,3-Dimethylpentan	C_7H_{16}	100,206	fl	47,958	4 805,68
2,2-Dimethylpentan	C_7H_{16}	100,206	fl	47,919	4 801,77
2,3-Dimethylpentan	C_7H_{16}	100,206	fl	47,991	4 808,99
Dimethylsulfat	$C_2H_6O_4S$	126,132	fl	11,982	1 511,26
Dimethylzink	C_2H_6Zn	95,44	fl	21,165	2 020,04
1,3-Dinitrobenzol	$C_6H_4O_4N_2$	168,11	f	17,244	2 898,89
2,4-Dinitrophenol	$C_6H_4O_5N_2$	184,109	f	14,665	2 699,96
2,4-Dinitrotoluol	$C_7H_6O_4N_2$	182,137	f	19,439	3 540,56
1,4-Dioxan	$C_4H_8O_2$	88,107	fl	26,83	2 363,91
Diphenylacethylen (Tolan)	$C_{14}H_{10}$	178,236	f	40,68	7 250,66
Diphenylamin	$C_{12}H_{11}N$	169,228	f	37,962	6 424,2
1,2-Diphenylethan (Dibenzyl)	$C_{14}H_{14}$	182,268	f	41,486	7 561,57
Diphenylether	$C_{12}H_{10}O$	170,213	f	36,051	6 136,38
Diphenylmethan	$C_{13}H_{12}$	168,241	f	41,188	6 929,54
Diphenylnitrosamin	$C_{12}H_{10}ON_2$	198,226	f	32,178	6 378,51
Diphenylquecksilber	$C_{12}H_{10}Hg$	354,8	f	18,126	6 431,23
n-Dodecan	$C_{12}H_{26}$	170,341	fl	47,485	8 088,59
Dulcit	$C_6H_{14}O_6$	182,175	f	16,551	3 015,18
Eicosan	$C_{20}H_{42}$	282,54	f	47,137	13 318,09
i-Erythrit	$C_4H_{10}O_4$	122,122	f	17,137	2 092,8
Essigsäure	$C_2H_4O_2$	60,053	fl	14,563	874,54
Essigsäureanhydrid	$C_4H_6O_3$	102,091	fl	17,692	1 806,23
Essigsäureethylester	$C_4H_8O_2$	88,107	fl	25,496	2 246,38
Ethan	C_2H_6	30,07	g	51,875	1 559,88
Ethanal (Acetaldehyd)	C_2H_4O	44,054	fl	26,476	1 166,37
Ethandiol-(1,2) (Glykol)	$C_2H_6O_2$	62,069	fl	19,166	1 189,61
Ethanol	C_2H_6O	46,07	fl	29,685	1 367,58
Ethen (Ethylen)	C_2H_4	28,054	g	50,283	1 410,64
Ethin (Acetylen)	C_2H_2	26,038	g	49,912	1 299,61
Ethylacetoacetat	$C_6H_{10}O_3$	130,145	fl	22,208	2 890,31
Ethylamin	C_2H_7N	45,085	fl	38,003	1 713,35

Tabelle 6.3 (Fortsetzung)

Stoff	Brutto-formel	M kg/kmol	A	H_0 MJ/kg	$H_{0,\,m}$ MJ/kmol
Ethylanilin	$C_8H_{11}N$	121,184	fl	38,983	4 724,15
Ethylbenzol	C_8H_{10}	106,169	fl	42,984	4 563,61
Ethylbromid	C_2H_5Br	108,971	g	13,974	1 424,65
Ethylcarbylamin	C_3H_5N	55,08	fl	36,242	1 996,19
Ethylchlorid	C_2H_5Cl	64,515	g	22,121	1 427,16
Ethylcycloheptan	C_9H_{18}	126,244	fl	46,624	5 886,05
Ethylendiamin	$C_2H_8N_2$	60,099	fl	31,51	1 893,68
Ethylenoxid	C_2H_4O	44,054	fl	28,668	1 262,94
3-Ethylhexan	C_8H_{18}	114,233	fl	47,886	5 470,16
Ethyljodid	C_2H_5J	155,967	fl	9,403	1 466,49
Ethyllithium	C_2H_5Li	36,001	f	48,382	1 741,8
Ethylnitrat	$C_2H_5O_3N$	91,067	fl	14,398	1 311,22
Ethylnitrit	$C_2H_5O_2N$	75,067	g	18,538	1 391,6
3-Ethylpentan	C_7H_{16}	100,206	fl	48,068	4 816,66
Eugenol	$C_{10}H_{12}O_2$	164,206	fl	32,783	5 383,13
Fluorbenzol	C_6H_5F	96,105	fl	32,299	3 104,11
Fluoren	$C_{13}H_{10}$	166,222	f	39,894	6 631,22
Fumarsäure	$C_4H_4O_4$	116,074	f	11,499	1 334,7
Fumarsäuredimethylester	$C_6H_8O_4$	144,127	f	19,256	2 775,25
Furan	C_4H_4O	68,076	fl	30,607	2 083,59
Furfural	$C_5H_4O_2$	96,086	fl	24,328	2 337,6
a-d-Galactose	$C_6H_{12}O_6$	180,159	f	15,562	2 803,7
a-d-Glucose	$C_6H_{12}O_6$	180,159	f	15,555	2 802,4
Glutarsäure	$C_5H_8O_4$	132,117	f	16,28	2 150,91
Glycerin	$C_3H_8O_3$	92,095	fl	17,974	1 655,32
Glycerintrinitrat	$C_3H_5O_9N_3$	227,088	fl	6,712	1 524,23
Glycin (Glykokoll)	$C_2H_5O_2N$	75,068	f	12,963	973,07
Glycylglycin	$C_4H_8O_3N_2$	132,12	f	14,908	1 969,66
Guanin	$C_5H_5ON_5$	151,129	f	16,53	2 498,22
Harnstoff	CH_4ON_2	60,056	f	10,529	632,33
Harnsäure	$C_5H_4O_3N_4$	168,113	f	11,423	1 920,37
n-Heptan	C_7H_{16}	100,206	fl	48,069	4 816,83
Heptanal	$C_7H_{14}O$	114,189	fl	38,916	4 443,83
Heptanol-(1) (n-Heptylalkohol)	$C_7H_{16}O$	116,205	fl	39,951	4 642,51
Heptansäure (Önanthsäure)	$C_7H_{14}O_2$	130,188	fl	31,843	4 145,58
Hexachlorbenzol	C_6Cl_6	284,785	f	8,341	2 375,26
Hexachlorethan	C_2Cl_6	236,74	f	3,072	727,18
n-Hexadecan	$C_{16}H_{34}$	226,449	fl	47,247	10 699,12
1,5-Hexadien (Diallyl)	C_6H_{10}	82,15	fl	46,796	3 844,29
1,5-Hexadiin	C_6H_6	78,115	g	47,29	3 694,06
Hexamethylbenzol	$C_{12}H_{18}$	162,277	f	43,956	7 133,05
Hexamethylentetramin	$C_6H_{12}N_4$	140,189	f	29,95	4 198,64
n-Hexan	C_6H_{14}	86,179	fl	48,31	4 163,29
Hexen (Hexylen)	C_6H_{12}	84,163	fl	47,357	3 985,68
Hippursäure	$C_9H_9O_3N$	179,177	f	23,547	4 219,06
Hydrazobenzol	$C_{12}H_{12}N_2$	184,243	f	36,139	6 658,42
Hydrochinon (p-Dioxybenzol)	$C_6H_6O_2$	110,113	f	25,921	2 854,2
Imidazol	$C_3H_4N_2$	68,079	f	26,596	1 810,63
Indigo	$C_{16}H_{10}O_2N_2$	262,26	f	28,956	7 593,96
Indol	C_8H_7N	117,152	f	36,407	4 265,17
Isatin	$C_8H_5O_2N$	147,135	f	24,43	3 594,47
Isobutanol	$C_4H_{10}O$	74,124	fl	36,001	2 668,51
Isocyansäureethylester	C_3H_5ON	71,079	fl	24,988	1 776,12

Tabelle 6.3 (Fortsetzung)

Stoff	Brutto-formel	M kg/kmol	A	H_0 MJ/kg	$H_{0,m}$ MJ/kmol
Isophthalsäure	$C_8H_6O_4$	166,135	f	19,277	3 202,56
Kohlensäurediethylester	$C_5H_{10}O_3$	118,132	fl	22,947	2 710,81
Kohlensäuredimethylester	$C_3H_6O_3$	90,079	fl	15,83	1 425,91
Korksäure (Octandisäure)	$C_8H_{14}O_4$	174,198	f	23,599	4 110,9
Kreatin	$C_4H_9O_2N_3$	131,135	f	17,715	2 323,08
Kreatinin	$C_4H_7ON_3$	113,12	f	20,65	2 335,97
p-Kresol	C_7H_8O	108,141	f	34,202	3 698,61
o-Kresol	C_7H_8O	108,141	f	34,153	3 693,3
m-Kresol	C_7H_8O	108,141	fl	34,25	3 703,89
Kresolmethylether	$C_8H_{10}O$	122,166	fl	36,201	4 422,49
Laurinsäure (Dodecansäure)	$C_{12}H_{24}O_2$	200,324	f	36,828	7 377,53
l-Leucin	$C_6H_{13}O_2N$	131,176	f	27,303	3 581,55
+-Limonen	$C_{10}H_{16}$	136,239	fl	45,268	6 167,22
dl-Limonen (Dipenten)	$C_{10}H_{16}$	136,239	fl	45,295	6 170,98
Maleinsäure	$C_4H_4O_4$	116,074	f	11,675	1 355,16
Maleinsäureanhydrid	$C_4H_2O_3$	98,059	f	14,174	1 389,92
Maleinsäuredimethylester	$C_6H_8O_4$	144,127	fl	19,433	2 800,77
Malonsäure	$C_3H_4O_4$	104,063	f	8,275	861,15
Malonsäurediethylester	$C_7H_{12}O_4$	160,169	fl	22,476	3 599,91
Malzzucker (b-Maltose Monohydrat)	$C_{12}H_{24}O_{12}$	360,318	f	15,798	5 692,42
Mandelsäure	$C_8H_8O_3$	152,151	f	24,397	3 712,04
Mannit	$C_6H_{14}O_6$	182,175	f	16,604	3 024,83
Melamin	$C_3H_6N_6$	126,122	f	15,591	1 966,35
Methan	CH_4	16,043	g	55,498	890,35
Methanal (Formaldehyd)	CH_2O	30,027	g	19,009	570,78
Methanol	CH_4O	32,042	fl	22,649	725,71
Methyl n-butylketon	$C_6H_{12}O$	100,162	fl	37,479	3 754,01
Methyl t-butylketon	$C_6H_{12}O$	100,162	fl	37,414	3 747,48
2-Methyl-1, 3-butadien (Isopren)	C_5H_8	68,12	fl	46,362	3 158,17
2-Methyl-2-butanol	$C_5H_{12}O$	88,151	fl	37,471	3 303,06
Methylamin	CH_5N	31,058	fl	34,156	1 060,81
4-Methylbenzoesäure (p-Toluylsäure)	$C_8H_8O_2$	136,152	f	28,367	3 862,17
2-Methylbenzoesäure (o-Toluylsäure)	$C_8H_8O_2$	136,152	f	28,46	3 874,89
3-Methylbenzoesäure (m-Toluylsäure)	$C_8H_8O_2$	136,152	f	28,389	3 865,26
Methylbromid	CH_3Br	94,944	g	8,109	769,86
Methylchlorid	CH_3Cl	50,488	g	13,607	687,01
Methyldichlorsilan	CH_4Cl_2Si	115,035	fl	12,861	1 479,46
Methylethylether	C_3H_8O	60,097	g	35,067	2 107,44
Methylethylketon	C_4H_8O	72,108	fl	33,896	2 444,17
2-Methylheptan	C_8H_{18}	114,233	fl	47,845	5 465,52
2-Methylhexan	C_7H_{16}	100,206	fl	48,019	4 811,73
3-Methylhexan	C_7H_{16}	100,206	fl	48,049	4 814,78
Methylisopropylketon	$C_5H_{10}O$	86,135	fl	35,958	3 097,21
Methyljodid	CH_3J	141,939	fl	5,739	814,62
1-Milchsäure	$C_3H_6O_3$	90,08	f	14,92	1 343,99
Milchzucker (Lactose)	$C_{12}H_{22}O_{11}$	342,303	f	16,446	5 629,53
N-Ethylanilin	$C_8H_{11}N$	121,184	fl	38,983	4 724,15
Naphthalin	$C_{10}H_8$	128,175	f	40,192	5 151,68
1,4-Naphthochinon	$C_{10}H_6O_2$	158,158	f	29,143	4 609,2
1-Naphthol	$C_{10}H_8O$	144,175	f	34,442	4 965,61
2-Naphthol	$C_{10}H_8O$	144,175	f	34,357	4 953,35
1-Naphthylamin	$C_{10}H_9N$	143,19	f	36,937	5 288,99
2-Naphthylamin	$C_{10}H_9N$	143,19	f	36,884	5 281,46

Tabelle 6.3 (Fortsetzung)

Stoff	Brutto-formel	M kg/kmol	A	H_0 MJ/kg	$H_{0,\,m}$ MJ/kmol
Nickeltetracarbonyl	C_4O_4Ni	170,75	fl	6,912	1 180,31
2-Nitranilin	$C_6H_6O_2N_2$	138,127	f	23,111	3 192,22
3-Nitranilin	$C_6H_6O_2N_2$	138,127	f	23,097	3 190,3
4-Nitranilin	$C_6H_6O_2N_2$	138,127	f	23,001	3 177,08
Nitrobenzol	$C_6H_5O_2N$	123,11	fl	25,122	3 092,81
Nitroethan	$C_2H_5O_2N$	75,068	fl	18,09	1 358
Nitromethan	CH_3O_2N	61,041	fl	11,618	709,15
1-Nitropropan	$C_3H_7O_2N$	89,095	fl	22,584	2 012,13
2-Nitropropan	$C_3H_7O_2N$	89,095	fl	22,455	2 000,66
n-Nonan	C_9H_{20}	128,26	fl	47,75	6 124,46
n-Octadecan	$C_{18}H_{38}$	254,504	f	46,94	11 946,49
n-Octan	C_8H_{18}	114,233	fl	47,892	5 470,87
1-Octanol	$C_8H_{18}O$	130,232	fl	40,639	5 292,51
Oxalsäure	$C_2H_2O_4$	90,036	f	2,698	242,92
Oxalsäurediamid	$C_2H_4O_2N_2$	88,066	f	9,573	843,08
Oxalsäurediethylester	$C_6H_{10}O_4$	146,144	fl	20,423	2 984,7
Oxalsäuredimethylester	$C_4H_6O_4$	118,089	fl	14,179	1 674,44
Palmitinsäure (Hexadecansäure)	$C_{16}H_{32}O_2$	256,432	f	38,911	9 978,03
Paraldehyd	$C_6H_{12}O_3$	132,161	fl	25,646	3 389,46
Pentachlorphenol	C_6HOCl_5	266,339	f	8,747	2 329,65
Pentaerythritol	$C_5H_8O_{12}N_4$	316,139	f	8,133	2 571,07
Pentamethylbenzol	$C_{11}H_{16}$	148,25	f	43,721	6 481,6
n-Pentan	C_5H_{12}	72,151	fl	48,636	3 509,16
n-Pentanol (n-Amylalkohol)	$C_5H_{12}O$	88,151	fl	37,776	3 329,96
1-Pentanol (Amylalkohol)	$C_5H_{12}O$	88,149	fl	37,673	3 320,84
1-Penten (Amylen)	C_5H_{10}	70,134	fl	47,929	3 361,43
9.10-Phenanthrachinon	$C_{14}H_3O_2$	208,219	f	30,84	6 421,47
Phenanthren	$C_{14}H_{10}$	178,236	f	39,579	7 054,48
Phenazin	$C_{12}H_8N_2$	180,211	f	33,92	6 112,82
Phenetol (Ethylphenylester)	$C_8H_{10}O$	122,168	fl	36,159	4 417,47
Phenol	C_6H_6O	94,114	f	32,444	3 053,48
Phenylacetylen	C_8H_6	102,137	fl	41,956	4 285,25
dl-Phenylalanin	$C_9H_{11}O_2N$	165,194	f	28,167	4 653,03
p-Phenylendiamin	$C_6H_8N_2$	108,144	f	32,433	3 507,45
Phenylhydrazin	$C_6H_8N_2$	108,144	fl	33,721	3 646,77
Phthalsäure	$C_8H_6O_4$	166,135	f	19,404	3 223,69
Phthalsäureanhydrid	$C_8H_4O_3$	148,119	f	22,007	3 259,67
Phthalsäurediethylester	$C_{12}H_{14}O_4$	222,243	fl	26,756	5 946,33
Phthalsäuredimethylester	$C_{10}H_{10}O_4$	194,187	f	24,125	4 684,82
Pimelinsäure (Heptandisäure)	$C_7H_{12}O_4$	160,171	f	21,603	3 460,17
Piperidin (Hexahydropyridin)	$C_5H_{11}N$	85,15	fl	40,535	3 451,55
dl-Prolin	$C_5H_9O_2N$	115,133	f	23,708	2 729,6
Propan	C_3H_8	44,097	g	50,344	2 220,03
Propanal (Propionaldehyd)	C_3H_6O	58,081	fl	31,276	1 816,53
Propandiol-(1,2)	$C_3H_8O_2$	76,096	fl	23,963	1 823,51
n-Propanol	C_3H_8O	60,097	fl	33,62	2 020,45
Propin (Allylen)	C_3H_4	40,065	g	48,57	1 945,98
Propionsäure	$C_3H_6O_2$	74,08	fl	20,617	1 527,29
Propionsäureanhydrid	$C_6H_{10}O_3$	130,145	fl	24,002	3 123,77
Propionsäureethylester	$C_5H_{10}O_2$	102,134	fl	28,299	2 890,29
n-Propylamin	C_3H_9N	59,112	fl	40,013	2 365,26
n-Propylbenzol	C_9H_{12}	120,196	fl	43,414	5 218,24
n-Propylcyanid (Butyronitril)	C_4H_7N	69,107	fl	37,17	2 568,68

Tabelle 6.3 (Fortsetzung)

Stoff	Brutto-formel	M kg/kmol	A	H_0 MJ/kg	$H_{0,\,m}$ MJ/kmol
Pyrazol	$C_3H_4N_2$	68,079	f	27,441	1 868,16
Pyridin	C_5H_5N	79,102	fl	35,173	2 782,28
Pyrimidin	$C_4H_4N_2$	80,09	fl	28,621	2 292,29
Pyrrol	C_4H_5N	67,091	fl	35,052	2 351,7
Rohrzucker (Saccharose)	$C_{12}H_{22}O_{11}$	342,303	f	16,478	5 640,41
Salicylsäure	$C_7H_6O_3$	138,124	f	21,88	3 022,1
Salicylsäureethylester	$C_9H_{10}O_3$	166,176	fl	26,467	4 398,18
Sarkosin (N-Methylglykoll)	$C_3H_7O_2N$	89,095	f	18,77	1 672,34
Sebacinsäure (Decandisäure)	$C_{10}H_{18}O_4$	202,253	f	26,823	5 425,03
1-Sorbose	$C_6H_{12}O_6$	180,159	f	15,567	2 804,58
Stearinsäure (Octadecansäure-(1))	$C_{18}H_{36}O_2$	284,486	f	39,652	11 280,44
cis-Stilben (1,2Diphenylethylen)	$C_{14}H_{12}$	180,252	fl	41,096	7 407,64
trans-Stilben (1,2-Diphenylethylen)	$C_{14}H_{12}$	180,252	f	40,845	7 362,39
Styren	C_8H_8	104,153	fl	42,173	4 392,45
Succinimid	$C_4H_5O_2N$	99,09	f	18,464	1 829,58
Terephthalsäure	$C_8H_6O_4$	166,135	f	19,198	3 189,42
Tetracen	$C_{18}H_{12}$	228,296	f	39,234	8 956,94
1,1,2,2-Tetrachlorethan	$C_2H_2Cl_4$	167,85	fl	5,796	972,86
Tetrachlormethan	CCl_4	153,823	fl	2,377	365,68
Tetraethylblei	$C_8H_{20}Pb$	323,44	fl	19,736	6 383,53
Tetrahydrofuran	C_4H_8O	72,108	fl	34,751	2 505,8
1,2,3,4-Tetrahydronaphthalin	$C_{10}H_{12}$	132,207	fl	42,221	5 581,91
1,2,4,5-Tetramethylbenzol	$C_{10}H_{14}$	134,223	f	43,305	5 812,53
Tetramethylblei	$C_4H_{12}Pb$	267,33	fl	13,882	3 711,21
Tetraphenylhydrazin	$C_{24}H_{20}N_2$	336,44	f	37,928	12 760,36
Tetraphenylmethan	$C_{25}H_{20}$	320,438	f	40,392	12 943,2
Thianthren	$C_{12}H_8S_2$	216,326	f	33,522	7 251,63
Thiophen	C_4H_4S	84,14	fl	33,614	2 828,3
Thymol (5-Methyl-2-isopropylphenol)	$C_{10}H_{14}O$	150,222	f	37,453	5 626,26
Toluol	C_7H_8	92,142	fl	42,438	3 910,32
Tri-n-butylaluminium	$C_{12}H_{27}Al$	198,33	fl	45,612	9 046,23
Tri-n-butylbor	$C_{12}H_{27}B$	182,16	fl	48,843	8 897,28
Tri-n-propylaluminium	$C_9H_{21}Al$	156,249	fl	45,174	7 058,41
Tri-n-propylbor	$C_9H_{21}B$	140,079	fl	49,124	6 881,22
Tribenzylamin	$C_{21}H_{21}N$	287,408	f	39,684	11 405,58
Tributylamin	$C_{12}H_{27}N$	185,356	fl	44,774	8 299,17
Trichloressigsäure	$C_2HO_2Cl_3$	163,388	f	3,045	497,48
Trichlorethylen	C_2HCl_3	131,389	fl	7,28	956,46
Trichlormethan (Chloroform)	$CHCl_3$	119,378	fl	3,971	474,05
Triethylaluminium	$C_6H_{15}Al$	114,168	fl	44,807	5 115,57
Triethylamin	$C_6H_{15}N$	101,193	fl	43,255	4 377,09
Triethylarsin	$C_6H_{15}As$	162,108	fl	29,896	4 846,33
Triethylbor	$C_6H_{15}B$	97,997	fl	50,487	4 947,58
Triethylphosphin	$C_6H_{15}P$	118,16	fl	43,805	5 176,03
Trifluoressigsäure	$C_2HO_2F_3$	114,024	fl	3,501	399,15
Trimethylaluminium	C_3H_6Al	72,087	fl	44,175	3 184,44
Trimethylamin	C_3H_9N	59,112	fl	40,957	2 421,03
Trimethylarsin	C_3H_9As	120,027	fl	23,153	2 779,01
1,2,4-Trimethylbenzol (Pseudocumol)	C_9H_{12}	120,196	fl	43,219	5 194,75
1,3,5-Trimethylbenzol (Mesitylen)	C_9H_{12}	120,196	fl	43,206	5 193,19
Trimethylbor	C_3H_6B	55,916	fl	53,464	2 989,47
2,2,3-Trimethylbutan	C_7H_{16}	100,206	fl	47,948	4 804,68
2,2,4-Trimethylpentan	C_8H_{18}	114,233	fl	47,706	5 449,6

Tabelle 6.3 (Fortsetzung)

Stoff	Brutto-formel	M kg/kmol	A	H_0 MJ/kg	$H_{0,\,m}$ MJ/kmol
Trimethylphosphin	C_3H_9P	76,079	fl	41,995	3 194,9
1,3,5-Trinitrobenzol	$C_6H_3O_6N_3$	213,107	f	12,887	2 746,31
2,4,6-Trinitrophenol	$C_6H_3O_7N_3$	229,107	f	11,241	2 575,39
2,4,6-Trinitrotoluol	$C_7H_5O_6N_3$	227,134	f	14,978	3 402,01
Triphenylarsien	$C_{18}H_{15}As$	306,242	f	32,264	9 880,52
1,3,5-Triphenylbenzol	$C_{24}H_{18}$	306,411	f	39,951	12 241,43
Triphenylcarbinol	$C_{19}H_{16}O$	260,339	f	37,493	9 760,85
Triphenylmethan	$C_{19}H_{16}$	244,339	f	40,659	9 934,58
Triphenylphosphin	$C_{18}H_{15}P$	262,294	f	39,285	10 304,15
l-Tyrosin	$C_9H_{11}O_3N$	181,193	f	24,441	4 428,55
n-Undecan	$C_{11}H_{24}$	156,314	fl	47,541	7 431,43
Undecansäure	$C_{11}H_{22}O_2$	186,297	f	36,162	6 736,83
Valeriansäureethylester	$C_7H_{14}O_2$	130,188	fl	32,276	4 201,95
l-Valin	$C_5H_{11}O_2N$	117,149	f	24,94	2 921,73
p-Xylol	C_8H_{10}	106,169	fl	42,876	4 552,15
o-Xylol	C_8H_{10}	106,169	fl	42,984	4 563,61
m-Xylol	C_8H_{10}	106,169	fl	42,863	4 550,73
Xylose	$C_5H_{10}O_5$	150,133	f	15,579	2 338,92
trans-Zimtsäure	$C_9H_8O_2$	148,163	f	29,346	4 347,99
Zimtsäureanhydrid	$C_{18}H_{14}O_3$	278,311	f	31,39	8 736,18

Tabelle 6.4. Brennwert H_0 fester und flüssiger Brennstoffe

Stoff	H_0 MJ/kg	Stoff	H_0 MJ/kg
Bagasse	9,8	Lohe (Eichenholzlohe)	9,35
Bambus	17,23	Motorbenzol	42,29
Baumrinde	17,3	Ölschiefer (Brennschiefer)	11,62
Braunkohle (Rohbraunkohle)	12,17	Olivenrückstände	16,85
Braunkohle (Brikett)	21,4	Papierstaub	15,08
Braunkohle (Pechkohle)	23,74	Petroleum	46,05
Braunkohlenteeröl	39,39	Reishülsen	14,65
Buchweizenhüllen	17,66	Schieferteer (Estland)	39,31
Buchweizenstroh	13,0	Sisal (Agaven)	15,93
Deutsche Torfe (Mittelwerte)	23,07	Sonnenblumenschalen	19,48
Dieselkraftstoff	45,86	Steinkohle (Gasflammkohle)	29,8
Fahrbenzin	46,93	Steinkohle (Gaskohle)	31,1
Flachs	15,7	Steinkohle (Eßkohle)	32,0
Flugbenzin	47,31	Steinkohle (Magerkohle)	32,63
Getreidestaub	13,65	Steinkohle (Anthrazit)	32,1
Hartpech	37,22	Steinkohle (Flammkohle)	29,2
Heizöl (extra leichtflüssig)	45,96	Steinkohlenteeröl (Heizöl)	38,94
Heizöl (schwerflüssig)	43,84	Suddite (Nilschilf)	16,35
Holz (nordamerikanische Hölzer; frisch)	10,14	Superbenzin	44,72
		Tabakstaub	7,01
Holz (europäische Hölzer; lufttrocken)	16,86	Torf (Weißtorf) (Heizwert)	20,52
		Torf (Schwarztorf) (Heizwert)	22,19
Holz (europäische Hölzer; frisch)	9,91	Torfkoks	33,15
Holz (tropische Hölzer; lufttrocken)	18,15	Torfteer (Heizwert)	35,59
Holzkohle	29,7	Turbinenkraftstoff	46,4
Holzteer	25,54	Urteer (Generatorteer aus böhmischer Braunkohle)	38,88
Horizontalofenteer (Ruhr)	35,5		
Kaffeeschalen	17,82	Vertikalofenteer (Oberschlesien)	38,1
Kokosnußmark	27,21	Weichpech	38,39
Kokosnußschalen	19,37	Weizenstroh (getrocknet)	13,11
Kokosnüsse- und Kokosschalen	17,32		

Tabelle 6.5. Brennwert $H_{0,n}$ gasförmiger Brennstoffe im Normzustand ($t = 0\,°C$, $p = 101{,}325\ kPa$)

Stoff	$H_{0,n}$ MJ/m³
Braunkohlendestillationsgas	13,23
Braunkohlenschwelgas (Borsig-Geißen-Ofen)	16,27
Erdgas (L-Gruppe)	36,0
Erdgas (H-Gruppe)	43,92
Generatorgas (aus Koks)	5,19
Gichtgas (Kokshochofen)	4,33
Gichtgas (Holzkohle-Hochofen)	3,67
Gichtgas (Elektro-Hochofen)	9,89
Gichtgas (Carbid-Ofen)	12,94
Holzdestillationsgas	11,17
Kokereigas	19,8
Kokswassergas	11,56
Ölgas (Hall-Prozeß)	40,46
Raffineriegas (Crackgas) (Cross Still)	65,4
Raffineriegas (Crackgas) (Gyro Still)	57,53
Stadtgas (Mischgas)	17,35
Steinkohlenschwelgas (Krupp-Lurgi-Verfahren)	34,45
Torfdestillationsgas	14,48
Torfschwelgas	10,2
Wassergas (ölkarburiert)	19,49

Tabelle 6.6. Brennwert H_0 von Nahrungsmitteln

Stoff	H_0 MJ/kg
Apfelsaft	2,76
Bienenhonig	13,98
Brot	10,3
Fische; frisch	1,8
Fleisch	8,83
Frischobst	2,34
Geflügel	7,75
Gemüse	0,96
Gemüsekonserven	1,21
Getreide (Ganzes Korn)	12,81
Getrocknetes Obst	11,26
Hartschalenobst (Nüsse)	14,61
Hefe	4,23
Hühnerei	6,36
Hülsenfrüchte	13,94
Kartoffeln (ohne Schalen; gekocht)	4,02
Käse	13,27
Margarine	30,52
Marmelade	11,47
Nudeln	15,07
Nährmittel	15,16
Pilze	1,13
Pralinen	19,13
Reis	14,99
Roggen- und Weizenmehl	14,7
Rübenzucker	17,12
Schankbier (hell)	0,84
Schaumwein	2,14
Schlagsahne	12,64
Schweineschmalz	38,77
Speiseschokolade	21,98
Speiseöl	38,73
Südfrüchte	2,22
Süßwein	2,89
Traubensaft	3,68
Vollmilch (3 % Fettgehalt)	2,6
Weiß- und Rotwein (deutsche Lage)	0,36
Wild	3,94
Wurst	13,4

Tabelle 6.7. Brennwert H_0 von Futtermitteln

Stoff	H_0 MJ/kg
Bierhefe (getrocknet)	19,85
Biertreber (getrocknet)	20,39
Blut (Frischblut)	22,95
Blutmehl	22,97
Bucheckern (unentschält)	25,28
Diffusionsschnitzel (getrocknet)	18,05
Eicheln (unentschält; frisch)	18,92
Fett	39,57
Fischmehl (fettarm; Proteingehalt 65 bis 70 %)	19,18
Fleischfuttermehl	22,94
Futterrüben (Massenrüben)	16,53
Futterrübenblatt	15,46
Garnelenmehl	16,5
Geflügelschlachtabfälle	21,65
Gerstenmalz	20,77
Hafer (Körner)	19,2
Haferstroh	18,04
Haselnußkerne	33,85
Heu (Wiesengras)	18,23
Kartoffeln (roh; stärkearm)	17,26
Kartoffelpülpe (getrocknet)	17,78
Kartoffelschlempe (getrocknet)	17,96
Kasein	23,21
Kastanien (unentschält)	18,25
Klee (Vollblüte)	18,1
Knochenschrot	10,49
Krebse (Krebsfleisch)	21,42
Luzerne	18,46
Magermilch (getrocknet)	18,99
Maikäfer	24,09
Maiskolbenschrot	18,97
Maisstärke	17,49
Mohnsamen	28,09
Molke (getrocknet)	16,64
Rapsextraktionsschrot (unbehandelt)	19,21
Rapssamen	27,74
Reis (Körner; geschält)	18,04
Roggenkleie 90 % Ausmahlung)	18,71
Sojabohne	23,22
Sojabohnenextraktionsschrot	20,31
Sojabohnenkuchen	21,39
Sonnenblumen (Kerne)	32,61
Sonnenblumenextraktionsschrot (unentschält)	19,97
Vollmilch (getrocknet)	24,34
Walfleischmehl	23,73
Weidegras	18,33
Wintergerste (Körner)	18,46
Zuckerrübenmelasse	16,3

Tabelle 6.8. Brennwert H_0 verschiedener brennbarer Stoffe

Stoff	H_0 MJ/kg
Baumwolle (Heizwert)	15,5
Bretter (Heizwert)	17,3
Chloratit (Sprengstoffgemisch)	4,19
Donarit 1 (Sprengstoffgemisch)	4,0
Donarit 2 (Sprengstoffgemisch)	3,76
Dynamit (Sprengstoffgemisch)	5,36
Gelatine-Donarit (Sprengstoffgemisch)	4,35
Glycerintrinitrat (Sprengöl)	6,24
Glycoldinitrat (Sprengöl)	6,62
Gummi	14,02
Holzwolle (Heizwert)	17,0
Kanthölzer (Heizwert)	17,3
Lederabfälle	19,8
Müll (deutsche Großstädte; Mittelwert)	4,19
Papier	14,5
Pappe	15,4
Pentaerythrittetranitrat (Sprengstoff)	5,87
Polyacrylnitril (Ballen) (Heizwert)	29,5
Polyamidfasern (Ballen) (Heizwert)	28,4
Polycarbodiimid Hartschaum (Heizwert)	31,0
Polyethylen (Heizwert)	44,0
Polyisocyanat (Hartschaum mit Brandschutz) (Heizwert)	24,1
Polyoxymethylen	16,9
Polystyrol (Hartschaum) (Heizwert)	39,6
Polytetrafluorethylen (Teflon)	6,71
Schießbaumwolle	4,4
Spanplatten (Heizwert)	17,3
Sprengpulver (Schwarzpulver)	2,79
Terpentin (Heizwert)	41,4
2,4,6-Trinitrotoluol (Sprengstoff)	3,98
Ungesättigte Polyesterharze; glasfaserverstärkt (Heizwert)	19,0
Waschmittel (synthetisch)	3,3
Wetter-Arit (Sprengstoffgemisch)	2,75

7 Diffusion, Permeation und Schmidtzahl

7.1 Binäre Diffusionskoeffizienten einiger Gase
(M. Jescheck)

Die Tabellen für die Temperaturabhängigkeit des binären Diffusionskoeffizienten D wurden für den größtmöglichen Temperaturbereich ohne Rücksicht auf die jeweilige Meßmethode zusammengestellt. Auf einen rechnerischen Ausgleich der Meßwerte als Funktion der Temperatur wurde verzichtet, da der Diffusionskoeffizient auch vom Druck und der Zusammensetzung des Gemisches abhängt. Diese Tatsache konnte in den Tabellen nur sehr unzureichend berücksichtigt werden. Denn häufig, zumal in der älteren Literatur, fehlen jegliche Angaben über die Zusammensetzung des untersuchten Gemisches.

Anhand der Methode für die Gasanalyse und der Beschreibung des Experiments läßt sich jedoch der Bereich der Zusammensetzung des Gasgemisches abschätzen, in dem der Diffusionskoeffizient gemessen worden ist. In den Tabellen sind die Bereiche wie folgt gekennzeichnet:

$$0 \quad \leq x_2 \leq 0{,}25 \quad \text{mit } \times,$$
$$0{,}25 \leq x_2 \leq 0{,}75 \quad \text{mit } +,$$
$$0{,}75 \leq x_2 \leq 1 \quad \text{mit } *.$$

Dabei ist x_2 der Stoffmengenanteil der Komponente 2 des Gemisches.

Tabelle 7.1. Binärer Diffusionskoeffizient D beim Normdruck $p_n = 101{,}325$ kPa als Funktion der Temperatur T

Komponente 1   Helium
Komponente 2   Neon, Argon, Krypton, Xenon, Wasserstoff, Stickstoff, Kohlenstoffmonooxid, Kohlenstoffdioxid oder Sauerstoff

T in K	D in mm²/s		Lit.	T in K	D in mm²/s		Lit.	T in K	D in mm²/s		Lit.
Helium – Neon				Helium – Argon				Helium – Krypton			
65,35	8,34	+	[7.1]	90,2	9,48	+	[7.1]	111,7	11,97	+	[7.1]
90,20	14,58	+		169,3	28,53	+		169,3	24,74	+	
169,20	42,4	+		277,86	64,0	+	[7.3]	273,0	55,6	×	[7.2]
295,00	106,8	+		298,15	71,09	+		273,0	53,5	*	[7.7]
318,0	115,8	×	[7.2]	328,54	80,72	+		303,0	65,9	×	[7.2]
350,0	143	×	[7.8]	346,2	92,44	×	[7.13]	322,0	73,72	×	[7.5]
400,0	178	×		383,15	112,2	*	[7.23]	366,0	90,40	×	
500,0	257	×		443,15	140,1	*		394,0	99,2	*	[7.7]
600,0	350	×		498,15	172,8	*		500,0	148,5	×	[7.14]
700,0	449	×		600,0	233	×	[7.14]	600,0	200,5	×	
800,0	561	×		700,0	300	×		700,0	259	×	
900,0	683	×		800,0	375	×		800,0	326	×	
1 000,0	812	×		900,0	456	×		900,0	379	×	
1 100,0	948	×		1 000,0	542	×		1 000,0	471	×	
1 200,0	1 098	×		1 100,0	633	×		1 100,0	550	×	
				1 200,0	733	×					

Tabelle 7.1 (Fortsetzung)

T in K	D in mm²/s		Lit.	T in K	D in mm²/s		Lit.	T in K	D in mm²/s		Lit.
Helium – Xenon				Helium – Wasserstoff				Helium – Stickstoff			
169,3	21,34	+	[7.1]	273,0	121	×	[7.22]	77,2	7,25	×	[7.5]
231,1	35,7	+		298,0	113,2	+	[7.34]	289,4	65,1	×	[7.16]
273,3	47,3	×	[7.6]					293,0	70,5	*	[7.26]
288,15	55,0	×	[7.4]	295,5	125	×	[7.16]	298,0	68,8	×	[7.25]
300,0	53,7	×	[7.14]					298,0	73,0	*	[7.25]
303,15	60,4	×	[7.4]					300,0	74,3	*	[7.27]
350,0	69,6	×	[7.14]					323,15	76,6	×	[7.23]
400,0	87,1	×						383,15	107,7	×	
500,0	127	×						443,15	128,9	×	
600,0	172	×						498,15	165,0	×	[7.27]
700,0	222	×						600,0	290	*	
800,0	277	×						900,0	476	*	
900,0	335	×						1 200,0	774	*	
1 000,0	400	×									

Tabelle 7.1 (Fortsetzung)

T in K	D in mm²/s		Lit.	T in K	D in mm²/s		Lit.	T in K	D in mm²/s		Lit.
Helium − Kohlenstoffmonooxid				Helium − Sauerstoff				Helium − Kohlenstoffdioxid			
295,6	7,02	×	[7.16]	244,2	53,6	×	[7.24]	250,0	39,2	×	[7.28]
314,8	78,8	×		274,0	64,0	×		259,0	43,3	×	
345,0	91,4	×		298,0	73,61	×	[7.5]	260,0	50	×	[7.20]
374,5	105	×		298,15	72,9	×	[7.23]	276,2	53,12	×	[7.13]
400,0	117	×		298,0	71,8	×	[7.34]	287,0	59,2	×	[7.16]
435,0	135	×		298,0	73,7	*		298,15	61,2	×	[7.23]
470,0	154	×		300,4	76,1	×	[7.24]	317,2	66,07	×	[7.13]
				320,0	84,72	×	[7.5]	323,15	67,8	×	[7.23]
				334,0	91,2	×	[7.24]	346,1	76,46	×	[7.13]
				353,15	93,7	×	[7.23]	373,0	89,7	×	[7.16]
				365,0	104,1	×	[7.5]	383,15	88,4	×	[7.23]
				383,15	112,0	×	[7.23]	413,15	104,0	×	
				413,15	124,5	×		443,15	113,3	×	
				443,15	142,0	×		473,15	127,9	×	
				498,15	168,3	×		498,15	141,4	×	
				473,15	159,5	×					

Tabelle 7.2. Binärer Diffusionskoeffizient D beim Normdruck $p_n = 101{,}325$ kPa als Funktion der Temperatur T

Komponente 1   Neon
Komponente 2   Argon, Krypton, Xenon, Wasserstoff oder Kohlenwasserstoff

T in K	D in mm²/s		Lit.	T in K	D in mm²/s		Lit.	T in K	D in mm²/s		Lit.
Neon – Argon				Neon – Krypton				Neon – Xenon			
90,0	3,6	+	[7.31]	111,7	4,43	+	[7.1]	169,3	8,16	+	[7.1]
90,2	3,71	+	[7.1]	169,3	9,65	+		231,1	14,16	+	
169,2	12,02	+		270,0	22,3	×	[7.17]	273,0	18,6	×	[7.2]
199,5	15,9	+	[7.31]	273,15	22,3	×	[7.30]	275,0	19,0	+	[7.9]
273,0	28,5	+		288,15	24,0	×		295,0	21,0	+	
273,15	27,6	×	[7.30]	290,0	24,4	×	[7.17]	295,0	21,84	+	[7.1]
288,15	30,0	×		295,0	25,66	+	[7.1]	300,0	21,9	×	[7.14]
303,15	32,7	×		300,0	26,2	×	[7.14]	303,0	22,1	×	[7.2]
318,15	35,7	×		303,15	26,6	×	[7.30]	318,0	24,4	×	
350,0	42,1	×	[7.14]	310,0	26,5	×	[7.17]	340,0	29,0	+	[7.9]
353,0	44,2	+	[7.31]	330,0	28,8	×	[7.17]	350,0	28,6	×	[7.14]
400,0	53,0	+	[7.1]	350,0	31,3	×		360,0	31,5	+	[7.9]
400,0	52,5	×	[7.14]	350,0	34,2	+	[7.14]	400,0	36,8	+	[7.1]
450,0	63,6	×		400,0	43,8	×	[7.1]	400,0	35,9	×	[7.14]
473,0	73,8	+	[7.31]	400,0	43,1	×	[7.14]	450,0	44,0	×	
500,0	76,5	×	[7.14]	450,0	52,6	×		500,0	52,3	×	
550,0	89,2	×		500,0	62,7	×		550,0	61,5	×	
550,0	87,6	×	[7.40]	550,0	73,7	×		600,0	71,0	×	
600,0	104,5	×	[7.14]	600,0	85,0	×		700,0	92,0	×	
700,0	135,5	×		700,0	109,8	×		800,0	115,5	×	
800,0	167,5	×		800,0	138	×		900,0	140,5	×	
1 000,0	243	×		900,0	169	×		1 000,0	167,5	×	
1 200,0	331	×		1 000,0	201	×		1 200,0	226	×	

T in K	D in mm²/s		Lit.	T in K	D in mm²/s		Lit.
Neon – Wasserstoff				Neon – Kohlenstoffdioxid			
242,2	79,2	×	[7.24]	242,3	17,3	×	[7.10]
274,2	97,4	×		249,8	18,9	×	
275,0	95,3	+	[7.9]	255,5	20,1	×	
295,0	110	+		258,4	20,4	×	
303,2	115,0	×	[7.24]	294,9	26,7	×	
320,0	127	+	[7.9]	296,1	27,6	×	
340,0	141	+		366,6	35,1	×	
341,2	140,5	×	[7.24]	381,7	42,1	×	
360,0	155	+	[7.9]	397,7	45,0	×	
				426,0	52,1	×	
				427,2	51,5	×	

Tabelle 7.3. Binärer Diffusionskoeffizient D beim Normdruck $p_n = 101{,}325$ kPa als Funktion der Temperatur T

Komponente 1 Argon
Komponente 2 Krypton, Xenon, Wasserstoff, Deuterium, Stickstoff, Sauerstoff oder Kohlenstoffdioxid

T in K	D in mm²/s		Lit.	T in K	D in mm²/s		Lit.	T in K	D in mm²/s		Lit.
Argon – Krypton				**Argon – Xenon**				**Argon – Wasserstoff**			
169,3	4,73	+	[7.1]	169,3	3,76	+	[7.1]	287,9	82,8	+	[7.36]
199,5	7,2	+	[7.31]	194,70	5,018	×	[7.33]	291,0	76,4	×	[7.16]
231,1	8,60	+	[7.1]	231,1	6,91	+	[7.1]	295,94	75,0	×	[7.39]
273,0	11,9	×	[7.30]	273,0	9,43	×	[7.4]	295,0	83	*	[7.35]
273,0	12,6	+	[7.31]	273,3	9,35	×	[7.6]	303,9	83,0	×	[7.37]
273,0	11,5	*	[7.7]	273,15	9 150	×	[7.33]	313,0	87,4	×	[7.16]
288,0	12,8	×	[7.30]	295,0	11,10	×	[7.1]	354,2	111,1	+	[7.36]
295,0	13,58	+	[7.1]	315,0	13,26	×	[7.6]	373,0	126	×	[7.16]
303,0	14,0	×	[7.30]	329,92	13,56	×	[7.33]	404,0	146	×	
318,0	15,3	×		354,1	16,20	×	[7.6]	418,0	177,4	+	[7.36]
353,0	19,7	+	[7.31]	377,95	17,96	×	[7.33]	436,0	168	×	[7.16]
373,0	21,6	+		400,0	19,5	×	[7.14]	448,0	176	*	[7.35]
400,0	23,66	+	[7.1]	450,0	23,3	×		473,0	196	×	[7.16]
450,0	28,9	×	[7.14]	500,0	29,0	×		628,0	321	*	[7.35]
473,0	32,7	+	[7.31]	550,0	34,1	×		806,0	486	*	
500,0	34,7	×	[7.14]	600,0	40,0	×		958,0	681	*	
550,0	41,0	×		650,0	45,8	×		1 069,0	810	*	
600,0	47,8	×		700,0	52,3	×		**Argon – Deuterium**			
700,0	62,4	×		800,0	66,2	×		296,8	57,5	×	[7.16]
800,0	78,4	×		900,0	80,4	×		298,15	80,2	×	[7.42]
900,0	96,0	×		1 000,0	96,5	×		363,15	113,0	×	
1 000,0	114,5	×		1 100,0	113,5	×					
1 100,0	134,5	×		1 200,0	132,0	×					
1 200,0	154,5	×									

T in K	D in mm²/s		Lit.	T in K	D in mm²/s		Lit.	T in K	D in mm²/s		Lit.
Argon – Stickstoff				**Argon – Sauerstoff**				**Argon – Kohlenstoffdioxid**			
244,2	13,48	×	[7.24]	243,2	13,5	×	[7.24]	276,2	13,26	×	[7.13]
274,6	16,89	×		274,7	16,8	×		288,5	13,5	×	[7.16]
293,0	19,4	×	[7.26]	293,15	20,4	×	[7.38]	293,15	13,9	×	[7.38]
303,5	19,99	×	[7.24]	304,5	20,2	×	[7.24]	317,2	16,52	×	[7.13]
347,7	24,33	×		334,0	23,9	×		328,0	18,5	×	[7.16]
								348,0	20,8	×	
								373,0	23,5	×	
								410,0	28,0	×	
								458,0	33,6	×	
								473,0	36,3	×	

Tabelle 7.4. Binärer Diffusionskoeffizient D beim Normdruck $p_n = 101{,}325$ kPa als Funktion der Temperatur T

Komponente 1   Krypton
Komponente 2   Xenon, Wasserstoff, Deuterium oder Sauerstoff

T in K	D in mm²/s		Lit.	T in K	D in mm²/s		Lit.	T in K	D in mm²/s		Lit.
Krypton – Xenon				Krypton – Wasserstoff				Krypton – Sauerstoff			
169,3	2,51	+	[7.1]	249,0	59,5	×	[7.16]	298,0	14,6	×	[7.16]
231,1	4,68	+		268,0	64,5	×		343,0	19,8	×	
273,0	6,46	*	[7.6]	289,0	68,8	×		377,0	24,4	×	
295,0	7,43	+	[7.1]	293,15	65,2	×	[7.46]	408,0	26,8	×	
302,6	8,23	×	[7.21]	293,15	17,1	+					
302,6	8,506	×		293,15	12,5	*					
302,6	9,1	×	[7.19]								
302,6	7,887	+	[7.21]	295,6	72,6	×	[7.15]				
302,6	8,65	+	[7.19]	296,0	70,6	×					
302,6	7,311	*	[7.21]	343,0	91,1	×					
302,6	7,73	*	[7.19]	359,0	101,6	×					
315,0	8,35	*	[7.7]	371,0	104,2	×					
334,0	9,44	*		412,0	132,4	×					
354,0	10,76	*									
374,0	11,65	*		Krypton – Deuterium							
394,0	12,56	*		255,0	43,8	×					
400,0	13,15	+	[7.1]	295,8	51,6	×					
				297,6	50,8	×					
				342,0	75,8	×					

Tabelle 7.5. Binärer Diffusionskoeffizient D beim Normdruck $p_n = 101{,}325$ kPa als Funktion der Temperatur T

Komponente 1   Xenon
Komponente 2   Wasserstoff, Stickstoff oder Sauerstoff

T in K	D in mm²/s		Lit.	T in K	D in mm²/s		Lit.	T in K	D in mm²/s		Lit.
Xenon – Wasserstoff				Xenon – Stickstoff				Xenon – Sauerstoff			
242,2	41,0	×	[7.24]	242,0	8,54	×	[7.24]	242,20	8,54	×	[7.24]
274,2	50,8	×		274,6	10,70	×		274,15	10,00	×	
275,0	53,5	+	[7.9]	303,45	13,01	×		303,45	12,6	×	
295,0	62,7	+		334,20	15,49	×		334,2	14,6	×	
303,9	61,2	×	[7.24]								
320,0	74,0	+	[7.9]								
340,0	83,0	+									
341,2	75,1	×	[7.24]								
360,0	92,0	+	[7.9]								

Tabelle 7.6. Binärer Diffusionskoeffizient D beim Normdruck $p_n = 101{,}325\,\text{kPa}$ als Funktion der Temperatur T

Komponente 1   Wasserstoff
Komponente 2   Stickstoff, Sauerstoff oder Kohlenstoffdioxid

T in K	D in mm²/s	Lit.	T in K	D in mm²/s	Lit.	T in K	D in mm²/s	Lit.
Wasserstoff – Stickstoff			Wasserstoff – Sauerstoff			Wasserstoff – Kohlenstoffdioxid		
62,25	4,70 +	[7.1]	252,0	63,0 ×	[7.43]	250,0	48,1 ×	[7.28]
77,35	6,71 +		267,1	69,5 ×	[7.18]	257,0	48,8 ×	
90,20	9,00 +		273,15	68,1 ×	[7.32]	267,0	54,8 ×	
169,3	28,94 +		273,2	68,8 *	[7.27]	279,0	60,6 ×	
275,0	63,5 +	[7.9]	280,0	70,7 +	[7.9]	283,0	52 ×	[7.20]
288,0	74,0 ×	[7.29]	283,0	78,5 ×	[7.43]	288,0	68,0 ×	[7.28]
288,3	79,3 +	[7.48]	284,3	79,2 ×		288,2	61,9 ×	[7.48]
289,2	73,7 ×	[7.16]	286,0	82,4 ×		291,9	59,9 ×	[7.16]
293,15	69,7 ×	[7.39]	295,0	77,8 +	[7.9]	293,15	62,9 ×	[7.12]
293,15	76,0 +	[7.38]	318,2	88,7 ×	[7.18]	296,5	63,5 ×	[7.28]
294,0	76,3 *	[7.18]	320,0	89,8 +	[7.9]	298,15	64,6 ×	[7.12]
315,8	84,9 ×	[7.16]	337,3	97,8 ×	[7.18]	313,0	70,1 ×	[7.16]
320,0	85,5 +	[7.9]	340,0	99,4 +	[7.9]	332,0	88,5 ×	[7.28]
322,0	90,3 *	[7.18]	360,0	109 +		344,8	85,0 ×	[7.16]
347,0	99,1 ×	[7.16]	365,6	112,0 ×	[7.18]	348,0	89,3 ×	[7.28]
360,0	105 +	[7.9]				358,0	70 ×	[7.20]
401,0	130,0 ×	[7.16]				368,0	99,1 ×	[7.28]
436,0	145,0 ×					373,0	96,8 ×	[7.16]
471,0	171,0 ×					404,0	115 ×	
573,0	241,7 *	[7.18]				436,0	128 ×	
						473,0	147 ×	

Tabelle 7.7. Binärer Diffusionskoeffizient D beim Normdruck $p_n = 101{,}325\,\text{kPa}$ als Funktion der Temperatur T

Komponente 1   Stickstoff
Komponente 2   Kohlenstoffmonooxid, Sauerstoff oder Kohlenstoffdioxid

T in K	D in mm²/s	Lit.	T in K	D in mm²/s	Lit.	T in K	D in mm²/s	Lit.
Stickstoff – Kohlenstoffmonooxid			Stickstoff – Sauerstoff			Stickstoff – Kohlenstoffdioxid		
194,7	10,95 ×	[7.11]	273,15	17,75 ×	[7.49]	288,15	15,8 +	[7.48]
273,2	18,64 ×		293,2	21,9 ×	[7.38]	290,4	13,5 +	[7.16]
288,15	21,1 ×	[7.48]				293,15	16,0 +	[7.12]
319,2	24,24 ×	[7.11]				293,0	16,3 *	[7.26]
373,0	42,60 ×					298,15	16,5 +	[7.12]
						298,0	16,7 ×	[7.11]
						298,0	16,7 *	
						300,0	17,3 ×	[7.27]
						315,4	18,4 +	[7.16]
						348,0	22,3 +	
						373,0	25,3 +	
						410,0	29,5 +	
						455,0	36,1 +	
						473,0	38,6 +	
						600,0	60,5 ×	[7.27]
						900,0	121,7 ×	
						1 200,0	197,6 ×	

7.2 Diffusionkoeffizienten einiger Gase in Luft

Tabelle 7.8. Diffusionskoeffizienten D einiger Gase in Luft in mm²/s für einige ausgewählte Celsius-Temperaturen beim Normdruck $p_n = 101{,}325$ kPa

Namen der Gase (Reihenfolge in der Tabelle):
Helium, Wasserstoff, Wasser, Methan, Ammoniak, n-Hexan, Benzol, Toluol, Methanol, Ethanol, Propanol, n-Butanol, Chloroform, Tetrachlorkohlenstoff.

Falls in der Tabelle unter einem Diffusionkoeffizienten eine Celsius-Temperatur angegeben ist, so handelt es sich um den Diffusionskoeffizienten bei dieser Celsius-Temperatur.

t in °C	He	H_2	H_2O	CH_4	NH_3	$n\text{-}C_6H_{14}$	C_6H_6	C_7H_8	CH_4O	C_2H_6O	C_3H_8O	$n\text{-}C_4H_{10}O$	$CHCl_3$	CCl_4
0	63	66	21,9	19,0	20,4	6,41	7,83	7,30	13,25	9,94	8,03	6,81	9,1	12,36
20	71,3	74 $t = 18$ °C	24,6	21	22,5	7,61	8,83	8,30	15,6	11,3	11,5	8,41		14,24
25			25,6	23,7		7,97	9,27	8,44	16,2		9,33	8,7 $t = 25{,}9$ °C	8,88	9,1
30	75,2	70 $t = 27{,}9$ °C	25,4	24,7		8,11	9,51		16,6	12,9	12,2	8,90		
40	77,5		26,9			8,52	9,83	9,2 $t = 39{,}4$ °C	17,1	13,72 $t = 40{,}4$ °C		9,2 $t = 39{,}4$ °C		
60	85,6		29,9			9,58	11,0	10,4 $t = 59$ °C	19,2	14,3	14,7	11,9 $t = 60{,}4$ °C		
100	103,4		37,5 $t = 99{,}2$ °C				15,0 $t = 130$ °C	12,8	23,6	17,5	17,9	14,7 $t = 99{,}8$ °C		

7.3 Permeation, Diffusion und Löslichkeit in Polymeren
(H. Krämer)

Die Permeation von Gasen, Dämpfen und Flüssigkeiten in Polymeren beruht auf der Lösung dieser Stoffe im Polymeren und der Diffusion im Konzentrationsgefälle des gelösten Stoffes [7.51–7.53]. Bei teilkristallinen Polymeren (α' Volumenanteil der kristallinen Phase) erfolgt dabei die Permeation ausschließlich in den amorphen Bereichen.

Die Stoffmengenkonzentration c des gelösten Stoffes, die sich im Gleichgewicht mit der angrenzenden Gas- oder Dampfphase im Polymeren einstellt, hängt vom Partialdruck p des Stoffes ab. Im einfachsten Fall erhält man für das Verteilungsgleichgewicht an der Phasengrenze eine Absorptionsisotherme der Form

$$c = Sp \tag{7.1}$$

mit konstantem Löslichkeitskoeffizienten S.

Gewöhnlich betrachtet man die Permeation durch eine ebene Polymerfolie (üblicherweise als Membran bezeichnet), wobei der Partialdruck des permeierenden Stoffes (Permeenten) auf der einen Seite p und auf der anderen Seite 0 beträgt. Für den auf die Einheitsfläche der Membran bezogenen molaren Massefluß J wird dann unter isothermen stationären Bedingungen einerseits angesetzt (δ Membrandicke)

$$J = Pp/\delta \tag{7.2}$$

mit konstantem Permeationskoeffizienten P. Andererseits gilt für die Diffusion im Polymeren das Ficksche Gesetz

$$J = Dc/\delta, \tag{7.3}$$

wobei D den Diffusionskoeffizienten und c die Stoffmengenkonzentration im Polymeren an der Phasengrenze zur Gas- oder Dampfphase mit dem Partialdruck p bezeichnen. Damit ergibt sich für die mit den obigen Gleichungen definierten Größen P, D und S der Zusammenhang

$$P = DS. \tag{7.4}$$

Das dargestellte Modell mit konstanten Koeffizienten P, D und S gilt strenggenommen nur für einfache Gase. Bei der Permeation von Wasserdampf oder organischen Dämpfen, insbesondere bei höheren Konzentrationen des gelösten Stoffes, können die Koeffizienten stark von der Konzentration bzw. dem Partialdruck abhängen; darüberhinaus können die Transportkoeffizienten aufgrund von Relaxationseffekten im gequollenen Polymeren zeitabhängig werden. Die angegebenen Daten beziehen sich daher auf die stationäre Permeation und den jeweils angegebenen Partialdruck (p/p_0 = Verhältnis von Partial- zu Sättigungsdampfdruck).

Die Temperaturabhängigkeit der Transportkoeffizienten folgt einem Arrhenius-Ansatz der Form

$$P = P_0 \exp(-E_\mathrm{p}/RT), \quad D = D_0 \exp(-E_\mathrm{d}/RT), \quad S = S_0 \exp(-\Delta H/RT). \quad (7.5)$$

Dabei bedeuten E_p und E_d die Aktivierungsenergien der Permeation bzw. der Diffusion, ΔH die Lösungsenthalpie, R die universelle Gaskonstante und T die absolute Temperatur. Bei bekannten Aktivierungsenergien lassen sich die Transportkoeffizienten nach (7.5) auch bei anderen als den angegebenen Temperaturen berechnen, sofern das Temperaturintervall nicht zu groß ist und keine Phasenumwandlungspunkte des Polymeren enthält.

Hinsichtlich der Permeation besteht aus thermodynamischen Gründen kein Unterschied, ob die Membran mit der gesättigten Dampfphase oder der entsprechenden flüssigen Phase in Kontakt steht. Die für Dämpfe angegebenen Beziehungen und Koeffizienten gelten daher gleichermaßen auch für die entsprechenden Flüssigkeiten, wenn für den Partialdruck der Sättigungsdampfdruck gesetzt wird.

Die nachstehenden Tabellen geben eine Auswahl der in der Literatur angegebenen Permeationsdaten.

Tabelle 7.9. Permeationskoeffizient P, Diffusionskoeffizient D und Löslichkeit S einfacher Gase in Polymeren. t Celsius-Temperatur, E_p Aktivierungsenergie der Permeation, E_d Aktivierungsenergie der Diffusion, ΔH Lösungsenthalpie. Die angegebenen Daten sind [7.53] entnommen.

Polymer	Perme-ent	t °C	$P \cdot 10^{16}$ mol/(Pa·s·m)	E_p kJ/mol	$D \cdot 10^{10}$ m²/s	E_d kJ/mol	$S \cdot 10^6$ mol/(m³Pa)	ΔH kJ/mol
Polydimethylsiloxan	He	25	1 340	14,7	83	8,0	16	6,7
(10 % Massenanteil	H_2	25	2 600	13,8	78	9,2	33	4,6
Silica-Gel Füllstoff)	Ne	25	1 040	13,8	26	8,4	40	5,4
„Silicon-Kautschuk"	O_2	25	2 200	8,8	21	9,2	107	−0,4
	Ar	25	2 650	9,6	22	10,5	117	−0,8
	N_2	25	1 140	10,9	16	11,3	74	−0,4
	Kr	25	4 350	6,3	16	12,1	270	−5,9
	Xe	25	9 500	3,3	10,0	13,8	970	−10
Poly(cis)isopren	He	25	104	26	22	18,0	4,7	−7,5
„Naturkautschuk"	H_2	25	164	28	10	25	16	3,3
	O_2	25	80	31	1,6	35	50	−3,3
	Ar	25	77	33	1,4	33	54	−0,4
	CO	25	54	31	1,4	31	37	0,0
	N_2	25	27	37	1,1	36	25	0,4
	CO_2	25	440	26	1,1	37	400	−12
	CH_4	25	100	31	0,90	36	110	−5,4
	C_2H_2	25	335	31	0,6	40	560	−9,2
	C_3H_6	25	840	29	0,18	43	470	−14
	C_3H_8	25	560	23	0,21	46	270	−23
	SF_6	25	12	36	0,12	50	100	−15
Polystyrol/Butadien	H_2	25	134	28	9,8	21	14	7
(23/77)	O_2	25	57	31	1,39	30	41	1,7
„Buna-S"	Ar	25	54		0,57		94	
	N_2	25	21	36	1,01	33	21	3,3
	CO_2	25	410	23	1,02	34	405	−10,5

Tabelle 7.9 (Fortsetzung)

Polymer	Perme- ent	t °C	$P \cdot 10^{16}$ mol/(Pa·s·m)	E_p kJ/mol	$D \cdot 10^{10}$ m²/s	E_d kJ/mol	$S \cdot 10^6$ mol/(m³Pa)	ΔH kJ/mol
Polybutadien/	He	25	41	29	11,7	22	3,7	7,5
Acrylnitril	H_2	25	54	33	4,5	29	12	4,2
(73/27)	O_2	25	13,1	41	0,43	39	30	2,1
„Perbunan"	N_2	25	3,7	48	0,25	44	15	4,2
	CO_2	25	104	34	0,19	45	550	-11
	C_2H_2	25	84	41	0,076	51	1 100	-10
Polyvinylidenfluorid/	O_2	25	4,9		0,082		60	
Hexafluorpropylen	N_2	25	1,47		0,034		38	
„Viton A"	CO_2	25	26		0,033		790	
Polyvinylacetat	He	30	44	31	9,6	23	4,7	8,8
„Gelva 145"	H_2	30	30	42	2,6	31	12	10,5
	Ne	30	9,4	40	1,7	36	5,4	4,2
	O_2	30	1,7	56	0,058	61	29	$-4,6$
	Ar	30	0,7	61	0,016	69	44	$-8,0$
	Kr	30	0,23	76	0,002 5	81	94	$-5,0$
	CH_4	30	0,17	83	0,002 9	81	57	2,1
Polypropylen	He	30	34	27	13,0	21	2,6	6,3
($\varrho = 0,893$ kg/dm³;	Ar	30	3,6	43	0,15	51	24	$-3,3$
$\alpha' = 0,5$)	CH_4	30	0,033	77	0,004 8	66	7,0	11
„Profax 651 A"								
Polyethylen, verzweigt	He	25	16,4	35	6,8	25	2,4	10
($\varrho = 0,914$ kg/dm³;	O_2	25	9,7	43	0,46	40	21	2,5
$\alpha' = 0,43$)	Ar	25	9,0	45	0,36	42	25	3,3
„Alathon 14"	CO	25	5,0	47	0,33	40	15	7,1
	N_2	25	3,2	49	0,32	41	10	8,0
	CO_2	25	42	39	0,37	39	114	0,4
	CH_4	25	9,7	47	0,19	46	50	1,7
	C_2H_6	25	23	47	0,068	54	340	$-6,3$
	C_3H_4	25	141	39	0,105	50	1 340	-11
	C_3H_6	25	49	44	0,058	52	840	$-8,8$
	C_3H_8	25	32	47	0,032	56	1 000	$-8,8$
	SF_6	25	0,57	60	0,013 5	62	42	$-2,1$
Polyethylen, linear	He	25	3,8	30	3,1	23	1,24	6,3
($\varrho = 0,964$ kg/dm³;	O_2	25	1,37	35	0,170	37	8,0	$-1,7$
$\alpha' = 0,77$)	Ar	25	1,27	38	0,116	39	11,0	$-1,3$
„Grex"	CO	25	0,64	39	0,096	37	6,7	2,5
	N_2	25	0,47	40	0,093	38	5,0	2,1
	CO_2	25	5,7	30	0,124	36	46	$-5,4$
	CH_4	25	1,31	41	0,057	44	23	$-2,9$
	C_2H_6	25	2,0	43	0,015	52	131	$-9,6$
	C_3H_4	25	13,4	33	0,025	47	540	-14
	C_3H_6	25	3,8	39	0,010 6	52	360	-13
	C_3H_8	25	1,81	45	0,004 9	57	370	-12
	SF_6	25	0,028	55	0,001 6	63	18	$-7,5$
Polystyrol	He	24	57		10		5,7	
	H_2	24	50		4,6		11	
	N_2	24	3,3		0,1		33	
	Ar	24	2,7		0,05		54	
Polytetrafluorethylen	CO_2	25	68	20	0,17	35	400	-15
($\varrho = 2,144$ kg/dm³;	CH_3Cl	25	33	21	0 03	40	1 120	-19
$\alpha' = 0,52$)	CF_3H	25	70	16	0,03	40	2 340	-23
„TFE Teflon"	SF_6	25	0,47	39	0,000 34	61	1 370	-22

Tabelle 7.9 (Fortsetzung)

Polymer	Perme-ent	t °C	$P \cdot 10^{16}$ mol/(Pa·s·m)	E_p kJ/mol	$D \cdot 10^{10}$ m²/s	E_d kJ/mol	$S \cdot 10^6$ mol/(m³Pa)	ΔH kJ/mol
Polytetrafluorethylen ($\varrho = 2{,}236$ kg/dm³; $\alpha' = 0{,}89$) „Teflon"	CH_3Cl	25	0,57	32	0,0018	48	315	−16
Polychlortrifluorethylen ($\varrho = 2{,}1$ kg/dm³; $\alpha' = 0{,}55$) „Kel F"	N_2	25	0,30		0,0036		84	
Polyethylenterephthalat ($\varrho = 1{,}383$ kg/dm³; $\alpha' = 0{,}42$) „Mylar"	He	25	4,9	20	2,0	19	2,4	0,8
	O_2	25	0,12	32	0,0036	45	32	−13
	N_2	25	0,022	33	0,0013	51	17	−18
	CO_2	25	0,54	18	0,00051	50	1040	−31
	CH_4	25	0,0120	37	0,00015	59	80	−22
	Kr	20	0,080	43	0,00015	34	540	9,2
Poly-ε-caprolactam ($\varrho = 1{,}165$ kg/dm³; $\alpha' = 0{,}37$) „Nylon 6"	N_2	25	0,0084	41	0,00025	22	33	18
	CO_2	30	0,33		0,0018		184	

Tabelle 7.10. Permeationskoeffizient P, Diffusionskoeffizient D und Löslichkeit S von Wasser in Polymeren. t Celsius-Temperatur, p/p_0 Verhältnis des Partialdrucks p und des Sättigungsdampfdrucks p_0 des Wassers, E_p Aktivierungsenergie der Permeation, E_d Aktivierungsenergie der Diffusion, ΔH Lösungsenthalpie

Polymer	t °C	p/p_0	$P \cdot 10^{14}$ mol/(Pa·s·m)	E_p kJ/mol	$S \cdot 10$ mol/(m³Pa)	ΔH kJ/mol	$D \cdot 10^{13}$ m²/s	E_d kJ/mol	Lit.
Polyethylenterephthalat ($\varrho = 1{,}389$ kg/dm³) „Mylar A"	25	0…1	5,9	4	1,50	−39	3,9	44	[7.54]
Polyethylen ($\varrho = 0{,}923$ kg/dm³)	25	0…1	3,0	34	0,017	−25	180	59	[7.54]
Polypropylen ($\varrho = 0{,}907$ kg/dm³)	25	0…1	1,70	44	0,009 7	−25	180	69	[7.54]
Gummi-Hydrochlorid ($\varrho = 1{,}161$ kg/dm³) „Pliofilm NO"	25	0,2	0,50		1,5		0,41	59	[7.54]
	25	0,5	0,50		1,9			59	
	25	0,8	0,50		4,0			59	
Nylon 6 ($\varrho = 1{,}123$ kg/dm³ bei 30 °C)	25	0,5	13		13		0,97[a]	27	[7.55]
	25	0,96	47						
	60	0,96	64		8		8	52	
Polyvinylbutyral ($\varrho = 1{,}18$ kg/dm³)	25	0…1	62	−8,8	4,9	−55	13	46	[7.56]
Celluloseacetat ($\varrho = 1{,}33$ kg/dm³; 56 % Gesamtacetat; 9 % Weichmacher)	25	0…1	370	0	12	−50	30	50	[7.56]
Vinylidenchlorid/ Acrylnitril (81/19) ($\varrho = 1{,}67$ kg/dm³)	25	0…1	0,53	43	1,65	−41	0,32	85	[7.56]
Polyvinylalkohol ($\varrho = 1{,}29$ kg/dm³)	25	0,4	0,64		29	−50	0,051[a]	60	[7.56]
	25	0,6	3,2		36				
Polymethylmethacrylat	50	0,2	84						[7.57]
Polystyrol	25	0…0,8	32						[7.57]
	50	0…0,8	36						
Phenolformaldehyd-Kondensat „Bakelit"	25	0…1	56						[7.58]
Naturkautschuk, weich vulkanisiert	25	0,5	77						[7.58]
	25	1	89						
Chloropren, vulkanisiert	21	0…0,8	30						[7.57]
Polybutadien	37,5	0…0,9	170						[7.57]
Poly(cis)isopren	37,5	0…0,9	71						[7.57]
Polydimethylsiloxan „Silicon-Kautschuk"	35	0,2	1 440						[7.57]
	65	0,2	1 100						

[a] Bei konzentrationsabhängigen Diffusionskoeffizienten ist der Wert für verschwindende Konzentration ($c \rightarrow 0$) angegeben.

Tabelle 7.11. Permeationskoeffizient P, Diffusionskoeffizient D und Löslichkeit S organischer Dämpfe und Flüssigkeiten in Polymeren. t Celsius-Temperatur, p/p_0 Verhältnis des Partialdrucks p und des Sättigungsdampfdrucks p_0 des organischen Dampfes

Polymer	Permeent	t °C	p/p_0	$P \cdot 10^{14}$ mol/(Pa·s·m)	$S \cdot 10^3$ mol/(m³Pa)	$D^a \cdot 10^{13}$ m²/s	Lit.
Polyethylen ($\varrho = 0{,}919$ kg/dm³; $\alpha' = 0{,}62$ bei 0 °C)	Methyl-bromid	0	→ 0	0,44	4…6	7,3…10	[7.59]
			0,335	0,88	8,8	10	
			0,669	1,92	11,7	16,4	
			0,947	5,86	16,5	35,6	
		30	→ 0	2,64	3,2	83	
			0,115	3,31	3,56	93	
			0,218	4,02	3,76	107	
			0,368	5,52	4,09	135	
Polyethylen ($\varrho = 0{,}922$ kg/dm³; $\alpha' = 0{,}64$ bei 0 °C)	Isobutylen	0	→ 0	0,151	4,9	3,1	[7.59]
			0,075	0,196	5,05	3,88	
			0,292	0,398	5,45	7,30	
			0,710	1,64	6,61	24,8	
		30	→ 0	1,20	2,6	47	
			0,132	1,71			
			0,262	2,34	3,09	75,8	
	Benzol	0	→ 0	3,15	170	1,9	
			0,305	5,92	197	3,0	
			0,595	13,1	230	5,7	
			0,822	30,4	290	10,5	
	n-Hexan	0	→ 0	0,94	80	1,2	
			0,262	2,75	99	2,78	
			0,506	7,56	116	6,50	
			0,702	17,1	130	13,2	
			0,880	38,8	149	26,1	
		30	→ 0	7,4	30	25	
			0,226	14,4	32,1	44,8	
			0,430	26,4	34,2	77,1	
			0,650	51,9	39,0	133	
Polyethylen ($\varrho = 0{,}918$ kg/dm³; $\alpha' = 0{,}50$) „Lupolen 1 800"	n-Pentan	30	1	64			[7.60]
	n-Hexan	30	1	115			
	n-Heptan	30	1	200			
	n-Octan	30	1	400			
	n-Nonan	30	1	760			
	Cyclohexan	25	1	95			
Polyethylen ($\varrho = 0{,}953$ kg/dm³; $\alpha' = 0{,}70$) „Trespalen NT weiß 0,4"	Benzol	30	1	38	59	64	[7.60]
		60	1	92	22	420	
	Toluol	30	1	99	150	66	
		60	1	230	53	430	
	p-Xylol	30	1	360		73	
		60	1	530		330	
	m-Xylol	30	1	240		51	
		60	1	380		300	
	o-Xylol	30	1	195		37	
		60	1	390		240	
	n-Pentan	30	1	7,0			
	n-Hexan	30	1	12	25	48	
		60	1	25	9,0	280	
	n-Heptan	30	1	22	71	31	
		60	1	45	23	200	

Tabelle 7.11 (Fortsetzung)

Polymer	Permeent	t °C	p/p_0	$P \cdot 10^{14}$ mol/(Pa·s·m)	$S \cdot 10^3$ mol/(m³Pa)	$D^a \cdot 10^{13}$ m²/s	Lit.
	n-Octan	30	1	52	171	30	
		60	1	88	51	170	
	n-Nonan	30	1	110	460	24	
		60	1	166	118	140	
	Cyclohexan	30	1	10,3	51	20	
		60	1	40	22	180	
	Isooctan	30	1	2,2	45	5	
		60	1	9,1	16	60	
Polyethylen	Benzol	25	1	27	60	44	[7.61]
($\varrho = 0,953$ kg/dm³;		55	1	54	23	230	
$\alpha' = 0,80$)	Toluol	25	1	75	179	42	
„Lupolen 5261 Z"		55	1	138	59	230	
	n-Hexan	25	1	8,3	26	32	
		55	1	17,8	9,4	190	
	Isooctan	25	1	0,91	52	1,8	
		55	1	3,8	18	21	
	Ethyl-	25	1	0,95	19,2	4,9	
	acetat	55	1	3,4	7,1	48	
	n-Butyl-	25	1	1,34	175	0,76	
	acetat	55	1	5,8	47	12,3	
	Aceton	25	1	0,132	5,1	2,6	
		55	1	0,82	2,3	36	
	Ethanol	25	1	0,039	3,1	1,3	
		55	1	0,31	1,6	19	
Polypropylen	n-Hexan	30	1	320	65	490	[7.60]
($\varrho = 0,898$ kg/dm³;		55	1	340			
ataktisch)							
„Novolen 1300"							
Polypropylen	n-Hexan	30	1	65	30	220	[7.60]
($\varrho = 0,908$ kg/dm³;		55	1	79			
$\alpha' = 0,65$)							
„PPT 1070"							
Natur-Kautschuk	n-Butan	40	→ 0	22,7	0,613	371	[7.62]
(vernetzt mit tert.		60	→ 0	36,8	0,379	973	
Butylperoxid; mittl.	Isobutan	40	→ 0	9,41	0,402	234	
Molmasse zwischen		60	→ 0	17,2	0,265	650	
Vernetzungspunkten	n-Pentan	40	→ 0	47,6	1,62	294	
$M_c = 5070$ g/mol)		60	→ 0	78,5	0,860	913	
	Isopentan	40	→ 0	27,8	1,25	222	
		60	→ 0	45,6	0,688	663	
	Neopentan	40	→ 0	7,56	0,648	117	
		60	→ 0	14,7	0,401	366	
Polymethylacrylat	Methyl-	35	→ 0			13	[7.63]
	acetat	55	→ 0			250	
	Ethyl-	35	→ 0			7,0	
	acetat	55	→ 0			180	
	n-Propyl-	35	→ 0			3,0	
	acetat	55	→ 0			85	
	n-Butyl-	35	→ 0			1,9	
	acetat	55	→ 0			62	
	Methanol	30	→ 0			100	
		50	→ 0			1200	

Tabelle 7.11 (Fortsetzung)

Polymer	Permeent	t °C	p/p_0	$P \cdot 10^{14}$ mol/(Pa·s·m)	$S \cdot 10^3$ mol/(m³Pa)	$D^a \cdot 10^{13}$ m²/s	Lit.
	Benzol	30	→ 0			0,62	
		50	→ 0			54	
Ethylcellulose	Benzol	40	→ 0			0,7	[7.64]
„Ethocel"		40	0,080		268	3,6	
		40	0,16		205	5,5	
		80	→ 0			7,6	
		80	0,020		55	13,0	
		80	0,050		46	19,4	
	Aceton	40	→ 0			6,5	
		40	0,080		78	13,8	
		40	0,20		60	25	
		80	→ 0			39	
		80	0,020		18,1	48	
		80	0,050		15,9	100	
	Methanol	40	→ 0			70	
		40	0,080		110	101	
		40	0,20		95	108	
		80	→ 0			440	
		80	0,020		15,5	440	
		80	0,050		15,5	440	
Polyisobutylen	Propan	35	→ 0			4,81	[7.65]
	n-Butan	35	→ 0			3,24	
	Isobutan	35	→ 0			1,45	
	n-Pentan	35	→ 0			2,64	
	Isopentan	35	→ 0			1,32	
	Neopentan	35	→ 0			0,62	

[a] Die Diffusionskoeffizienten D, ausgenommen diejenigen für Ethylcellulose und für $p \rightarrow 0$, sind integrale Werte über das angegebene Intervall 0 bis p.

7.4 Schmidtzahl
(M. Jescheck)

Die Schmidtzahl Sc, die dimensionslose Kenngröße für den Stofftransport, ist für die Diffusion der in geringer Konzentration vorliegenden Komponente 1 in der Komponente 2 sowohl aus experimentellen Daten der Viskosität und des Diffusionskoeffizienten (7.6) als auch nach der Bestimmungsgleichung der kinetischen Gastheorie (7.7) berechnet worden. Die Werte stimmen im Rahmen der Meßunsicherheit überein. Es wird empfohlen, die nach der Gastheorie berechneten Werte Sc_{ber} zu verwenden [7.67, 7.68].

$$Sc = \frac{\eta_2}{\varrho_2\, D_{12}} \tag{7.6}$$

mit

η_2 dynamische Viskosität der Komponente 2 [7.69],

ϱ_2 Dichte der Komponente 2, auf die jeweilige Temperatur nach dem idealen Gasgesetz umgerechnet,

D_{12} Diffusionskoeffizient der Komponente 1 (Stoffmengenanteil $x_1 \to 0$) in der Komponente 2 [7.1–7.49].

$$Sc_{ber} = 1{,}18\, \frac{\Omega^{(1.1)^*}(T_{12}^*)}{\Omega^{(2.2)^*}(T_2^*)} \left(\frac{\sigma_{12}}{\sigma_2}\right)^2 \left(\frac{M_1}{M_1 + M_2}\right)^{1/2} \tag{7.7}$$

mit

$\Omega^{(1.1)^*}(T_{12}^*)$ 1. Näherung für das Stoßintegral der Diffusion [7.66],

$\Omega^{(2.2)^*}(T_2^*)$ 1. Näherung für das Stoßintegral der Viskosität [7.66],

$T_{ij}^* = \dfrac{kT}{\varepsilon_{ij}}$ reduzierte Temperatur,

$\sigma_{ij},\ \varepsilon_{ij}$ Potentialparameter für das Lennard-Jones-(12-6)-Potential für die Wechselwirkung ungleichartiger Molekel $(i \neq j)$ und gleichartiger Molekel $(i = j)$,

M_i molare Masse der Komponente i.

Tabelle 7.12. Schmidtzahl Sc für die Diffusion der in geringer Konzentration vorliegenden Komponente 1 im Gas He, als Funktion der Temperatur T.
Sc_{ber} nach der Gastheorie berechneter Wert

Gaspaar 1	2	T in K	Sc	Sc_{ber}
Ne	— He	90	1,149	1,187
		300	1,115	1,148
		600	1,125	1,142
Ar	— He	90	1,767	1,805
		300	1,675	1,655
		500	1,686	1,642
Kr	— He	110	1,977	2,039
		300	1,937	1,877
		600	1,964	1,851
Xe	— He	170	2,174	2,298
		300	2,167	2,214
		400	2,170	2,192
N_2	— He	80	1,787	1,876
		300	1,765	1,725
		500	1,747	1,714
CO	— He	300	1,701	1,733
		350	1,698	1,729
		470	1,697	1,723
CO_2	— He	250	2,290	2,093
		300	2,022	2,076
		450	1,931	2,055
O_2	— He	250	1,610	1,640
		300	1,612	1,632
		500	1,712	1,620

Tabelle 7.13. Schmidtzahl Sc für die Diffusion der in geringer Konzentration vorliegenden Komponente 1 im Gas Ne, als Funktion der Temperatur T.
Sc_{ber} nach der Gastheorie berechneter Wert

Gaspaar 1	2	T in K	Sc	Sc_{ber}
Ar	— Ne	90	1,315	1,366
		300	1,204	1,211
		800	1,165	1,172
Kr	— Ne	170	1,513	1,588
		300	1,476	1,489
		600	1,435	1,431
Xe	— Ne	170	1,789	1,946
		300	1,766	1,807
		700	1,708	1,719
H_2	— Ne	240	0,340	0,341
		300	0,342	0,340
		360	0,339	0,339
CO_2	— Ne	250	1,502	1,570
		300	1,406	1,544
		430	1,354	1,506

Tabelle 7.14. Schmidtzahl Sc für die Diffusion der in geringer Konzentration vorliegenden Komponente 1 im Gas Ar, als Funktion der Temperatur T.
Sc_{ber} nach der Gastheorie berechneter Wert

Gaspaar 1	2	T in K	Sc	Sc_{ber}
Kr	— Ar	170	1,012	1,030
		300	1,020	1,007
		600	0,989	0,981
Xe	— Ar	190	1,249	1,290
		300	1,253	1,253
		650	1,179	1,202
H_2	— Ar	290	0,173	0,174
		400	0,163	0,179
		470	0,160	0,180
N_2	— Ar	240	0,711	0,710
		300	0,716	0,715
		350	0,752	0,718
O_2	— Ar	240	0,705	0,711
		300	0,713	0,713
		330	0,712	0,713
CO_2	— Ar	290	0,967	0,988
		350	0,881	0,979
		470	0,866	0,968

Tabelle 7.15. Schmidtzahl Sc für die Diffusion der in geringer Konzentration vorliegenden Komponente 1 im Gas Kr, als Funktion der Temperatur T.
Sc_{ber} nach der Gastheorie berechneter Wert

Gaspaar		T in K	Sc	Sc_{ber}
1	2			
Xe	— Kr	170	0,989	0,983
		300	0,977	0,986
		400	0,974	0,981
H_2	— Kr	250	0,088	0,101
		300	0,101	0,105
		410	0,102	0,110
O_2	— Kr	300	0,483	0,490
		350	0,487	0,494
		410	0,496	0,499

Tabelle 7.17. Schmidtzahl Sc für die Diffusion der in geringer Konzentration vorliegenden Komponente 1 im Gas H_2, als Funktion der Temperatur T.
Sc_{ber} nach der Gastheorie berechneter Wert

Gaspaar		T in K	Sc	Sc_{ber}
1	2			
N_2	— H_2	90	1,602	1,550
		290	1,392	1,417
		470	1,371	1,391
O_2	— H_2	260	1,293	1,357
		300	1,372	1,345
		360	1,362	1,333
CO_2	— H_2	250	1,671	1,729
		300	1,617	1,700
		370	1,555	1,674

Tabelle 7.16. Schmidtzahl Sc für die Diffusion der in geringer Konzentration vorliegenden Komponente 1 im Gas Xe, als Funktion der Temperatur T.
Sc_{ber} nach der Gastheorie berechneter Wert

Gaspaar		T in K	Sc	Sc_{ber}
1	2			
H_2	— Xe	240	0,070	0,068
		300	0,073	0,072
		340	0,075	0,073
N_2	— Xe	240	0,336	0,334
		300	0,343	0,343
		330	0,347	0,347
O_2	— Xe	240	0,337	0,344
		300	0,354	0,352
		340	0,369	0,356

Tabelle 7.18. Schmidtzahl Sc für die Diffusion der in geringer Konzentration vorliegenden Komponente 1 im Gas N_2, als Funktion der Temperatur T.
Sc_{ber} nach der Gastheorie berechneter Wert

Gaspaar		T in K	Sc	Sc_{ber}
1	2			
CO	— N_2	190	0,654	0,763
		280	0,713	0,764
		290	0,693	0,764
CO_2	— N_2	290	1,097	1,020
		370	0,909	1,004
		470	0,895	0,991
O_2	— N_2	270	0,748	0,757
		280	0,719	0,757
		300	0,688	0,756

8 Thermische Strahlungseigenschaften

(J. Lohrengel)

Zeichen und Symbole

A	Fläche
$a_n(\lambda)$	natürlicher Absorptionskoeffizient
c	Lichtgeschwindigkeit im Vakuum
c_1	Erste Plancksche Strahlungskonstante
c_2	Zweite Plancksche Strahlungskonstante
C_w, C_{CO_2}	Korrekturfaktoren (Druckverbreiterungsfunktion)
d	Schichtdicke
h	Planck-Konstante
k	Boltzmann-Konstante
L_λ	spektrale Strahldichte
$L_{\lambda s}$	spektrale Strahldichte eines Schwarzen Körpers
$M_\cap$	hemisphärische spezifische Ausstrahlung
M_ϑ	spezifische Ausstrahlung in Richtung ϑ
M_λ	spektrale spezifische Ausstrahlung
$M_{\lambda s}$	spektrale spezifische Ausstrahlung eines Schwarzen Körpers
n	Brechungsindex
p	Gesamtdruck
p_w, p_{CO_2}	Partialdruck für Wasserdampf bzw. CO_2
R	Radius
R_a	Mittenrauhwert
r	Abstandsentfernung
s	als Index: bezogen auf einen Schwarzen Körper
T	Temperatur
t	Celsius-Temperatur
α	Absorptionsgrad
α_n	Absorptionsgrad für senkrecht einfallende Strahlung
ε	Gesamtemissionsgrad
ε_λ	spektraler Emissionsgrad
ε_n	Gesamtemissionsgrad in Richtung der Flächennormalen
$\varepsilon_\cap$	hemisphärischer Gesamtemissionsgrad
$\varepsilon_{\lambda n}$	spektraler Emissionsgrad in Richtung der Flächennormalen
$\varepsilon_{\lambda\cap}$	hemisphärischer spektraler Emissionsgrad
ϑ	Winkel zwischen Abstrahlungs-(Einstrahlungs-)richtung und Flächennormalen
λ	Wellenlänge
ϱ	Reflexionsgrad
σ	Stefan-Boltzmann Konstante
τ	Transmissionsgrad
$\tau_i(\lambda)$	spektraler Reintransmissionsgrad
τ_λ	spektraler Transmissionsgrad
Φ_e	einfallender Strahlungsfluß (Strahlungsleistung)
Φ_r	reflektierter Strahlungsfluß (Strahlungsleistung)
Φ_α	absorbierter Strahlungsfluß (Strahlungsleistung)
Φ_τ	durchgelassener Strahlungsfluß (Strahlungsleistung)
Ω_0	Raumwinkel des Halbraums geteilt durch 2π ($= 1\ sr$)

8.1. Grundbegriffe der Temperaturstrahlung

Trifft Strahlung auf einen Körper, so wird ein Teil des einfallenden Strahlungsflusses (Strahlungsleistung) reflektiert, ein Teil absorbiert und der Rest geht hindurch. Der einfallende Strahlungsfluß Φ_e ist gleich der Summe des reflektierten Strahlungsflusses Φ_r, des absorbierten Strahlungsflusses Φ_α und des durchgelassenen Strahlungsflusses Φ_τ:

$$\Phi_e = \Phi_r + \Phi_\alpha + \Phi_\tau .$$

Der Reflexionsgrad ϱ ist das Verhältnis von reflektiertem Strahlungsfluß zum einfallenden Strahlungsfluß; der Absorptionsgrad α das Verhältnis von absorbiertem Strahlungsfluß zum einfallenden Strahlungsfluß und der Transmissionsgrad τ ist das Verhältnis des durchgelassenen Strahlungsflusses zum einfallenden Strahlungsfluß. Teilt man beide Seiten der obigen Gleichung durch Φ_e, so erhält man

$$1 = \varrho + \alpha + \tau .$$

Für strahlungsundurchlässige Stoffe, $\tau = 0$, ergibt sich

$$1 = \varrho + \alpha .$$

Nach dem Kirchhoffschen Gesetz ist der Absorptionsgrad gleich dem Emissionsgrad, also für undurchlässige Stoffe

$$\varrho + \varepsilon = 1 .$$

Durch die Angaben des Emissionsgrads und des Reflexionsgrads sind die thermischen Strahlungseigenschaften undurchlässiger Stoffe vollständig beschrieben.

Strahlung Schwarzer Körper

Ein Schwarzer Körper ist ein Körper, der alle auf ihn auffallende Strahlung absorbiert. Gemäß dem Kirchhoffschen Gesetz emittiert er je Flächeneinheit mehr an thermischer Energie als jeder andere Körper gleicher Temperatur.

1. Spektrale Strahldichte eines Schwarzen Körpers (Plancksches Strahlungsgesetz)

$$L_{\lambda s} = \frac{c_1}{\Omega_0 \pi} \; \frac{1}{\lambda^5 \, [\exp(c_2/(\lambda T)) - 1]} \, ,$$

wobei c_1 die erste Plancksche Strahlungskonstante, c_2 die zweite Plancksche Strahlungskonstante und Ω_0 die Raumwinkelkonstante ($= 1\,sr$) sind.

2. Spektrale spezifische Ausstrahlung des Schwarzen Körpers

$$M_{\lambda s} = c_1 \, \frac{1}{\lambda^5 \, [\exp(c_2/(\lambda T)) - 1]} \, .$$

Aus der spektralen Strahldichte ergibt sich der von der Einheit der strahlenden Fläche unter dem Winkel ϑ gegen die Flächennormale in den Raumwinkel $1\,sr$ ausgesandte Strahlungsfluß im Wellenlängenintervall $\Delta\lambda$ zu

$$M_{\vartheta,\,1sr,\,\Delta\lambda} = \frac{c_1}{\pi}\,\frac{\cos\vartheta}{\lambda^5\,[\exp(c_2/(\lambda T)) - 1]}\,\Delta\lambda,$$

im Wellenlängenbereich λ_1 bis λ_2 zu

$$M_{\vartheta,\,1sr,\,\lambda_1\ldots\lambda_2} = \frac{c_{1MBN}}{\pi}\int_{\lambda_1}^{\lambda_2}\frac{\cos\vartheta}{\lambda^5\,[\exp(c_2/(\lambda T)) - 1]}\,\mathrm{d}\lambda$$

und im Wellenbereich 0 bis ∞ zu

$$M_{\vartheta,\,1sr,\,0\ldots\infty} = \frac{\sigma}{\pi}T^4\cos\vartheta.$$

σ ist die Stefan-Boltzmann-Konstante.

Aus der spektralen spezifischen Ausstrahlung ergibt sich der von der Einheit der strahlenden Fläche in den Halbraum ausgesandte Strahlungsfluß im Wellenlängenintervall $\Delta\lambda$ zu

$$M_{\frown,\,\Delta\lambda} = c_1\,\frac{\Delta\lambda}{\lambda^5\,[\exp(c_2/(\lambda T)) - 1]}$$

und im Wellenlängenbereich λ_1 bis λ_2 zu

$$M_{\frown,\,\lambda_1\ldots\lambda_2} = c_1\int_{\lambda_1}^{\lambda_2}\frac{\delta\lambda}{\lambda^2\,[\exp(c_2/(\lambda T)) - 1]}.$$

Bei Integration über den Wellenlängenbereich 0 bis ∞ folgt daraus das Stefan-Boltzmann-Gesetz

$$M_{\frown,\,0\ldots\infty} = \sigma T^4.$$

Strahlungskonstanten

Die Planckschen Strahlungskonstanten c_1 und c_2 und die Stefan-Boltzmann-Konstante σ sind mit universellen Naturkonstanten durch folgende Beziehungen verknüpft:

$$c_1 = 2\pi hc^2,$$

$$c_2 = \frac{hc}{k},$$

$$\sigma = \frac{2\pi^5 k^4}{15\,h^3 c^2},$$

wobei h die Planck-Konstante, k die Boltzmann-Konstante und c die Vakuumlichtgeschwindigkeit sind.

Die derzeit zuverlässigsten Werte für die universellen Naturkonstanten h, k und c sind nach Tabelle 1.1

$$h = 6{,}6260755 \cdot 10^{-34}\,\text{J} \cdot \text{s},$$
$$k = 1{,}380658 \cdot 10^{-23}\,\text{J} \cdot \text{K}^{-1},$$
$$c = 2{,}99792458 \cdot 10^{8}\,\text{m} \cdot \text{s}^{-1}.$$

Mit ihnen ergeben sich für die erste und zweite Plancksche Strahlungskonstante und für die Stefan-Boltzmann-Konstante die Werte

$$c_1 = 3{,}7417749 \cdot 10^{-16}\,\text{W} \cdot \text{m}^2,$$
$$c_2 = 1{,}438769 \cdot 10^{-2}\,\text{m} \cdot \text{K},$$
$$\sigma = 5{,}67032 \cdot 10^{-8}\,\text{W} \cdot \text{m}^{-2} \cdot \text{K}^{-4}.$$

Der Wert von c_2 ist durch die Internationale Praktische Temperaturskala von 1968 (IPTS-68) gesetzlich zu

$$c_2 = 0{,}014388\,\text{K} \cdot \text{m}$$

festgelegt, s. Abschn. 1.3.

Strahlung nichtschwarzer Körper

Ein nichtschwarzer Temperaturstrahler kann in bezug auf sein Strahlungsverhalten durch seinen Emissionsgrad $\varepsilon(\lambda, T)$ gekennzeichnet werden. Dieser Emissionsgrad ist das Verhältnis der spektralen Strahldichte L_λ des nichtschwarzen Körpers in der vorgegebenen Richtung (gekennzeichnet durch den mit der Flächennormalen gebildeten Winkel ϑ) zu der spektralen Strahldichte $L_{\lambda\text{s}}$ des Schwarzen Körpers gleicher Temperatur, d. h.,

$$\varepsilon(\lambda,T) = \frac{L_\lambda}{L_{\lambda\text{s}}}.$$

Mit dem so definierten Emissionsgrad ergeben sich für den nichtschwarzen Temperaturstrahler die spektrale Strahldichte

$$L_\lambda = \varepsilon(\lambda,T)\,\frac{c_1}{\Omega_0 \pi}\,\frac{1}{\lambda^5\,[\exp(c_2/(\lambda T)) - 1]}$$

und – sofern $\varepsilon(\lambda,T)$ für alle Richtungen gleich ist – die spektrale spezifische Ausstrahlung

$$M_\lambda = \varepsilon(\lambda,T)\,c_1\,\frac{1}{\lambda^5\,[\exp(c_2/(\lambda T))-1]}.$$

Die Ermittlung der in Wellenlängenbereichen ausgesandten Strahlungsflüsse ist nur bei Kenntnis der Abhängigkeit des Emissionsgrads von der Wellenlänge möglich, es sei denn, der Temperaturstrahler ist im betrachteten Wellenlängenbereich grau ($\delta\varepsilon/\delta\lambda = 0$).

Strahlungsaustausch

Der Strahlungsfluß, der eine beliebig im Raum liegende Fläche A von der schwarzstrahlenden Fläche A_s zugesandt wird, ergibt sich im Wellenlängenintervall $\Delta\lambda$ zu

$$\Phi = \frac{c_1}{\pi}\,\frac{1}{\lambda^5\,[\exp(c_2/(\lambda T)) - 1]}\,\Delta\lambda \int\limits_{A_s}\int\limits_{A}\frac{\cos\vartheta_s\cos\vartheta\,\mathrm{d}A\,\mathrm{d}A_s}{r^2}.$$

Die Bedeutung der Winkel ϑ_s und ϑ ist aus Bild 8.1a ersichtlich. Es sind die Winkel zwischen der Verbindungsgeraden r von zwei Flächenelementen $\mathrm{d}A_s$ und $\mathrm{d}A$ der Flächen A_s und A und den Normalen dieser Elemente.

Die Integration der Flächen A_s und A ist i. allg. schwierig. Für drei besonders interessierende Fälle sind die Strahlungsflüsse angegeben, im übrigen sei auf die Literatur verwiesen.

1. Die Flächen A_s und A sind im Verhältnis zu ihrem Abstand klein (Bild 8.1b):

$$\Phi = \frac{c_1}{\pi}\,\frac{1}{\lambda^5\,[\exp(c_2/(\lambda T)) - 1]}\,\Delta\lambda\,A_s\cos\vartheta_s\,\frac{A\cos\vartheta}{r^2}.$$

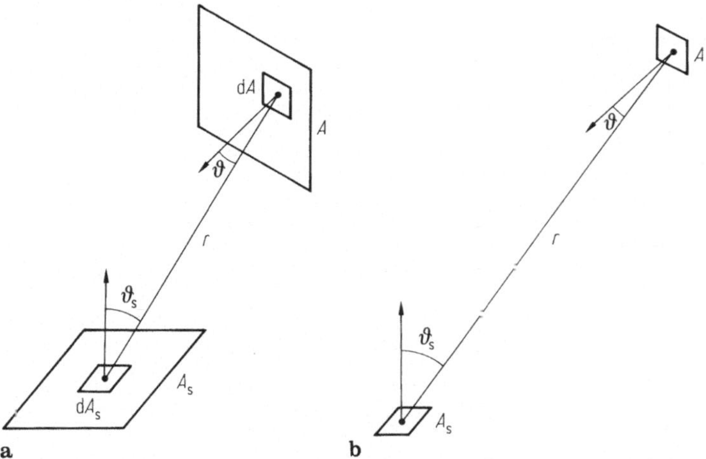

Bild 8.1. Für die Berechnung des Strahlungsflusses benutzte Winkel und Flächen

2. Die Fläche A_s ist im Verhältnis zum Abstand r klein. Die Fläche A ist kreisförmig mit dem Durchmesser $2R$ und hat mit der Fläche A_s eine gemeinsame Mittelpunktsenkrechte (s. Bild 8.2 a):

$$\Phi = \frac{c_1}{\lambda^5 \left[\exp\left(c_2/(\lambda T)\right) - 1\right]} \, \Delta\lambda \, A_s \, \frac{R^2}{R^2 + r^2} \, .$$

3. Die Flächen A_s und A sind parallele Kreisflächen gleichen Durchmessers $2R$ mit gemeinsamer Mittelpunktsenkrechten (s. Bild 8.2 b):

$$\Phi = \frac{c_1}{\lambda^5 \left[\exp\left(c_2/(\lambda T)\right) - 1\right]} \, \Delta\lambda \, A_s \, \frac{r^2}{2R^2} \left(1 + 2\,\frac{R^2}{r^2} - \sqrt{1 + 4\,\frac{R^2}{r^2}} \right) .$$

Für die Umrechnung des Gesamtemissionsgrads in Richtung der Flächennormalen ε_n in den hemisphärischen Gesamtemissionsgrad gibt Jakob den in Bild 8.3 wiedergegebenen Zusammenhang an.

Literatur zu thermophysikalischen Strahlungseigenschaften: [8.1–8.6]

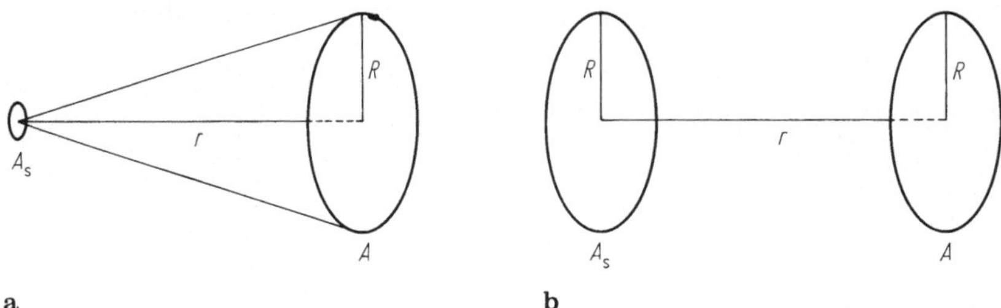

Bild 8.2. Geometrische Verhältnisse zur Berechnung des Strahlungsflusses zwischen Kreisflächen unterschiedlichen Durchmessers

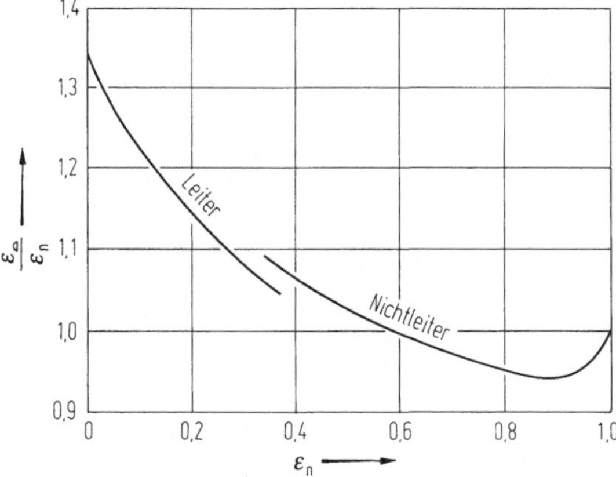

Bild 8.3. Verhältnis des hemisphärischen Gesamtemissionsgrads zum Gesamtemissionsgrad in Richtung der Flächennormalen nach Jakob

8.2 Emissionsgrad

8.2.1 Metallische Elemente

Tabelle 8.1. Aluminium

a) Aluminium, poliert

T K	ε_λ bei $\lambda = 0,65\,\mu m$	ε_λ bei $\lambda = 2\,\mu m$	ε_λ bei $\lambda = 4\,\mu m$	ε_λ bei $\lambda = 6\,\mu m$	ε_λ bei $\lambda = 10\,\mu m$	$\varepsilon_\bigcirc$
100						0,04
200						0,04
400						0,05
600						0,06
700		0,09	0,06	0,05	0,04	
1 100	0,12					
1 300	0,17					

b) Aluminium

	t in °C	ε_n
anpoliertes Aluminium	100	0,18
Plattenmaterial	40	0,055...0,07
handelsübliche Folie	100	0,09
oxidiert bei 600 °C	200...600	0,11...0,19
stark oxidiert	100...500	0,20...0,31

c) Aluminium auf Graphitfolie (Grafoil) mechanisch poliert
ε_λ in Abhängigkeit von λ und T

λ in μm	T in K				
	293	450	600	750	850
2,5	0,067	0,071	0,073	0,075	0,078
2,8	0,057	0,063	0,067	0,069	0,070
3,0	0,052	0,059	0,063	0,066	0,067
3,5	0,044	0,052	0,056	0,060	0,062
4,0	0,039	0,046	0,051	0,055	0,057
5,0	0,033	0,040	0,044	0,048	0,050
6,0	0,029	0,035	0,040	0,043	0,045
7,0	0,026	0,032	0,037	0,040	0,042
8,0	0,024	0,030	0,034	0,037	0,039
9,0	0,023	0,028	0,032	0,035	0,037
10,0	0,021	0,026	0,030	0,033	0,035
11,0	0,020	0,025	0,029	0,032	0,033
12,0	0,019	0,024	0,028	0,030	0,032
13,0	0,019	0,023	0,026	0,029	0,031
14,0	0,018	0,022	0,025	0,028	0,030
15,0	0,017	0,021	0,025	0,027	0,029

Tabelle 8.2. Beryllium

T in K	1150	1250	1350	1450
ε_n	0,45	0,53	0,65	0,79

Tabelle 8.3. Blei

	nicht oxidiert		grau oxidiert	oxidiert bei 149 °C
t in °C	127	227	24	199
ε_n	0,06	0,08	0,28	0,63

Tabelle 8.4. Chrom

a) Chrom poliert

$t = 150\,°C$	$\varepsilon_n = 0{,}06$	$\varepsilon_\cap = 0{,}07$

b) Chrom poliert, 30 min in Luft bei Rotglut oxidiert

t in °C	400	500	600	700	800	900
ε_n	0,11	0,15	0,19	0,25	0,32	0,39

Tabelle 8.5. Cobalt

a) Cobalt, poliert

T K	ε_λ bei $\lambda = 0{,}66\,\mu\mathrm{m}$	ε_λ bei $\lambda = 1{,}2\,\mu\mathrm{m}$	ε_λ bei $\lambda = 2{,}0\,\mu\mathrm{m}$	ε_λ bei $\lambda = 3{,}0\,\mu\mathrm{m}$
1000			0,21	
1100		0,26	0,21	0,17
1200	0,35	0,26	0,21	0,17
1400	0,36	0,26	0,22	0,18
1600	0,36	0,26	0,22	0,19
1700	0,36			

b) Cobalt

T in K	400	600	800	1000
ε_n	0,18	0,25	0,39	0,69

Tabelle 8.6. Eisen

a) Eisen, poliert

T K	ε_λ bei $\lambda = 0{,}66\,\mu\mathrm{m}$	ε_λ bei $\lambda = 1{,}0\,\mu\mathrm{m}$	ε_λ bei $\lambda = 1{,}6\,\mu\mathrm{m}$	ε_λ bei $\lambda = 2{,}9\,\mu\mathrm{m}$	ε_n	$\varepsilon_\cap$
100					0,02	
200					0,04	0,06
400					0,07	0,11
600					0,11	0,16
800					0,15	0,20
1 000				0,20	0,19	0,25
1 100	0,37		0,26	0,21	0,20	0,27
1 200	0,36	0,32	0,26	0,21		
1 400	0,36	0,32	0,27	0,22		
1 600	0,35	0,31	0,27			

T K	ε_λ bei $\lambda = 0{,}6\,\mu\mathrm{m}$	ε_λ bei $\lambda = 1\,\mu\mathrm{m}$	ε_λ bei $\lambda = 2\,\mu\mathrm{m}$	ε_λ bei $\lambda = 4\,\mu\mathrm{m}$	ε_λ bei $\lambda = 8\,\mu\mathrm{m}$	ε_λ bei $\lambda = 15\,\mu\mathrm{m}$
1 100	0,38	0,32	0,24	0,17	0,13	0,11

b) Eisen, oxidiert

T in K	100	200	400	600	800	1 000
ε_n	0,24	0,32	0,42	0,49	0,55	0,60

	T in K	ε_n
Gußeisen-Platte, glatt	296	0,80
Gußeisen-Platte, rauh	296	0,82
Gußeisen, oxidiert bei 872 K	472... 872	0,64...0,78
Gußeisen, rauh, sehr stark oxidiert	311... 522	0,95
geschmolzenes Gußeisen	1 572...1 672	0,29
geschmolzenes Weicheisen	1 794...1 961	0,40...0,41

Tabelle 8.7. Germanium, poliert

$t = 430...930\,°\mathrm{C}$	$\varepsilon_\mathrm{n} = 0{,}56$

Tabelle 8.8. Gold, poliert

T K	ε_λ bei $\lambda = 0{,}46\,\mu\mathrm{m}$	ε_λ bei $\lambda = 0{,}54\,\mu\mathrm{m}$	ε_λ bei $\lambda = 0{,}66\,\mu\mathrm{m}$	ε_n	$\varepsilon_{\bigcirc}$
100					0,013
300	0,66	0,39	0,15		0,026
500	0,66	0,41	0,16	0,020	0,035
700	0,65	0,43	0,17	0,028	0,048
900	0,65	0,45	0,18	0,035	0,058
1 100	0,64	0,47	0,18		0,070
1 300	0,64	0,49	0,19		

Tabelle 8.9. Hafnium, gealtert bei
$t = 1\,477\,^{\circ}\mathrm{C}$

$t = 1\,077 \ldots 1\,718\,^{\circ}\mathrm{C}$	$\varepsilon_{\bigcirc} = 0{,}32$

Tabelle 8.10. Kupfer

a) Kupfer, poliert

T K	ε_λ bei $\lambda = 0,65\,\mu m$	ε_λ bei $\lambda = 1\,\mu m$	ε_λ bei $\lambda = 2\,\mu m$	ε_λ bei $\lambda = 4\,\mu m$	ε_λ bei $\lambda = 10\,\mu m$	ε_n	$\varepsilon_\cap$
100							0,02
200							0,03
400							0,03
600						0,012	0,03
800						0,015	0,03
1 000						0,019	0,04
1 200		0,05	0,04	0,03	0,03		0,05
1 300	0,11						

b) Kupfer, oxidiert

T K	ε_n 1	ε_n 2	ε_n 3	$\varepsilon_\cap$ 2
400	0,13			
500	0,15			
600	0,17	0,41	0,83	0,50
700	0,18	0,47	0,89	0,52
800	0,20	0,56	0,91	0,58
900	0,21	0,67	0,92	0,68
1 000	0,22	0,77	0,92	0,81

1 30 min oxidiert bei Rotglut; *2* oxidiert bei 1 033 K bis zum stabilen Oxidationszustand; *3* extreme Oxidation.

Tabelle 8.11 Magnesium, poliert

$t = 143\ldots212\,°C$	$\varepsilon_\cap = 0,12$

Tabelle 8.12. Molybdän, poliert

T K	ε_λ bei $\lambda = 0{,}48\ \mu m$	ε_λ bei $\lambda = 0{,}54\ \mu m$	ε_λ bei $\lambda = 0{,}66\ \mu m$	ε_n	$\varepsilon_\bigcirc$
400				0,08	0,06
600				0,10	0,08
800				0,13	0,10
1 000	0,42		0,39	0,15	0,12
1 200	0,40	0,43	0,38	0,18	0,14
1 400	0,39	0,43	0,38	0,21	0,16
1 600	0,39	0,42	0,37	0,23	0,18
1 800	0,38	0,41	0,36	0,26	0,21
2 000	0,38	0,41	0,35		0,23
2 200	0,37	0,40	0,35		0,25
2 400	0,37	0,39	0,34		0,26
2 600	0,36		0,34		0,28
2 800			0,33		0,29

Tabelle 8.13 s. S. 317.

Tabelle 8.14. Niob, poliert

T K	ε_λ bei $\lambda = 0{,}5\ \mu m$	ε_λ bei $\lambda = 0{,}66\ \mu m$	ε_λ bei $\lambda = 1\ \mu m$	ε_λ bei $\lambda = 2\ \mu m$	$\varepsilon_\bigcirc$
300	0,58	0,52	0,32	0,13	
1 000					0,13
1 100	0,56	0,48	0,34	0,19	0,14
1 300					0,16
1 500	0,53	0,46	0,32	0,21	0,17
1 800					0,20
2 000	0,44	0,39	0,32	0,23	0,22
2 400	0,40	0,37	0,32	0,25	0,25
2 500					0,25

Tabelle 8.13. Nickel

a) Nickel, poliert

T K	ε_λ bei $\lambda = 0{,}66\,\mu m$	ε_λ bei $\lambda = 1{,}2\,\mu m$	ε_λ bei $\lambda = 1{,}3\,\mu m$	ε_λ bei $\lambda = 3{,}0\,\mu m$	ε_n	$\varepsilon_\cap$
200						0,09
400					0,07	0,09
600					0,10	0,11
800					0,12	0,13
1 000			0,22		0,14	0,15
1 200	0,35	0,29	0,23	0,17	0,17	0,19
1 400	0,34	0,29	0,23	0,18	0,19	
1 600		0,29	0,24	0,28		

b) Nickel, oxidiert

T in K	600	800	1 000	1 200	1 400	1 600
ε_λ bei $\lambda = 0{,}66\,\mu m$			0,87	0,85	0,83	0,80
ε_n	0,38	0,47	0,57			

c) Nickel, bei 600 °C oxidiert

T in K	ε_n
500...900	0,37...0,47

Tabelle 8.15. Palladium, poliert

t in °C	150	350	550	750	950	1 150
ε_r	0,02	0,04	0,07	0,09	0,11	0,14

Tabelle 8.16. Platin

a) Platin, poliert

T K	ε_λ bei $\lambda = 0{,}66\,\mu\text{m}$	ε_λ bei $\lambda = 2\,\mu\text{m}$	ε_λ bei $\lambda = 4\,\mu\text{m}$	ε_λ bei $\lambda = 6\,\mu\text{m}$	ε_λ bei $\lambda = 10\,\mu\text{m}$	ε_n	$\varepsilon_\cap$
400						0,05	0,07
600						0,07	0,08
800		0,17	0,10	0,08	0,06	0,09	0,11
1 000	0,35					0,11	0,13
1 200	0,32					0,14	0,15
1 400	0,29	0,19	0,13	0,11	0,09	0,16	0,17
1 600	0,26						0,19
1 800							0,21

b) Platin

	T in K	ε_n
Platinfaden	300...1 500	0,04...0,19
Platindraht	500...1 650	0,07...0,18
Platinband	1 200...1 900	0,12...0,17

Tabelle 8.17. Quecksilber, nicht oxidiert

t in °C	25	100
$\varepsilon_\cap$	0,10	0,12

Tabelle 8.18. Rhenium

a) Rhenium

T in K	400	800	1 200	1 600	2 000	2 400	2 800
$\varepsilon_\cap$	0,13	0,17	0,21	0,24	0,28	0,32	0,35

b) Rhenium, Probe mehrere Male vor der Messung auf 2 000 K erhitzt

T in K	1 100	1 200	1 400	1 600	1 800	2 000
ε_n	0,18	0,20	0,23	0,26	0,28	0,30

Tabelle 8.19. Rhodium, poliert

T in K	500	600	800	1 000	1 200	1 400
ε_n	0,02	0,03	0,04	0,06	0,08	0,10

Tabelle 8.20. Silber, poliert

T K	ε_λ bei $\lambda = 0,50\,\mu m$	ε_λ bei $\lambda = 0,55\,\mu m$	ε_λ bei $\lambda = 0,60\,\mu m$	ε_λ bei $\lambda = 0,65\,\mu m$	ε_λ bei $\lambda = 0,70\,\mu m$	ε_n	$\varepsilon_\frown$
400				0,07		0,020	0,020
600						0,024	0,026
800						0,030	0,033
1 000							0,040
1 200							0,047
1 253				0,07			0,072
1 333	0,0871	0,0816	0,0717	0,0697	0,0666		
1 390	0,0948	0,0827	0,0758	0,0730	0,0721		

Tabelle 8.21. Tantal, poliert

T K	ε_λ bei $\lambda = 0,4\,\mu m$	ε_λ bei $\lambda = 0,6\,\mu m$	ε_λ bei $\lambda = 0,66\,\mu m$	ε_λ bei $\lambda = 1\,\mu m$	ε_λ bei $\lambda = 2\,\mu m$	ε_λ bei $\lambda = 4\,\mu m$	ε_n	$\varepsilon_\frown$
200							0,03	
300		0,65	0,51	0,18	0,9		0,03	
400			0,50				0,04	
600			0,49				0,05	
800			0,47				0,06	0,09
1 000			0,46				0,08	0,11
1 200			0,45				0,10	0,14
1 400			0,44				0,12	0,16
1 600			0,43				0,15	0,18
1 700	0,60	0,48	0,42	0,30	0,19	0,15	0,16	0,19
1 800			0,42				0,17	0,21
2 000			0,41				0,19	0,23
2 200			0,40				0,21	0,25
2 400			0,39				0,24	0,27
2 600			0,38				0,26	0,29
2 800	0,50	0,42	0,38	0,33	0,27	0,23	0,29	0,30
3 000			0,37					0,31

Tabelle 8.22. Titan

a) Titan Typ: Ti-75 A, AMS 4 901. Zusammensetzung: Fe 0,1 %,
N 0,02 %, C 0,04 % max., W 0,08 % max., Ti Rest

	t in °C				Wärmebehandlung in Luft
	93	204	316	427	
ε_n	0,10	0,12	0,16	0,19	keine
ε_n	0,11	0,13	0,17	0,20	306 h bei 307 °C
ε_n	0,16	0,17	0,21	0,25	100 h bei 437 °C
ε_n	0,16	0,18	0,22	0,26	306 h bei 438 °C
ε_n	0,16	0,18	0,22	0,25	303 h bei 466 °C
ε_n	0,35	0,39	0,43	0,48	303 h bei 539 °C

b) Titan Typ: TMCA-Ti-75 A. Zusammensetzung: Fe 0,3 % max.,
N_2 0,05 % max., C 0,08 % max., H_2 0,015 % max., Ti Rest; oxidiert in
Luft bei 816 °C bis zum stabilen Oxidzustand

t in °C	371	649	705	760	816
$\varepsilon_\cap$	0,54	0,54	0,56	0,58	0,59

Tabelle 8.23. Uran

a) Uran, poliert

Phase	α-Phase	β-Phase	γ-Phase
t-Bereich in °C	400...643	643...760	760...1 000
$\varepsilon_\cap$	0,33	0,36	0,34

b) Uran, oxidiert (700 µg O_2/cm²)

$\varepsilon_\cap$	0,58	0,61	0,61

c) Uran, oxidiert (1 000 µg O_2/cm²)

$\varepsilon_\cap$	0,68	0,71	0,73

Tabelle 8.24. Wolfram

a) Wolfram

λ in μm	T in K							
	1 200	1 400	1 600	1 800	2 000	2 200	2 400	2 600
	ε_λ	ε_λ	ε_λ	ε_λ	ε_λ	ε_λ	ε_λ	ε_λ
0,300	0,486	0,483	0,480	0,477	0,474	0,471	0,468	0,465
0,325	0,486	0,483	0,480	0,477	0,474	0,471	0,468	0,465
0,350	0,485	0,482	0,479	0,476	0,473	0,470	0,467	0,464
0,375	0,484	0,481	0,478	0,475	0,472	0,469	0,466	0,463
0,400	0,482	0,479	0,476	0,473	0,470	0,467	0,464	0,461
0,425	0,481	0,478	0,475	0,472	0,468	0,465	0,462	0,458
0,450	0,479	0,476	0,472	0,469	0,466	0,462	0,459	0,456
0,475	0,477	0,473	0,470	0,466	0,462	0,459	0,455	0,452
0,500	0,474	0,470	0,466	0,462	0,459	0,455	0,450	0,447
0,525	0,471	0,467	0,463	0,458	0,454	0,450	0,446	0,442
0,550	0,468	0,464	0,459	0,454	0,450	0,445	0,441	0,436
0,575	0,464	0,459	0,455	0,450	0,445	0,441	0,436	0,431
0,600	0,461	0,456	0,451	0,446	0,441	0,436	0,431	0,426
0,625	0,458	0,453	0,448	0,443	0,438	0,433	0,428	0,423
0,650	0,454	0,449	0,444	0,439	0,434	0,429	0,424	0,419
0,6563	0,453	0,448	0,443	0,438	0,433	0,428	0,423	0,418
0,675	0,450	0,445	0,440	0,435	0,430	0,425	0,420	0,415
0,700	0,446	0,441	0,436	0,431	0,426	0,421	0,416	0,411
0,725	0,442	0,437	0,432	0,427	0,422	0,417	0,412	0,406
0,750	0,438	0,433	0,428	0,422	0,418	0,412	0,407	0,402
0,800	0,428	0,423	0,418	0,413	0,408	0,404	0,399	0,394
0,850	0,418	0,414	0,409	0,404	0,399	0,394	0,390	0,385
0,900	0,408	0,403	0,399	0,394	0,390	0,385	0,381	0,376
0,950	0,397	0,393	0,388	0,384	0,380	0,376	0,372	0,368
1,000	0,386	0,382	0,378	0,375	0,371	0,367	0,364	0,360
1,1	0,364	0,362	0,359	0,356	0,353	0,350	0,347	0,344
1,2	0,342	0,340	0,339	0,337	0,336	0,334	0,333	0,331
1,28	0,322	0,322	0,322	0,322	0,322	0,322	0,322	0,322
1,3	0,317	0,317	0,318	0,318	0,318	0,319	0,319	0,319
1,4	0,295	0,296	0,298	0,299	0,301	0,302	0,304	0,305
1,5	0,277	0,279	0,281	0,283	0,285	0,287	0,290	0,292
1,6	0,259	0,262	0,265	0,268	0,271	0,274	0,277	0,280
1,7	0,241	0,245	0,249	0,253	0,257	0,262	0,266	0,270
1,8	0,222	0,228	0,234	0,239	0,245	0,251	0,256	0,262
1,9	0,204	0,211	0,218	0,226	0,233	0,240	0,247	0,255
2,0	0,186	0,195	0,204	0,213	0,222	0,231	0,239	0,248
2,1	0,172	0,182	0,192	0,202	0,212	0,222	0,232	0,242
2,2	0,160	0,171	0,182	0,192	0,203	0,214	0,225	0,236
2,3	0,150	0,162	0,173	0,184	0,195	0,207	0,218	0,229
2,4	0,142	0,154	0,165	0,177	0,188	0,200	0,212	0,223
2,5	0,135	0,147	0,158	0,170	0,182	0,194	0,205	0,217
2,6	0,129	0,141	0,152	0,164	0,176	0,187	0,199	0,211
2,7	0,124	0,135	0,147	0,158	0,170	0,182	0,193	0,205
2,8	0,119	0,131	0,142	0,154	0,165	0,177	0,189	0,200
2,9	0,115	0,127	0,138	0,150	0,161	0,172	0,184	0,196

Tabelle 8.24 (Fortsetzung)

λ in µm	T in K							
	1 200	1 400	1 600	1 800	2 000	2 200	2 400	2 600
	ε_λ	ε_λ	ε_λ	ε_λ	ε_λ	ε_λ	ε_λ	ε_λ
3,0	0,112	0,123	0,134	0,146	0,157	0,169	0,180	0,191
3,2	0,105	0,116	0,128	0,139	0,150	0,162	0,173	0,184
3,4	0,100	0,111	0,122	0,134	0,145	0,156	0,167	0,178
3,6	0,095	0,106	0,118	0,129	0,140	0,151	0,162	0,173
3,8	0,091	0,102	0,113	0,124	0,135	0,146	0,157	0,168
4,0	0,086	0,097	0,108	0,119	0,130	0,141	0,152	0,163
4,2	0,082	0,093	0,104	0,115	0,126	0,137	0,148	0,159
4,4	0,080	0,091	0,102	0,113	0,123	0,134	0,145	0,155
4,6	0,079	0,090	0,100	0,111	0,121	0,131	0,142	0,152
4,8	0,079	0,089	0,099	0,109	0,119	0,129	0,139	0,149
5,0	0,078	0,088	0,098	0,108	0,117	0,127	0,136	0,146

b) Wolfram, verschiedene Proben, gealtert über mehrere Stunden bei
$T = 2\,750$ bis $3\,090$ K

T in K	1 600	2 000	2 400	2 700
$\varepsilon_\bigcirc$	0,20...0,21	0,23...0,25	0,27...0,29	0,29...0,31

Tabelle 8.25. Zink

	t in °C	ε_n
Zink, rein, poliert	227...327	0,04...0,05
Zink, oxidiert bei 399 °C	399	0,11
verzinktes Blech	100	0,21
verzinktes Blech, ziemlich hell	28	0,23
verzinktes Blech, grau oxidiert	24	0,28

Tabelle 8.26. Zinn

	t in °C	ε_n
Zinn, nicht oxidiert	25...100	0,04...0,05
verzinnte Eisenplatte	100	0,08

Tabelle 8.27. Zirconium, 99,5 % Zr, im Vakuum geglüht

t in °C	950	1 015	1 095	1 190	1 320	1 440
ε_n	0,22	0,23	0,24	0,25	0,26	0,27

8.2.2 Legierungen

Tabelle 8.28. Aluminiumlegierungen

a) Aluminiumlegierung 2024, AlCuMg 2 (Dural), oxidiert bei $t = 550\,°C$. Zusammensetzung: Cu 4,5 %, Mg 1,5 %, Mn 0,6 %, Al Rest

λ in µm	2,0	2,2	2,8	3,0	3,5	3,8	4,0	4,5	5,0	5,5
ε_λ	0,43	0,42	0,40	0,40	0,39	0,38	0,38	0,37	0,36	0,35
λ in µm	6,0	6,5	7,0	8,0	9,0	10,0	11,0	12,0	13,0	14,0
ε_λ	0,34	0,34	0,33	0,32	0,30	0,29	0,28	0,27	0,26	0,25

b) Aluminiumlegierung 2024, ALCLAD (mit Reinaluminium plattiertes Dural), poliert

λ in µm	T in K				λ in µm	T in K			
	293 ε_λ	450 ε_λ	600 ε_λ	750 ε_λ		293 ε_λ	450 ε_λ	600 ε_λ	750 ε_λ
2,5	0,067	0,071	0,073	0,075	7,5	0,025	0,031	0,035	0,039
2,8	0,057	0,063	0,067	0,069	8,0	0,024	0,030	0,034	0,037
3,0	0,052	0,059	0,063	0,066	8,5	0,023	0,029	0,033	0,036
3,5	0,044	0,052	0,056	0,060	9,0	0,023	0,028	0,032	0,035
3,8	0,041	0,048	0,053	0,057	9,5	0,022	0,027	0,031	0,034
4,0	0,039	0,046	0,051	0,055	10,0	0,021	0,026	0,030	0,033
4,5	0,035	0,043	0,047	0,051	11,0	0,020	0,025	0,029	0,032
5,0	0,033	0,040	0,044	0,048	12,0	0,019	0,024	0,028	0,030
5,5	0,031	0,037	0,042	0,046	13,0	0,019	0,023	0,026	0,029
6,0	0,029	0,035	0,040	0,043	14,0	0,018	0,022	0,025	0,028
6,5	0,027	0,034	0,038	0,042	15,0	0,017	0,021	0,025	0,027
7,0	0,026	0,032	0,037	0,040					

c) Aluminiumlegierung 2024 AlCuMg 2 (Dural)

Oberfläche	T in K	100	300	500	700
poliert	ε_n	0,02	0,04	0,05	0,06
unterschiedlich rauh	ε_n	bis 0,07	bis 0,13	bis 0,18	bis 0,20
verwittert	ε_n		0,33...0,53	0,32...0,47	0,30...0,40

d) Aluminiumlegierung 7075, AlZnMgCu 1,5.
Zusammensetzung: Zn 5,5 %, Mg 2,5 %, Cu 1,5 %, Cr 0,3 %, Al Rest.
Brinellhärte 60;
poliert, $T = 323$ K

λ in µm	0,3	0,4	0,5	0,6	0,7	0,8	0,9	1,0	1,2	1,4
ε_λ	0,260	0,185	0,136	0,131	0,150	0,164	0,148	0,120	0,090	0,078

Tabelle 8.28 (Fortsetzung)

λ in μm	1,6	1,8	2,0	2,4	2,8	3,0	3,4	3,8	4,0	4,5
ε_λ	0,075	0,078	0,083	0,088	0,092	0,092	0,090	0,082	0,078	0,070

λ in μm	5,0	6,0	7,0	8,0	9,0	10,0	10,6	11,0	13,0	15,0
ε_λ	0,064	0,054	0,048	0,046	0,045	0,045	0,044	0,043	0,043	0,042

Legierung 7075-T 6 nach einer Wärmebehandlung
poliert, $T = 300$ K
Brinellhärte $= 150$

λ in μm	0,4	0,5	0,6	0,7	0,8	0,9	1,0	1,2	1,4	1,6
ε_λ	0,178	0,160	0,151	0,149	0,143	0,124	0,102	0,074	0,057	0,047

λ in μm	1,8	2,0	2,8	5,0	7,0	8,0	9,0	10,0	13,0	15,0
ε_λ	0,041	0,038	0,035	0,035	0,034	0,033	0,032	0,031	0,030	0,029

Tabelle 8.29. Bronze (Aluminiumbronze). Zusammensetzung: Cu 93 bis 96 %, Al 4 bis 7 %, Fe max. 0,5 %

	t in °C	ε_n
poliert	180... 990	0,03...0,06 linear temperaturabhängig
wie erhalten	210...1 010	0,06...0,10 linear temperaturabhängig
oxidiert (30 min in Luft bei Rotglut)	240... 980	0,08...0,16 linear temperaturabhängig

Tabelle 8.30. Messing. Zusammensetzung: Cu 65 %, Zn 35 %

Oberfläche	t in °C	ε_n
poliert	100	0,03...0,06
grob geschmirgelt	22	0,20
matt	50...350	0,22
brüniert (braun)	20	0,40
oxidiert	200...600	0,60

Tabelle 8.31. Inconel

a) Zusammensetzung: Ni 80 %, Cr 14 %, Fe 6 %.
$t = 482\,°C$

λ in µm	elektropoliert ε_λ	gesandstrahlt ε_λ	oxidiert[a] ε_λ
2,5	0,18	0,34	0,57
3,5	0,17	0,36	0,60
6,0	0,15	0,33	0,58
7,0	0,14	0,33	0,62
7,5	0,14	0,33	0,70
8,0	0,13	0,33	0,75
8,5	0,14	0,34	0,78
9,5	0,12	0,35	0,73
10,0	0,11	0,35	0,70
11,5	0,11	0,36	0,73
13,0	0,10	0,35	0,76
13,5	0,10	0,35	0,79
15,0	0,08	0,35	0,80

[a] 30 min oxidiert in Luft bei 982 °C

b) Zusammensetzung: Ni 80 %, Cr 14 %, Fe 6 %

	t in °C				Oberflächen-Behandlung
	482	649	816	982	
ε_n	0,11	0,18			elektropoliert
ε_n	0,31	0,37			gesandstrahlt
ε_n	0,60	0,61	0,68	0,73	30 min oxidiert bei 982 °C

c) Zusammensetzung: Ni 77 %, Cr 15 %, Fe 7 %, Mn 0,25 %, Si 0,25 %, Cu 0,20 %, C 0,08 %, S 0,007 %; poliert und dann 13 min oxidiert bei 1 094 °C

t in °C	316	427	538	649	760	871	982
$\varepsilon_\cap$	0,69	0,70	0,73	0,76	0,77	0,80	0,82

Tabelle 8.32. Monelmetall. Zusammensetzung: Ni 68 %, Cu 30 %, Si 1,5 %

a) poliert

t in °C	−200	0	200	400	600	800	1 000
ε_n		0,14	0,15	0,16	0,17	0,20	0,24	0,29

b) oxidiert

t in °C	200	400	600	980
ε_n	0,42	0,44	0,47	0,55

Tabelle 8.33. Nickel-Molybdän-Legierung

a) Werkstoff-Nr. DIN 2.4600 = Hastelloy B
Zusammensetzung:
Ni 62 %, Mo 26 bis 30 %, Fe 4 bis 7 %, Co 2,5 % Si 1 %, Mn 1 %, V 0,2 bis 0,6 %, C 0,05 %

	t in °C	815	870	980	1 090	1 200
nicht oxidiert	ε_λ bei $\lambda = 0,665\ \mu$m		0,37	0,35	0,33	0,32
oxidiert	ε_λ bei $\lambda = 0,665\ \mu$m	0,69	0,68	0,68	0,67	0,66

b) Werkstoff-Nr. DIN 2.4600 = Hastelloy B. Arithmetischer Mittenrauh-wert der Oberfläche = 50 µm

t in °C	−190	315	480	650	815	980
ε_n	0,03	0,12	0,15	0,16	0,17	0,17

Tabelle 8.34. Platin-Rhodium-Legierung

a) Zusammensetzung: Pt 87 %, Rh 13 %. 1 h geglüht bei 1 250 °C,
$t = 1 030$ °C

λ in µm	1,07	1,25	1,40	1,58	1,68	1,81	2,23
ε_λ	0,25	0,24	0,23	0,22	0,21	0,20	0,19
λ in µm	2,51	2,73	3,14	3,77	4,41	5,21	5,90
ε_λ	0,18	0,17	0,16	0,15	0,14	0,13	0,12
λ in µm	6,87	8,75	9,83	10,15	12,09	14,90	15,11
ε_λ	0,11	0,10	0,11	0,10	0,08	0,07	0,07

b) Zusammensetzung: Pt 87 %, Rh 13 %. 1 h in Luft geglüht bei 1 593 °C

t in °C	530	730	930	1 130	1 330	1 530
ε_n	0,11	0,13	0,15	0,17	0,18	0,20

Tabelle 8.35. Stahl

a) Werkstoff-Nr.: DIN 1.4301 = AISI 304
Zusammensetzung: Cr 18 bis 20 %, Ni 8 bis 12 %, Mn 2 %, Si 1 %, C 0,08 %, P 0,04 %, S 0,03 %, Fe Rest;
poliert, $t = 20\,°C$

λ in µm	0,22	0,25	0,30	0,32	0,40	0,50	0,80	1,00	1,50
ε_λ	0,57	0,53	0,39	0,37	0,39	0,30	0,27	0,25	0,21
λ in µm	1,88	2,00	2,20	2,40	2,50	2,60	2,80	3,00	3,50
ε_λ	0,17	0,17	0,16	0,16	0,17	0,18	0,18	0,17	0,16
λ in µm	3,80	4,00	4,50	5,00	5,50	6,00	6,50	7,00	7,50
ε_λ	0,16	0,16	0,15	0,14	0,13	0,13	0,12	0,12	0,11
λ in µm	8,00	8,50	9,00	9,50	10,0	11,0	12,0	13,0	14,0
ε_λ	0,11	0,10	0,10	0,10	0,09	0,09	0,08	0,08	0,08

b) Werkstoff-Nr.: DIN 1.4301 = AISI 304
poliert und dann 6 h bei 1 000 °C oxidiert
oxidiert, $t = 1\,000\,°C$

λ in µm	2,0	2,5	2,8	3,0	3,5	3,8	4,0	4,5	5,0
ε_λ	0,77	0,77	0,76	0,75	0,73	0,71	0,69	0,66	0,65
λ in µm	5,5	6,0	6,5	7,0	7,5	8,0	8,5	9,0	9,5
ε_λ	0,68	0,72	0,74	0,76	0,77	0,78	0,78	0,78	0,77
λ in µm	10,0	10,6	11,0	11,5	12,0	12,5	13,0	13,5	14,0
ε_λ	0,75	0,69	0,65	0,60	0,55	0,50	0,46	0,42	0,40

c) Werkstoff-Nr.: DIN 1.4301 = AISI 304
poliert

T K	ε_λ bei $\lambda = 3,8$ µm	ε_λ bei $\lambda = 10,6$ µm	T K	ε_λ bei $\lambda = 3,8$ µm	ε_λ bei $\lambda = 10,6$ µm
293	0,14	0,088	1 100	0,18	0,117
300	0,14	0,089	1 200	0,19	0,120
400	0,14	0,093	1 300	0,19	0,123
500	0,15	0,097	1 400	0,20	0,127
600	0,15	0,100	1 500	0,20	0,129
700	0,16	0,103	1 600	0,21	0,132
800	0,16	0,106	1 700	0,21	0,136
900	0,17	0,110	1 727	0,21	0,136
1 000	0,18	0,113			

t in °C	50	100	150	200
ε_n	0,111	0,118	0,125	0,132

Tabelle 8.35 (Fortsetzung)

d) Werkstoff-Nr.: DIN 1.4301 = AISI 304
gesandstrahlt mit Quarzsand A 15090 – mittlere Korngröße = 0,23 mm
arithmetischer Mittenrauhwert der Oberfläche Ra = 2,1 µm

t in °C	−50	0	50	100	150	200
ε_n	0,446	0,454	0,463	0,471	0,479	0,488

e) Werkstoff-Nr.: DIN 1.4436 = AISI 316
Zusammensetzung: Cr 16 bis 18 %, Ni 10 bis 14 %, Mo 2 bis 3 %, Mn 2 %, Si
1 %, C 0,08 %, P 0,045 %, S 0,03 %

t in °C	815	870	980	1 090	1 200
ε_λ bei λ = 0,665 µm	0,39	0,38	0,36	0,35	0,33

Arithmetischer Mittenrauhwert der Oberfläche = 50 µm

t in °C	−190	150	315	480	650	815	980
ε_n	0,03	0,08	0,08	0,11	0,17	0,29	0,48

f) Werkstoff-Nr.: DIN 1.4541 = AISI 321
Zusammensetzung: Cr 17 bis 19 %, Ni 9 bis 12 %, Mn <2 %, Si <1 %, C <0,08 %, P <0,045 %,
S <0,03 %, Ti >5 × C, Fe Rest

	t in °C	820	980	1 090	1 200
nicht oxidiert	ε_λ bei λ = 0,665 µm	0,38	0,35	0,33	0,30
oxidiert	ε_λ bei λ = 0,665 µm	0,69	0,62	0,57	0,52

Arithmetischer Mittenrauhwert der Oberfläche etwa 50 µm

t in °C	−180	−20	150	320	480	650	820	980
ε_n	0,05	0,10	0,17	0,23	0,28	0,35	0,39	0,47

Tabelle 8.36. Titanlegierung, Ti-6Al-4V

a) Arithmetischer Mittenrauhwert = 0,032 µm, mit Chromsäure eloxiert,
$T = 700$ K

λ in µm	2,8	3,0	3,5	3,8	4,0	5,0	6,0	6,5	6,6
ε_λ	0,80	0,79	0,76	0,75	0,74	0,74	0,73	0,73	0,72
λ in µm	6,8	7,0	7,2	7,4	7,5	7,6	7,8	8,0	8,2
ε_λ	0,69	0,65	0,62	0,60	0,60	0,61	0,65	0,75	0,87
λ in µm	8,4	8,5	9,0	10,0	11,0	12,0	13,0	14,0	15,0
ε_λ	0,92	0,93	0,93	0,92	0,93	0,94	0,93	0,90	0,86

b) 15 min oxidiert bei 700 K,
$T = 700$ K

λ in µm	2,8	3,0	3,5	4,0	4,5	5,0	5,5	6,0	7,5	10,6
ε_λ	0,78	0,76	0,73	0,70	0,67	0,65	0,62	0,61	0,58	0,57

c) $\lambda = 0,66$ µm

T in K	1 150	1 300	1 500	1 675
ε_λ	0,57	0,56	0,55	0,53

d) Arithmetischer Mittenrauhwert der Oberfläche = 0,032 µm,
Zusammensetzung: Al 6 %, V 4 %, Rest Ti; Schmelzbereich: 1 803 bis 1 908 K;
Dichte: 4,424 kg/dm^3
$t = 20$ °C

λ in µm	0,4	0,5	1,0	1,5	2,0	2,5	2,8	3,0	3,5
ε_λ	0,66	0,64	0,58	0,54	0,50	0,47	0,46	0,45	0,43
λ in µm	3,8	4,0	4,5	5,0	5,5	6,0	6,5	7,0	7,5
ε_λ	0,42	0,41	0,40	0,38	0,37	0,36	0,36	0,35	0,35
λ in µm	8,0	8,5	9,0	10,0	11,0	12,0	13,0	14,0	15,0
ε_λ	0,34	0,33	0,33	0,32	0,31	0,30	0,30	0,29	0,28

Tabelle 8.37. Titan-Mangan-Legierung,
Typ C-110 M, AMS 4908.
Zusammensetzung: Ti 92 %, Mn 8 %

ε_λ bei $\lambda = 0{,}66$ µm	t-Bereich in °C	
0,52…0,43	880…1 420	keine Wärmebehandlung
0,61 konstant	860…1 390	30 min bei Rotglut in Luft

	t in °C						
	−190	94	205	316	427	643	
ε_n	0,01	0,05	0,08	0,11	0,13	0,18	keine Wärmebehandlung
ε_n		0,21	0,23	0,29	0,33		306 h bei 438 °C in Luft
ε_n		0,51	0,54	0,57	0,61		303 h bei 540 °C in Luft

Tabelle 8.38. Wolfram-Rhenium-Legierung,
Typ: VR-27-VT mit 27 % Re
2 h bei 2 200 K gealtert

T in K	1 600	1 800	2 000	2 200	2 400	2 600	2 800	3 000
$\varepsilon_\bigcirc$	0,21	0,23	0,25	0,27	0,29	0,31	0,33	0,35

8.2.3 Oxide und nichtoxidierte Verbindungen

Tabelle 8.39. Aluminiumoxid

a) Al_2O_3, handelsüblich

Kenn-zeichen	T K	ε_λ bei							
		$\lambda = 1$ µm	$\lambda = 3$ µm	$\lambda = 5$ µm	$\lambda = 7$ µm	$\lambda = 9$ µm	$\lambda = 11$ µm	$\lambda = 13$ µm	$\lambda = 15$ µm
AD-85	1 208	0,459	0,477	0,829	0,959	0,986	0,964	0,806	0,705
AD-96	1 183	0,392	0,347	0,766	0,955	0,986	0,941	0,680	0,676
AD-99	1 188	0,277	0,273	0,802	0,964	0,991	0,937	0,658	0,649
AD-995	1 227	0,279	0,189	0,797	0,949	0,986	0,865	0,617	0,617
AD-94	1 220	0,378	0,387	0,802	0,928	0,962	0,910	0,685	0,685
AV-30	1 225	0,437	0,401	0,811	0,932	0,977	0,869	0,606	0,599
AP-35	1 183	0,410	0,288	0,640	0,937	0,986	0,948	0,683	0,673

Tabelle 8.39 (Fortsetzung)

b) Al_2O_3, Hersteller: Linde

Poren-radius µm	T K	ε_λ bei $\lambda = 1$ µm	$\lambda = 3$ µm	$\lambda = 5$ µm	$\lambda = 7$ µm	$\lambda = 9$ µm	$\lambda = 11$ µm	$\lambda = 13$ µm	$\lambda = 15$ µm
2,50	873	0,332	0,108	0,344	0,892	0,991	0,980	0,829	0,766
2,50	1173	0,250	0,072	0,369	0,892	0,989	0,986	0,856	0,784
2,50	1423	0,171	0,068	0,387	0,890	0,982	0,989	0,874	0,854
1,77	863	0,302	0,113	0,649	0,923	0,977	0,878	0,551	0,412
1,77	1168	0,234	0,113	0,653	0,923	0,982	0,910	0,599	0,503
1,77	1381	0,158	0,113	0,653	0,905	0,973	0,950	0,617	0,506
1,69	863	0,200	0,036	0,532	0,975	0,984	0,953	0,829	0,775
1,69	1168	0,200	0,018	0,514	0,910	0,982	0,980	0,845	0,802
1,69	1381	0,117	0,045	0,577	0,958	0,984	0,988	0,849	0,809
1,68	871	0,318	0,045	0,202	0,909	0,998	0,998	0,645	0,664
1,68	1173	0,200	0,047	0,227	0,900	0,984	0,991	0,682	0,623
1,68	1423	0,141	0,047	0,265	0,884	0,975	0,982	0,691	0,686
1,17	863	0,255	0,086	0,595	0,936	0,955	0,920	0,616	0,497
1,17	1173	0,153	0,055	0,645	0,918	0,984	0,936	0,636	0,427
1,17	1388	0,082	0,014	0,654	0,909	0,974	0,945	0,645	0,562

c) Al_2O_3
1 Norton LA 603
2 Norton RA 4213
3 Al_2O_3 (Rokide) auf legiertem Stahl AISI-446

T in K	ε_λ bei $\lambda = 0,665$ µm			ε_n		
	1	*2*	*3*	*1*	*2*	*3*
89				0,74	0,76	0,82
422				0,74	0,77	0,80
589				0,72	0,70	0,77
755				0,675	0,61	0,73
922				0,63	0,52	0,68
1090	0,22			0,58	0,45	0,62
1145	0,24	0,28	0,44			
1255	0,29	0,28	0,45	0,53	0,40	0,57
1365	0,34	0,30	0,48			
1422				0,48	0,36	0,53
1480	0,39	0,32	0,51			
1589				0,45	0,33	0,49
1590	0,44	0,35				
1700	0,48	0,39				
1755				0,43	0,33	
1810	0,53	0,44				

d) Aluminiumoxid (Al_2O_3)

λ in µm	1	2	3	4	5	6	7	8
ε_λ bei 1200 K	0,09	0,08	0,10	0,20	0,45	0,73	0,91	0,97
ε_λ bei 1600 K	0,06	0,04	0,06	0,13	0,35	0,64	0,88	0,97

Tabelle 8.39 (Fortsetzung)

e) Aluminiumoxid (Al_2O_3)

T in K	400	600	800	1 000	1 200	1 400	1 600	1 800	2 000
ε_n	0,78	0,70	0,62	0,55	0,48	0,40	0,39	0,39	0,39

f) Aluminiumoxid (Al_2O_3) (Saphir)

T in K	4	100	200	300	400	500
ε_n	0,05	0,23	0,48	0,53	0,57	0,54

g) Aluminiumoxid (Al_2O_3) (Saphir)

T in K	200	260	280	300	320	340	360	380
$\varepsilon_\cap$	0,50	0,50	0,52	0,53	0,54	0,55	0,56	0,56

h) Aluminiumoxid Coors AD 99
Reinheitsgrad 99 %
max. Arbeitstemperatur = 1 650 °C
Schmelzbereich 2 042 bis 2 047 °C
$t = 1 030$ °C

λ in µm	2,0	2,3	2,5	2,7	2,9	3,1	3,2	3,4	3,6
ε_λ	0,43	0,44	0,45	0,46	0,47	0,48	0,49	0,50	0,52

λ in µm	3,8	4,0	4,2	4,4	4,5	4,6	4,7	4,8	4,9
ε_λ	0,54	0,57	0,60	0,65	0,67	0,70	0,72	0,75	0,77

λ in µm	5,0	5,1	5,2	5,3	5,4	5,5	5,6	5,8	6,1
ε_λ	0,80	0,82	0,84	0,86	0,87	0,88	0,90	0,92	0,94

λ in µm	6,2	6,4	6,6	7,0	10,1	10,5	10,7	10,9	11,0
ε_λ	0,95	0,96	0,97	0,98	0,98	0,97	0,96	0,95	0,94

i) Aluminiumoxid Coors AD 99
$t = 1 150$ °C

λ in µm	1,0	1,7	2,3	2,6	2,8	3,0	3,1	3,2	3,3
ε_λ	0,23	0,23	0,24	0,25	0,26	0,27	0,28	0,29	0,31

λ in µm	3,4	3,5	3,6	3,7	3,8	3,9	4,0	4,1	4,2
ε_λ	0,32	0,34	0,35	0,38	0,40	0,43	0,46	0,49	0,52

λ in µm	4,3	4,4	4,5	4,6	4,7	4,8	4,9	5,0	5,1
ε_λ	0,56	0,60	0,64	0,68	0,71	0,75	0,77	0,80	0,82

λ in µm	5,2	5,3	5,4	5,5	5,6	5,7	5,8	6,1	6,2
ε_λ	0,84	0,86	0,87	0,88	0,90	0,91	0,92	0,94	0,95

λ in µm	6,4	6,6	7,0	8,2	10,1	10,5	10,7	10,9	11,0
ε_λ	0,96	0,97	0,98	0,99	0,98	0,98	0,96	0,95	0,94

Tabelle 8.39 (Fortsetzung)

j) Aluminiumoxid (Sinteraluminiumoxid)
mit 99,5 % Al_2O_3, dicht

Firmenbezeichnung: Al 23
Dichte = 3,7 bis 3,9 kg/dm³

t in °C	40	90	140	220
ε_n	0,660	0,684	0,695	0,687

Tabelle 8.40. Aluminiumnitrid (AlN)

$\varepsilon_n = 0,81$ bei $T = 1\,023$ K

Tabelle 8.41. Berylliumoxid (BeO), gesintert bei $1\,973$ K, 2 h lang; Dichte 1,84 kg/dm³; theoretische Dichte 3,01 kg/dm³
$T = 1\,194$ K

λ in μm	1	2	3	4	5	8	11	14
ε_λ	0,38	0,23	0,39	0,78	0,94	0,99	0,54	0,39

T in K	1 200	1 400	1 600	1 800	2 000	2 100
ε_n^a	0,351	0,405	0,447	0,499	0,517	0,514
ε_n^b	0,665	0,746	0,819	0,867	0,931	

[a] Pulver, heiß-gepreßt, Dichte 2,844 kg/dm³, poliert.
[b] Hochtemperaturbehandeltes Pulver, heiß-gepreßt, Dichte 2,85 kg/dm³, poliert.

Tabelle 8.42. Bornitrid

a) Bornitrid (BN), poliert
pyrolytisch hergestellt, Dicke der Probe $= 12{,}7$ mm
Sublimationspunkt der handelsüblichen Form $= 2\,730\,°C$
$t = 1\,400\,°C$

λ in µm	2,5	2,8	3,1	3,4	3,7	3,9	4,1	4,3	4,5
ε_λ	0,76	0,77	0,78	0,79	0,80	0,81	0,82	0,83	0,85
λ in µm	4,8	5,0	5,2	5,4	5,5	5,8	6,1	6,2	6,3
ε_λ	0,87	0,89	0,91	0,92	0,93	0,94	0,92	0,89	0,85
λ in µm	6,4	6,5	6,6	6,7	6,8	6,9	7,0	7,1	7,2
ε_λ	0,81	0,75	0,68	0,62	0,54	0,48	0,44	0,40	0,38
λ in µm	7,3	7,4	7,5	7,6	7,7	7,8	7,9	8,0	8,1
ε_λ	0,37	0,38	0,40	0,44	0,50	0,54	0,59	0,65	0,69
λ in µm	8,2	8,4	8,6	8,8	9,0	9,3	9,5	9,8	10,1
ε_λ	0,72	0,75	0,77	0,79	0,80	0,82	0,83	0,84	0,85
λ in µm	10,4	10,7	11,1	11,4	11,8	12,6	12,7	12,8	12,9
ε_λ	0,86	0,87	0,88	0,89	0,90	0,90	0,89	0,87	0,85
λ in µm	13,0	13,2	13,4	13,6	13,9	14,1	14,4	14,6	15,0
ε_λ	0,83	0,83	0,85	0,86	0,87	0,88	0,89	0,90	0,91

b) Bornitrid (BN), poliert
pyrolytisch hergestellt, Dicke der Probe
$= 12{,}7$ mm

t °C	ε_λ bei $\lambda = 3{,}8$ µm	ε_λ bei $\lambda = 10{,}6$ µm
1 000	0,81	0,87
1 400	0,81	0,87
1 750	0,81	0,87

Tabelle 8.43. Cadmiumsulfid
a) Dicke: 3,5 mm, Temperaturbereich 77 bis 500 K

λ in µm	2	4	6	8	10	15	20	33	40	42
ε_λ	0,06	0,03	0,02	0,04	0,04	0,45	0,89	0,99	0,09	0,31

b) Dicke: 5,1 mm

T in K	100	200	300	400	500
ε_n	0,62	0,57	0,41	0,27	0,30

Tabelle 8.44. Cadmiumtellurid (CdTe, Irtran 6)
polykristallin

λ in µm	50	60	70	80	90	100	200	300
$\varepsilon_{\lambda\cap}{}^\mathrm{a}$	0,45	0,45	0,45	0,44	0,42	0,40	0,22	0,15
$\varepsilon_{\lambda\cap}{}^\mathrm{b}$			0,53	0,50	0,48	0,46	0,27	0,20
$\varepsilon_{\lambda\cap}{}^\mathrm{c}$			0,57	0,54	0,52	0,49	0,30	0,23

[a] Dicke 1 mm, Temperaturbereich 44,5 bis 311 K.
[b] Dicke 2 mm, Temperaturbereich 75,1 bis 312 K.
[c] Dicke 3 mm, Temperaturbereich 75,2 bis 311 K.

Tabelle 8.45. Calciumfluorid (CaF$_2$), Einkristall, 2,08 mm dick, poliert

λ in µm	2	4	6	8	10	12
$\varepsilon_\lambda{}^\mathrm{a}$	0,20	0,16	0,16	0,31	0,83	0,97
$\varepsilon_\lambda{}^\mathrm{b}$	0,20	0,15	0,17	0,37	0,87	0,96

[a] Vor der Messung 0,5 h auf 773 K erhitzt.
[b] Vor der Messung 0,5 h auf 873 K erhitzt.

Tabelle 8.46. Chromoxid (Cr$_2$O$_3$)

λ in µm	1	4	6	8	10	14	15
$\varepsilon_\lambda{}^\mathrm{a}$	0,67	0,67	0,68	0,77	0,84	0,92	0,82
$\varepsilon_\lambda{}^\mathrm{b}$	0,76	0,76	0,77	0,87	0,93	0,98	0,90

T in K	873	1073	1273
ε_n	0,855	0,905	0,810

[a] Kaltgepreßt und 2 h bei 2 123 K gesintert, 2 oder 3 Gewichtsprozente PVC-Binder, Dichte 3,29 kg/dm^3, Temperatur 1 273 K.
[b] 15 h bei 1 273 K gesintert, Dichte 2,23 kg/dm^3, zusätzlich 2 h bei 1 923 K gesintert.

Tabelle 8.47. Cobaltmonooxid (CoO), 99 % reines Pulver, 2 h bei 1 773 K gesintert, ε_λ bei $T = 873$ bis 1 273 K

λ in µm	1	2	4	6	8	10	15
ε_λ	0,65	0,70	0,75	0,76	0,76	0,76	0,80

T in K	873	1 073	1 273
ε_n	0,87	0,87	0,90

Tabelle 8.48. Eisenoxid (Fe$_2$O$_3$), 99 % reines Pulver, 4 h bei 1 573 K gesintert, ε_λ für $T = 873$ bis 1 253 K

λ in µm	1	2	4	6	8	10	15
ε_λ	0,72	0,75	0,80	0,84	0,87	0,90	0,97

T in K	873	1 073	1 273
ε_n	0,85	0,88	0,85

Tabelle 8.49. Kupferoxid (CuO)

t in °C	40	800	…1 100
ε_n	0,72	0,66…	0,54

Tabelle 8.50. Magnesiumfluorid (Irtan 1) (MgF$_2$)
Hersteller: Eastman Kodak Company. Schmelzpunkt: 1 255 °C

$t = 20\,$°C   Dicke = 2,0 mm

λ in µm	3,00	3,10	3,19	3,27	3,80	4,68	4,88	4,95	5,00
ε_λ	0,089	0,079	0,074	0,069	0,060	0,060	0,052	0,058	0,057
λ in µm	5,13	5,32	5,59	5,79	5,87	6,00	6,16	6,34	6,40
ε_λ	0,050	0,044	0,045	0,054	0,060	0,071	0,087	0,109	0,118

$t = 316\,$°C   Dicke = 3,8 mm

λ in µm	3,00	3,11	3,24	3,42	3,80	4,00	4,14	4,97	5,00
ε_λ	0,154	0,124	0,102	0,076	0,053	0,048	0,045	0,052	0,054
λ in µm	5,09	5,25	5,46	5,60	5,79	6,00	6,20	6,35	6,40
ε_λ	0,061	0,078	0,061	0,061	0,077	0,107	0,145	0,185	0,197

$t = 700\,$°C   Dicke = 3,8 mm

λ in µm	3,00	3,07	3,31	3,56	3,80	4,00	4,42	4,81	4,98
ε_λ	0,177	0,155	0,109	0,083	0,071	0,070	0,066	0,076	0,081
λ in µm	5,00	5,23	5,47	5,65	5,84	6,00			
ε_λ	0,084	0,111	0,094	0,111	0,154	0,187			

$\lambda = 3,80\,$µm   Dicke = 3,8 mm

t in °C	316	374	592	700
ε_λ	0,053	0,053	0,059	0,071

Tabelle 8.51. Magnesiumoxid (MgO). Hersteller: Semi-Elements

Poren-radius μm	T K	ε_λ bei $\lambda = 1\,\mu$m	$\lambda = 3\,\mu$m	$\lambda = 5\,\mu$m	$\lambda = 7\,\mu$m	$\lambda = 9\,\mu$m	$\lambda = 11\,\mu$m	$\lambda = 13\,\mu$m	$\lambda = 15\,\mu$m
2,13	868	0,739	0,631	0,739	0,883	0,982	0,991	0,991	0,680
2,13	1 181	0,752	0,689	0,784	0,910	0,982	0,982	0,977	0,703
2,13	1 441	0,746	0,766	0,851	0,928	0,973	0,986	0,986	0,728
1,78	868	0,802	0,748	0,806	0,900	0,950	0,975	0,977	0,712
1,78	1 181	0,856	0,802	0,856	0,910	0,950	0,982	0,973	0,766
1,78	1 441	0,838	0,842	0,883	0,928	0,941	0,973	0,982	0,721

T in K	1 200	1 300	1 400	1 500	1 600	1 700	1 800
ε_λ bei $\lambda = 0,650\,\mu$m	0,20	0,23	0,27	0,28	0,32	0,37	0,42

T in K	40	400	800	1 200	1 600	2 000	2 400
ε_n	0,70	0,73	0,53	0,35	0,28	0,35	0,63
$\varepsilon_\bigcirc$						0,32	

Tabelle 8.52. Neodymoxid

a) Neodymoxid (Nd_2O_3), geschmolzen – erstarrt

T in K	1 500	2 000	2 500
ε_λ bei $\lambda = 0,63\,\mu$m	0,88	0,88	0,88

b) Neodymoxid (Nd_2O_3), flüssig

T in K	2 500	2 800	3 000	3 200	3 400	3 600	3 800	3 950
ε_λ bei $\lambda = 0,63\,\mu$m	0,88	0,88	0,89	0,91	0,93	0,95	0,97	0,98

Tabelle 8.53. Nickelmonooxid (NiO) bei $T = 1\,273$ K

λ in μm	1	6	11	12	14	15
ε_λ	0,90	0,90	0,90	0,92	0,94	0,95

$T = 1\,023$ K
$\varepsilon_n = 0,78$

Tabelle 8.54. Niobdiborid (NbB_2), ε_λ bei $T = 1\,593$ bis $2\,415$ K

λ in μm	0,4	0,6	0,8	1	2	4	5
ε_λ	0,77	0,66	0,57	0,49	0,33	0,30	0,30

T in K	1 100	1 300	1 500	1 700	1 900	2 100	2 300	2 500
ε_λ bei $\lambda = 0,650\,\mu$m	0,77	0,77	0,77	0,77	0,77	0,77	0,77	

T in K	1 100	1 300	1 500	1 700	1 900	2 100	2 300	2 500
ε_n			0,29	0,32	0,34	0,36	0,39	0,42

Tabelle 8.55. Siliciumcarbid

a) Siliciumcarbid (SiC)

T K	ε_λ bei $\lambda = 2{,}8\,\mu m$		ε_λ bei $\lambda = 3{,}8\,\mu m$		ε_λ bei $\lambda = 5{,}0\,\mu m$		ε_λ bei $\lambda = 10{,}6\,\mu m$	
	oxid.	pol.	oxid.	pol.	oxid.	pol.	oxid.	pol.
293	0,86	0,71	0,85	0,74	0,88	0,75	0,87	0,77
300	0,86	0,71	0,86	0,74	0,88	0,75	0,87	0,77
400	0,86	0,71	0,86	0,75	0,88	0,75	0,87	0,77
500	0,87	0,72	0,86	0,75	0,88	0,75	0,88	0,78
600	0,87	0,72	0,86	0,75	0,89	0,76	0,88	0,78
700	0,87	0,72	0,86	0,75	0,89	0,76	0,88	0,78
800	0,87	0,72	0,87	0,76	0,89	0,76	0,88	0,78
900	0,88	0,73	0,87	0,76	0,89	0,76	0,89	0,79
1 000	0,88	0,73	0,87	0,76	0,90	0,77	0,89	0,79
1 100	0,88	0,73	0,88	0,76	0,90	0,77	0,89	0,79
1 200	0,88	0,73	0,88	0,77	0,90	0,77	0,89	0,79
1 300	0,89	0,74	0,88	0,77	0,90	0,77	0,90	0,80
1 400	0,89	0,74	0,88	0,77	0,91	0,78	0,90	0,80
1 500	0,89	0,74	0,88	0,77	0,91	0,78	0,90	0,80
1 600	0,89	0,74	0,89	0,78	0,91	0,78	0,90	0,80
1 700	0,90	0,74	0,89	0,78	0,91	0,78	0,91	0,80
1 800	0,90	0,75	0,89	0,78	0,91	0,78	0,91	0,81
1 900	0,90	0,75	0,89	0,78	0,92	0,79	0,91	0,81
2 000	0,90	0,75	0,90	0,78	0,92	0,79	0,91	0,81
2 100	0,91	0,76	0,90	0,79	0,92	0,79	0,92	0,82
2 200	0,91	0,76	0,90	0,79	0,92	0,79	0,92	0,82
2 300	0,91	0,76	0,90	0,79	0,93	0,80	0,92	0,82
2 400	0,91	0,76	0,90	0,79	0,93	0,80	0,92	0,82

b) Siliciumcarbid (SiC), oxidiert. Hersteller: Carborundum Company
Arbeitstemperatur bis 1 783 K, kurzzeitig bis 1 922 K
$T = 293\,K$

λ in μm	1,0	2,0	2,5	3,0	4,0	4,5	5,0	6,0	8,0
ε_λ	0,90	0,88	0,87	0,86	0,86	0,87	0,88	0,88	0,87

λ in μm	10,8	11,0	11,5	12,0	12,8	13,0	13,5	13,8	15,0
ε_λ	0,87	0,86	0,84	0,82	0,79	0,80	0,81	0,82	0,83

$T = 1\,400\,K$

λ in μm	1,0	1,5	2,0	2,5	3,8	4,2	4,8	8,2	9,5
ε_λ	0,93	0,92	0,91	0,89	0,88	0,89	0,90	0,90	0,89

λ in μm	10,5	11,0	11,2	11,8	12,2	12,8	13,2	14,0	15,0
ε_λ	0,90	0,89	0,88	0,85	0,83	0,82	0,83	0,85	0,86

$T = 2\,400\,K$

λ in μm	1,0	1,5	2,0	2,5	3,0	3,5	4,0	4,5	5,0
ε_λ	0,95	0,94	0,93	0,92	0,91	0,90	0,91	0,92	0,93

λ in μm	8,5	11,0	11,5	12,0	12,8	13,0	13,5	13,8	15,0
ε_λ	0,92	0,91	0,89	0,87	0,84	0,85	0,86	0,87	0,88

Tabelle 8.55 (Fortsetzung)

c) Siliciumcarbid (SiC), poliert
$T = 293$ K

λ in µm	1,0	1,2	1,5	1,8	2,0	2,2	2,5	2,8	3,0
ε_λ	0,60	0,61	0,64	0,66	0,67	0,69	0,70	0,72	0,73

λ in µm	3,2	3,5	3,8	5,0	6,8	7,8	8,2	8,5	9,0
ε_λ	0,74	0,75	0,75	0,76	0,75	0,74	0,73	0,73	0,71

λ in µm	9,2	9,5	10,0	10,2	10,5	10,6	11,0	11,2	11,5
ε_λ	0,71	0,72	0,76	0,77	0,78	0,78	0,76	0,75	0,72

λ in µm	11,8	12,0	12,2	12,5	12,8	13,2	13,3	13,8	15,0
ε_λ	0,69	0,68	0,66	0,64	0,64	0,68	0,69	0,70	0,70

$T = 1\,000$ K

λ in µm	1,0	1,2	1,5	1,8	2,0	2,2	2,5	2,8	3,0
ε_λ	0,61	0,63	0,65	0,68	0,69	0,70	0,72	0,74	0,75

λ in µm	3,5	3,8	5,0	6,2	7,5	8,2	8,8	9,2	9,5
ε_λ	0,76	0,77	0,78	0,77	0,76	0,75	0,73	0,72	0,74

λ in µm	9,8	10,0	10,5	10,8	11,0	11,2	11,5	11,8	12,0
ε_λ	0,76	0,78	0,80	0,79	0,78	0,77	0,74	0,71	0,69

λ in µm	12,2	12,5	12,6	12,8	13,0	13,2	13,3	14,0	15,0
ε_λ	0,67	0,65	0,65	0,66	0,68	0,70	0,71	0,72	0,72

$T = 2\,400$ K

λ in µm	1,0	1,2	1,5	1,8	2,0	2,2	2,5	2,8	3,0
ε_λ	0,65	0,66	0,69	0,71	0,72	0,74	0,76	0,77	0,78

λ in µm	3,5	4,5	6,8	7,8	8,5	8,8	9,0	9,5	9,8
ε_λ	0,80	0,81	0,80	0,79	0,78	0,77	0,76	0,77	0,79

λ in µm	10,0	10,2	10,5	10,6	11,0	11,2	11,5	11,8	12,0
ε_λ	0,81	0,82	0,83	0,83	0,82	0,80	0,77	0,74	0,72

λ in µm	12,2	12,5	12,6	12,8	13,0	13,2	13,3	13,8	15,0
ε_λ	0,71	0,69	0,69	0,70	0,71	0,73	0,74	0,75	0,75

d) Siliciumcarbid (SiC)
ε_λ bei $\lambda = 0,665$ µm

T in K	100	300	600	900	1 200	1 500	1 800
ε_λ					0,74	0,69	0,75

T in K	100	300	600	900	1 200	1 500	1 800
ε_n	0,82	0,83	0,84	0,86	0,86	0,84	0,82

Tabelle 8.55 (Fortsetzung)

e) Siliciumcarbid (SiC)
ε_λ bei $T = 873$ bis $1\,375$ K

λ in µm	0,8		4		10		13		15	
ε_λ	0,83...0,94		0,81...1		0,85...0,98		0,52...0,72		0,83...0,88	

T in K	400	600	800	1000	1200	1400	1600	1800
ε_n^a	0,88	0,87	0,86	0,86	0,86	0,85	0,84	0,80
ε_n^b			0,68	0,73	0,77	0,80		
ε_n^c			0,52	0,43	0,37	0,32	0,28	

[a] Rein.
[b] Reinheitsgrad 92 bis 98 %.
[c] Oxidiert.

Tabelle 8.56. Siliciumnitrid (Si_3N_4), gesintert
Dichte $= 1,82$ kg/dm³ bei 750 ° (porös)
$t = 750\,°C$

λ in µm	1,00	1,39	1,81	2,00	3,00	3,60	4,00	4,25	5,00
ε_λ	0,74	0,69	0,72	0,78	0,81	0,84	0,85	0,83	0,85

λ in µm	5,32	6,00	6,34	6,50	7,00	8,00	8,17	8,55	9,00
ε_λ	0,87	0,86	0,85	0,87	0,89	0,90	0,85	0,87	0,84

λ in µm	9,50	11,0	11,5	12,0	12,2	13,0	13,5	14,8	15,0
ε_λ	0,81	0,80	0,80	0,82	0,83	0,83	0,84	0,84	0,86

Tabelle 8.57 Strontiumtitanat ($SrTiO_3$)
Hersteller: TAM Division National Lead

Poren-radius µm	T K	ε_λ bei							
		$\lambda = 1$ µm	$\lambda = 3$ µm	$\lambda = 5$ µm	$\lambda = 7$ µm	$\lambda = 9$ µm	$\lambda = 11$ µm	$\lambda = 13$ µm	$\lambda = 15$ µm
3,00	846	0,359	0,243	0,252	0,622	0,937	0,964	0,973	0,838
3,00	1165	0,257	0,167	0,248	0,689	0,919	0,950	0,977	0,869
2,47	878	0,653	0,586	0,581	0,883	0,937	0,973	0,952	0,640
2,47	1170	0,788	0,743	0,707	0,883	0,941	0,964	0,964	0,671

Tabelle 8.58. Tantalcarbid (TaC)

T in K	1400	1700	2000	2300	2600	2900	3200
$\varepsilon_\bigcirc$	0,42	0,44	0,48	0,51	0,50	0,52	0,53

Tabelle 8.59. Thoriumoxid

a) Thoriumoxid (ThO_2)

λ in µm	1	2	4	6	8	10	15
ε_λ bei $T = 1\,600$ K	0,42	0,40	0,40	0,52	0,82	0,94	0,94
ε_λ bei $T = 1\,400$ K	0,35	0,32	0,32	0,47	0,79	0,94	0,95
ε_λ bei $T = 1\,200$ K	0,26	0,23	0,24	0,42	0,75	0,93	0,95

T in K	1 200	1 400	1 600	1 800	2 000	2 200	2 300
ε_n	0,29	0,29	0,27	0,26	0,40	0,64	0,59

b) Thoriumoxid (ThO_2), geschmolzen – erstarrt

T in K	1 500	2 000	2 500	3 000	3 500
ε_λ bei $\lambda = 0,63$ µm	0,87	0,87	0,87	0,88	0,88

c) Thoriumoxid (ThO_2), flüssig

T in K	3 500	3 700	3 900	4 100	4 300	4 500	4 700	4 800
ε_λ bei $\lambda = 0,63$ µm	0,88	0,88	0,90	0,91	0,93	0,94	0,95	0,95

Tabelle 8.60. Titancarbid (TiC)

T in K	1 100	1 400	1 700	2 000	2 300	2 600	2 900
ε_λ bei $\lambda = 0,65$ µm	0,86	0,88	0,85	0,83	0,82	0,74	

T in K	1 100	1 400	1 700	2 000	2 300	2 600	2 900
$\varepsilon_\cap$		0,62	0,65	0,70	0,70	0,70	0,75

Tabelle 8.61. Titandioxid (TiO_2)
Pulver einer Reinheit von 99,9 %, 4 h bei 1 723 K gesintert

ε_λ bei $T = 373$ bis 1 273 K

λ in µm	1	2	4	6	8	10	15
ε_λ	0,30	0,20	0,40	0,70	0,85	0,90	0,60

T in K	873	1 078	1 273
ε_n	0,47	0,46	0,43

Tabelle 8.62. Urandioxid (UO_2)

T in K	$\lambda = 0{,}647$ µm		$\lambda = 0{,}63$ µm		$\lambda = 0{,}5145$ µm		$\lambda = 0{,}458$ µm	
	$\varepsilon_{\lambda n}$	$\varepsilon_{\lambda \cap}$	$\varepsilon_{\lambda n}{}^a$	$\varepsilon_{\lambda n}{}^b$	$\varepsilon_{\lambda n}$	$\varepsilon_{\lambda \cap}$	$\varepsilon_{\lambda n}$	$\varepsilon_{\lambda \cap}$
1 500			0,83					
2 000			0,83					
2 500	0,842	0,801	0,83		0,836	0,792	0,825	0,791
2 800	0,845	0,805			0,838	0,792	0,826	0,790
3 000	0,849	0,807	0,84		0,841	0,794	0,829	0,791
3 100			0,84	0,85				
3 200	0,855	0,810			0,846	0,811	0,833	0,794
3 300				0,85				
3 500	0,871	0,830		0,86	0,863	0,819	0,852	0,817
3 700	0,891	0,858		0,88	0,898	0,875	0,884	0,859
3 800	0,910	0,888			0,934	0,901	0,912	0,890
3 900				0,90				
4 100				0,92				

[a] Geschmolzen, erstarrt.
[b] Flüssig.

Tabelle 8.63. Wolframcarbid (WC)

λ in µm	0,4	0,6	0,8	1	2	3	4	5
ε_λ bei $T = 1\,600$ K	0,63	0,60	0,57	0,52	0,32	0,25	0,22	0,20

T in K	700	1 000	1 300	1 600	1 900	2 200	2 500	2 800
ε_n	0,41	0,72	0,73	0,60	0,35	0,35	0,38	0,42

Tabelle 8.64. Yttriumoxid (Y_2O_3)

T in K	500	700	900	1 100	1 300	1 500	1 700	1 800
ε_λ bei $\lambda = 0{,}445$ µm bis 0,680 µm	0,03	0,03	0,03	0,05	0,18	0,30	0,38	0,40

T in K	873	1 073	1 273
ε_n	0,32	0,31	0,30

Tabelle 8.65. Zinkoxid (ZnO)

T in K	1 140	1 240	1 330
$\varepsilon_\cap$	0,91	0,81	0,82

Tabelle 8.66. Zinksulfid (ZnS, Irtran 2)

T in K	75	100	150	200	250	300
$\varepsilon_\ominus$	0,53	0,54	0,56	0,56	0,50	0,42

Tabelle 8.67. Zirconiumcarbid (ZrC)

T in K	1200	1500	1800	2100	2400	2700	3600
ε_λ bei $\lambda = 0,65\ \mu m$	0,68	0,65	0,61	0,58	0,55	0,54	0,54

λ in μm	0,5	0,6	0,8	1	2	2,2	4
ε_λ bei $T = 2100$ K	0,68	0,67	0,64	0,60	0,44	0,42	0,27
ε_λ bei $T = 2270$ K	0,62	0,61	0,59	0,56	0,43	0,42	0,34
ε_λ bei $T = 2470$ K	0,58	0,58	0,57	0,54	0,43	0,42	0,36
ε_λ bei $T = 2670$ K	0,56	0,54	0,52	0,49	0,43	0,42	0,40

Tabelle 8.68. Zirconiumdioxid (ZrO_2)

T in K	1089	1144	1255	1366	1478	1579	1700	1811
ε_λ bei $\lambda = 0,665\ \mu m^a$	0,39	0,40	0,42	0,44	0,47	0,49	0,52	0,54
ε_λ bei $\lambda = 0,665\ \mu m^b$	0,37	0,38	0,40	0,42	0,46	0,50	0,54	

T in K	89	422	589	755	922	1089	1255	1422	1589	1755
ε_n^a	0,89	0,77	0,68	0,58	0,48	0,42	0,40	0,39	0,41	0,43
ε_n^b	0,77	0,74	0,65	0,55	0,46	0,40	0,36	0,36	0,38	0,40
ε_n^c	0,91	0,88	0,85	0,81	0,76	0,70	0,65	0,62	0,60	

[a] Calziumstabilisiert.
[b] Magnesiumstabilisiert.
[c] Auf Inconel.

Tabelle 8.69. Zirconiumnitrid (ZrN)

λ in μm	0,4	0,5	0,6	0,8	1	2	3
ε_λ bei $T = 1895$ K				0,80	0,54	0,42	0,45
ε_λ bei $T = 1968$ K	0,96	0,90	0,84	0,73	0,64	0,48	0,46
ε_λ bei $T = 2064$ K	0,87	0,93	0,91	0,80	0,63	0,58	0,57
ε_λ bei $T = 2287$ K	0,91	0,86	0,79	0,75	0,73	0,71	0,72

T in K	1100	1400	1700	1900	2100	2300
ε_λ bei $\lambda = 0,65\ \mu m$	0,73	0,74	0,75	0,75	0,76	
ε_n				0,42	0,58	0,72

8.2.4 Nichtmetallische Elemente

Tabelle 8.70. Graphit

a) Graphit Typ AGKSP, hochrein, poliert, oxidiert in Luft

T in K	ε_λ bei $\lambda = 0,56\,\mu$m	ε_λ bei $\lambda = 0,65\,\mu$m	ε_λ bei $\lambda = 0,716\,\mu$m
2 061	0,96	0,93	0,92
2 358	0,96	0,92	0,91
2 952	0,96	0,91	0,88

b) Graphit
Mittelwerte von verschiedenen Proben
ε_n-Werte stark abhängig von der Oberflächenbeschaffenheit

T in K	200	600	1 000	1 400	1 800	3 000
ε_n	0,76	0,79	0,80	0,81	0,82	0,82

c) Graphit, Hersteller: Union Carbide Corporation
Qualität: ATJS, Dichte $= 1,8\,$kg/dm^3

	T in K	1 000	1 200	1 600	2 000	2 400	2 600
Probe 1	ε_λ bei $\lambda = 0,65\,\mu$m		0,84	0,82	0,80		
Probe 2	ε_λ bei $\lambda = 0,65\,\mu$m	0,89	0,87	0,84	0,81	0,88	
	$\varepsilon_\bigcirc$		0,77	0,77	0,77	0,78	0,78

d) Graphit, Qualität 3474 D und 7087 hergestellt von Speer Carbon Co.
Qualität GBE und GBH hergestellt von National Carbon Co.

$\lambda = 0,665\,\mu$m

Qualität	t in °C	820	980	1 200	1 430	1 540	1 650
GBE	ε_λ	0,80	0,78	0,75	0,72	0,72	0,71
GBH	ε_λ	0,86	0,84	0,82	0,80	0,79	0,77
3474 D	ε_λ	0,90	0,87	0,84	0,80	0,78	0,77
7087	ε_λ	0,89	0,87	0,84	0,81	0,79	

e) Graphit (Elektrographit)
Hersteller: Ringsdorff; Dichte $= 1,72\,$kg/dm^3, poliert

t in °C	25	50	100	150	200	225
ε_n	0,608	0,613	0,623	0,632	0,642	0,647

Tabelle 8.71. Silicium, Einkristall
Dicke = 2 mm

T K	ε_λ bei $\lambda = 2,8\ \mu m$	ε_λ bei $\lambda = 3,8\ \mu m$	ε_λ bei $\lambda = 5,0\ \mu m$	ε_λ bei $\lambda = 10,6\ \mu m$
300	0,03	0,01	0,01	0,26
350	0,03	0,02	0,02	0,30
400	0,04	0,02	0,02	0,33
425	0,04	0,02	0,02	0,35
450	0,04	0,02	0,02	0,36
475	0,04	0,03	0,03	0,38
500	0,05	0,04	0,04	0,40
520	0,05	0,05	0,05	0,41
540	0,06	0,06	0,06	0,43
560	0,07	0,07	0,08	0,45
580	0,09	0,09	0,11	0,47
600	0,11	0,11	0,14	0,49
620	0,13	0,14	0,17	0,51
640	0,15	0,17	0,22	0,54
660	0,18	0,21	0,27	0,57
680	0,21	0,25	0,33	0,61
700	0,26	0,31	0,40	0,65
720	0,34	0,39	0,49	0,69
740	0,43	0,49	0,58	0,71
760	0,50	0,56	0,63	0,72
780	0,56	0,61	0,66	0,72
800	0,61	0,65	0,68	0,72
820	0,65	0,68	0,70	0,72
840	0,68	0,70	0,71	0,72
860	0,70	0,71	0,72	0,72
900	0,71	0,71	0,72	0,72
1 600	0,71	0,71	0,72	0,72

$t = 57\,°C$

λ in μm	1,0	1,1	1,2	1,3	1,5	5,5	5,9	6,4	6,6
ε_λ	0,66	0,58	0,22	0,02	0,01	0,01	0,02	0,02	0,04

λ in μm	6,8	6,9	7,4	7,5	7,7	8,0	8,3	8,4	8,5
ε_λ	0,08	0,10	0,10	0,12	0,13	0,10	0,11	0,15	0,18

λ in μm	8,6	8,7	8,8	8,9	9,0	9,1	9,2	9,3	9,4
ε_λ	0,22	0,28	0,37	0,44	0,47	0,47	0,42	0,32	0,19

λ in μm	9,5	9,6	9,7	9,8	9,9	10,0	10,1	10,3	10,4
ε_λ	0,17	0,16	0,17	0,19	0,21	0,23	0,26	0,30	0,31

λ in μm	10,7	10,9	11,0	11,1	11,3	11,4	11,5	11,6	11,7
ε_λ	0,33	0,37	0,39	0,41	0,42	0,41	0,39	0,38	0,36

λ in μm	11,8	12,0	12,1	12,2	12,3	12,4	12,5	12,6	12,7
ε_λ	0,35	0,37	0,39	0,41	0,40	0,39	0,39	0,40	0,42

λ in μm	12,9	13,0	13,2	13,5	13,6	13,7	13,8	13,9	14,0
ε_λ	0,43	0,44	0,45	0,48	0,48	0,45	0,41	0,37	0,31

opak. $t = 800\,°C$

λ in μm	1,0	1,5	2,0	3,0	4,0	5,0	12,0	13,0	15,0
ε_λ	0,66	0,69	0,70	0,71	0,71	0,72	0,72	0,71	0,71

8.2.5 Glas und Keramik

Tabelle 8.72. Glas (infrarot durchlässig)

Calcium-Aluminium-Silicat, Typ: Corning 9753
Zusammensetzung: CaO 30 %, Al_2O_3 40 % und SiO_2 30 %
Schmelzbereich: 1 455 bis 1 500 °C
Brechungsindex: $n = 1,61251$ bei $\lambda = 0,4867\,\mu m$
$n = 1,60475$ bei $\lambda = 0,5893\,\mu m$
$n = 1,60151$ bei $\lambda = 0,6563\,\mu m$
a) Dicke des Glases: 2,0 mm. $t = 20\,°C$

λ in μm	0,4	0,5	0,6	2,6	2,8	3,2	3,8	4,0	4,1
ε_λ	0,10	0,03	0,02	0,03	0,05	0,07	0,09	0,12	0,15
λ in μm	4,2	4,3	4,4	4,5	4,6	4,7	4,8	4,9	5,0
ε_λ	0,20	0,27	0,39	0,54	0,72	0,82	0,90	0,94	0,96
λ in μm	7,0	7,9	8,1	8,8	9,0	9,2	9,3	9,4	9,5
ε_λ	0,98	0,99	1,00	0,99	0,97	0,95	0,93	0,90	0,89
λ in μm	9,9	10,1	10,4	10,6	11,0	11,2	11,4	11,6	11,8
ε_λ	0,85	0,83	0,82	0,82	0,83	0,84	0,85	0,86	0,87
λ in μm	12,0	12,2	12,4	13,0	13,8	14,1	14,3	14,5	14,9
ε_λ	0,88	0,89	0,90	0,92	0,91	0,90	0,89	0,88	0,87

b) Dicke des Glases: 3,18 mm. $t = 200\,°C$

λ in μm	2,4	2,5	2,6	2,7	2,8	3,1	3,4	3,5	3,6
ε_λ	0,11	0,10	0,09	0,08	0,07	0,06	0,07	0,08	0,10
λ in μm	3,7	3,8	3,9	4,0	4,1	4,2	4,3	4,4	4,5
ε_λ	0,12	0,14	0,17	0,19	0,23	0,29	0,38	0,47	0,58
λ in μm	4,6	4,7	4,8	4,9	5,0	5,2	5,3	5,4	5,5
ε_λ	0,68	0,76	0,83	0,86	0,87	0,86	0,85	0,84	0,83
λ in μm	5,6	5,9	6,0	6,1	6,2	6,3	6,4	6,5	6,6
ε_λ	0,82	0,83	0,84	0,85	0,86	0,87	0,88	0,88	0,87
λ in μm	6,7	6,8	6,9	7,2	7,4	7,5	7,7	7,9	8,0
ε_λ	0,86	0,84	0,83	0,82	0,83	0,84	0,83	0,82	0,81

c) Dicke des Glases: 3,18 mm. $t = 600\,°C$

λ in μm	1,6	2,0	2,5	2,7	2,9	3,0	3,1	3,2	3,3
ε_λ	0,04	0,03	0,04	0,05	0,07	0,07	0,08	0,09	0,10
λ in μm	3,5	3,6	3,7	3,8	3,9	4,0	4,1	4,2	4,3
ε_λ	0,12	0,14	0,16	0,20	0,23	0,27	0,33	0,40	0,48
λ in μm	4,4	4,5	4,6	4,7	4,8	4,9	5,0	5,1	5,5
ε_λ	0,56	0,64	0,70	0,78	0,82	0,85	0,86	0,87	0,88
λ in μm	5,6	5,7	5,8	5,9	6,0	6,1	6,3	6,6	8,0
ε_λ	0,88	0,87	0,87	0,86	0,85	0,85	0,84	0,83	0,84

Tabelle 8.73. Pyroceram, Magnesium-Aluminium-Silicat
Typ: Corning 9606
Komponenten: SiO_2, Al_2O_3, MgO und ein kleiner Anteil TiO_2
Erweichungspunkt: 1 350 °C

λ in µm	ε_λ bei $t = 540$ °C	ε_λ bei $t = 748$ °C	ε_λ bei $t = 932$ °C	ε_λ bei $t = 1130$ °C
1	0,67	0,83	0,56	0,29
2	0,19	0,20	0,29	0,27
3	0,32	0,33	0,34	0,30
4	0,45	0,46	0,49	0,58
5	0,83	0,83	0,85	0,84
8	1,00	0,88	0,99	0,98
11	0,84	0,80	0,79	0,79
14	0,84	0,82	0,84	0,83

$\lambda = 0,665$ µm

t in °C	918	1 054	1 183	1 320
ε_λ	0,42	0,47	0,52	0,56

t in °C	−180	150	320	480	650	820	980	1 150	1 320
ε_n	0,87	0,84	0,80	0,74	0,69	0,66	0,63	0,60	0,58

Tabelle 8.74. Kieselglas (Quarzglas) SiO_2
Typ: Corning 7 940
Dicke: 12,7 mm
Schmelzbereich: 1 677 bis 1 727 °C
$t = 20\,°C$

λ in μm	2,14	2,32	2,42	2,50	2,52	2,52	2,52	2,52	2,54
ε_λ	0,03	0,04	0,06	0,08	0,13	0,25	0,41	0,44	0,47
λ in μm	2,58	2,58	2,58	2,58	2,63	2,63	2,68	2,76	2,81
ε_λ	0,57	0,64	0,68	0,76	0,91	0,96	0,97	0,96	0,89
λ in μm	2,81	2,85	2,95	3,00	3,03	3,03	3,09	3,22	3,39
ε_λ	0,69	0,62	0,52	0,45	0,40	0,31	0,30	0,30	0,32
λ in μm	3,50	3,57	3,61	3,67	3,74	3,80	3,88	3,95	4,00
ε_λ	0,33	0,41	0,47	0,55	0,64	0,70	0,80	0,89	0,91
λ in μm	4,05	4,21	4,49	5,27	6,18	6,90			
ε_λ	0,93	0,95	0,97	0,98	0,99	0,99			

poliert

λ in μm	7,00	7,50	7,70	7,80	7,90	8,00	8,10	8,20	8,30
ε_λ	1,00	1,00	0,99	0,98	0,95	0,86	0,73	0,69	0,69
λ in μm	8,40	8,50	8,60	8,65	8,70	8,75	8,80	8,85	8,90
ε_λ	0,66	0,63	0,58	0,54	0,48	0,43	0,37	0,32	0,30
λ in μm	8,95	9,00	9,05	9,10	9,15	9,20	9,30	9,35	9,40
ε_λ	0,28	0,33	0,38	0,54	0,47	0,53	0,55	0,58	0,69
λ in μm	9,50	9,60	9,70	9,80	9,90	10,0	10,2	10,4	10,6
ε_λ	0,66	0,69	0,72	0,75	0,77	0,80	0,83	0,86	0,89
λ in μm	11,4	12,0	12,8	13,4	13,8	14,2	14,4	14,6	16,0
ε_λ	0,91	0,92	0,88	0,90	0,92	0,93	0,86	0,94	0,96

Tabelle 8.75. Fensterglas, $\varepsilon_\cap$ für verschiedene Schichtdicken d (Rechenwerte)

t °C	d								
	∞	15 cm	10 cm	5 cm	2 cm	1 cm	0,5 cm	0,2 cm	0,1 cm
	$\varepsilon_\cap$	$\varepsilon_\cap$	$\varepsilon_\cap$	$\varepsilon_\cap$	$\varepsilon_\cap$	$\varepsilon_\cap$	$\varepsilon_\cap$	$\varepsilon_\cap$	$\varepsilon_\cap$
0	0,92	0,92	0,92	0,92	0,92	0,92	0,92	0,90	0,77
100	0,92	0,92	0,92	0,92	0,92	0,92	0,92	0,89	0,75
200	0,92	0,92	0,92	0,92	0,92	0,92	0,92	0,87	0,72
300	0,92	0,92	0,92	0,92	0,92	0,92	0,91	0,85	0,70
400	0,92	0,92	0,92	0,92	0,92	0,90	0,89	0,82	0,67
500	0,92	0,92	0,92	0,92	0,91	0,87	0,86	0,78	0,63
600	0,92	0,92	0,92	0,91	0,89	0,84	0,82	0,73	0,58
700	0,92	0,91	0,90	0,88	0,84	0,80	0,76	0,68	0,54
800	0,92	0,90	0,88	0,83	0,78	0,75	0,70	0,62	0,50
900	0,92	0,88	0,85	0,79	0,72	0,69	0,64	0,57	0,45
1000	0,92	0,85	0,82	0,76	0,68	0,64	0,59	0,52	0,40
1100	0,92	0,86	0,80	0,73	0,66	0,60	0,55	0,48	0,37
1200	0,92	0,88	0,81	0,72	0,65	0,56	0,52	0,44	0,34
1300	0,92	0,91	0,84	0,74	0,63	0,53	0,49	0,40	0,32

Tabelle 8.76. Glasfaser von Epoxidharz umgeben, leicht gesandstrahlt (s. auch Tabelle 8.91) Temperaturbereich: -23 bis $227\,°C$

λ in µm	2,8	3,0	3,5	3,8	5,0	5,5	6,0	6,5
ε_λ	0,93	0,94	0,95	0,94	0,94	0,95	0,97	0,98

λ in µm	9,0	9,5	10,6	11,0	12,0	14,0	15,0
ε_λ	0,98	0,96	0,97	0,97	0,98	0,97	0,96

Tabelle 8.77. Pyrex, Corning Nr. 7740

T in K	100	300	500	700	900	1100
ε_n	0,85	0,85	0,85	0,85	0,83	0,80

Tabelle 8.78. Verschiedene Gläser

Glas	t in °C					
	-184	150	320	480	650	820
	ε_n	ε_n	ε_n	ε_n	ε_n	ε_n
Aluminium-Silicat (12,7 mm) Corning No. 1723	0,90	0,90	0,90	0,89	0,87	
Vycor (12,7 mm) Corning No. 7900	0,87	0,87	0,88	0,88	0,87	0,87
Quarzglas (12,7 mm) Corning No. 7940	0,84	0,82	0,81	0,79	0,75	0,69
Pyroceram Corning No. 9608	0,85	0,85	0,85	0,85	0,85	0,83
Einschmelzglas 547-26	0,66	0,65	0,64	0,61	0,56	
Einschmelzglas L.O.F.-PB 19195	0,55	0,54	0,54	0,53		
Kalknatronglas L.O.F. (12,7 mm)	0,86	0,86	0,85	0,83		
Borsilicat (12,7 mm) Pittsburgh 3235	0,87	0,90	0,91	0,92		

	t in °C					
	-60	0	60	120	180	220
	ε_n	ε_n	ε_n	ε_n	ε_n	ε_n
Maschinenglas[a]	0,910	0,910	0,913	0,918	0,927	0,929
Katacalor[b]	0,910	0,910	0,913	0,921	0,931	0,933
Tafelglas[c]	0,910	0,910	0,913	0,921	0,931	0,933
B 260[d]	0,910	0,910	0,913	0,918	0,927	0,929

[a] Hersteller; Deutsche Tafelglas AG, Witten.
[b] Spiegelglas der Vereinigten Glaswerke, Herzogenrath.
[c] Spiegel- bzw. Tafelglas der Vereinigten Glaswerke, Stolberg.
[d] Glas der Deutschen Spiegelglas AG, Grünenplan.
Dicke des Glases = 6 mm
Zusammensetzung: SiO_2 71,1 %, CaO 10,7 %, K_2O 8,4 %, Na_2O 7,5 %, BaO 1,6 %, Sb_2O_3 0,5 %, MgO 0,2 %.

8.2.6 Mineralien

Tabelle 8.79. Mineralien

Mineral	t in °C	λ in µm		
Basalt	20	—	ε_n	0,72
Dolomit	20	—	ε_n	0,41
Gips	20	—	ε_n	0,8...0,9
Glimmer	20	9,3	ε_λ	0,75
Granit	20	9,3	ε_λ	0,44
Kaolin, Isolationsstein	1 700	—	$\varepsilon_\cap$	0,48
Mullit, $Al_6Si_2O_{13}$, gesintert	900	—	ε_n	0,40
Sand	20	—	ε_n	0,76
Serpentin, poliert	20	—	ε_n	0,90
Spinell, $MgAl_2O_4$, gesintert	900	—	ε_n	0,26
Ton	20	—	ε_n	0,39
Zirkon, $Zr(SiO_4)$, gesintert	900	—	ε_n	0,39

8.2.7 Baustoffe

Tabelle 8.80. Baustoffe

Baustoff	ε_λ bei Raumtemperatur λ in µm						
	0,50	0,60	0,95	1,8	3,6	5,4	9,3
Asbestpapier							0,93
Asbestplatten							0,96
Asbestzement, weiß	0,64	0,60	0,59	0,65			
Asbestzement, rot	0,66	0,66	0,67	0,67			
Asphalt-Straßenbelag, staubfrei		0,93					
Asphalt, verwittert	0,91	0,89	0,88	0,88			
Dachblech, braun	0,93	0,89	0,85	0,80			
Dachblech, grün	0,88	0,88	0,89	0,87			
Eiche, gehobelt							0,91
Eisen, verzinkt, neu	0,66	0,66	0,67	0,42			
Eisen, verzinkt, sehr schmutzig	0,89	0,89	0,89	0,90			
Dolomitkalk						0,40	0,40
Kalkmörtel						0,92	0,92
Kalkstein					0,80		0,95
Kies							0,28
Marmor, poliert, leicht grau							0,93
Mauerwerk							0,93
Putz							0,93
Sägemehl							0,75
Sand							0,76
Sandstein						0,92	0,83
Schiefer							
—, silbergrau, norwegisch	0,81	0,79	0,79	0,78			
—, blaugrau	0,88	0,87	0,87	0,80			
—, dunkelgrau, rauh	0,91	0,90	0,89	0,90			
—, dunkelgrau, glatt	0,89	0,89	0,89	0,91			
Teerpappe	0,89	0,89	0,88	0,90			

	t in °C	ε_n	$\varepsilon_\cap$
Asbestpappe	23	0,96	
Asbestpapier	38	0,93	
Beton, rauh	0... 93		0,94
Betonplatte	1000	0,63	
Dachpappe	21	0,91	
Gips	20	0,8...0,9	
Gummi	20	0,92	
Holz, Eiche gehobelt	0... 93		0,90
Holz, Buche	70	0,94	0,91
Magnesitziegel, feuerfest	1000	0,38	
Marmor, poliert, hellgrau	0... 93		0,90
Papier	0		0,92
Putz	0...200		0,91
Schamotte	1000	0,75	
Ton, glasiert	25		0,90
Ziegelstein, rot	0... 93		0,93

8.2.8 Farben, Anstriche und Überzüge

Tabelle 8.81. Acryl-Harz, weiße Acryl-Harz-Farbe auf rostfreiem Stahl
$t = 20\,°C$

λ in µm	0,32	0,36	0,37	0,40	0,45	0,50	0,65	0,80	1,00
ε_λ	0,95	0,94	0,80	0,51	0,37	0,26	0,28	0,28	0,32
λ in µm	1,50	2,00	2,50	3,00	3,20	3,50	3,60	3,70	3,80
ε_λ	0,46	0,56	0,64	0,80	0,88	0,93	0,95	0,94	0,88
λ in µm	4,00	4,40	4,80	5,00	5,50	5,70	5,80	5,90	6,00
ε_λ	0,80	0,69	0,66	0,66	0,69	0,76	0,91	0,93	0,86
λ in µm	6,50	6,75	6,80	7,00	7,50	8,00	8,50	9,00	9,50
ε_λ	0,81	0,76	0,88	0,89	0,92	0,94	0,92	0,93	0,92
λ in µm	9,80	10,0	10,6	11,0	12,0	13,0	14,0	14,5	15,0
ε_λ	0,88	0,88	0,92	0,93	0,95	0,96	0,94	0,93	0,90

Tabelle 8.82. Aluminium, in Schwefelsäure eloxiert

Schichtdicke	T in K	80	100	150	200	250	300
2 µm	$\varepsilon_\cap$	0,32	0,44	0,60	0,70	0,72	0,70
9 µm	$\varepsilon_\cap$	0,56	0,61	0,68	0,74	0,76	0,73
18 µm	$\varepsilon_\cap$	0,56	0,62	0,73	0,80	0,83	0,78
28 µm	$\varepsilon_\cap$	0,57	0,70	0,83	0,89	0,88	0,84

Tabelle 8.83. Fuller Paint

T in K	80	100	150	200	250	280
$\varepsilon_\cap^{a}$	0,60	0,64	0,70	0,76	0,80	0,80
$\varepsilon_\cap^{b}$	0,50	0,57	0,67	0,74	0,80	0,80

[a] Metal Etching Primer Black 3811 (20 g/m^2).
[b] Plastic Enamel Velvet Black 1518 (30 g/m^2).

Tabelle 8.84. Goldschwarz auf Gold

T in K	80	100	150	200	250
$\varepsilon_\cap^{a}$	0,68	0,72	0,80	0,86	0,93
$\varepsilon_\cap^{b}$	0,75	0,79	0,86	0,93	0,99

[a] Dünne Schicht (14,6 g/m^2).
[b] Dicke Schicht (28 g/m^2).

Tabelle 8.85. Parson's Optical Black Lacquer

T in K	80	100	150	180	200	250	280
$\varepsilon_{\frown}{}^{a}$	0,55	0,65	0,84	0,92			
$\varepsilon_{\frown}{}^{b}$	0,40	0,45	0,60		0,71	0,90	0,98

[a] Dicke Schicht.
[b] Dünne Schicht.

Tabelle 8.86. Platinschwarz auf Goldschicht ($140\,\text{g/m}^2$)

T in K	80	100	150	200	250	280
$\varepsilon_{\frown}$	0,66	0,70	0,80	0,88	0,94	0,95

Tabelle 8.87. „Pyrosin"-Farbe (grün) auf Aluminiumunterlage
(Siliconharz bzw. Polyphenyl-Silicon)
$t = 200\,°C$

λ in µm	2,7	2,9	3,0	3,2	3,4	3,8	4,7	5,0
ε_{λ}	0,67	0,74	0,81	0,84	0,82	0,74	0,76	0,86
λ in µm	5,2	6,0	8,0	9,0	10,0	11,0	13,0	15,0
ε_{λ}	0,90	0,92	0,94	0,96	0,94	0,96	0,97	0,98

Tabelle 8.88. Nextel Velvet Coating 2010 schwarz (Mattlack) (3M)
(auch 9564 Black, Nextel Black, Nextel Velvet Coating)
$t = 25$ bis $100\,°C$

λ in µm	0,3	0,5	1,0	1,6	2,0	2,1	2,5	3,9	4,7
ε_{λ}	0,95	0,93	0,90	0,86	0,85	0,81	0,88	0,95	0,96
λ in µm	6,2	8,0	9,0	10,0	14,0	20,0	25,0	40,0	
ε_{λ}	0,95	0,92	0,81	0,89	0,95	0,96	0,94	0,90	

T in K	80	100	150	200	250	280
$\varepsilon_{\frown}$	0,76	0,78	0,80	0,81	0,93	0,97

Tabelle 8.89. Verschiedene Farben, Anstriche und Überzüge

Oberfläche	t in °C	ε_n
Kerzenruß	100... 270	0,95
Lampenruß-Wasserglas-Überzug	100... 230	0,96...0,95
dünne Schicht Lampenruß-Wasserglas auf Eisenplatte	20	0,93
dicker Überzug von Lampenruß-Wasserglas	20	0,97
Lampenruß, 0,08 mm oder dicker	40... 370	0,95
Lampenruß, poröse Schicht	100... 500	0,84...0,78
Lampenruß, andere Schwärzen	50...1 000	0,96
Emaillack, weiß, auf Eisen	20	0,90
Ölschichten auf polierter Nickeloberfläche ($\varepsilon_n = 0,045$):		
— Ölschicht, 0,03 mm	20	0,27
— Ölschicht, 0,05 mm	20	0,46
— Ölschicht, 0,13 mm	20	0,72
— dicke Ölschicht	20	0,82
Ölschicht auf Aluminiumfolie ($\varepsilon_n = 0,087$):		
— 1 Ölschicht	100	0,56
— 2 Ölschichten	100	0,57
weißer Emaillack auf rauher Eisenplatte	23	0,91
schwarz-glänzender Lack, auf Eisen gesprüht	24	0,88
schwarzer, glänzender Schellack auf verzinnter Eisenplatte	20	0,82
schwarzer, matter Schellack	80...150	0,91
schwarzer oder weißer Lack	40...100	0,80...0,95
glatter schwarzer Lack	40...100	0,96...0,98
Ölfarben, 16 verschiedene Sorten unterschiedlicher Farbe	100	0,92...0,96
Aluminiumfarben und -lacke:		
10 % Al, 22 % Lackmasse auf rauher oder glatter Oberfläche	100	0,52
andere Aluminiumfarben, unterschiedlich im Alter und Al-Gehalt	100	0,27...0,67
Aluminiumlack auf Öl-Basis, auf rauher Platte	20	0,39
Aluminiumfarbe, nach Erhitzen auf 327 °C	150...315	0,35
Heizkörperfarbe: weiß	100	0,79
gelbweiß	100	0,77
bleich	100	0,84
bronzen	100	0,51
Lack-Anstriche, 0,03 bis 0,38 mm dick, auf Aluminium-Legierungen nach wiederholtem Aufheizen und Abkühlen	40...150	0,87...0,97
klarer Silicon-Autolack, 0,03 bis 0,38 mm dick nach wiederholtem Aufheizen und Abkühlen:		
— auf Baustahl	260	0,66
— auf rostfreiem Stahl 316	260	0,68
— auf rostfreiem Stahl 301	260	0,75
— auf rostfreiem Stahl 347	260	0,75
— auf Aluminium-Legierungen 2024	260	0,77
— auf Aluminium-Legierungen 7075	260	0,82
Aluminiumfarbe auf Siliconbasis, doppelter Anstrich auf Inconel	260	0,29

8.2.9 Kunststoffe

Tabelle 8.90. Acrylglas, Lucite (Du Pont),
Plexiglas (Röhm & Haas)
$t = 20\,°C$

λ in µm	0,240	0,259	0,350	0,369	0,374	0,376	0,389	0,390	0,403
ε_λ	0,92	0,90	0,91	0,89	0,85	0,77	0,14	0,10	0,04

λ in µm	0,422	0,700	0,815	0,844	0,890	1,000	1,181	1,214	1,270
ε_λ	0,01	0,01	0,01	0,02	0,06	0,03	0,25	0,11	0,04

λ in µm	1,318	1,347	1,367	1,400	1,500	1,607	1,662	1,667	1,709
ε_λ	0,07	0,25	0,31	0,25	0,08	0,15	0,60	0,85	0,78

λ in µm	1,727	1,784	1,828	1,877	1,890	1,90	1,92	1,95	2,00
ε_λ	0,73	0,51	0,34	0,36	0,62	0,70	0,43	0,40	0,37

λ in µm	2,09	2,13	2,20	2,48	2,53	2,58	2,63	2,66	2,80
ε_λ	0,70	0,81	0,95	0,96	0,96	0,93	0,93	0,92	0,96

λ in µm	3,95	5,00	6,00	7,00	8,00	9,00	11,0	13,0	15,0
ε_λ	0,97	0,97	0,97	0,97	0,97	0,96	0,97	0,97	0,96

Tabelle 8.91. Epoxidharz mit Graphitfasern, leicht gesandstrahlt (s. auch Tabelle 8.76)
Temperaturbereich: -23 bis $227\,°C$

λ in µm	2,5	2,8	3,8	4,0	5,0	6,0	6,5	7,5
ε_λ	0,91	0,92	0,90	0,89	0,89	0,91	0,94	0,95

λ in µm	8,5	9,5	10,6	11,5	12,0	13,0	14,0	15,0
ε_λ	0,95	0,94	0,92	0,93	0,94	0,93	0,90	0,89

Tabelle 8.92. Verschiedene Kunststoffe

Kunststoff		t in °C				
		-60	20	60	100	180
Acrylglas (Plexiglas)	ε_n		0,97	0,97		
Epoxidharz	ε_n				0,79...0,83	
Fußbodenbelag Fa. Pegulan	ε_n	0,96	0,94	0,94		
Hochdruckpolyethylen (Lupolen), ohne Pigment	ε_n		0,80			
Hochdruckpolyethylen (Lupolen), mit Pigment	ε_n		0,97			
PVC, Polyvinylchlorid, klar und mit Ruß pigmentiert	ε_n	0,96	0,96	0,97		
PVC, mit 1 % Alu-Schliff	ε_n		0,80	0,78		
Teflon, Polytetrafluorethylen	ε_n		0,97	0,97	0,97	0,98

8.2.10 Wasser und Eis

Tabelle 8.93. Wasser
$t = 20\,°C$

Beobachtungsrichtung ϑ	ε_λ bei						
	$\lambda = 1\,\mu m$	$\lambda = 2{,}7\,\mu m$	$\lambda = 3{,}1\,\mu m$	$\lambda = 5{,}8\,\mu m$	$\lambda = 6{,}3\,\mu m$	$\lambda = 10{,}8\,\mu m$	$\lambda = 15\,\mu m$
0°	0,975	0,992	0,955	0,985	0,968	0,993	0,950
40°	0,970	0,990	0,950	0,980	0,964	0,991	0,940
50°	0,965	0,980	0,935	0,970	0,958	0,980	0,925
60°	0,935	0,965	0,905	0,955	0,93	0,965	0,87
70°	0,87	0,915	0,825	0,88	0,85	0,914	0,77
80°	0,64	0,71	0,60	0,67	0,64	0,72	0,55
82°	0,57	0,64	0,54	0,60	0,56	0,64	0,49
84°	0,46	0,53	0,43	0,52	0,47	0,54	0,40
86°	0,35	0,41	0,32	0,37	0,34	0,40	0,27
88°	0,19	0,23	0,07	0,21	0,07	0,23	0,07

t in °C	0	100					
ε_r	0,95	0,96					

Tabelle 8.94. Eis

a) Eis, glatt mit Wasser

t in °C	ε_n	$\varepsilon_\cap$
0	0,966	0,92

b) Eis, rauher Reifbelag

t in °C	ε_n
0	0,985

8.2.11 Gase

Die Werte für $\varepsilon_\cap$ aus den Bildern 8.5 und 8.11 gelten für $p = 1 \cdot 10^5\,Pa$ und p_W bzw. $p_{CO_2} \to 0$. Für hiervon abweichende Druckverhältnisse ist mit den aus Bild 8.6 bzw. Bild 8.12 abgelesenen Werten zur korrigieren. Den gesuchten Gesamtemissionsgrad erhält man durch Multiplikation der Werte für $\varepsilon_\cap$ aus Bild 8.5 bzw. Bild 8.9 mit den entsprechenden Korrektionsfaktoren C_W bzw. C_{CO_2} (Druckverbreiterungsfunktionen).

Bei den angegebenen Werten für der Gesamtemissionsgrad anderer Gase gilt $p \approx 1 \cdot 10^5\,Pa$. Für Gasgemische s. [8.6].

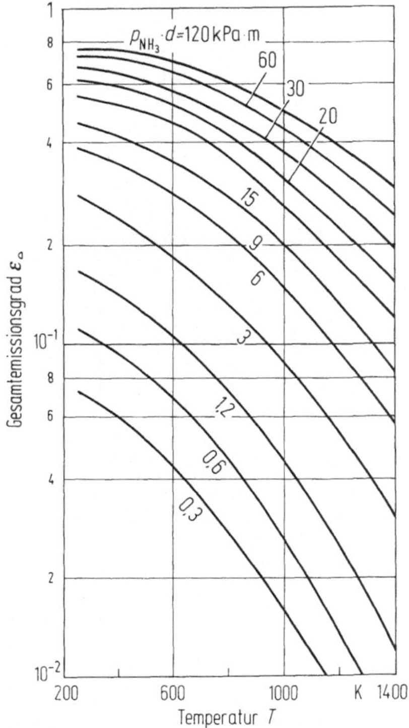

Bild 8.4. Gesamtemissionsgrad $\varepsilon_\circ$ für Ammoniak in Abhängigkeit von der Temperatur

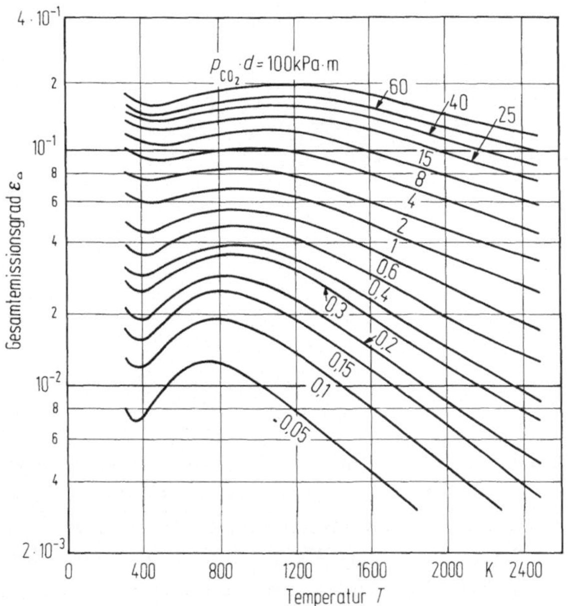

Bild 8.5. Gesamtemissionsgrad von Kohlenstoffdioxid bei einem Gesamtdruck von $p = 100 \, kPa$ und $p_{CO_2} \to 0 \, Pa$

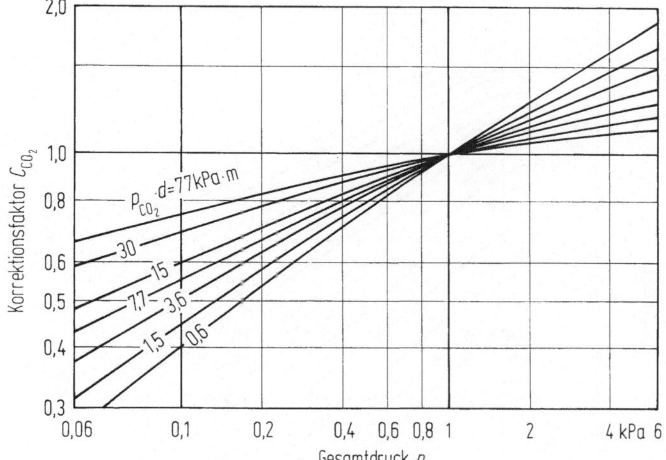

Bild 8.6. Korrektionsfaktor C_{CO_2} für die Umrechnung des Gesamtemissionsgrads für Kohlenstoffdioxid des Gesamtdruckes 100 kPa und des Partialdruckes 0 Pa auf Werte für den Gesamtemissionsgrad bei anderen Gesamt- und Partialdrücken bei Raumtemperatur

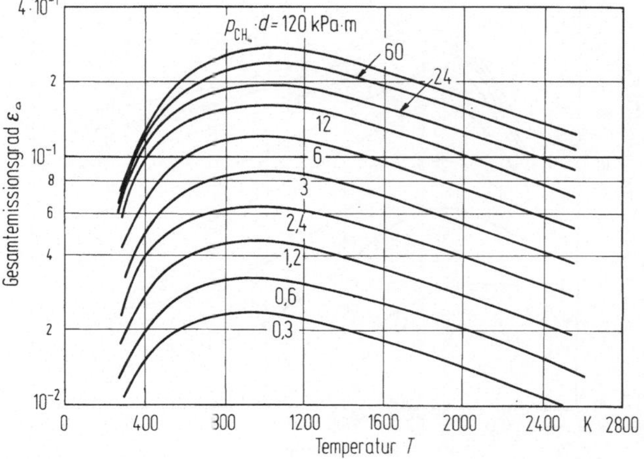

Bild 8.7. Gesamtemissionsgrad $\varepsilon_\bigcirc$ für Methan

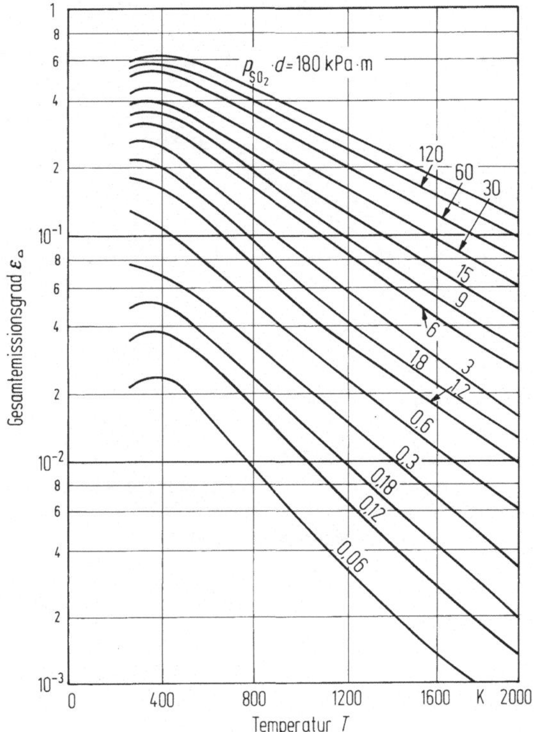

Bild 8.8. Gesamtemissionsgrad $\varepsilon_\ominus$ für Schwefeldioxid

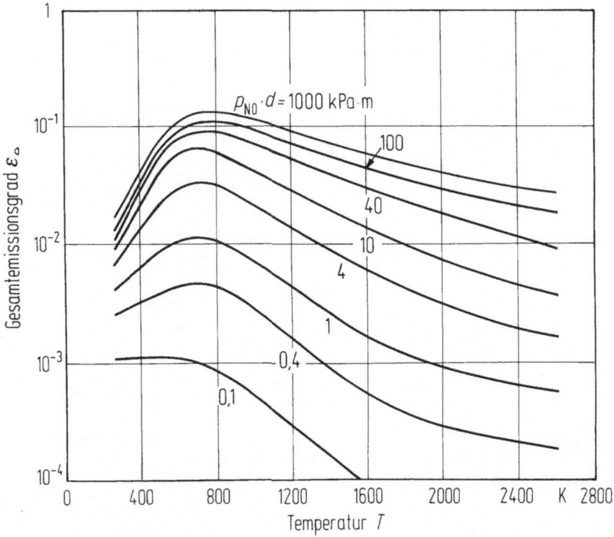

Bild 8.9. Gesamtemissionsgrad $\varepsilon_\ominus$ von Stickstoffmonooxid

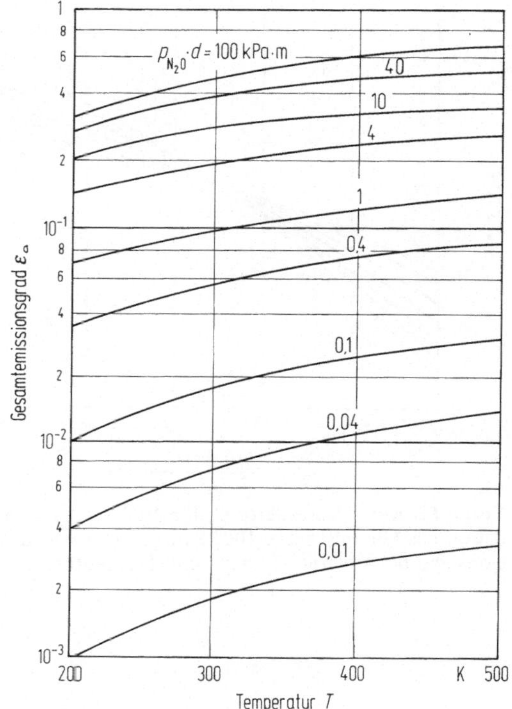

Bild 8.10. Gesamtemissionsgrad $\varepsilon_\bigcirc$ von Distickstoffmonooxid

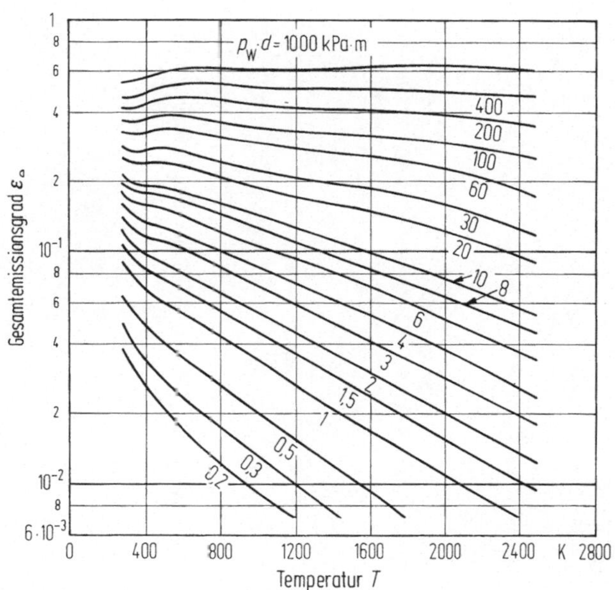

Bild 8.11. Gesamtemissionsgrad von Wasserdampf bei einem Gesamtdruck von $p = 100$ kPa und einem Partialdruck von $p_w \to 0$ Pa

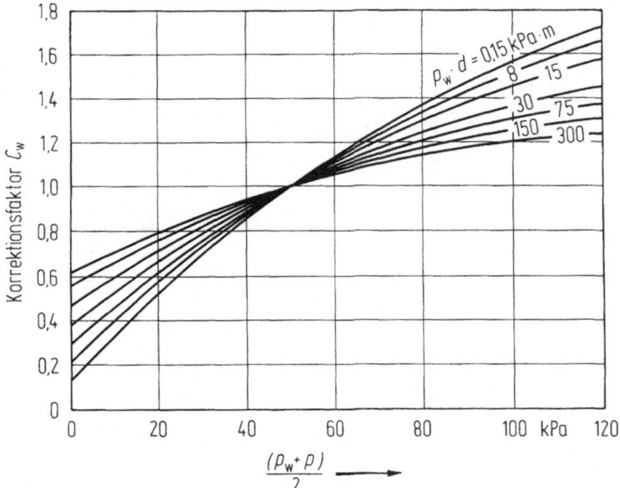

Bild 8.12. Korrektionsfaktor C_w für die Umrechnung des Gesamtemissionsgrads für Wasserdampf des Gesamtdrucks 100 kPa und des Partialdruckes 0 Pa auf Werte für den Gesamtemissionsgrad bei anderen Gesamt- und Partialdrücken bei Raumtemperatur

8.3 Transmissionsgrad

8.3.1 Festkörper und Fenstermaterialien

Tabelle 8.95. Aluminiumoxid, Al_2O_3-Einkristall
$t = 20\,°C$

λ in µm	1,0	2,0	3,0	4,0	5,0	6,0	7,0
τ_λ	0,74	0,83	0,82	0,77	0,31	0,02	0,00

Tabelle 8.96. Bornitrid (BN)
kubische Kristallform, undotiert
gelb
$t = 20\,°C$

λ in µm	0,20	0,24	0,30	0,33	0,38	0,41	0,48	0,53	0,60
τ_λ	0,00	0,01	0,05	0,08	0,13	0,17	0,26	0,35	0,47

λ in µm	0,63	0,68	0,72	0,80	1,0	2,0	3,0	4,0	4,2
τ_λ	0,54	0,62	0,68	0,73	0,74	0,74	0,74	0,74	0,73

λ in um	4,3	4,5	4,6	4,8	4,9	5,0	5,2	5,4	5,5
τ_λ	0,71	0,62	0,56	0,41	0,31	0,18	0,19	0,23	0,21

λ in µm	5,6	5,8	6,0	6,2	6,4	6,7	7,0	7,1	7,2
τ_λ	0,26	0,30	0,32	0,36	0,38	0,41	0,41	0,37	0,32

λ in µm	7,3	7,4	7,5	7,6	7,7	10,0	10,1	10,2	10,4
τ_λ	0,26	0,17	0,08	0,02	0,00	0,00	0,06	0,10	0,19

λ in µm	10,6	10,8	11,0	11,2	11,4	11,6	11,8	12,4	13,0
τ_λ	0,25	0,33	0,38	0,43	0,47	0,50	0,52	0,55	0,57

1 Kaliumchlorid (KCL), 10 mm;
2 Magnesiumoxid (MgO), 10 mm;
3 Diamant IIa, 1 mm;
4 Silberchlorid (AgCl), 1 mm;
5 KRS-6, 1,5 mm;
6 Titanoxid (TiO$_2$), 6 mm;
7 Silberbromid (AgBr), 3,5 mm

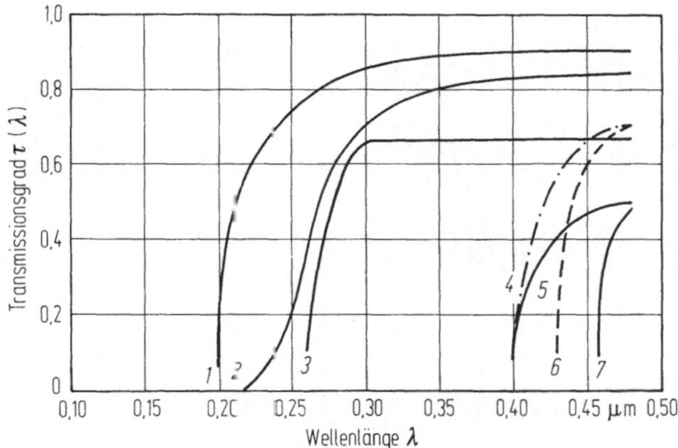

Bild 8.13. Transmissionsgrad τ_λ in Abhängigkeit von der Wellenlänge λ

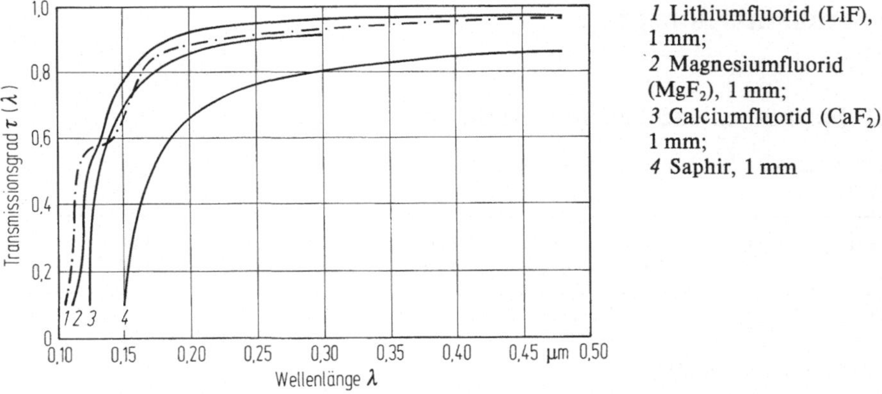

Bild 8.14. Transmissionsgrad τ_λ in Abhängigkeit von der Wellenlänge λ

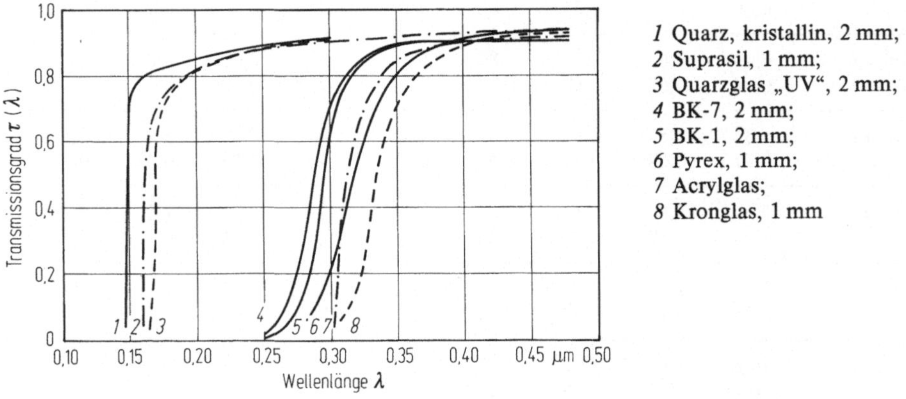

Bild 8.15. Transmissionsgrad τ_λ in Abhängigkeit von der Wellenlänge λ

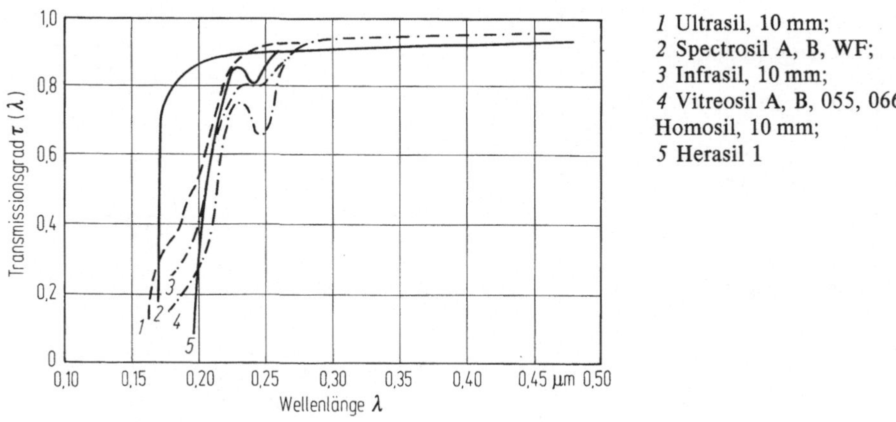

Bild 8.16. Transmissionsgrad τ_λ in Abhängigkeit von der Wellenlänge λ

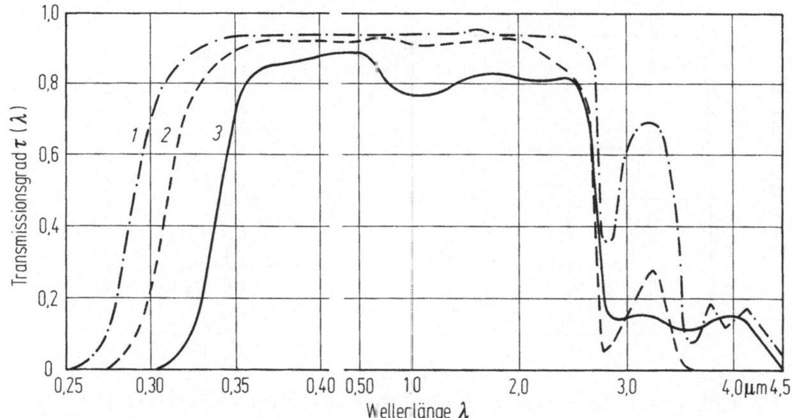

Bild 8.17. Transmissionsgrad τ_λ in Abhängigkeit von der Wellenlänge λ. *1* TEMPAX, 1 mm; *2* TEMPAX, 4 mm; *3* Spiegelglas, 5 mm

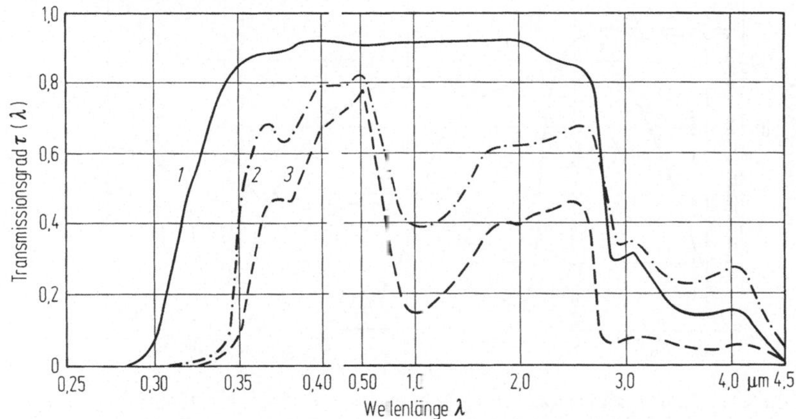

Bild 8.18. Transmissionsgrad τ_λ in Abhängigkeit von der Wellenlänge λ. *1* Spiegelglas, farblos, 3 mm; *2* wärmeabsorbierendes Tafelglas, 2 mm; *3* wärmeabsorbierendes Tafelglas, 5,7 mm

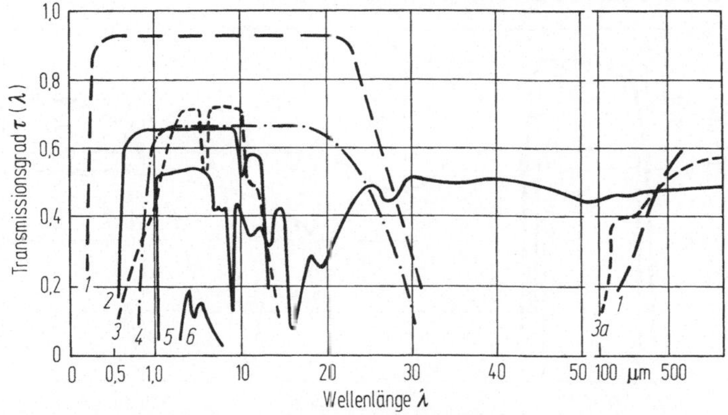

Bild 8.19. Transmissionsgrad τ_λ in Abhängigkeit von der Wellenlänge λ. *1* Kaliumchlorid (KCl), 1 mm; *2* Silberthioarsenit (Ag$_3$AsS$_3$) Proustit; *3* Zinnsulfid (ZnS), 7 mm; *3a* Zinksulfid (ZnS), 1 mm; *4* Cadmiumtellurid (CdTe), 2 mm; *5* Silicium (Si), 2 mm; *6* Bleisulfid (PbS), 3 mm

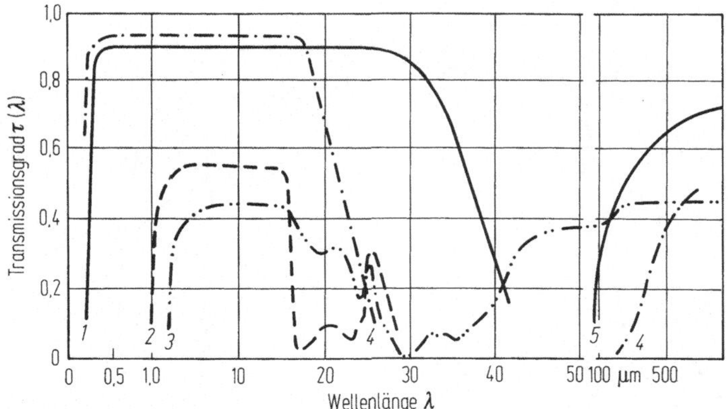

Bild 8.20. Transmissionsgrad τ_λ in Abhängigkeit von der Wellenlänge λ. *1* Kaliumbromid (KBr), 1 mm; *2* Galliumarsenid (GaAs), 1,5 mm; *3* Germanium (Ge), 1,5 mm; *4* Natrium-chlorid (NaCl), 1 mm; *5* Magnesiumoxid (MgO), 2 mm

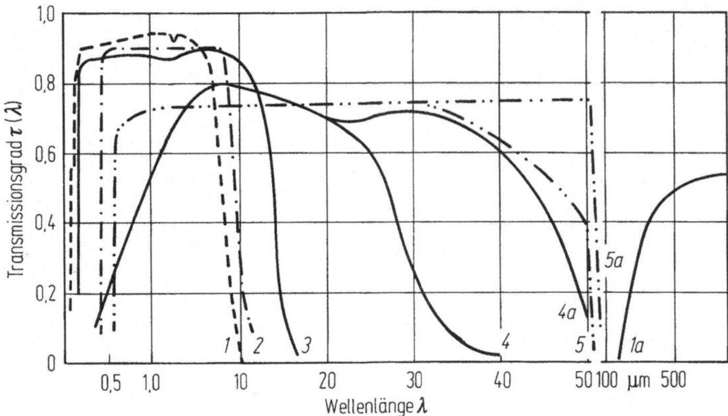

Bild 8.21. Transmissionsgrad τ_λ in Abhängigkeit von der Wellenlänge λ. *1* Lithiumfluorid (LiF), 1 mm; *1a* Lithiumfluorid (LiF), 1 mm; *2* Lanthanfluorid (LaF$_3$), 5 mm; *3* Bariumfluorid (BaF$_2$), 1 mm; *4* Mischkristall KRS-6, 6 mm; *4a* aus KRS-6, 6 mm, 4 K; *5* Thalliumbromid KRS-5, 1 mm; *5a* Thalliumjodid KRS-5, 1,5 mm, 4 K

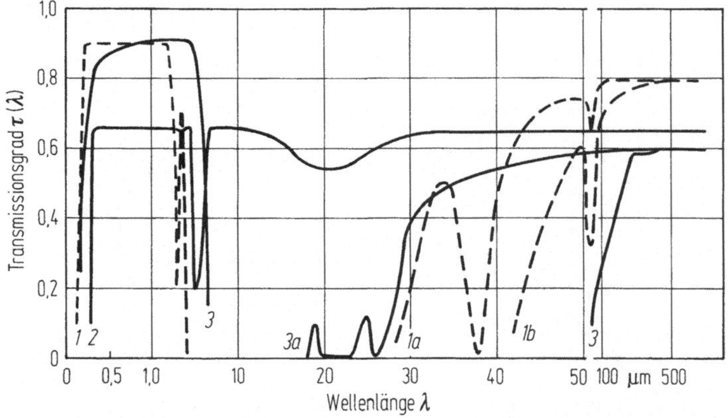

Bild 8.22. Transmissionsgrad τ_λ in Abhängigkeit von der Wellenlänge λ. *1* Quarz, kristallin, 10 mm; *1a* Quarz, kristallin, Z-cut, 4 K, 1 mm; *1b* Quarz, kristallin, 20 °C, Z-cut, 1 mm; *2* Diamant IIa, 1 mm; *3* Saphir (Al$_2$O$_3$), 1 mm; *4* Saphir (Al$_2$O$_3$), 1 mm, 4 K

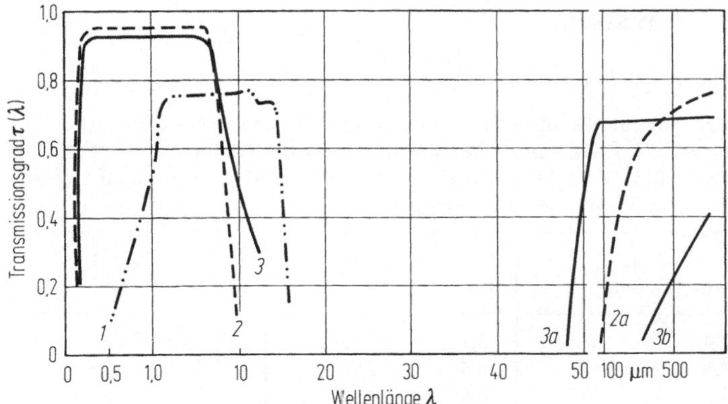

Bild 8.23. Transmissionsgrad τ_λ in Abhängigkeit von der Wellenlänge λ. *1* Cadmiumsulfid (CdS), 2 mm; *2* Magnesiumfluorid (MgF$_2$), 2 mm; *2a* Magnesiumfluorid (MgF$_2$), 1 mm; *3* Calciumfluorid (CaF$_2$), 1 mm; *3a* Calciumfluorid (CaF$_2$), 1 mm, 4 K; *3b* Calciumfluorid (CaF$_2$), 3,5 mm

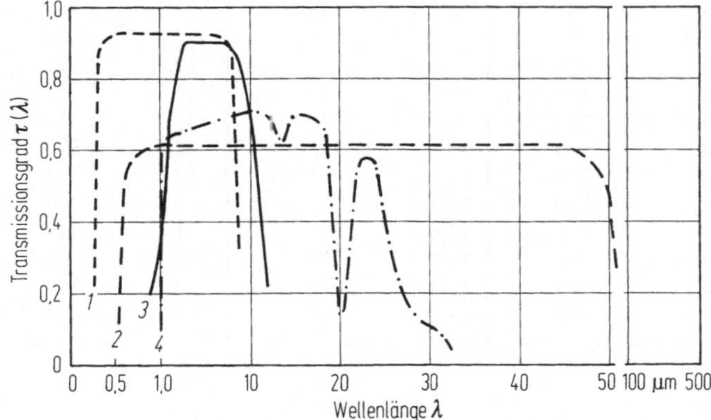

Bild 8.24. Transmissionsgrad τ_λ in Abhängigkeit von der Wellenlänge λ. *1* Manganfluorid (MnF$_2$), 10 mm; *2* Zinkfluorid (ZnTe), 2 mm; *3* T-12 (Harshaw Chem. Comp.); *4* Selen (Se), amorph., 1,7 mm

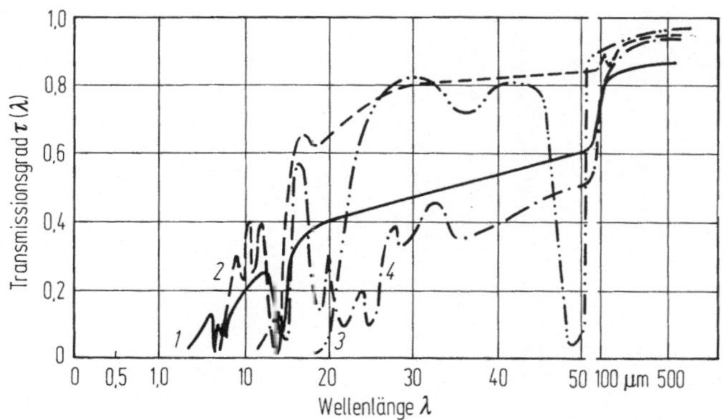

Bild 8.25. Transmissionsgrad τ_λ in Abhängigkeit von der Wellenlänge λ. *1* Polyethylen (PE), schwarz, 0,1 mm; *2* Polyethylen (PE), hohe Dichte, weiß, 1 mm; *3* Teflon (PTFE), 0,95 mm; *4* Poly (4-Methylpenten-1) (TPX), 3 mm

8.3.2 Wasser

Tabelle 8.97. Wasser

Der spektrale Reintransmissionsgrad für Wasser ist: $\tau_i = \exp(-a_n(\lambda)\,d)$, wobei $a_n(\lambda)$ der natürliche Absorptionskoeffizient und d die Schichtdicke sind. Die Tabelle enthält den natürlichen Absorptionskoeffizienten $a_n(\lambda)$ für Wasser bei Raumtemperatur.

λ μm	$a_n(\lambda)$ cm^{-1}	λ μm	$a_n(\lambda)$ cm^{-1}	λ μm	$a_n(\lambda)$ cm^{-1}
2,4	68	5,2	256	13,9	3 230
2,6	157	5,4	242	14,7	3 310
2,7	738	5,6	334	15,6	3 290
2,8	5 170	5,8	834	16,7	3 200
2,9	10 880	6,0	2 233	17,6	3 080
3,0	11 253	6,1	2 728	17,8	3 020
3,1	7 187	6,2	1 870	19,3	2 780
3,2	3 594	6,3	1 186	20,8	2 490
3,3	1 560	6,5	775	22,7	2 210
3,4	732	7,0	609	25,0	1 930
3,5	383	8,0	550	27,8	1 660
3,6	199	9,0	542	31,2	1 430
3,8	113	10,0	631	35,7	1 330
3,9	126	10,5	778	41,6	1 320
4,0	146	11,0	1 047	55,6	1 410
4,2	210	11,3	1 247	58,8	1 360
4,4	296	11,6	1 529	71,5	1 065
4,6	399	12,0	1 995	100	680
4,8	395	12,5	2 620	167	370
5,0	317	13,2	3 040	200	320

8.3.3 Luft

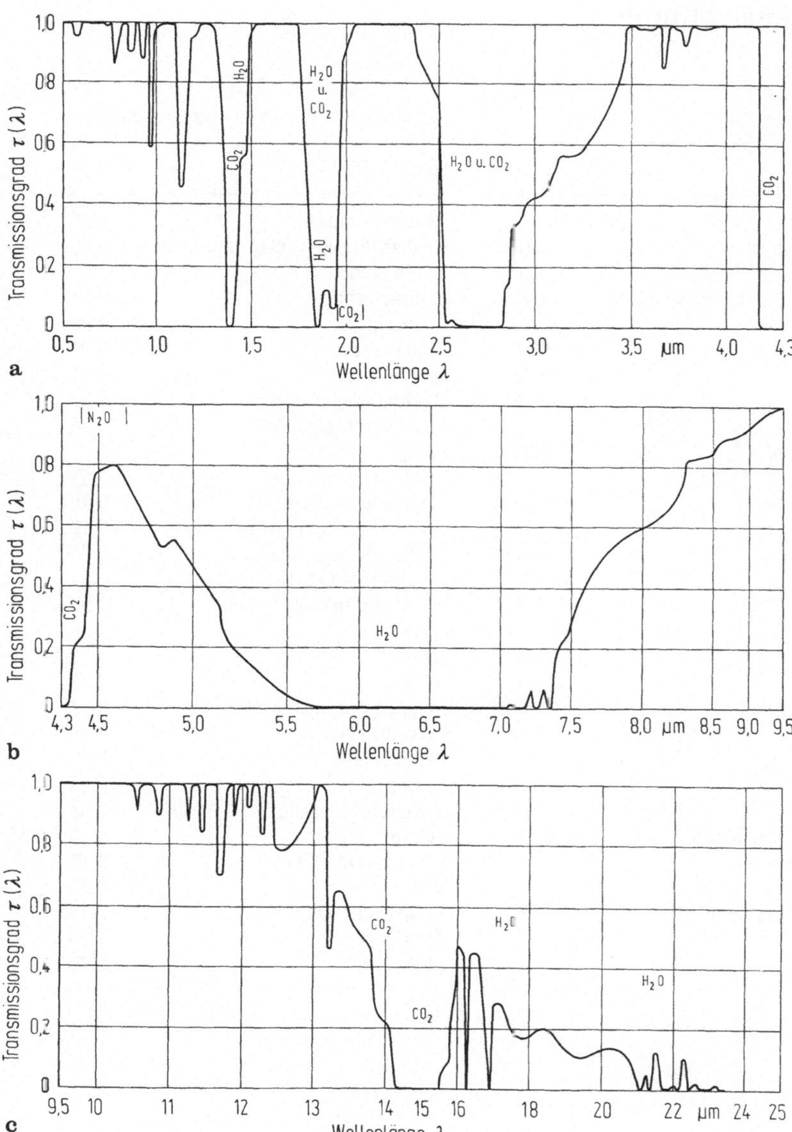

Bild 8.26. Spektraler Transmissionsgrad der Atmosphäre bei einer Dicke von 300 m über Meereshöhe, 5,7 mm abscheidbaren Wassers und 26 °C

8.4 Gesamtabsorptionsgrad für senkrecht einfallende Sonnenstrahlung

Tabelle 8.98. Metalle

Metalle	α_n
Aluminium	
hochglanzpoliert	0,10
poliert	0,20
Chrom, elektrolytisch aufgebracht	0,40
Eisen	
verzinkt	0,38
gezogen	0,36
angelaufen	0,55
gesandstrahlt	0,75
Gold, blanke Folie	0,29
Kupfer	
hochglanzpoliert	0,18
sauber	0,25
angelaufen	0,64
oxidiert	0,70
Magnesium, poliert	0,19
Nickel	
hochglanzpoliert	0,15
poliert	0,36
Elektrolyt-Nickel	0,40
Platin, blank	0,31
Silber	
hochglanzpoliert	0,07
poliert	0,13
handelsübliches Blech	0,30
Stahl-Legierung	
AISI 301 = DIN 1.4310	0,37
Wolfram, hochglanzpoliert	0,37

Tabelle 8.99. Verschiedene feste Stoffe

feste Stoffe	α_n
Aluminiumoxid	0,06...0,23
Asphalt Straßenbelag, staubfrei	0,93
Betondachstein	
ungefärbt	0,73
braun	0,91
schwarz	0,91
Blätter, grün	0,71...0,79
Dachpappe, schwarz	0,82
Erde, gepflügtes Feld	0,75
Farbe	
Aluminiumfarbe	0,55
Ölfarbe, Zinkweiß	0,30
Ölfarbe, leicht grün	0,50
Ölfarbe, leicht grau	0,75
schwarze Ölfarbe	
auf verzinktem Eisen	0,90
Graphit	0,88
Gras	0,75...0,80
Kies	0,29
Magnesiumoxid (MgO)	0,15
Marmor, weiß	0,46
Papier, weiß	0,28
Rußkohle	0,95
Schiefer, blaugrau	0,88
Schnee, sauber	0,20...0,35
Titandioxid (TiO_2)	0,12
Ton	0,39
Ziegelstein, rot	0,75
Zinkoxid	0,15
Zinksulfid	0,21

Literaturverzeichnis

Kapitel 1

1.1 The 1986 adjustement of the fundamental physical constants. CODATA-Bull. 63 (1986) 1–36
1.2 Recommended consistent values of the fundamental physical constants 1973. CODATA-Bull. 11 (1973) 1–8
1.3 Internationale Praktische Temperaturskala von 1968. PTB-Mitt. 87 (1977) 487–510
1.4 Atomic weights of the elements 1983. Pure Appl. Chem. 56 (1984) 653–674
1.5 Richtlinie des Rates der Europäischen Gemeinschaften über Einheiten im Meßwesen 8/181/EWG vom 20.12.1979
1.6 DIN 1301, Teil 3: Einheiten, Umrechnung für nicht mehr anzuwendende Einheiten. Ausgabe Oktober 1979. Berlin: Beuth 1979

Kapitel 2

2.1 Baehr H.D.: Thermodynamik. 4. Aufl. Berlin: Springer 1980
2.2 Schmidt, E.: Technische Thermodynamik. Bd. 1. 11. Aufl. Berlin: Springer 1975
2.3 L'Air Liquide: Encyclopédie des gaz/Gas encyclopaedia. Amsterdam: Elsevier 1976
2.4 Landolt-Börnstein: Zahlenwerte und Funktionen. 4. Bd. Technik; 4. Teil Wärmetechnik; Bandteil a. Berlin: Springer 1967
2.5 Vargaftik. N.B.: Tables on the thermophysical properties of liquids and gases. 2. Bd. Washington: Hemisphere 1975
2.6 Dymond J.H.; E.B. Smith: The virial coefficients of pure gases and mixtures. A critical compilation. Oxford: Clarendon Press 1980
2.7 Verein Deutscher Ingenieure: VDI-Wärmeatlas, Berechnungsblätter für den Wärmeübergang. Düsseldorf: VDI-Verlag 1984
2.8 Hilsenrath J. et al.: Tables of thermodynamic and transport properties of air, argon, carbon dioxide, carbon monoxide, hydrogen, nitrogen, oxygen, and steam. Oxford: Pergamon Press 1960
2.9 Kali-Chemie: Kaltron-Taschenbuch, Hannover: Kali-Chemie AG 1978
2.10 Kohlrausch F: Praktische Physik. Bd. 1, 23. Aufl. Stuttgart: Teubner 1986, S. 220–228
2.11 Hirschfelder J.O.; Curtiss C.F.; Bird, R.B.: Molecular theory of gases and liquids. New York: Wiley 1964
2.12 Monchick L.; Mason, E.A.: Transport properties of gases. J. Chem. Phys. 35 (1961) 1676–1697
2.13 Schramm, B.: Transportphänomene in Gasen und ihre Bestimmung aus zwischenmolekularen Potentialen. Ber. Bunsenges. Phys. Chem. 72 (1968) 609–614 und Berechnung der Virialkoeffizienten und der Viskosität in Gasen mit dem Schalenpotential. Ber. Bunsenges. Phys. Chem. 73 (1969) 217–223
2.14 Smith, F.J.; Mason, E.A.; Munn, R.J.: Transport collision integrals for gases obeying 9–6 and 28–7 potentials. J. Chem. Phys. 42 (1965) 1334–1339
2.15 Reid, R.C.; Prausnitz, J.M.; Sherwood, T.K.: The properties of gases and liquids. 3rd ed. New York: McGraw-Hill 1977
2.16 Mamedov, A.A.; Cuseinov, K.D.: Russ. J. Phys. Chem. 43 (1969) 221–223
2.17 The IAPS formulation 1984 for the thermodynamic properties of ordinary water substance

for scientific and general use. − Zu beziehen durch Dr. Howard J. White, Executive Secretary IAPS, Office of Standard Reference Data, National Bureau of Standards, Washington, D.C. 20234, USA

2.18 Grigull, U.; Straub, J.; Schiebener, P.: Wasserdampftafeln. Kurzgefaßte Dampftafeln in SI-Einheiten (Studententafeln). Englisch-Deutsch. Berlin: Springer 1984

2.19 Grigull, U.: Zustandsgrößen von Wasser und Wasserdampf in SI-Einheiten. prep. by E. Schmidt. 3. Aufl. Berlin: Springer 1982 und München: Oldenbourg 1982

2.20 Recommended consistent values of the fundamental physical constants 1973. CODATA-Bull. 11 (1973) 1−8

2.21 Atomic weights of the elements 1979. Pure Appl. Chem. 52 (1980) 2349−2384

2.22 Release on IAPS statement, 1983, of values of temperature, pressure and density of ordinary and heavy water substance at their respective critical points. Zu beziehen wie [2.17]

Kapitel 3

3.1 D'Ans, J.; Lax, E.: Taschenbuch für Physiker und Chemiker. Bd. 1. 3. Aufl. Berlin: Springer 1967

3.2 D'Ans, J.; Lax, E.: Taschenbuch für Physiker und Chemiker. Bd. 2. Berlin: Springer 1983

3.3 CRC-Handbook of chemistry and physics. 62nd. ed. Boca Raton, Florida: CRC Press 1981−1982

3.4 Kaye, G.W.C.; Laby, T.H.: Tables of physical and chemical constants. 14th ed. London: Longman 1973

3.5 Landolt-Börnstein: Zahlenwerte und Funktionen, 4. Bd. Technik; 4. Teil Wärmetechnik; Bandteil b. Berlin: Springer 1967, S. 875−944

3.6 Kubaschewski, O.; Alcock, C. B.: Metallurgical thermochemistry. 5th ed. Oxford: Pergamon 1979

3.7 Touloukian, Y.S.; Tadashi Makita: Thermophysical properties of matter specific heat, non-metallic liquids and gases. Vol 6. New York: IFI/Plenum 1970

3.8 Wie [3.7], Suppl to Vol. 6. New York: IFI/Plenum 1976

3.9 Glassner, A.: The thermochemical properties of oxides, fluorides, and chlorides to 2 500 K. Washington: ANL-5750

3.10 Sturm, K.G.: Zur Temperaturabhängigkeit der Viskosität von Flüssigkeiten. Glastech. Ber. 53 (1980) 63−76

3.11 Kaminski, M.: Experimentelle Untersuchungen über Konzentrations- und Temperaturabhängigkeit der Zähigkeit wäßriger Lösungen starker Elektrolyte. Z. Phys. Chem. N.F. 5 (1955) 154−191; 8 (1956) 173−191; 12 (1957) 206−231

3.12 ISO/DIS 7884 Part 7. Viscosity and viscometric fixed points − Determination of annealing point and strain point by beam bending. Geneva 1986

3.13 ISO/DIS 7884 Part 8. Viscosity and viscometric fixed points − Determination of (dilatometric) transformation temperature t_g. Geneva 1986

3.14 Wunderlich, B.: Study of change in specific heat of monomeric and polymeric glasses during the glass transition. J. Phys. Chem. 64 (1960) 1052−1056

3.15 VDMA, Kenndaten für die Verarbeitung thermoplastischer Kunststoffe, Teil 2: Rheologie. München: Hanser 1982

3.16 Wagner, M.H.: Prediction of primary normal stress difference from shear viscosity data using a single integral constitutive equation. Rheol. Acta 16 (1977) 43−50

3.17 Laun, H.M.: Description of the non-linear shear behaviour of a low density polyethylene melt by means of an experimentally determined strain dependent memory function. Rheol. Acta 17 (1978) 1−15

3.18 Plebanski, T.: Viscosity. In Marsh, K.N. (Ed.): Recommended reference materials of physicochemical properties. Pure Appl. Chem. (IUPAC) 52 (1980) 2 393−2 404

3.19 Bauer, H.: Flüssigkeiten mit newtonschem Fließverhalten. In Kulicke, W.-M. (Hrsg.): Fließverhalten von Stoffen und Stoffgemischen. Basel: Hüthig und Wepf 1986

3.20 Kulicke, W.-M.: Polymerlösungen. In Kulicke, W.-M. (Hrsg.): Fließverhalten von Stoffen und Stoffgemischen. Basel: Hüthig und Wepf 1986

3.21 CRC Handbook of Chemistry and Physics. 62nd ed. Boca Raton, Florida: CRC Press 1981–1982

3.22 Handbook of Chemistry. 10th ed. New York: McGraw-Hill 1967

3.23 Kohlrausch, F.: Praktische Physik. Bd. 3. 22. Aufl. Stuttgart: Teubner 1968

3.24 Landolt-Börnstein: Zahlenwerte und Funktionen. 2. Bd. Eigenschaften der Materie in ihren Aggregatzuständen; 1. Teil. Berlin: Springer 1971

3.25 Chen, C.T., et al.: The equation of state of pure water determined from sound speeds. J. Chem. Phys. 66 (1977) 2 142–2 144

3.26 Kell, G.S.; Whalley, E.: The PVT properties of water. 1. Liquid water in the temperature range 0 to 150 °C and at pressures up to 1 kbar. Philos. Trans. R. Soc. London, Ser. A 258 (1965) 565–614

3.27 Bett, K.E., et al.: The critical evaluation of compression data for liquids and a revision of the isotherms of mercury. Brit. J. Appl. Phys. 5 (1954) 243

3.28 Molinar, G.; Bean, V.E.: Mercury melting line determination up to 1 200 MPa by the electrical resistance method. In Vodar, B.: (Ed.) High Pressure Science and Technology. Oxford: Pergamon 1980, p. 244–246

Kapitel 4

4.1 D'Ans, J.; Lax, E.: Taschenbuch für Physiker und Chemiker. Bd. 1. 3. Aufl. Berlin: Springer 1967

4.2 D'Ans, J.; Lax, E.: Taschenbuch für Physiker und Chemiker. Bd. 2. Berlin: Springer 1983

4.3 CRC-Handbook of chemistry of physics. 62nd. ed. Boca Raton, Florida: CRC Press 1981–1982

4.4 Kaye, G.W.C.; Laby, T.H.: Tables of physical and chemical constants. 14th ed. London: Longman 1973

4.5 Kohlrausch, F.: Praktische Physik. Bd. 1. 23. Aufl. Stuttgart: Teubner 1985, S. 366–369

4.6 DIN 17 007, Werkstoffnormen, Teil 1: Rahmenplan, Ausgabe 4/59; Teil 2: Systematik der Hauptgruppe 1: Stahl, Ausgabe 9/61; Teil 3: Systematik der Hauptgruppe 0: Roheisen, Vorlegierungen, Gußeisen, Ausgabe 1/71; Teil 4: Systematik der Hauptgruppen 2 u. 3: Nichteisenmetalle, Ausgabe 7/63; Berlin: Beuth

4.7 Landolt-Börnstein: Zahlenwerte und Funktionen. 4. Bd. Technik; 4. Teil Wärmetechnik; Bandteil b. Berlin: Springer 1967, S. 875–944

4.8 Kubaschewski, O.; Alcock, C.B.; Metallurgical thermochemistry. 5th ed. Oxford: Pergamon 1979

4.9 Touloukian, Y.S.; Buyco, E.H.: Thermophysical properties of matter specific heat, metallic elements and alloys. Vol. 4. New York: IFI/Plenum 1970

4.10 Wie [4.9], nonmetallic solids. Vol. 5. New York: IFI/Plenum 1970

4.11 Glassner, A.: The thermochemical properties of oxides, fluorides, and chlorides to 2 500 K. Washington: ANL-5750

4.12 Richter, F.: Physikalische Eigenschaften von Stählen und ihre Temperaturabhängigkeit. Mannesmann Forschungsber. 10 (1983) 11

4.13 Wagmann, D.D.; Evans, W.H.; Parker, V.B.; Schumm, R.H.; Halow, I.; Bailey, S.M.; Churney, K.L.; Nutall, R.L.: The NBS tables of thermodynamic properties. J. Phys. Chem. Ref. Data 11 (1982) suppl. 2

4.14 Kohlrausch, F.: Praktische Physik. Bd. 3. 22. Aufl. Stuttgart: Teubner 1968

4.15 Landolt-Börnstein: Zahlenwerte und Funktionen. 2. Bd. Eigenschaften der Materie in ihren Aggregatzuständen; 1. Teil. Berlin: Springer 1971

4.16 NPL Notes on applied science. No 30. London: Bradfield 1964

4.17 Forsythe, W.E. (Ed.): Smithonian physical tables. 9th ed. Washington: Smithonian Institution 1954

4.18 Syassen, K.; Holzapfel, W.B.: Isothermal compression of Al and Ag to 120 kbar. J. Appl. Phys. 49 (1978) 4 427–4 430

4.19 Decker, D.L. et al.: High-Pressure Calibration. A Critical Review. J. Phys. Chem. Ref. Data 1 (1972) 810

4.20 Thanh, D.V.; Lacam, A.: Isothermal compressibility, to 20 kbar, of Pyrex glass and fused silica. High Temp. High Pressures 10 (1978) 655–661

4.21 Landolt-Börnstein: Zahlenwerte und Funktionen. Neue Serie. Gruppe 3. Bd. 11. Berlin: Springer 1979, S. 1–244 u. S. 245–286

4.22 Schramm, K.H.: Daten zur Schallgeschwindigkeit in reinen Metallen. Z. Metallkd. 53 (1962) 729–735

4.23 Köster, W.: Über die Konzentrations- und Temperaturabhängigkeit des Elastizitätsmoduls der Legierungen des Kupfers, Silbers und Goldes mit Zink und Kadmium sowie des Kupfers mit Gold, Palladium und Platin. Z. Metallk. 32 (1940) 160–162

4.24 Köster, W.: Beitrag zur Kenntnis der Größe σ_i auf Grund der Messung des Δ E-Effektes von Nickel. Z. Metallk. 35 (1943) 57–67

4.25 Köster, W.: Elastizitätsmodul und E-Effekt der Eisen-Nickel-Legierungen. Z. Metallkd. 35 (1943) 194–199

4.26 Köster, W.: Die Temperaturabhängigkeit des Elastizitätsmoduls reiner Metalle. Z. Metallkd. 39 (1948) 1–9

4.27 Köster, W.: Über die Sondererscheinung im Temperaturgang von Elastizitätsmodul und Dämpfung der Metalle Kupfer, Silber, Aluminium und Magnesium. Z. Metallkd. 39 (1948) 9–12

4.28 Köster, W.; Rauscher, W.: Beziehungen zwischen dem Elastizitätsmodul von Zweistofflegierungen und ihrem Aufbau. Z. Metallkd. 39 (1948) 111–120

4.29 Köster, W.: Betrachtungen über den Elastizitätsmodul der Metalle und Legierungen. Z. Metallkd. 39 (1948) 145–158

4.30 Köster, W.; Rauscher, W.: Beitrag zum System Nickel-Mangan. Z. Metallkd. 39 (1948) 178–184

4.31 Walker, H.: The variation of Young's modulus under an electric current. Proc. R. Soc. Edinburgh 27 (1906/07) 343–356

4.32 Schmieder, K.; Wolf, K.: Über die Temperatur- und Frequenzabhängigkeit des mechanischen Verhaltens einiger hochpolymerer Stoffe. Kolloid-Z. 127 (1952) 65–78

4.33 Schmieder, K.; Wolf, K.: Mechanische Relaxationserscheinungen an Hochpolymeren (Beziehungen zur Struktur). Kolloid-Z. 134 (1953) 149–189

4.34 DIN IEC 584 Teil 1. Thermopaare, Grundwerte der Thermospannungen. Berlin: Beuth 1984

4.35 International Electrotechnical Commission (IEC): 65 B (Secretariat) 96, September 1985, Draft: Amendment No. 1 to publication 584, Thermocouples, Part 1: Reference Tables

4.36 Powell, R.L. et al.: Thermocouple reference tables based on the IPTS-68, NBS Monograph 125. Washington, D.C.: U.S. Government Printing Office 1974

4.37 Burley, N.A. et al.: The Nicrosil versus Nisil thermocouple: properties and thermoelectric reference data, NBS Monograph 161. Washington, D.C.: U.S. Government Printing Office 1978

4.38 Quinn, T.J.: Temperature. London: Academic Press 1983

4.39 Sparks, L.L.; Powell, R.L.: Low temperature thermocouples: KP. „normal" silver, and coppers versus Au-0.02 at % Fe and Au-0.07 at % Fe. J. Res. NBS-A 76A (1972) 263–283

4.40 ASTM designation E 696–79; Standard specification for thermocouple wire, 97 % tungsten – 3 % rhenium and 75 % tungsten – 25 % rhenium. Philadelphia: American Society for Testing and Materials 1979

4.41 Kohlrausch, F.: Praktische Physik. Bd. 3. 23. Aufl. Stuttgart: Teubner 1986

4.42 DIN 17471, Widerstandslegierungen. Berlin: Beuth 1981

Kapitel 5

5.1 Landolt-Börnstein: Zahlenwerte und Funktionen. 2. Bd. Eigenschaften der Materie in ihren Aggregatzuständen; 5. Teil Transportphänomene; Bandteil b. Berlin: Springer 1968

5.2 Landolt-Börnstein: Zahlenwerte und Funktionen. 4. Band Technik; 4. Teil Wärmetechnik; Bandteil b. Berlin: Springer 1972

5.3 Landolt-Börnstein: Zahlenwerte und Funktionen. Neue Serie. Gruppe 1. Band 5. Teil b. Berlin: Springer 1982

5.4 Touloukian, Y.S.; Ho, C.Y.: Thermophysical properties of matter. Vol. 1–3. New York: IFI/ Plenum 1970

5.5 Ziebland H: Recommended reference materials for realization of physico-chemical properties, Section thermal conductivity of fluid substances. Pure Appl. Chem. 43 (1981) 1 863–1 877

5.6 DIN 4108, Teil 4: Wärmeschutz im Hochbau. Wärme- und feuchteschutztechnische Kennwerte, Ausgabe 1981. Berlin: Beuth 1981

5.7 Childs, G.E.; Ericks, L.J.; Powell, R.L.: Thermal conductivity of solids at room temperature and below. National Bureau of Standards Monograph 131. Boulder, Colorado: National Bureau of Standards 1973

5.8 Younglove, B.A.: Thermophysical properties of fluids I. J. Phys. Chem. Ref. Data 11 (1982) Supplement 1

5.9 Jamieson, D.T.; Irving, J.B.; Tudhope, J.S.: Liquid thermal conductivity, a data survey to 1973. Edingburgh: National Engineering Laboratory 1975

Kapitel 6

6.1 Sunner, S.; Mansson, M.: Experimental chemical thermodynamics. Vol. 1 Combustion calorimetry. Oxford: Pergamon 1979

6.2 Landolt-Börnstein: Zahlenwerte und Funktionen. 2. Band. Eigenschaften der Materie in ihren Aggregatzuständen; 4. Teil Kalorische Zustandsgrößen. Berlin: Springer 1961

6.3 DIN 51850: Ausgabe 1980; Brennwerte u. Heizwerte gasförmiger Brennstoffe. Berlin: Beuth 1980

6.4 Weast, R.C.; Astle, M.J.: Handbook of chemistry and physics. 62nd ed. Boca Raton, Florida: CRC Press 1981–1982

6.5 Cox, J.D.; Pilcher, G.: Thermochemistry of organic and organometallic compounds. London: Academic Press 1970

6.6 Lange, N.A.: Handbook of chemistry. 10th ed. New York: McGraw-Hill 1967

6.7 Landolt-Börnstein: Zahlenwerte und Funktionen. 4. Bd. Technik; 4. Teil Wärmetechnik; Bandteil b. Berlin: Springer 1972

6.8 D'Ans, J.; Lax, E.: Taschenbuch für Chemiker und Physiker. Bd. I Makroskopische physikalisch-chemische Eigenschaften. Berlin: Springer 1967

6.9 Schiemann, R.; Nehring, K.; Hoffmann, L.; Jentsch, W.; Chudy, A.: Energetische Futterbewertung und Energienormen. Berlin: VEB Deutscher Landwirtschaftsverlag 1971

6.10 Nehring, K.; Beyer, M.; Hoffmann, B.: Futtermitteltabellenwerk. Berlin: VEB Deutscher Landwirtschaftsverlag 1970

6.11 DIN 18230, Teil 1: Baulicher Brandschutz im Industriebau. Ausgabe 1978. Berlin: Beuth 1978

6.12 Ammedick, E.: Militärchemie. Leipzig: VEB Deutscher Verlag für Grundstoffindustrie 1980

6.13 DIN 5499: Brennwert und Heizwert. Ausgabe 1972. Berlin: Beuth 1972

6.14 DIN 51900: Bestimmung des Brennwertes mit dem Bombenkalorimeter und Berechnung des Heizwertes. Ausgabe 1977. Berlin: Beuth 1977

6.15 Rossini, F.D.: Experimental thermochemistry. Vol. 1. Measurement of heats of reaction. New York: Interscience Publ. 1956

6.16 Skinner, H.A.: Experimental thermochemistry. Vol. II. New York: Interscience Publ. 1962

Kapitel 7

7.1 Van Heijningen, R.S.J.; Harpe, R.J.J.; Feberwee, A.; Van Osten, A.; Beenakker, J.J.A.: Determination of the diffusion coefficient of binary mixtures of the noble gases as a function of temperature and concentration. Physica 38 (1968) 1–34

7.2 Srivastava, I.B.; Barua, A.K.: The temperature dependence of interdiffusion coefficient for some rare gases. Indian J. Phys. 33 (1959) 229–242

7.3 Kerl, K.: Über die Untersuchung der Diffusion binärer Gasgemische. Diss. TU Braunschweig 1968

7.4 Srivastava, K.P.; Srivastava, B.N.; Paul, R.: Mutual diffusion of binary mixtures of He, Ar and Xe at different temperatures. Physica 25 (1959) 571–578

7.5 Wasik, S.P.; McCullok, K.E.: Measurements of gaseous diffusion coeffients by a gas-chromatographic technique. J. Res. Nat. Bur. Stand 73A (1969) 207

7.6 Malinauskas, A.P.: Gaseous diffusion. The systems He-Ar, Ar-Xe and He-Xe. J. Chem. Phys. 42 (1965) 156–159

7.7 Malinauskas, A.P.: Gaseous diffusion. The systems He-Kr, Ar-Kr and Kr-Xe. J. Chem. Phys. 45 (1966) 4 704–4 709

7.8 Hogervorst, W.; Freudenthal, J.: Measurement of the diffusion coefficient by means of cataphoresis. Physica 37 (1967) 97–104

7.9 Nain, V.P.S.; Saxena, S.C.: Measurement of the concentration diffusion coefficient for Ne-Ar, Ne-Xe, Ne-N_2, Xe-N_2, H_2-N_2 and H_2-O_2 gas systems. Appl. Sci. Res. 23 (1970) 121–133

7.10 Van Heijningen, R.J.J.: Diffusion in binary gaseous mixtures. Diss. Leiden 1967

7.11 Amdur, I.; Schuler, L.H.: Diffusion coefficient of the systems CO-CO and CO-N_2. J. Chem. Phys. 38 (1963) 188–192

7.12 Boyd, C.A.; Stein, N. et al.: An interferometric method of determining diffusion coefficients on gaseous systems. J. Chem. Phys. 19 (1951) 548–553

7.13 Holsen, J.N.; Strunk, M.R.: Binary diffusion coefficients in nonpolar gases. Ind. Eng. Chem. Fundam. 3 (1964) 143–146

7.14 Hogervorst, W.: Diffusion coefficients of noble-gas mixtures between 300 K and 1 400 K. Physica 51 (1971) 59–76

7.15 Mason, E.A.; Islam, M.; Weissmann, S.: Thermal diffusion and diffusion in hydrogen-krypton mixtures. Phys. Fluids 7 (1964) 1 011–1 022
     McCarty, K.P.; Mason, E.A.: Kirkendall effect in gaseous diffusion. Phys. Fluids 3 (1960) 908–922
     Weissmann, S.; Saxena, S.C.; Mason, E.A.: Diffusion and thermal diffusion in Ne-CO_2. Phys. Fluids 4 (1961) 643–648

7.16 Iwakin, B.A.; Suetin, P.E.: Diffusion coefficient of some gases measured by the optical method. Zh. Tekh. Fiz. 33 (1963) 1 007
     Iwakin, B.A.; Suetin, P.E.: An investigation of the temperature dependence of the diffusion coefficient of gases. Zh. Tekh. Fiz. 34 (1964) 1 115
     Iwakin, B.A.; Suetin, P.E.: Temperature dependence of the diffusion coefficient of certain gas pairs. Zh. Tekh. Fiz. 37 (1967) 1 913

7.17 Mathur, B.P.; Saxena, S.C.: Measurement of the concentration diffusion coefficient for He-Ar and Ne-Kr by a two bulb method. Appl. Sci. Res. 18 (1968) 325–335

7.18 Scott, D.S.; Cox, K.E.: Temperature dependence of the binary diffusion coefficient of gases. Can. J. Chem. Eng. 38 (1960) 201–205

7.19 Watts, H.: Diffusion of Kr-85 in multicomponent mixtures of Kr with He, Ne, Ar, Xe. Trans. Faraday Soc. 60 (1964) 1 745–1 751

7.20 Londsale, H.; Mason, E.A.: Thermal diffusion and the approach to the steady state in H_2-CO_2 and He-CO_2. J. Phys. Chem. 61 (1957) 1 544–1 551

7.21 Watts, H.: Diffusion in multicomponent mixtures. Can. J. Chem. 43 (1965) 431–435

7.22 Suetin, P.E.; Scegolew, G.T.; Khlestow, R.A.: The measurement of the mutual diffusion coefficient of gases by an optical method. Zh. Tekh. Fiz. 29 (1959) 1 058

7.23 Seager, S.L.; Geertson, L.R.; Giddings, J.C.: Temperature dependence of gas and vapour diffusion coefficients. J. Chem. Eng. Data 8 (1963) 168–169

7.24 Paul, R.; Srivastava, I.B.: Studies of binary diffusion of the gas pairs: O_2-Ar, O_2-Xe, O_2-He. Indian J. Phys. 35 (1961) 465–474

7.25 Westenberg, A.A.; Walker, R.E.: Molecular diffusion studies in gases at high temperature. I. The „point source" technique. J. Chem. Phys. 29 (1958) 1 139–1 146

7.26 Westenberg, A.A.; Walker, R.E.: New method of measuring diffusion coefficients of gases. J. Chem. Phys. 26 (1957) 1 753–1 754

7.27 Westenberg, A.A.; Walker, R.E.: Molecular diffusion studies in gases at high temperature. I. The „point source" technique. J. Chem. Phys. 29 (1958) 1 139–1 146
     Walker, R.E., Westenberg, A.A.: Molecular diffusion studies in gases at high temperature. II. Interpretation of results on the He-N_2 and CO_2-N_2-systems. J. Chem. Phys. 29 (1958) 1 147–1 153

7.28 Saxena, S.C.; Mason, E.A.: The thermal diffusion and the approach to the steady state in gases: II. Mol. Phys. 2 (1959) 379–396

7.29 Obermayer, A.v.: Über die Abhängigkeit des Diffusionskoeffizienten von der Temperatur. Ber. d. Kaiserl. Akad. d. Wiss. Wien 81 (1880) 1 102
Obermayer, A.v.: Versuche über die Diffusion von Gasen. Ber. d. Kaiserl. Akad. d. Wiss. Wien 85 (1882) 147, 748
Obermayer, A.v.: Versuche über die Diffusion III. Ber. d. Kaiserl. Akad. d. Wiss. Wien 87 (1883) 188
Obermayer, A.v.: Versuche über die Diffusion IV. Ber. d. Kaiserl. Akad. d. Wiss. Wien 96 (1887) 546

7.30 Srivastava, B.N.; et al.: Mutual diffusion of pairs of rare gases at different temperatures. J. Chem. Phys. 30 (1959) 984–990

7.31 Schäfer, Kl.; Schuhmann, K.: Zwischenmolukulare Kräfte und Temperaturabhängigkeit von Diffusions- und Selbstdiffusionskoeffizienten in Edelgasen. Z. Elektrochem. 61 (1957) 246–252

7.32 McMurtrie, R.L.; Keyes, F.G.: A measurement of the diffusion of hydrogen peroxide vapor into air. J. Am. Chem. Soc. 70 (1948) 3 755–3 753

7.33 Amdur, I.E.; Schatzki, T.F.: Diffusion coefficient of the systems Xe-Xe and Ar-Xe. J. Chem. Phys. 27 (1957) 1 049–1 054
Amdur, I.E.; Mason, E.A.; Jordan, J.E.: Scattering of high velocity neutral particles. X. He-N_2, Ar-N_2. The N_2-N_2-interaction. J. Chem. Phys. 27 (1957) 527–531
Amdur, I.E.; Schatzki, T.F.: Composition dependence of the diffusion coefficient of the system Ar-Xe. J. Chem. Phys. 29 (1958) 1 425–1 426

7.34 Giddings, J.C.; Seager, S.L.: Method for rapid determination of diffusion coefficients. Ind. Eng. Chem. Fundam. I (1962) 277–283

7.35 Westenberg, A.A.; Frazier, G.: Molecular diffusion studies in gases at high temperature. V. Results for the He-Ar-system. J. Chem. Phys. 36 (1962) 3 499–3 500

7.36 Strelow, R.A.: The temperature dependence of the mutual diffusion coefficient for four gaseous systems. J. Chem. Phys. 21 (1953) 2 101–2 106

7.37 Miffling, T.R.; Bennett, C.O.: Self-diffusion of argon to 300 atmospheres. J. Chem. Phys. 29 (1958) 975–978

7.38 Waldmann, L.: Temperaturerscheinungen bei der Diffusion in ruhenden Gasen. Z. Phys. 124 (1947) 2–29
Waldmann, L.: Der stationäre Diffusions-Thermoeffekt im strömenden Gas. Z. Phys. 124 (1947) 30–51
Waldmann, L.: Der Diffusions-Thermoeffekt II Z. Phys. 124 (1947) 175–195
Waldmann, L.: Die Temperaturerscheinungen bei der Diffusion. Z. Naturforsch. Teil a (1946) 59–66

7.39 Cordes, H.; Kerl, K.: Der Diffusionskoeffizient D_{12} von Ar-H_2 und N_2-H_2. Z. Phys. Chem. N. F. 45 (1965) 369–377

7.40 Hogervorst, W.; Freudenthal, J.: Measurement of the diffusion coefficient by means of cataphoresis. Physica 37 (1967) 97–104

7.41 Kerl, K.: Aufbau und Arbeitsweise einer Apparatur zur Messung von Diffusionskoeffizienten realer Gase und Dämpfe. Diplomarbeit TH Braunschweig 1964

7.42 Golubew, I.F.; Bondarenko, G.: Diffusion in binären Gasgemischen bei hohen Drücken. Gazov. Prom. 8 (1963) 46–50

7.43 Heath, H.R.; Ibbs, T.L.; Wild, N.E.: The diffusion and thermal diffusion of hydrogen-deuterium, with a note on the thermal diffusion of H_2-Ne. Proc. R. Soc. London. Ser. A 178 (1941) 380–389

7.44 Schäfer, Kl.; Moesta, H.: Zwischenmolekulare Kräfte und die aus Transportphänomenen bestimmten Stoßquerschnitte. Z. Elektrochem. 58 (1954) 743–752

7.45 Takahashi, S.; Iwasaki, H.: The Diffusion of gas at high pressure; the self-diffusion coefficient of carbon dioxide. Bull. Chem. Soc. Jpn. 39 (1966) 2 105
Takahashi, S.; Iwasaki, H.: The diffusion of gases at high pressure; the diffusion of $^{14}CO_2$ in the $^{12}CO_2$-Ar-system. Bull. Chem. Soc. Jpn. 41 (1968) 1 573

7.46 Miller, L.; Carman, P.C.: Self-diffusion in mixtures; Part 2 – simple binary liquid mixture. Trans. Faraday Soc. 55 (1959) 1 831–1 843

Miller, L.; Carman, P.C.: Self-diffusion in mixtures; Part 4 – Comparsion of theorie and experiment for certain gas mixtures; self-diffusion. Trans. Faraday Soc. 57 (1961) 2 143–2 150
Miller, L.; Carman, P.C.: Self-diffusion in mixtures; Part 6 – self-diffusion in certain gaseous mixtures. Trans. Faraday Soc. 60 (1964) 33–37

7.47 Prinz, K.: Die Abhängigkeit des Diffusionskoeffizienten binärer Gasgemische von der Scherzeit einer Diffusionsscherenzelle. Diplomarbeit TH Braunschweig 1967

7.48 Boardman, L.E.; Wild, N.E.: The diffusion of pairs of gases with molecules of equal mass. Proc. R. Soc. London 162 (1937) 511

7.49 Loschmidt, K.; et al.: Experimentelle Untersuchungen über die Diffusion von Gasen ohne poröse Scheidewände.
Ber. d. Kaiserl. Akad. d. Wiss. Wien 61 (1870) 367
Ber. d. Kaiserl. Akad. d. Wiss. Wien 62 (1870) 468
Ber. d. Kaiserl. Akad. d. Wiss. Wien 65 (1872) 288, 367

7.50 Landolt-Börnstein: Zahlenwerte und Funktionen. 2. Bd. Eigenschaften der Materie in ihren Aggregatzuständen; 5. Teil. Transportphänomene; Bandteil a. Berlin: Springer 1969, S. 541 ff.

7.51 Crank, J.; Park, G.S. (Eds.): Diffusion in polymers. New York: Academic Press 1968

7.52 Felder, R.M.; Huvard, G.S.: Permeation, diffusion and sorption of gases and vapours. In Fava, R.A. (Ed.): Methods of experimental physics. Vol. 16. Part C. New York: Academic Press 1980

7.53 Bixler, H.J.; Sweeting, O.J.: Barrier properties of polymer films. In Sweeting, O.J. (Ed.): The science and technology of polymer films. Vol. 2. New York: Interscience Publ. 1971

7.54 Yasuda, H.; Stannet, V.: Permeation, solution and diffusion of water in some high polymers. J. Polym. Sci. 57 (1962) 907–923

7.55 Asada, T.; Onogi, S.: The diffusion coefficient for the nylon 6 and water system. J. Colloid Sci. 18 (1963) 784–792

7.56 Hauser, M.H.; McLaren, A.D.: Permeation through and sorption of water vapor by high polymers. Ind. Eng. Chem. 40 (1948) 112–117

7.57 Barrie, J.A.: Water in polymers. In Crank, J.; Park, G.S. (Eds.): Diffusion in polymers. New York: Academic Press 1968

7.58 Taylor, R.L.; Herrmann, D.B.; Kemp, A.R.: Diffusion of water through insulating materials. Ind. Eng. Chem. 28 (1936) 1 255–1 263

7.59 Rogers, C.E.; Stannet, V.; Szwarc, M.: The sorption, diffusion and permeation of organic vapours in polyethylene. J. Polym. Sci. 45 (1960) 61–82

7.60 Tu, D.: Permeation, Diffusion, Plastifizierung und Permselektivität von flüssigen Kohlenwasserstoffen durch reine und gefüllte Thermoplaste (PE und PP). Diss. Univ. Stuttgart 1978

7.61 Krämer, H.: Explosionsgefahren infolge Permeation brennbarer Flüssigkeiten aus Kunststoffgefäßen. Tagungsband 3. Kolloquium über Fragen der chemischen Sicherheitstechnik. Berlin: Bundesanstalt für Materialprüfung 1985

7.62 Aitken, A.; Barrer, R.M.: Transport and solubility of isomeric paraffins in rubber. Trans. Faraday Soc. 51 (1955) 116–130

7.63 Fujita, H.; Kishimoto, A.; Matsumoto, K.: Concentration and temperature dependence of diffusion coefficients for systems polymethyl acrylate and n-alkyl acetates. Trans. Faraday Soc. 56 (1960) 424–437

7.64 Barrer, R.M.; Barrie, J.A.: Sorption and diffusion in ethyl cellulose. Part II. Quantitative examination of settled isotherms and permeation rates. J. Polym. Sci. 23 (1957) 331–344

7.65 Prager, S.; Long, F.A.: Diffusion of hydrocarbons in polyisobutylene. J. Am. Chem. Soc. 73 (1951) 4 072–4 075

7.66 Hirschfelder, J.O.; Curtiss, Ch.F.; Bird, R.B.: Molecular theorie of gases and liquids. New York: Wiley 1954

7.67 Reid, R.C.; Sherwood, Th.K.: The properties of gases and liquids. New York: McGraw-Hill 1958

7.68 Reid, R.C.; Sherwood, Th.K.: The properties of gases and liquids. 3rd ed. New York: McGraw-Hill 1977

7.69 Touloukian, Y.S.; Saxena, S.C.; Hestermans, P.: Thermophysical properties of matter; the TPRC data series. Vol. 11. New York: Plenum 1975

Kapitel 8

8.1   Touloukian, Y.S. et al.: Thermophysical properties of matter. Vol. 7–9. New York: Plenum 1972
8.2   Landolt-Börnstein: Zahlenwerte und Funktionen. 4. Band Technik; 4. Teil Wärmetechnik; Bandteil a. Berlin: Springer 1967
8.3   VDI-Wärmeatlas. 4. Aufl. Düsseldorf: VDI-Verlag 1984
8.4   Touloukian, Y.S.; Ho, C.Y.: Thermophysical properties of selected aerospace materials. Part 1. West Lafayette: Perrdue Research Foundation 1976
8.5   Gubareff, G.G.; Janssen, J.E.; Torborg, R.H.: Thermal radiation properties survey, 2nd ed. Minneapolis: Honeywell Research Center, Minneapolis-Honeywell Regulator Co. 1960
8.6   Hottel, H.C.; Sarofim, A.F.: Radiative transfer. New York: McGraw-Hill 1967

Sachverzeichnis

Die Einteilung in Gase, Flüssigkeiten und Festkörper richtet sich nach dem Aggregatzustand des jeweiligen Stoffes bei Raumtemperatur und beim Umgebungsdruck.

Wärme- und Stoffübertragung
Thermo- and Fluid Dynamics

ISSN 0042-9929   Title No. 231

Editors: E. R. G. Eckert, Minneapolis; P. Grassmann, Zurich; U. Grigull, Munich; F. Mayinger, Munich

Problems of heat and mass transfer are increasingly important in industrial practice. Considerable efforts are being invested in research – both experimental and theoretical – in most industrialized countries.

By publishing original research reports **Wärme- und Stoffübertragung / Thermo- and Fluid Dynamics** serves the circulation of new developments in the field of basic research of heat and mass transfer phenomena, as well as related material properties and their measurements. Applications to engineering problems are thereby promoted.

Fields of interest: Technical and chemical thermodynamics; physical chemistry; chemical process engineering; engineering materials; heating and refrigeration; nuclear engineering; rocketry and reactor technology; boilermaking; container, piping and turbine construction.

Abstracted/Indexed in: CAS, Current Contents, Engineering Index, FIZ Technik, INIS, Inspec, Physics Briefs, Technical Information Center/Energinfo, Verfahrenstechnische Berichte BAYER.

Springer-Verlag
Berlin Heidelberg New York
London Paris Tokyo Hong Kong

Springer